教育部人文社会科学基金资助项目

中国信息经济学会电子商务专业委员会 **推荐用书**

## 高等院校电子商务专业系列教材

# 云计算

章 瑞 编著

重庆大学出版社

## 内容提要

本书以云计算的理论发展和应用创新为主线，对云计算的主要概念、商业价值、相关技术、应用和发展进行了较为全面的介绍。本书包含14章，分为4篇：基础知识篇系统介绍了云计算的基本概念、体系结构、商业价值与发展现状；关键技术篇重点介绍了云计算所涉及的主要技术，包括虚拟化技术、云存储技术、云数据管理技术、云计算的安全技术等；应用服务篇主要介绍了云计算数据中心的规划与建设、广泛应用的开源云计算系统以及国内外著名的云计算产品与服务；产业发展篇分别介绍了云计算产业的政策环境、战略规划以及发展前景。

本书坚持系统总结与创新探索相结合，关注国际前沿与中国情景相结合。为了帮助读者学习相关内容，书中穿插了若干小案例，并于每章结尾安排了扩展阅读与思考题。

本书可以作为高等院校电子商务及相关专业本科生、研究生的教学用书，也可作为企业领导、技术管理人员、云计算爱好者的学习和参考读物。

**图书在版编目(CIP)数据**

云计算 / 章瑞编著. -- 重庆 : 重庆大学出版社，2020.6

高等院校电子商务专业系列教材

ISBN 978-7-5689-1761-2

Ⅰ. ①云… Ⅱ. ①章… Ⅲ. ①云计算－高等学校－教材 Ⅳ. ①TP393.027

中国版本图书馆 CIP 数据核字(2019)第181795号

**云计算**

章　瑞　编著

策划编辑：尚东亮

责任编辑：文　鹏　邓桂华　　版式设计：尚东亮

责任校对：万清菊　　责任印制：张　策

*

重庆大学出版社出版发行

出版人：饶帮华

社址：重庆市沙坪坝区大学城西路21号

邮编：401331

电话：(023) 88617190　88617185(中小学)

传真：(023) 88617186　88617166

网址：http://www.cqup.com.cn

邮箱：fxk@cqup.com.cn (营销中心)

全国新华书店经销

重庆升光电力印务有限公司印刷

*

开本：787mm×1092mm　1/16　印张：19.25　字数：447千

2020年6月第1版　2020年6月第1次印刷

印数：1—3000

ISBN 978-7-5689-1761-2　定价：49.00元

---

# 高等院校电子商务专业系列教材编委会

# 总 序

重庆大学出版社“高等院校电子商务专业系列教材”出版10多年来，受到了全国众多高校师生的广泛关注，并获得了较高的评价和支持。国内外电子商务实践发展和理论研究日新月异，以及高校电子商务专业教学改革的深入，促使我们必须把电子商务最新的理论、实践和教学成果尽可能地反映和充实到教材中来，对教材全面进行内容修订更新，增补新选题，以适应新的电子商务教学的迫切需要，做到与时俱进。为此，我们于2015年启动了本套教材第3版修订和增加新编教材的工作。

从2010年以来，中国的电子商务进入新的发展阶段：规模发展与规范发展并举。电子商务“三流”规范发展与中国电子商务法制定同步进行。①商流：网上销售实名制由国家工商总局负责管理；②金流：非金融支付服务资质管理由中国人民银行总行负责管理；③物流：快递业务规范管理由国家邮政局负责管理；④电子商务立法：中国电子商务法起草工作由全国人大财经委负责组织。中共中央、国务院及多个部委陆续出台了一系列引导、支持和鼓励发展电子商务的法规和政策，极大地鼓舞了已经从事和将要从事电子商务活动的企业、行业和产业，从而推动了电子商务在我国的稳步发展。特别是李克强总理提出“Internet +”行动计划以来，电子商务在拉动内需、促进就业和促进创业的作用正空前显现出来。全国从中央到地方多个层面和行业对电子商务的认识逐步提高，电子商务这一先进生产力正在成为我国经济社会新的发动机。

2015年7月28日人民日报报道：全国总创业者1 000万，大学生占618万。其中应届毕业生占第一位，回国留学生占第二位，在校大学生占第三位。2016年5月5日中央电视台新闻报道：全国大学生就业20%由创业带动；全国就业前十大行业中Internet电子商务排名第一。中国的大学正在为中国的崛起提供源源不断的人力支持、智力支持、创新支持和创业支持，Internet、电子商务正成为就业创业的领头羊。

教育部《普通高等学校本科专业目录(2012年)》已经把电子商务作为一个专业类给予定义。即在学科门类：12管理学下设1208电子商务类，120801电子商务(注：可授管理学或经济学或工学学士学位)。2013年教育部公布了第二届高等学校电子商务类专业教学指导委员会(2013—2017年)，共由39位委员组成，是第一届21名委员的近两倍，主要充实了除教育部直属高校以外的地方和其他部委所属高校的电子商务专家代表。

截止到2015年底，全国已有400多所高校开办电子商务本科专业，1 136所高职院校开办电子商务专科专业，几十所学校有硕士培养，十几所学校有博士培养。全国电子商务专业在校生人数达到60多万，规模全球第一，为我国电子商务产业和相关产业发展奠定了坚实

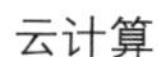
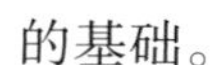


的基础。

重庆大学出版社10多年一直致力于高校电商教材的策划出版，得到了“全国高校电子商务专业建设协作组”“中国信息经济学会电子商务专业委员会”和“教育部高等学校电子商务类专业教学指导委员会”的大力支持和帮助，于2004年率先推出国内首套“高等院校电子商务专业本科系列教材”，并于2012年修订推出了系列教材的第2版，2015年根据教育部“电子商务类专业教学质量国家标准”和电子商务的最新发展启动了本套教材的第3版修订和选题增补，增加了新编教材14种，集中修订教材10种，电子商务教指委有14名委员参与主编，2016年即将形成一个近30个教材品种、比较科学完善的教材体系。这是特别值得庆贺的事。

我们希望此套教材的第3版修订和新编能为繁荣我国电子商务教育事业和专业教材市场、支持我国电子商务专业建设和提高电子商务专业人才培养发挥更大的作用。同时我们也希望得到同行学者、专家、教师和同学们更多的意见和建议，使我们能够不断地提高本套教材的质量。

在此，我谨代表全体编委和工作人员向本套教材的读者和支持者表示由衷的感谢！

总主编　李琪

2016年5月

# 序 言

在当前数字经济的新常态下，云计算作为一种新兴技术和商业模式，通过近年来在各行业和领域的广泛推广和一系列落地应用，正在成为推动数字经济发展的重要驱动力。云计算的发展有利于加快软件和信息技术服务业发展，深化供给侧结构性改革，正加速中国云计算从“云建设阶段”向“云使用和普及阶段”的快速演进，推动互联网、大数据、人工智能和实体经济深度融合，加快现代化经济体系建设。

目前，我国云计算产业发展已相对成熟，呈现出稳健发展的良好态势。中国信息通信研究院统计显示，2018 年我国云计算整体市场规模达 962.8 亿元，增速 39.2%，整体增速高于全球平均水平。

云计算的强大数据处理能力也使得数字经济能够推动企业生产方式由批量供给向按需生产转变。在大量分析数据的支持下，企业完全可以实现最优的资源配置，通过分析消费者的实际需求，进行针对性生产、个性化定制，这不仅是未来数字经济发展的重要趋势，也是当下供给侧结构性改革的主要内容。

人工智能（AI）、大数据（Big Data）和云计算（Cloud Computing）正在出现“三位一体”式的深度融合，构成“ABC 金三角”。三者既相互独立，又相辅相成，相互促进。云计算已不再仅仅是简单对于存储能力和计算能力的需求。随着人工智能与万物互联的普及，接入网络的设备越来越多，数据计算量也越来越大，云服务已经慢慢变成智能时代的下层建筑，成为如供水、供电、网络通信等人们日常生活中不可或缺的基础设施。人工智能的实现，需要大数据作为人工智能对行为智能判断的依据，云计算运用大数据运行出运算的结果并保存在云上，为人工智能提供强大的支撑。而人工智能的突飞猛进、海量数据的积累，也为云计算带来了新挑战和新的发展空间。未来的云计算将向人工智能全面进化，进入全新的智能领域。

李克强总理 2016 年 5 月曾指出：“云计算、大数据、电子商务为代表的新经济是世界经济发展的亮光和希望。”为了更好地推进云计算、大数据与电子商务的融合应用发展，满足各地各类电子商务云计算服务平台落地应用的需要，有必要以云计算技术、产业发展及各行业

(领域)应用为主线,在“高等院校电子商务专业本科系列教材”中增加出版《云计算》教材,以满足加快培养具备较强云计算服务能力的电子商务专业人才的紧迫需求。

由章瑞博士编著的本书,注重理论分析与实际应用相结合,坚持系统总结与创新探索相结合,关注国际前沿与中国情景相结合。其中特别融入了国内外近年来云计算最新的研究成果,兼顾前瞻性与通俗性,叙述时力求深入浅出,简明扼要,便于广大读者阅读理解和参照落地应用;是一本很好的教材和参考书,特予倾力推荐。

**中国云计算应用联盟主席团主席**

**汤兵勇**

2019 年 12 月 28 日

# 前言

进入 21 世纪以来，随着计算机处理技术、网络通信技术、存储技术的高速发展，以及虚拟化技术的广泛普及，云计算作为一种新型的效用计算方式，在全球化趋势的大背景下应运而生并取得了蓬勃发展。云计算不仅是一种技术变革，更是一种商业模式的创新。通过技术与服务模式的创新，云计算正日益成为物联网、大数据、区块链等新兴领域的重要支撑，并带动众多产业形态、结构和组织方式的变革与创新，是促进传统产业转型升级和战略新兴产业培育发展的重要力量。

为了更好地推进云计算落地应用，本书以云计算的理论发展和应用创新为主线，分 4 篇 14 章对云计算主要概念、商业价值、相关技术、应用和发展进行介绍。

第 1 编（基础知识）：1—4 章，主要介绍了云计算的内涵、特点、分类以及基本架构；阐述了云计算的经济属性以及典型应用场景；介绍了云计算阐述的背景与发展过程，以及云计算与网格计算、物联网的关系。

第 2 编（关键技术）：5—8 章，重点介绍了云计算所涉及的主要技术，包括虚拟化技术、云存储技术、云数据管理技术、云计算的安全技术等，分别阐述了其基本概念与典型应用等。

第 3 编（应用服务）：9—11 章，主要说明了云计算数据中心的规划与建设；介绍了广泛应用的开源云计算系统 Hadoop、Eucalyptus 以及 OpenStack；介绍了国内外著名的云计算产品与服务。

第 4 编（产业发展）：12—14 章，介绍了云计算的政策环境和战略规划，分析了云计算发展面临的新挑战与新机遇，展望了云计算发展前景。

本书的特点是注重理论分析与实际应用相结合，坚持系统总结与创新探索相结合，关注国际前沿与中国情景相结合。为了帮助读者学习相关内容，书中穿插了若干小案例，并于每章结尾安排了扩展阅读与思考题，便于读者加深理解，扩大知识面。

本书可以作为高等院校电子商务及相关专业本科生、研究生的教学用书，也可作为企业领导、技术管理人员、云计算爱好者的学习和参考读物。

本书的出版得到了教育部人文社会科学研究青年基金项目“云生态产业链中定价机制

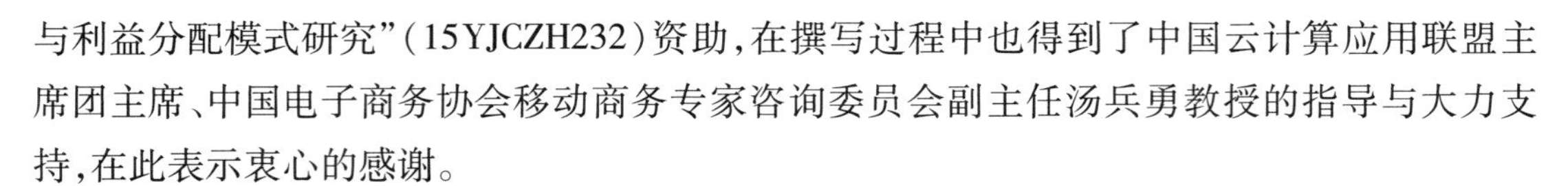

与利益分配模式研究”（15YJCZH232）资助，在撰写过程中也得到了中国云计算应用联盟主席团主席、中国电子商务协会移动商务专家咨询委员会副主任汤兵勇教授的指导与大力支持，在此表示衷心的感谢。

由于目前云计算正在发展过程中，其理论体系、内容、应用等还有待在实践中不断梳理与提升，加之笔者水平有限，书中难免会有不当之处。笔者谨以此作抛砖引玉，敬请广大读者批评指正，提出宝贵意见和建议。

**编者　于上海工程技术大学**

2020 年 4 月

# 目 录

## 第1编 基础知识

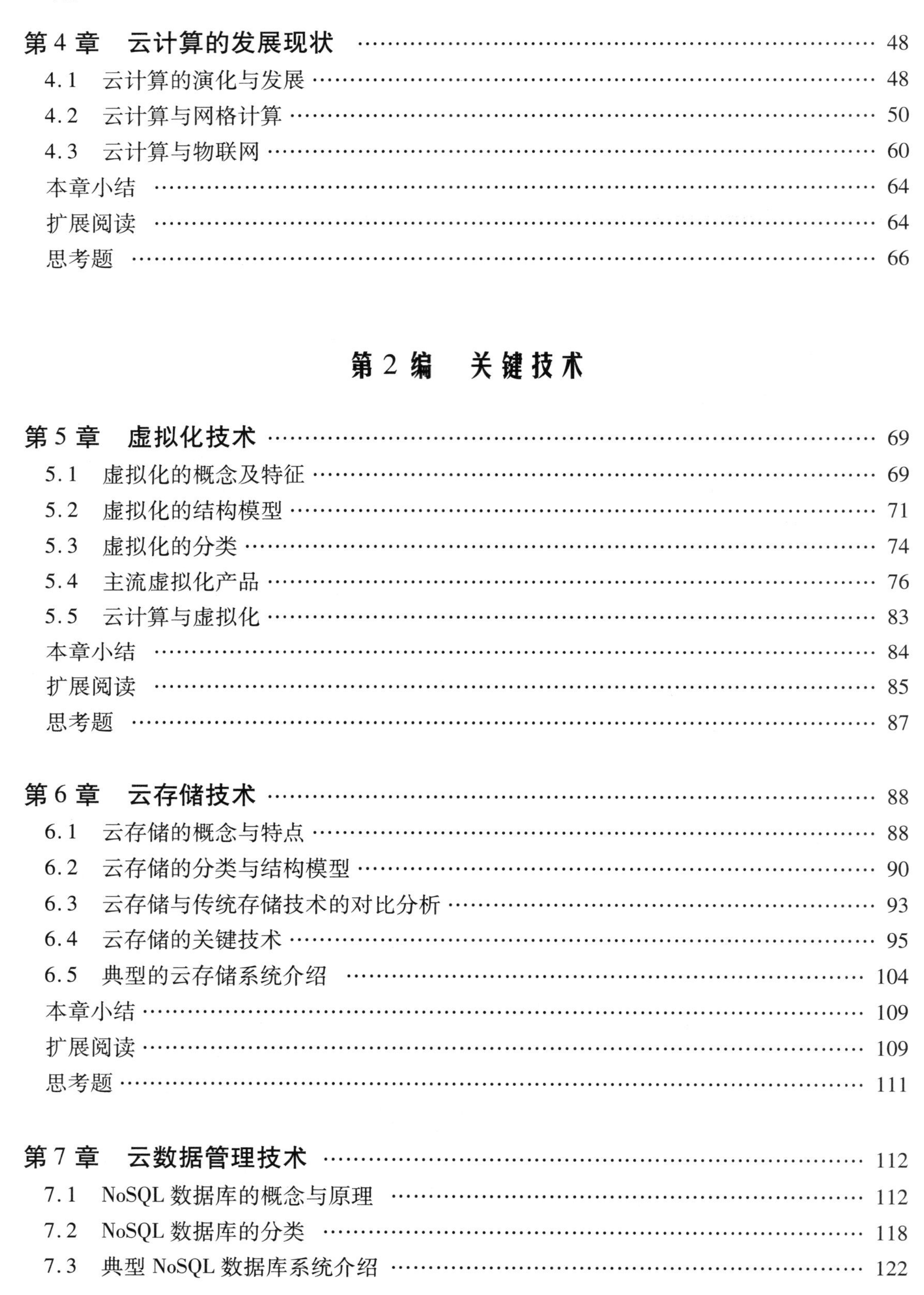



## 第 2 编　关键技术

## 第 3 编 应用服务

## 第4编 产业发展

第1编

# 基础知识

# 第 1 章 云计算概述

## 本章导读

经过 10 多年的发展,云计算已经成为目前新兴技术产业中最热门的领域之一,也成为各方媒体、企业以及高校讨论的重要主题。一言以蔽之,云计算浪潮已席卷全球。

随着云计算产品、产业基地及政府相关扶持政策的纷纷落地,云计算再也不是"云里雾里",这种 IT 行业的新模式已逐渐被政府、企业以及个人所熟知,并作为一种新型的服务逐渐渗透进人们的日常生活和生产工作当中。云计算正在深刻地改变人类生活与生产方式。

那么,云计算到底是什么? 云计算有什么样的特点? 如今大家所应用的云计算服务主要有哪些类型? 本章都将一一解答。

## 1.1　云计算的内涵

2007 年以来,云计算(Cloud Computing)成为 IT 领域最令人关注的话题之一,也是当前大型企业、互联网的 IT 建设正在考虑和投入的重要领域。云计算的兴起,催生了新的技术变革和新的 IT 服务模式。但是对大多数人而言,云计算还是一种不确切的定义。到底什么是云计算?

目前,无论是国外还是国内,云计算都取得了前所未有的发展势头,云计算相关产品与服务遍地开花,服务于各行各业。然而,云计算技术和策略的不断发展以及不同云计算之间的差异性结构,导致云计算到目前仍然没有一个统一的概念,但各方也分别根据自己的理解给出略有差异的云计算的含义。

作为网格计算(Grid Computing)之父,Ian Foster 对云计算的发展也相当关注。他认为云计算是"一种由规模经济效应驱动的大规模分布式计算模式,可以通过网络向客户提供其所需的计算能力、存储及带宽服务等可动态扩展的资源"。

不同于以往文献中所提出的概念,Ian Foster 明确指出了云计算作为一种新型的计算模式,与之前的效用计算的不同之处,即其由规模经济效应驱动,也就是说,云计算可以看作效用计算的商业实现。这一说法得到了普遍的引用和赞同,也是第一个被广泛引用的关于云计算的概念。

全球最具权威的IT研究与顾问咨询企业Gartern将云计算定义为一种计算模式,具有大规模可扩展的IT计算能力,可以通过互联网以服务的形式传递给最终客户。

市场调研企业Forrester Research则将云计算定义为一种复杂的基础设施,承载着最终客户的应用,并按使用量计费。

IBM在白皮书《"智慧的地球"——IBM云计算2.0》中阐述了对云计算的理解:云计算是一种计算模式,在这种模式中,应用、数据和IT资源以服务的方式通过网络提供给用户使用;云计算也是一种基础架构管理的方法论,大量的计算资源组成IT资源池,用于动态创建高度虚拟化的资源以供用户使用。IBM将云计算看作一个虚拟化的计算机资源池。

思科前大中华区副总裁殷康根据长期经验的积累,给出了一个明确而严格的云计算的定义:云计算是一个基于互联网的虚拟化资源平台,整合了所有的资源,提供规模化ICT应用。

相对于IBM、Amazom等云计算服务商业巨头企业,Google的商业就是云计算。因此,Google一直在不遗余力地推广云计算的概念。Google前大中华地区总裁李开复博士将整个互联网就比作一朵云,而云计算服务就是以互联网这朵云为中心。在安全可信的标准协议的基础上,云计算为客户提供数据存储、网络计算等服务,并允许客户采用任何方式方便快捷地访问使用相关服务。

目前受到广泛认同,并具有权威性的云计算定义,是由美国国家标准和技术研究院(NIST)于2009年所提出的:"云计算是一种可以通过网络接入虚拟资源池以获取计算资源(如网络、服务器、存储、应用和服务等)的模式,只需要投入较少的管理工作和耗费极少的人为干预就能实现资源的快速获取和释放,且具有随时随地、便利且按需使用等特点。"

综上所述,云计算的核心是可以自我维护和管理的虚拟计算资源,通常是一些大型服务器集群,包括计算服务器、存储服务器和宽带资源等。云计算将计算资源集中起来,并通过专门软件实现自动管理,无需人为参与。用户可以动态申请部分资源,支持各种应用程序的运转,无需为烦琐的细节而烦恼,能够更加专注于自己的业务,有利于提高效率、降低成本和技术创新。云计算的概念模型示意图如图1-1所示。

根据这些不同的定义不难发现,无论是专家学者,还是云计算运营商或相关企业,其对云计算的看法基本上还是有一致性的,只是在某些范围的划定上有所区别,这也是由于云计算的表现形式多样所造成的。不同类型的云具有各自不同的特点,要想用一个统一的概念来概括所有种类云计算的特点是比较困难且不太实际的。只有通过描述云计算中比较典型的特点以及商业模式的特殊性才能给出一个较为全面的概念。

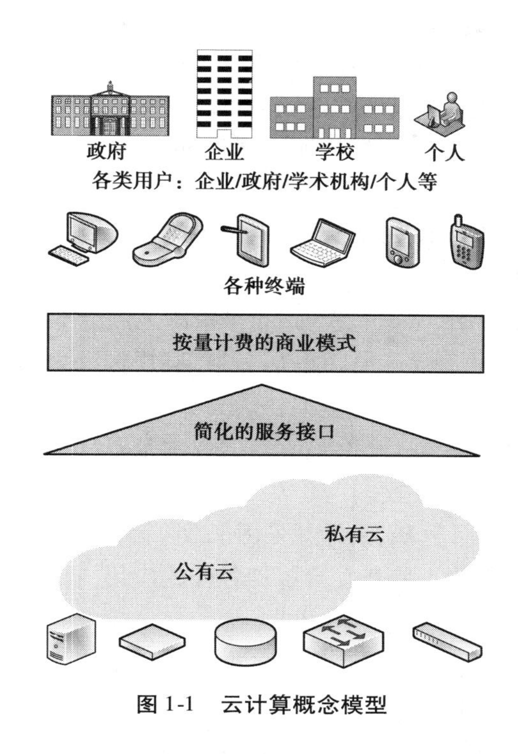


图1-1　云计算概念模型

## 1.2　云计算的特点

作为一种新颖的计算模式，云计算可扩展、有弹性、按需使用等特点都得到了业界和学术界的认可。

美国国家标准和技术研究院提出了云计算的5个基本特性：

①按需使用的自助服务。客户无需直接接触每个云计算服务的开发商，就可以单方面自主获取其所需的服务器、网络存储、计算能力等资源或根据自身情况进行组合。

②广泛的网络访问方式。客户可以使用移动电话、PC、平板电脑或工作站点等各种不同类型的胖/瘦客户端通过网络（主要是互联网）随时随地访问资源池。

③资源池。客户无需掌握或了解所提供资源的具体位置，就可以从资源池中按需获得存储以及网络带宽等计算资源，且资源池可以实现动态扩展以及分配。

④快速地弹性使用。云计算所提供的计算能力可以被弹性地分配和释放，此外还可以自动地根据需求快速伸缩，也就是说，计算能力的分配常常呈现出无限的状态，并且可以在任何时间分配任何数量。

⑤可评测的服务。云计算系统可以根据存储、处理、带宽和活跃用户账号的具体情况进行自动控制，以优化资源配置，同时还可以将这些数据提供给客户，从而实现透明化的服务。

2010年，由几大云计算商业巨头IBM、Sun、VMware、思科等企业共同支持的《开放云计算宣言》（Open Cloud Manifesto），赋予了云计算几个主要的特征：

①云计算提供了可动态扩展的计算资源，其具有低成本、高性能的特点。

②客户(最终用户、组织或 IT 员工)无需担心基础设施的建设与维护,可以最大限度地使用相关资源。

③云计算包含私有性(在某个组织的防火墙内部使用)和公有性(在互联网上使用)两种构架。

国内云计算方面的专家刘鹏教授在其专著中也给出了云计算的七大特性,该观点也受到了国内业界的普遍认可:

①超大规模。无论是 IBM、Google、Amazon 等跨国大型企业所提供的云计算,还是国内企业私有云,一般都拥有上百台至上百万台服务器,其规模巨大,同时也为客户提供了前所未有的计算资源和能力。

②虚拟化。虚拟化是支撑云计算的最重要的技术基石,使得用户可以在任何地方通过各种终端接入"云"以获取应用服务。

③高可靠性。相比本地计算机,云计算采用了数据多副本容错等措施,可靠性更高。

④通用性。云计算的架构支持开发出各种各样的应用,且一个云计算可以允许多个应用同时运行与操作。

⑤高可扩展性。高扩展性也是云计算服务的一大重要特征,实现云计算资源的动态伸缩,以满足客户的不同等级和规格的需求。

⑥按需服务。用户可以像购买公共资源那样从"云"这个庞大的资源池中购买自己所需的应用和资源。

⑦极其廉价。云计算的自动化集中式管理省去了企业开发、管理以及维护数据中心的成本和精力,且可以通过动态配置和再配置大幅度提高资源的使用率。

IT 业专家将云计算与网格计算(Grid Computing)、全局计算(Global Computing)以及互联网计算(Internet Computing)等多种计算模式相比,也归纳出云计算的几大特点:

①客户界面友好。使用云计算服务的客户无需改变原有的工作习惯和工作环境,只需要在本地安装比较小的云客户端软件即可,不会占用大量电脑空间和花费较大安装成本。云计算的界面也与客户所在的地理位置无关,只要通过诸如 Web 服务框架和互联网浏览器等成熟的界面访问即可,真正实现随时随地、安全放心、快捷方便地享用云计算所提供的服务与资源。

②按需配置服务资源。云计算服务是根据客户需求或购买的权限提供相关资源和服务。客户可以根据自身实际的需求选择普通或个性化的计算环境,并获得管理特权。

③服务质量保证。云计算为客户提供的计算环境都拥有服务质量保证,客户可以放心使用,不必担心底层基础设施的建设与维护、备份与保存等。

④独立系统。云计算是一个独立系统,向客户实行透明化的管理模式。云中软件、硬件和数据都可自动配置、安排和强化,并以单一平台的形象呈现给客户。

⑤可扩展性和灵活性。可扩展性和灵活性是云计算最重要的特征,也是云计算区别于其他效用计算的根本特征。云计算服务可以从地理位置、硬件性能、软件配置等多个方面被扩展。云计算服务具有足够的灵活性,可以满足大量客户的不同需求。

# 1.3　云计算的分类

云计算是一种通过网络向客户提供服务和资源的新型IT模式。通过这种方式,软硬件资源和信息按需要弹性地提供给客户。目前,几乎所有的大型IT企业、互联网提供商和电信运营商都涉足云计算产业,提供相关的云计算服务。

按照部署方式分类,云计算包括私有云、公有云、社区云、混合云,如图1-2所示。

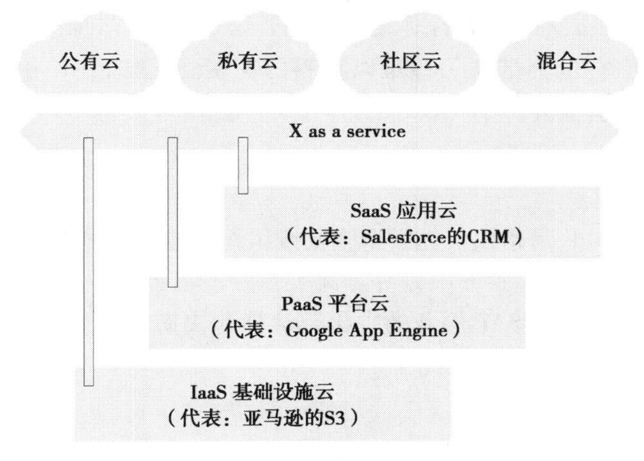


图1-2　云计算按部署方式分类

## 1.3.1　公有云

公有云(Public Cloud)又称为公共云,即传统主流意义上所描述的云计算服务。目前,大多数云计算企业主打的云计算服务就是公有云服务,一般可以通过互联网接入使用。此类云一般是面向一般大众、行业组织、学术机构、政府机构等,由第三方机构负责资源调配。例如,Google APP Engine,IBM Develop Cloud,以及2013年正式落地于中国的微软的Windows Azure都属于公有云服务范畴。公有云的核心属性是共享资源服务。

**1)公有云的优势**

①灵活性。公有云模式下,用户几乎可以立即配置和部署新的计算资源,用户可以将精力和注意力集中于更值得关注的方面,提高整体商业价值。且在之后的运行中,用户可以更加快捷方便地根据需求变化进行计算资源组合的更改。

②可扩展性。当应用程序的使用或数据增长时,用户可以轻松地根据需求进行计算资源的增加。同时,很多公有云服务商提供自动扩展功能,帮助用户自动完成增添计算实例或存储。

③高性能。当企业中部分工作任务需要借助高性能计算(HPC)时,企业如果选择在自己的数据中心安装HPC系统,那将会是十分昂贵的。而公有云服务商可以轻松部署,且在其数据中心安装最新的应用与程序,为企业提供按需支付使用的服务。

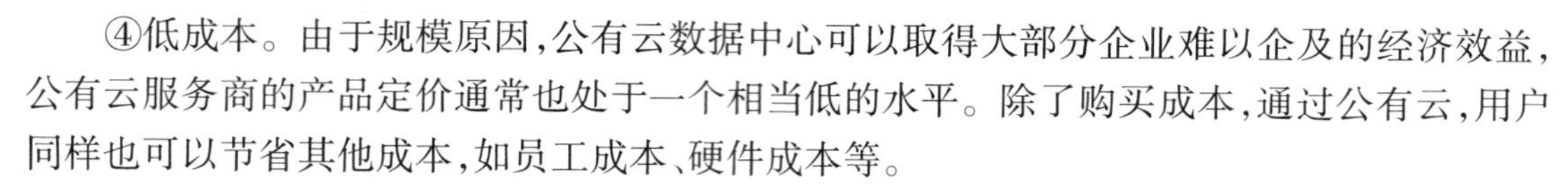

④低成本。由于规模原因,公有云数据中心可以取得大部分企业难以企及的经济效益,公有云服务商的产品定价通常也处于一个相当低的水平。除了购买成本,通过公有云,用户同样也可以节省其他成本,如员工成本、硬件成本等。

**2)公有云的劣势**

①安全问题。当企业放弃他们的基础设备并将其数据和信息存储于云端时,很难保证这些数据和信息会得到足够的保护。同时,公有云庞大的规模和涵盖用户的多样性也让其成为黑客们喜欢攻击的目标。

②不可预测成本。按使用付费的模式其实是把双刃剑,一方面它确实降低了公有云的使用成本,但另一方面它也会带来一些难以预料的花费。比如,在使用某些特定应用程序时,企业会发现支出相当惊人。

## 1.3.2 私有云

私有云(Private Cloud)是指仅仅在一个企业或组织范围内部所使用的“云”。使用私有云可以有效地控制其安全性和服务质量等。此类云一般由该企业或第三方机构,或者双方共同运营与管理。例如,支持SAP服务的中化云计算和快播私有云就是国内典型的私有云服务。私有云的核心属性是专有资源。

**1)私有云的优势**

①安全性。通过内部的私有云,企业可以控制其中的任何设备,从而部署任何自己觉得合适的安全措施。

②法规遵从。在私有云模式中,企业可以确保其数据存储满足任何相关法律法规。而且,企业能够完全控制安全措施,必要的话可以将数据保留在一个特定的地理区域。

③定制化。内部私有云还可以让企业能够精确地选择进行自身程序应用和数据存储的硬件,不过实际上往往由服务商来提供这些服务。

**2)私有云的劣势**

①总体成本。由于企业购买并管理自己的设备,因此私有云不会像公有云那样节约成本。且在私有云部署时,员工成本和资本费用依然会很高。

②管理复杂性。企业建立私有云时,需要自己进行私有云中的配置、部署、监控和设备保护等一系列工作。此外,企业还需要购买和运行用来管理、监控和保护云环境的软件。而在公有云中,这些事务将由服务商来解决。

③有限灵活性、扩展性和实用性。私有云的灵活性不高,如果某个项目所需的资源尚不属于目前的私有云,那么获取这些资源并将其增添到云中的工作可能会花费几周甚至几个月的时间。同样,当需要满足更多的需求时,扩展私有云的功能也会比较困难。而实用性则需要由基础设施管理和连续性计划及灾难恢复计划工作的成果决定。

## 1.3.3 混合云

顾名思义,混合云(Hybrid Cloud)就是将单个或多个私有云和单个或多个公有云结合为

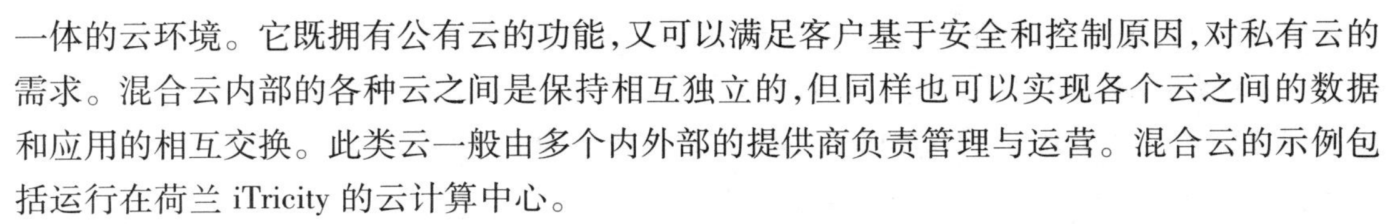

一体的云环境。它既拥有公有云的功能,又可以满足客户基于安全和控制原因,对私有云的需求。混合云内部的各种云之间是保持相互独立的,但同样也可以实现各个云之间的数据和应用的相互交换。此类云一般由多个内外部的提供商负责管理与运营。混合云的示例包括运行在荷兰 iTricity 的云计算中心。

混合云的独特之处:混合云集成了公有云强大的计算能力和私有云的安全性等优势,让云平台中的服务通过整合变为更具备灵活性的解决方案。混合云可以同时解决公有云与私有云的不足,比如公有云的安全和可控制问题,私有云的性价比不高、弹性扩展不足的问题等。当用户认为公有云不能够满足企业需求的时候,在公有云环境中可以构建私有云来实现混合云。

### 1.3.4　社区云

社区云(Community Cloud)是面向于具有共同需求(如隐私、安全和政策等方面)的两个或多个组织内部的“云”,隶属于公有云概念范畴以内。该类云一般由参与组织或第三方组织负责运营与管理。“深圳大学城云计算服务平台”和阿里旗下的 phpwind 云就是典型的社区云,其中前者是国内首家社区云计算服务平台,主要服务于深圳大学城园区内的各高校单位以及教师职工等。

社区云具有以下特点:区域型和行业性;有限的特色应用;资源的高效共享;社区内成员的高度参与性。

## 本章小结

本章概述了云计算的内涵、特点以及分类等。本章首先介绍了国内外专家学者以及知名企业对云计算含义的解读,并刻画出了云计算的概念模型;其次,多角度阐述了云计算的特点;最后,按照云计算部署方式,介绍了包括私有云、公有云、社区云、混合云等在内的典型云计算服务。通过本章的学习,读者将对云计算的内涵和层次有一个较清晰的认识,明白云计算的重要作用,从而为后续深入地学习云计算相关知识提供铺垫。

### 扩展阅读

### “双 11”背后的云计算技术奇迹

每年“双 11”已经成为中国科技力量的一次“大检阅”。

21 秒破 10 亿,2 分 05 秒破 100 亿,26 分 03 秒破 500 亿,1 小时 47 分 26 秒破 1 000 亿……2018 年“双 11”已经落幕,但是 3 143.2 亿元的全国销售额数据仍然刷新了历史纪录。发展到如今,“双 11”的意义早已超越消费和零售领域,是史无前例的社会化大协同,成为商业、经济、科技变革的最大试验场。

根据阿里巴巴公布的数据显示,2018 年交易峰值为 49.1 万笔/秒,支付峰值也再次刷新纪录,在开场 5 分钟 22 秒已诞生:25.6 万笔/秒,是 2017 年的 2.1 倍。同时诞生的还有数据库处理峰值,4 200万次/秒。这样海量并发式的网络行为,不仅对天猫,同时也对银行、运营商、物流乃至大型电商提出了前所未有的挑战。

“史无前例的互联网规模,14 万明星品牌的商业协同,金融级的安全保障”。为应对这个世界级的难题,阿里巴巴混合部署了在线计算、离线计算以及公共云,构建了全球最大规模的混合云。这个混合云能够实现 1 小时内 10 万台服务器的快速扩容,支撑“双 11”这一天,买、卖、付、送各环节在云上的顺利进行;而“双 11”后,又能快速归还资源到公共计算池,避免高峰期过后的闲置浪费。从 2015 年开始,天猫“双 11”每年都采用了混合云架构,将电商交易的核心链条、菜鸟物流订单流量以及仓配公司直接切换到了阿里云的公共云计算平台。

在这朵云上,技术运维、商品推荐、客服、支付、物流等各个环节还引入了机器智能的方式,实现了人与机器的协作。阿里云华北 3 地域数据中心机器人“天巡”每天在机房巡逻,能接替运维人员以往 30% 的重复性工作;AI 调度官“达灵”将数据中心资源分配率拉升到 90% 以上;人工智能助手“阿里小蜜”在“双 11”当天承担 95% 的客服咨询,“蚂蚁安安”一天可以回答 800 万个提问;菜鸟智慧货仓机器人单日可发货超过 100 万件;AI 设计师“鲁班”在“双 11”期间设计了 4.1 亿张商品海报;阿里机器智能推荐系统“双 11”当天为用户生成超过 567 亿个不同的专属货架,像智能导购员一样,给消费者“亿人亿面”的个性化推荐。

当然,人机协同并不止于阿里的电商业务。通过阿里巴巴自主研发的大规模通用计算操作系统——阿里云飞天以在线公共服务的方式为社会经济提供计算资源、互联网范式和数据智能,支撑包括生产制造、金融、物流等各行各业在内的全社会“双 11”。

资料来源:今年“双 11”,最大的功臣不是马云,而是阿里云的混合云<br>(百家号)

## 思考题

1. 云计算的概念模型包括哪些内容?
2. 云计算有哪些特点?
3. 云计算按照部署方式可以分为哪几类?
4. 公有云与私有云分别有什么优缺点?

# 第 2 章
# 云计算的基本架构

## 本章导读

云计算是一种商业计算模型,它将计算任务分布在大量计算机构成的资源池上,使用户能够按需获取计算力、存储空间和信息服务。美国国家标准和技术研究院提出云计算的三个基本框架(服务模式),即:基础设施即服务(Infrastructure as a Service,IaaS)、平台即服务(Platform as a Service,PaaS)、软件即服务(Software as a Service,SaaS)。

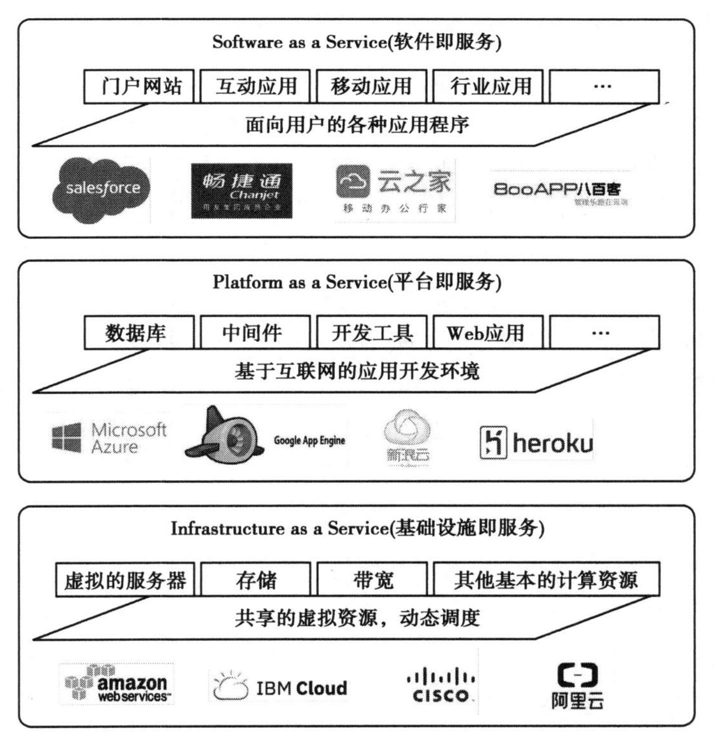


图 2-1　云计算的架构

本章将较详细地介绍这 3 种基本架构的具体内容。

## 2.1 基础设施即服务

基础设施即服务(IaaS)位于云计算三层架构的最低端,如图 2-1 所示,主要负责提供虚拟的服务器、存储、带宽和其他基本的计算资源,用以帮助用户解决计算资源定制的问题。用户可以根据自己的购买权限部署、运行操作系统和应用程序,而不需花时间和精力去管理、维护底层的硬件基础设施。此外,用户也可以根据自身需求去更改部分网络组件。该层通常按照所消耗资源的成本进行收费。

### 2.1.1 IaaS 的基本功能

虽然不同云服务提供商的基础设施层在所提供的服务上有所差异,但是作为提供底层基础 IT 资源的服务,该层一般都具有以下基本功能①:

**1)资源抽象**

要搭建基础设施层,我们首先面对的是大规模的硬件资源,比如通过网络相互连接的服务器和存储设备等。为了能够实现高层次的资源管理逻辑,必须对资源进行抽象,也就是对硬件资源进行虚拟化。

虚拟化的过程,一方面需要屏蔽掉硬件产品上的差异,另一方面需要对每一种硬件资源提供统一的管理逻辑和接口。值得注意的是,根据基础设施层实现的逻辑不同,同一类型资源的不同虚拟化方法可能存在着非常大的差异。目前,存储虚拟化方面的主流技术有 IBM SAN Volume Controller、IBM Tivoli Storage Manager (TSM)、Google File System、Hadoop Distributed FileSystem 和 VMware Virtual Machine File System 等。

另外,根据业务逻辑和基础设施层服务接口的需要,基础设施层资源的抽象往往是具有多个层次的。例如,目前业界提出的资源模型中就出现了虚拟机(Virtual Machine)、集群(Cluster)和云(Cloud)等若干层次分明的资源抽象。资源抽象为上层资源管理逻辑定义了被操作的对象和粒度,是构建基础设施层的基础。如何对不同品牌和型号的物理资源进行抽象,以一个全局统一的资源池的方式进行管理并呈现给客户,是基础设施层必须解决的一个核心问题。

**2)资源监控**

资源监控是负载管理的前提,是保证基础设施层高效率工作的一个关键功能。基础设施层对不同类型的资源监控方法是不同的。对于 CPU,通常监控的是 CPU 的使用率;对于内存和其他存储器,除了监控使用率,还会根据需要监控读写操作;对于网络,则需要对网络实时的输入、输出及路由状态进行监控。

---

① 机房 360,云架构基础设施层的七大基本功能。

基础设施层首先需要根据资源的抽象模型建立一个资源监控模型，用来描述资源监控的内容及其属性。例如，Amazon 的 Cloud Watch 是一个提供给用户来监控 Amazon EC2 实例并负责负载均衡的 Web 服务。该服务定义了一组监控模型，使得用户可以基于模型使用监控工具对 EC2 实例进行实时监测，并在此基础上进行负载均衡决策。同时，资源监控还具有不同的粒度和抽象层次。典型的资源监控是对某个具体的解决方案整体进行监控。一个解决方案往往由多个虚拟资源组成，整体监控结果是对解决方案各个部分监控结果的整合。通过对结果进行分析，用户可以更加直观地监控到资源的使用情况及其对性能的影响，从而采取必要的措施对解决方案进行调整。

3）负载管理

在基础设施层这样大规模的资源集群环境中，任何时刻所有节点的负载都不是均匀的，如图 2-2（a）所示。

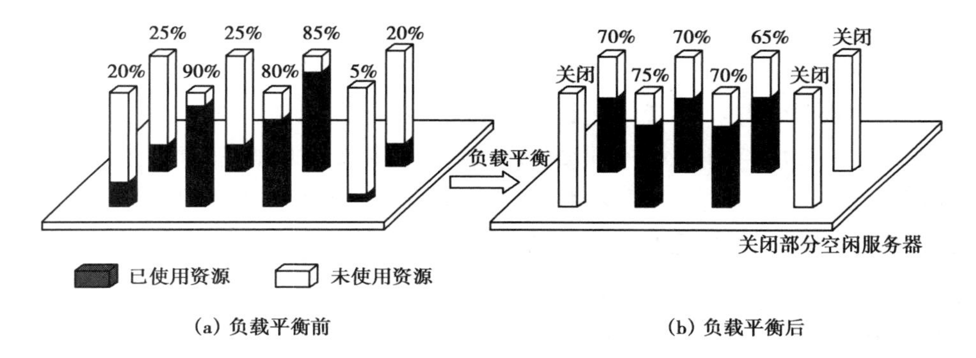


(a) 负载平衡前　　　　(b) 负载平衡后

图 2-2　基础设施负载管理示意图

如果节点的资源利用率合理，即使它们的负载在一定程度上不均匀，也不会导致严重的问题。可是，当太多节点资源利用率过低或者节点之间负载差异过大时，会造成一系列突出的问题。如果太多节点负载较低，会造成资源上的浪费，就需要基础设施层提供自动化的负载平衡机制将负载进行合并，提高资源使用率并且关闭负载整合后闲置的资源；如果资源利用率差异过大，则会造成有些节点的负载过高，上层服务的性能受到影响，而另外一些节点的负载太低，资源没能充分利用，这时就需要基础设施层的自动化负载平衡机制将负载进行转移，即负载过高节点转移到负载过低节点，从而使得所有资源在整体负载和整体利用率上面趋于平衡，如图 2-2（b）所示。

4）存储管理

在云计算环境中，软件系统经常处理的数据分为很多不同的种类，如结构化的 XML 数据、非结构化的二进制数据及关系型的数据库数据等。不同的基础设计层提供的功能不同，会使得数据管理的实现有着非常大的差异。由于基础设施层由数据中心大规模的服务器集群所组成，甚至由若干不同数据中心的服务器集群组成，因此数据的完整性、可靠性和可管理性是对基础设施层数据管理的基本要求。

具体的要求体现在：

①完整性要求关系型数据的状态在任何实践都是确定的，并且可以通过操作使得数据在正常和异常的情况下都能够恢复到一致的状态，即要求在任何时候数据都能够被正确地读取并且在写操作上进行适当同步；

②可靠性要求将数据的损坏和丢失的概率降到最低，即需要对数据进行冗余备份；

③可管理性要求数据能够被管理员及上层服务提供者以一种粗粒度和逻辑简单的方式管理，即要求基础设施层内部在数据管理时有充分、可靠的自动化管理流程。对具体云的基础设施层，还有其他一些数据管理方面的要求，比如在数据读取性能上的要求或者数据处理规模的要求，以及如何存储云计算环境中海量的数据等。

5）**资源部署**

资源部署指的是通过自动化部署流程将资源交付给上层应用的过程。在应用程序环境构建初期，当所有虚拟化的硬件资源环境都已经准备就绪时，就需要进行初始化过程的资源部署。另外，在应用运行过程中，往往会进行二次甚至多次资源部署，从而满足上层应用对于基础设施层中资源的需求，也就是运行过程中的动态部署。

动态部署有多种应用场景，一个典型的应用场景就是实现基础设施层的动态可伸缩性，即云的应用可以在极短的时间内根据用户需求和服务状况的变化而调整。当用户应用的工作负载过高时，用户可以非常容易地将自己的服务实例从数个扩展到数千个，并自动获得所需要的资源。通常，这种伸缩操作不但要在极短的时间内完成，还要保证操作复杂度不会随着规模的增加而增大。另外一个典型场景是故障恢复和硬件维护。在云计算这样由成千上万服务器组成的大规模分布式系统中，硬件出现故障在所难免，在硬件维护时也需要将应用暂时移走，基础设施层需要能够复制该服务器的数据和运行环境并通过动态资源部署在另外一个节点上建立起相同的环境，从而保证服务从故障中快速恢复过来。

资源部署的方法也会因构建基础设施层所采用技术的不同而有着巨大的差异。使用服务器虚拟化技术构建的基础设施层和未使用这些技术的传统物理环境有很大的差别，前者的资源部署更多是虚拟机的部署和配置过程，而后者的资源部署则涉及从操作系统到上层应用整个软件堆栈的自动化安装相配置。相比之下，采用虚拟化技术的基础设施层资源部署更容易实现。

6）**安全管理**

安全管理的目标是保证基础设施资源被合法地访问和使用。在个人电脑上，为了防止恶意程序通过网络访问计算机中的数据或者破坏计算机，一般都会安装防火墙来阻止潜在的威胁。数据中心也设有专用防火墙，甚至通过规划出隔离区来防止恶意程序入侵。云计算需要能够提供可靠的安全防护机制来保证云中的数据是安全的，并提供安全审查机制保证对云中数据的操作都是经过授权的并且是可被追踪的。

云是一个更加开放的环境，用户的程序可以被更容易地放在云中执行，这就意味着恶意代码甚至病毒程序都可以从云内部破坏其他正常的程序。由于程序在运行和使用资源的方

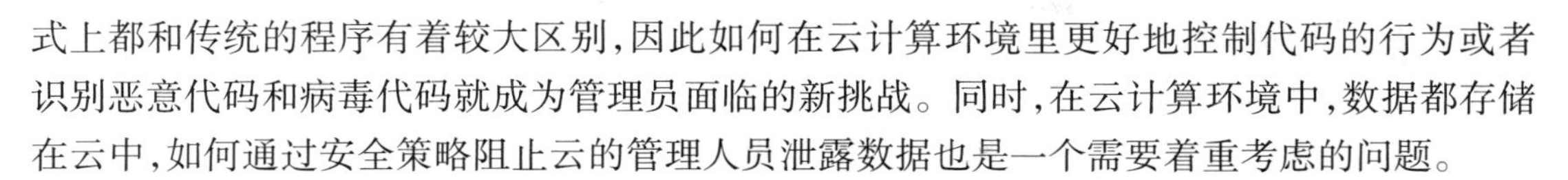
式上都和传统的程序有着较大区别，因此如何在云计算环境里更好地控制代码的行为或者识别恶意代码和病毒代码就成为管理员面临的新挑战。同时，在云计算环境中，数据都存储在云中，如何通过安全策略阻止云的管理人员泄露数据也是一个需要着重考虑的问题。

7）**计费管理**

云计算倡导按使用量计费的模式。通过监控上层的使用情况，可以计算出在某个时间段内应用所消耗的存储、网络、内存等资源，并根据这些计算结果向用户收费。对于一个需要传输海量数据的任务，通过网络传输可能还不如将数据存储在移动存储设备中，再由快递公司送到目的地更有效。因为大规模数据传输一方面占用大量时间，另一方面消耗大量网络带宽，数据传输费用相当可观。可见，在具体实施的时候，云计算提供商可以采用一些适当的替代方式来保证用户业务的顺利完成，同时降低用户需要支付的费用。

### 2.1.2　IaaS 的优势

IaaS 服务和传统的企业数据中心相比，在很多方面都存在一定的优势：

①低成本。IaaS 服务使用户不需要购置硬件，省去了前期的资金投入；使用 IaaS 服务是按照实际使用量进行收费的，不会产生闲置浪费；IaaS 可以满足突发性需求，用户不需要提前购买服务。

②免维护。IT 资源运行在 IaaS 服务中心，用户不需要进行维护，维护工作由云计算服务商承担。

③灵活迁移。虽然很多 IaaS 服务平台都存在一些私有功能，但是随着云计算技术标准的诞生，IaaS 的跨平台性能得到提高。运行在 IaaS 上的应用将可以灵活地在 IaaS 服务平台间进行迁移，不会被固定在某个企业的数据中心。

④伸缩性强。IaaS 只需几分钟就可以给用户提供一个新的计算资源，而传统的企业数据中心则需要数天甚至更长时间才能完成，并且 IaaS 可以根据用户需求来调整资源的大小。

⑤支持应用广泛。IaaS 主要以虚拟机的形式为用户提供 IT 资源，可以支持各种类型的操作系统。因此，IaaS 所支持应用的范围非常广泛。

### 2.1.3　主要的 IaaS 产品

最具代表性的 IaaS 产品有 Amazon EC2、IBM Blue Cloud、Cisco UCS 和 Joyent、阿里云等。

①Amazon EC2。EC2（Elastic Compute Cloud）主要以提供不同规格的计算资源（也就是虚拟机）为主。通过 Amazon 的各种优化和创新，EC2 不论在性能上还是在稳定性上都已经满足企业级的需求。同时，EC2 还提供完善的 API 和 Web 管理界面来方便用户使用。这种 IaaS 产品得到业界广泛认可和接受，其中就包括部分大型企业，比如著名的《纽约时报》。

②IBM Blue Cloud。即“蓝云”计划，是由 IBM 云计算中心开发的业界第一个同时也是在技术上比较领先的企业级云计算解决方案。该解决方案可以对企业现有的基础架构进行整合，通过虚拟化技术和自动化管理技术来构建企业自己的云计算中心，并实现对企业硬件资源和软件资源的统一管理、统一分配、统一部署、统一监控和统一备份，也打破了应用对资

源的独占,从而帮助企业能享受到云计算所带来的诸多优越性。

③Cisco UCS。它是下一代数据中心平台,在一个紧密结合的系统中整合了计算、网络、存储与虚拟化功能。该系统包含一个低延时、无丢包和支持万兆以太网的统一网络阵列以及多台企业级 x86 架构刀片服务器等设备,并在一个统一的管理域中管理所有资源。用户可以通过在 UCS 上安装 VMWare vSphere 来支撑多达几千台虚拟机的运行。通过 Cisco UCS,能够让企业快速在本地数据中心搭建基于虚拟化技术的云环境。

④Joyent。它提供基于 Open Solaris 技术的 IaaS 服务,其 IaaS 服务中最核心的是 Joyent SmartMachine。与大多数 IaaS 服务不同的是,它并不是将底层硬件按照预计的额度直接分配给虚拟机,而是维护了一个大的资源池,让虚拟机上层的应用直接调用资源,并且这个资源池也有公平调度的功能。这样做的好处是优化资源的调配,并且易于应对流量突发情况,同时使用人员也无需过多关注操作系统级管理和运维。

⑤阿里云。作为国内市场最大的 IaaS 提供商,阿里云计算基础服务功能主要包括弹性计算功能、数据库产品、存储与 CDN 服务、分析、云通信、网络、管理与监控产品、应用服务、互联网中间件、移动服务、视频服务等 11 大模块。阿里云自助掌控核心技术,拥有业界最为完善的云产品体系,并经历了大规模案例的实证。企业可以根据自身的业务需求来购买相应的功能,从而形成一个符合发展战略的产品组合。目前,阿里云已经在全球主要互联网市场形成云计算基础设施覆盖。

## 2.2 平台即服务

平台即服务(PaaS)位于云计算三层服架构的最中间,主要是为用户提供一个基于互联网的应用开发环境(或平台),以支持应用从创建到运行整个生命周期所需的各种软硬件资源和工具。在 PaaS 层面,服务提供商提供的是经过封装的 IT 能力,或者说是一些逻辑的资源,比如数据库、文件系统和应用运行环境等。用户可以在该云平台中开发和部署新的应用程序,但应用程序的开发和部署必须要遵守该平台的规定和限制,如编程语言、编程框架等,通常按照用户或登录情况计费。

### 2.2.1 PaaS 的核心功能

云计算平台层与传统的应用平台在所提供的服务方面有很多相似之处。传统的应用平台,如本地 Java 环境或 Net 环境都定义了平台的各项服务标准、元数据标准、应用模型标准等规范,并为遵循这些规范的应用提供了部署、运行和卸载等一系列流程的生命周期管理。云计算平台层是对传统应用平台在理论与实践上的一次升级,这种升级给应用的开发、运行和运营各个方面都带来了变革。平台层需要具备一系列特定的基本功能,才能满足这些变革的需求。

**1)开发测试环境**

平台层对于在其上运行的应用来说,首先扮演的是开发平台的角色。一个开发平台需要清晰地定义应用模型,具备一套应用编程接口(API)代码库,提供必要的开发测试环境。

一个完备的应用模型包括开发应用的编程语言、应用的元数据模型以及应用的打包发布格式。一般情况下,平台基于对传统应用平台的扩展而构建,因此应用可以使用流行的编程语言进行开发,如 Google App Engine 目前支持 Python 和 Java 这两种编程语言。即使平台层具有特殊的实现架构,开发语言也应该在语法上与现有编程语言尽量相似,从而缩短开发人员的学习时间,如 Salesforce. com 使用的是自有编程语言 Apex,该语言在语法和符号表示上与 Java 类似。元数据在应用与平台层之间起着重要的接口作用,比如平台层在部署应用的时候需要根据应用的元数据对其进行配置,在应用运行时也会根据元数据中的记录为应用绑定平台层服务。应用的打包格式需要指定应用的源代码、可执行文件和其他不同格式的资源文件应该以何种方式进行组织,以及这些组织好的文件如何整合成一个文件包,从而以统一的方式发布到平台层。

平台层所提供的代码库及其 API 对于应用的开发至关重要。代码库是平台层为在其上开发应用而提供的统一服务,如界面绘制、消息机制等。定义清晰、功能丰富的代码库能够有效地减少重复工作,缩短开发周期。传统的应用平台通常提供自有的代码库,使用了这些代码库的应用只能在此唯一的平台上运行。在云计算平台中,某一云计算提供商的平台层代码库可以包含由其他云计算提供商开发的第三方服务,这样的组合模式对用户的应用开发过程是透明的,如图 2-3 所示。假设某云平台提供了自有服务 A 与 B,同时该平台也整合了来自第三方的服务 D。那么,用户看到的是该云平台提供的 A、B 和 D 三种服务程序接口,可以无差异地使用它们。可见,平台层作为一个开发平台应具有更好的开放性,为开发者提供更丰富的代码库和 API。

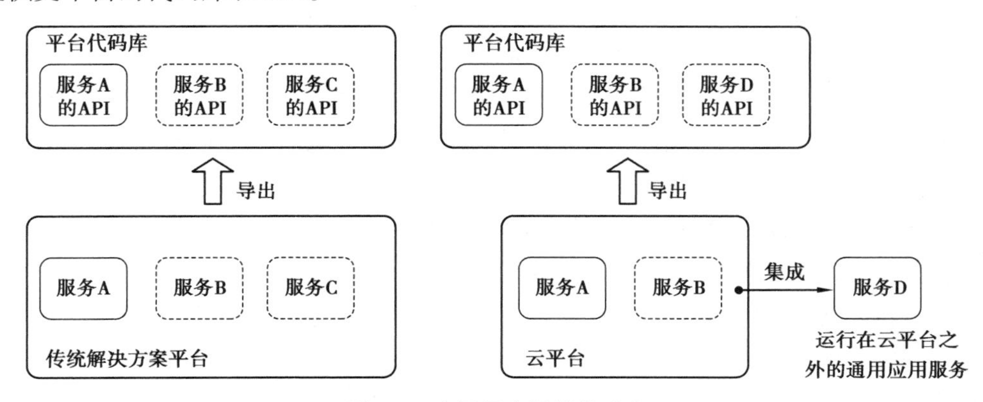


图 2-3　应用平台及其代码库

平台层需要为用户提供应用的开发和测试环境,通常,这样的环境有两种实现方式:

①通过网络向软件开发者提供在线的应用开发和测试环境,即一切的开发测试任务都在服务器端完成。这样做的好处是开发人员不需要安装和配置开发软件,但需要平台层提供良好的开发体验,而且要求开发人员所在的网络稳定且有足够的带宽。

②提供离线的集成开发环境,为开发人员提供与真实运行环境非常类似的本地测试环境,支持开发人员在本地进行开发与测试。这种离线开发的模式更符合大多数开发人员的

经验，也更容易获得良好的开发体验。在开发测试结束以后，开发人员需要将应用上传到云中，让它运行在平台层上。

**2）运行环境**

完成开发测试工作以后，开发人员需要做的就是对应用进行部署上线。应用上线首先要将打包好的应用上传到远程的云平台上。然后，云平台通过解析元数据信息对应用进行配置，使应用能够正常访问其所依赖的平台服务。平台层的不同用户之间是完全独立的，不同的开发人员在创建应用的时候不可能对彼此应用的配置及其如何使用平台层进行提前约定，配置冲突可能导致应用不能正常运行。因此，在配置过程中需要加入必要的验证步骤，以避免冲突的发生。配置完成之后，将应用激活即可使其进入运行状态。

以上云应用的部署激活是平台层的基本功能。此外，该层还需要具备更多的高级功能来充分利用基础设施层提供的资源，通过网络交付给客户高性能、安全可靠的应用。为此，平台层与传统的应用运行环境相比，必须具备三个重要的特性：隔离性、可伸缩性和资源的可复用性。

①隔离性具有两个方面的含义，即应用间隔离和用户间隔离。应用间隔离是指不同应用之间在运行时不会相互干扰，包括对业务和数据的处理等各个方面。应用间隔离保证应用都运行在一个隔离的工作区内，平台层需要提供安全的管理机制对隔离的工作区进行访问控制。用户间隔离是指同一解决方案中不同用户之间的相互隔离，比如对不同用户的业务数据相互隔离，或者每个用户都可以对解决方案进行自定义配置而不影响其他用户的配置。

②可伸缩性是指平台层分配给应用的处理、存储和带宽能够根据工作负载或业务规模的变化而变化，即工作负载或业务规模增大时，平台层分配给应用的处理能力能够加强；当工作负载或者业务规模下降时，平台层分配给应用的处理能力可以相应减弱。比如，当应用需要处理和保存的数据量不断增大时，平台层能够按需增强数据库的存储能力，从而满足应用对数据存储的需求。可伸缩性对于保障应用性能、避免资源浪费都是十分重要的。

③资源的可复用性是指平台层能够容纳数量众多的不同应用的通用平台，满足应用的扩展性。当用户应用业务量提高、需要更多的资源时，可以向平台层提出请求，让平台层为其分配更多的资源。当然，这并不是说平台层所拥有的资源是无限的，而是通过统计复用的办法使得资源足够充裕，能够保证应用在不同负载下可靠运行，用户可以随时按需索取。这就需要平台层所能使用的资源数量本身是充足的，并要求平台层能够高效利用各种资源，对不同应用所占有的资源根据其工作负载变化来进行实时动态的调整。

**3）运维环境**

随着业务和客户需求的变化，开发人员往往需要改变现有系统从而产生新的应用版本。云计算环境简化了开发人员对应用的升级任务，因为平台层提供了升级流程自动化向导。为了提供这一功能，云平台要定义出应用的升级补丁模型及一套内部的应用自动化升级流程。当应用需要更新时，开发人员需要按照平台层定义的升级补丁模型制作应用升级补丁，使用平台层提供的应用升级脚本上传升级补丁、提交升级请求。平台层在接收到升级请求后，解析升级补丁并执行自动化的升级过程。应用的升级过程需要考虑两个重要问题：

①升级操作的类型对应用可用性的影响，即在升级过程中客户是否还可以使用老版本的应用处理业务；

②升级失败时如何恢复，即如何回应升级操作对现有版本应用的影响。

在应用运行过程中，平台层需要对应用进行监控。一方面，用户通常需要实时了解应用的运行状态，比如应用当前的工作负载及是否发生了错误或出现异常状况等。另一方面，平台层需要监控解决方案在某段时间内所消耗的系统资源，不同目的的监控所依赖的技术是不同的。对于应用运行状态的监控，平台层可以直接检测到响应时间、吞吐量和工作负载等实时信息，从而判断应用的运行状态。比如，可以通过网络监控来跟踪不同时间段内应用所处理的请求量，并由此来绘制工作负载变化曲线，根据相应的请求响应时间来评估应用的性能。

对于资源消耗的监控，可以通过调用基础设施层服务来查询应用的资源消耗状态，这是因为平台层为应用分配的资源都是通过基础设施层获得的。比如通过使用基础设施层服务为某应用进行初次存储分配。在运行时，该应用同样通过调用基础设施层服务来存储数据。这样，基础设施层记录了所有与该应用存储相关的细节，以供平台层查询。

用户所需的应用不可能是一成不变的，市场会随着时间推移不断改变，总会有一些新的应用出现，也会有老的应用被淘汰。因此，平台层需要提供卸载功能帮助用户淘汰过时的应用。平台层除了需要在卸载过程中删除应用程序，还需要合理地处理该应用所产生的业务数据。通常，平台层可以按照用户的需求选择不同的处理策略，如直接删除或备份后删除等。平台层需要明确应用卸载操作对用户业务和数据的影响，在必要的情况下与用户签署书面协议，对卸载操作的功能范围和工作方式作出清楚说明，避免造成业务上的损失和不必要的纠纷。

平台层运维环境应该具备统计计费功能。这个计费功能包括两方面：①根据应用的资源使用情况，对使用了云平台资源的 ISV 计费，这一点前面在基础设施层的资源监控功能中有所提及；②根据应用的访问情况，帮助 ISV 对最终用户进行计费。通常，平台层会提供诸如用户注册登录、ID 管理等平台层服务，通过整合这些服务，ISV 可以便捷地获取最终用户对应用的使用情况，并在这些信息的基础上加入自己的业务逻辑，对最终用户进行细粒度的计费管理。

### 2.2.2　PaaS 的优势

一般来说，与现有的基于本地的开发和部署环境相比，PaaS 平台主要在下面这六方面有非常大的优势：

①友好的开发环境。PaaS 平台通过提供 SDK（Software Development Kit，软件开发工具包）和 IDE（Integrated Development Environment，集成开发环境）等工具来让用户不仅能在本地方便地进行应用的开发和测试，而且能够进行远程部署。

②丰富的服务。PaaS 平台会以 API 的形式将各种各样的服务提供给上层的应用。系统软件(比如数据库系统)、通用中间件(比如认证系统,高可靠消息队列系统)、行业中间件(比如 OA 流程,财务管理等)都可以作为服务提供给应用开发者使用。

③精细的管理和监控。PaaS 能够提供应用层的管理和监控,能够观察应用运行的情况和具体数值(如吞吐量和响应时间等)来更好地衡量应用的运行状态,还能够通过精确计量应用所消耗的资源进行计费。

④伸缩性强。PaaS 平台会自动调整资源来帮助运行于其上的应用更好地应对突发流量。当应用负载突然提升的时候,平台会在很短时间(1 分钟左右)内自动增加相应的资源来分担负载。当负载高峰期过去以后,平台会自动回收多余的资源,避免资源浪费。

⑤多租户(Multi-Tenant)机制。PaaS 平台具备多租户机制,能让一个单独的应用实例为多个组织服务,而且能保持良好的隔离性和安全性。通过这种机制,不仅能更经济地支撑庞大的用户规模,而且能够提供一定的可定制性以满足用户的特殊需求。关于多租户将在 2.3 节详细介绍。

⑥整合率和经济性。PaaS 平台的整合率是非常高的,比如 PaaS 的代表 Google App Engine 能在一台服务器上承载成千上万的应用。而普通的 IaaS 平台的整合率最多也不会超过 100,而且普遍在 10 左右,使得 IaaS 的经济性不如 PaaS。

### 2.2.3 主要的 PaaS 产品

小企业软件工作室非常适合使用 PaaS,通过使用云平台,可以创建世界级的产品,而不需要负担内部生产的开销。目前,PaaS 的主要提供者包括 Force. com、Google App Engine、Windows Azure、Heroku、新浪 SAE 等。

①Force. com。Force. com 是业界第一个 PaaS 平台,主要通过提供完善的开发环境和强健的基础设施等来帮助企业和第三方供应商交付健壮的、可靠的和可伸缩的在线应用。而且,Force. com 本身是基于 Salesforce 著名的多租户的架构。

②Google App Engine。Google App Engine 提供 Google 的基础设施来让大家部署应用。它还提供一整套开发工具和 SDK 来加速应用的开发,并提供大量的免费额度来节省用户的开支。

③Windows Azure Platform。它是微软推出的 PaaS 产品,并运行在微软数据中心的服务器和网络基础设施上,通过公共互联网来对外提供服务,它由具有高扩展性的云操作系统、数据存储网络和相关服务组成。还有,其附带的 Windows Azure SDK(软件开发包)提供了一整套开发、部署和管理 Windows Azure 云服务所需要的工具和 API。

④Heroku。作为最开始的云平台之一,Heroku 初始是一个用于部署 Ruby On Rails 应用的 PaaS 平台,但后来增加了对 Java、Node. js、Scala、Clojure、Python 以及(未记录在正式文件上)PHP 和 Perl 的支持。2010 年,Heroku 被 Salesforce. com 收购。

⑤新浪 SAE。作为国内最早最大的 PaaS 服务平台,Sina App Engine(SAE)选择 Web 开发语言 PHP 作为首选的支持语言,使 Web 开发者可以在 Linux/Mac/Windows 上通过 SVN、

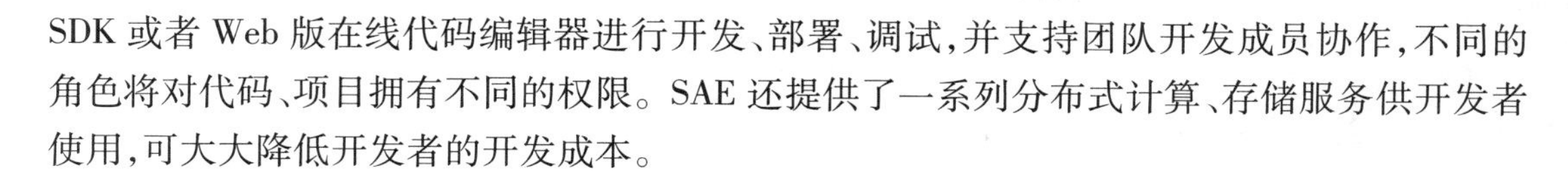

SDK 或者 Web 版在线代码编辑器进行开发、部署、调试，并支持团队开发成员协作，不同的角色将对代码、项目拥有不同的权限。SAE 还提供了一系列分布式计算、存储服务供开发者使用，可大大降低开发者的开发成本。

## 2.3　软件即服务

软件即服务(SaaS)是最常见的云计算服务，位于云计算三层架构的顶端。软件即服务是将软件服务通过网络(主要是互联网)提供给客户，客户只需通过浏览器或其他符合要求的设备接入使用即可。SaaS 所提供的软件服务都是由服务提供商或运营商负责维护和管理，客户根据自身需求进行租用，从而消除了客户购买、构建和维护基础设施和应用程序的过程。SaaS 的概念早已有之，是一种创新的软件应用模式。

### 2.3.1　SaaS 的特性

与传统软件相比，SaaS 服务依托于软件和互联网，不论从技术角度还是商务角度都拥有与传统软件不同的特性，具体表现在：

①互联网特性。一方面，SaaS 服务通过互联网浏览器或 Web Services/Web 2.0 程序连接的形式为用户提供服务，使得 SaaS 应用具备了典型互联网技术特点；另一方面，由于 SaaS 极大地缩短了用户与 SaaS 提供商之间的时空距离，从而使得 SaaS 服务的营销、交付与传统软件相比有着很大的不同。

②多租户特性。SaaS 服务通常基于一套标准软件系统为成百上千的不同租户提供服务。这要求 SaaS 服务能够支持不同租户之间数据和配置的隔离，从而保证每个租户数据的安全与隐私，以及用户对诸如界面、业务逻辑、数据结构等的个性化需求。由于 SaaS 同时支持多个租户，每个租户又有很多用户，这对支撑软件的基础设施平台的性能、稳定性、扩展性提出很大挑战。

③服务特性。SaaS 使得软件以互联网为载体的服务形式被客户使用，所以服务合约的签订、服务使用的计量、在线服务质量的保证、服务费用的收取等问题都必须考虑。而这些问题通常是传统软件没有考虑到的。

④可扩展特性。可扩展性意味着最大限度地提高系统并发性，更有效地使用系统资源。

⑤可配置特性。SaaS 通过不同的配置满足不同用户的需求，而不需要为每个用户进行定制，以降低定制开发的成本。但是，软件的部署架构没有太大的变化，依然为每个客户独立部署一个运行实例。只是每个运行实例运行的是同一份代码，通过配置的不同来满足不同客户的个性化需求。在 SaaS 模式的使用环境中，一般使用元数据(Metadata)来为其终端用户配置系统的界面以及相关的交互行为。

⑥随需应变特性。传统应用程序被封装起来或在外部被主程序控制，无法灵活地满足新的需求。而 SaaS 模式的应用程序则是随需应变的，应用程序的使用将是动态的，提供了集成的、可视化的或自动化的特性。随需应变应用程序帮助客户面对新时代不断的需求变

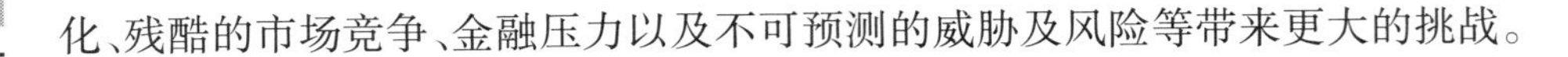
化、残酷的市场竞争、金融压力以及不可预测的威胁及风险等带来更大的挑战。

### 2.3.2 多租户 SaaS 架构

SaaS 服务本质上是一种技术的进步,这涉及 SaaS 服务所采用的架构。SaaS 服务的架构可以分为三种,分别为:多用户(Multi-user)、多实例(Multi-instance)、多租户(Multi-tenant)。其中,多租户模式具有较强的软件配置能力,在商业 SaaS 服务中最为常见。

**1)多租户架构**

首先,需要厘清三个概念,即多用户、单租户、多租户。

多用户,即不同的用户拥有不同的访问权限,但是多个用户共享同一个实例。

单租户,又被称作多实例(Multi-instance),指的是为每个用户单独创建各自的软件应用和支撑环境。通过单租户的模式,每个用户都有一份分别放在独立的服务器上的数据库和操作系统,或者使用强的安全措施进行隔离的虚拟网络环境中。

多租户①,也称为多重租赁技术,是一种软件架构技术,它是在探讨与实现如何于多用户的环境下共用相同的系统或程序组件,并且仍可确保各用户间数据的隔离性。

多租户是实现 SaaS 的核心技术之一。通常,应用程序支持多个用户,但是前提是它认为所有用户都来自同一个组织。这种模型适用于未出现 SaaS 的时代,组织会购买一个软件应用程序供自己的成员使用。但是在 SaaS 和云的世界中,许多组织都将使用同一个应用程序;它们必须能够允许自己的用户访问应用程序,但是应用程序只允许每个组织自己的成员访问其组织的数据。从架构层面来说,SaaS 和传统技术的重要区别就是多租户模式。

多租户是决定 SaaS 效率的关键因素。它将多种业务整合到一起,降低了面向单个租户的运营维护成本,实现了 SaaS 应用的规模经济,从而使得整个运维成本大大减少,同时使收益最大化。多租户实现了 SaaS 应用的资源共享,充分利用了硬件、数据库等资源,使服务供应商能够在同一时间内支持多个用户,并在应用后端使用可扩展的方式来支持客户端访问以降低成本。而对用户而言,他们是基于租户隔离的,同时能够根据自身的独特需求实现定制。

在一个多租户的结构下,应用都是运行在同样或者是一组服务器下,这种结构被称为“单实例”架构(Single Instance),单实例多租户。多个租户的数据保存在相同位置,依靠对数据库分区来实现隔离操作。既然用户都在运行相同的应用实例,服务运行在服务供应商的服务器上,用户无法去进行定制化的操作。因此,多租户比较适合通用类需求的客户,即不需要对主线功能进行调整或者重新配置的客户。

**2)多租户的实现方案**

多租户就是说多个租户共用一个实例,租户的数据既有隔离又有共享,说到底就是如何解决数据存储的问题。目前,SaaS 多租户在数据存储上存在三种主要的方案,分别是完全隔

---

① 对于一个软件服务来说每一个用户都称为一个租户。

离、部分共享以及完全共享。下面就分别对这三种方案进行介绍。

①完全隔离:每个租户使用单独的数据库。

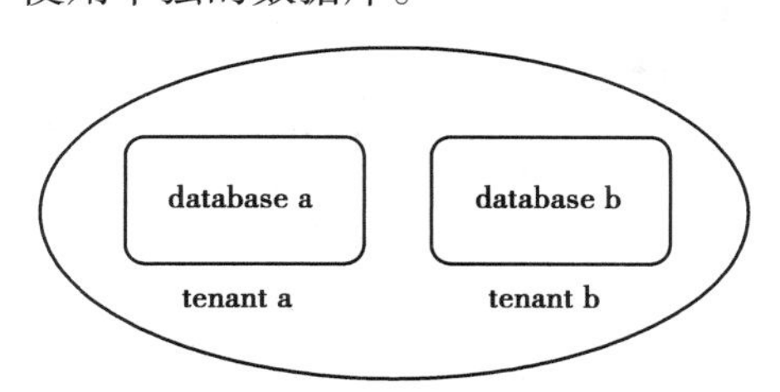


图 2-4　完全隔离方案

这是第一种方案,即一个租户(Tenant)有一个数据库(Database)。这种方案的用户数据隔离级别最高,安全性最好,但成本也高。

优点:为不同的租户提供独立的数据库,有助于简化数据模型的扩展设计,满足不同租户的独特需求;如果出现故障,恢复数据比较简单。

缺点:增大了数据库的安装数量,随之带来维护成本和购置成本的增加。

这种方案与传统的一个客户、一套数据、一套部署类似,差别只在于软件统一部署在运营商那里。如果面对的是银行、医院等需要非常高数据隔离级别的租户,可以选择这种模式,提高租用的定价。如果定价较低,产品走低价路线,这种方案一般对运营商来说是无法承受的。

②部分共享:共享数据库,但是使用单独的模式。

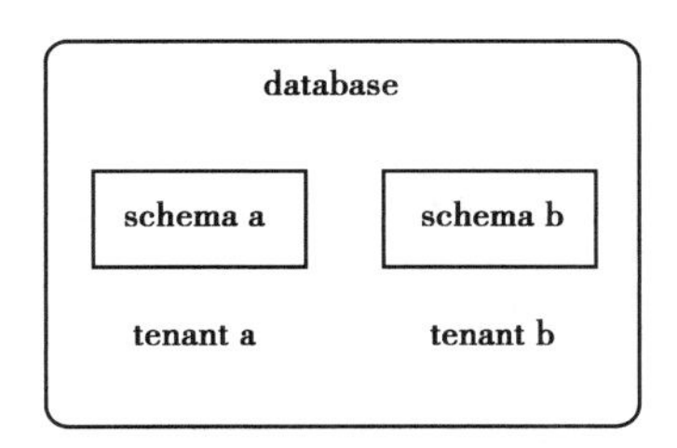


图 2-5　部分共享方案

这是第二种方案,即多个或所有租户共享一个数据库,但每个租户都有一个模式(Schema)。

优点:为安全性要求较高的租户提供了一定程度的逻辑数据隔离,并不是完全隔离;每个数据库可以支持更多的租户数量。

缺点:如果出现故障,数据恢复比较困难,因为恢复数据库将牵扯到其他租户的数据。

如果需要跨租户统计数据,存在一定困难。

③完全共享:使用相同的数据库和相同的模式。

这是第三种方案,即租户共享同一个数据库、同一个模式,但在表中通过 tenantID 来区分租户的数据。即每插入一条数据时都需要有一个客户的标识,这样才能在同一张表中区分出不同客户的数据。这是共享程度最高、隔离级别最低的模式。

优点:维护和购置成本最低,允许每个数据库支持的租户数量最多。

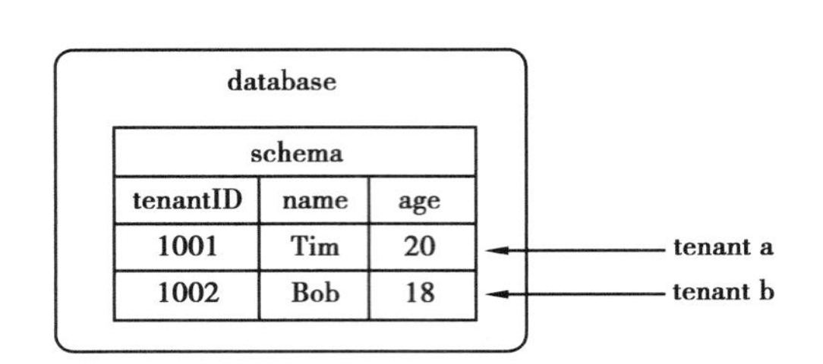


图 2-6 完全共享方案

缺点:隔离级别最低,安全性最低,需要在设计开发时加大对安全的开发量;数据备份和恢复最困难,需要逐表逐条备份和还原。

如果希望以最少的服务器为最多的租户提供服务,并且租户接受以牺牲隔离级别换取降低成本,这种方案最适合。

### 2.3.3 主要的 SaaS 产品

SaaS 是一种全新的软件应用模式,它通过互联网提供软件服务,以成本低、部署迅速、定价灵活及满足移动办公而颇受企业欢迎。SaaS 产品种类众多,既有面向普通用户的,也有直接面向企业团体的,用以帮助处理工资单流程、人力资源管理、协作、客户关系管理和业务合作伙伴关系管理等。本书将为读者主要介绍以下几种:

①Salesforce. com——全球排名第一的 SaaS 应用

Salesforce. com 是 CRM 与云计算领域的领导者。自 1999 年成立以来,全球已经有超过 150 000 家公司选择了 Salesforce. com。Salesforce. com 提供按需定制的软件服务,用户每个月需要支付类似租金的费用来使用网站上的各种服务,这些服务涉及客户关系管理(CRM)的各个方面,从普通的联系人管理、产品目录到订单管理、机会管理、销售管理等。Salesforce. com 所提供的 CRM 解决方案,可以帮助企业简化业务流程并实现自动化,支持公司的每位员工均获得完整的客户视图,支持深入分析并查看主要销售指标和客户指标,并使每位员工均可在保留现有客户的同时集中精力赢得新客户。实践证明,基于 SaaS、无需安装软硬件、在线租用、按需付费的 Salesforce CRM 给客户带来了巨大成功。

②用友畅捷通——小微企业 SaaS 模式成功应用的典范

畅捷通隶属于中国最大的企业级软件服务公司——用友集团。自成立以来,畅捷通基于 SaaS 模式,打造财务及管理服务平台,向小微企业提供财务专业化服务及信息化服务,致力于建立“小微企业服务生态体系”。平台服务范畴主要包括以代理记账报税为核心,涵盖审计、社保、工商代理等范畴的专业化服务。平台还为财务人员提供财税知识、培训与交流等咨询服务的会计家园社区;为小型微型企业提供财务及管理云应用服务(易代账、好会计、工作圈、客户管家等);还面向不同成长阶段的小微企业提供专业的会计核算及进销存等管理软件(T1 系列、T3 系列、T6 系列、T + 系列)。该平台的建立在一定程度上改变着中国整个财务服务产业,也提供了基于互联网的全新业务模式。

③金蝶云之家——中国领先的移动工作平台

作为国内老牌传统软件商,金蝶软件一直在拥抱 SaaS 和致力于互联网软件的转型升

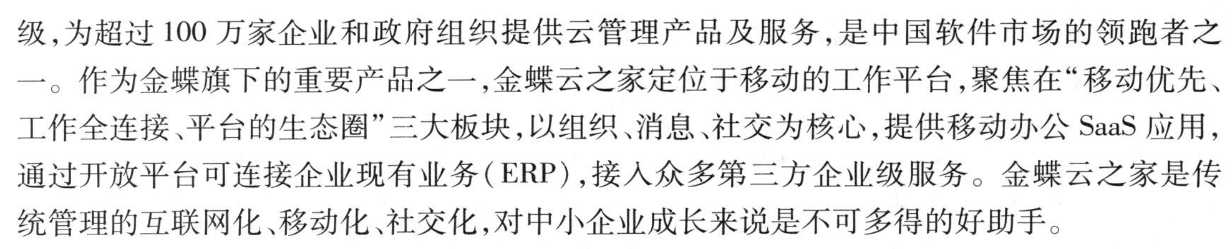

级，为超过 100 万家企业和政府组织提供云管理产品及服务，是中国软件市场的领跑者之一。作为金蝶旗下的重要产品之一，金蝶云之家定位于移动的工作平台，聚焦在“移动优先、工作全连接、平台的生态圈”三大板块，以组织、消息、社交为核心，提供移动办公 SaaS 应用，通过开放平台可连接企业现有业务（ERP），接入众多第三方企业级服务。金蝶云之家是传统管理的互联网化、移动化、社交化，对中小企业成长来说是不可多得的好助手。

④八百客——中国在线 CRM 开拓者

八百客作为中国企业云计算、SaaS 市场和技术的领导者，大型企业级客户关系管理提供商，其早期的发展源于对 Salesforce. com 的复制。但八百客本土化优势明显，不断满足中国企业的本土化、规范化、多元化等多种需求。当 Salesforce. com 在中国发展裹足不前时，八百客相继推出了包含 CRM、OA、HR 社交论坛等功能的企业套件，成为成熟的在线 CRM 供应商。目前，八百客注册账户总数量超过 50 万，正式用户超过 10 000。其旗下的 800APP 界面简洁，功能强大，有超强的自定制功能，任何时间、任何地点上网即用，能够让销售人员管理好从销售线索、跟进到转化为订单的整个过程，并且可以看到销售的整体状况及每个销售人员的表现，同时还能帮助企业防止撞单、减少客户流失、提高销售成功率。

⑤XTools——打造最懂业务的销售管理平台

XTools 作为国内知名的客户关系管理提供商，自 2004 年成立以来，一直致力于 SaaS 模式，为中小企业提供在线 CRM 产品和服务，帮助企业低成本、高效率地进行客户管理与销售管理。随着应用的深入，XTools 的产品线已十分全面，形成了以 CRM 软件为核心、综合电子账本、来电精灵和销售自动化为辅助的企业管理软件群。2012 年，XTools 转型移动 CRM，并推出行业极具代表性的移动产品随身行和打天下，为企业用户提供多元化的移动办公服务，并形成“应用 + 云服务”的整体 CRM 解决方案。同时，XTools 向中国几千万家中小企业发布“企业维生素”理念，并通过 XTools 系列软件让企业能够真正感受到科学管理思想带来的销售提升。

## 本章小结

本章主要介绍了云计算的基本框架，先后讨论了基础设施即服务 IaaS 的基本功能、优势及主要产品，平台即服务 PaaS 的核心功能、优势及主要产品，并重点探讨了软件即服务 SaaS 的特征、多租户架构与实现方案以及主要产品等。

### 扩展阅读

#### IaaS，PaaS，SaaS：应该选择哪一个？

在云计算的早期阶段，企业面临的最大问题是：它们是否应该使用公共云服务？如今，几乎所有的组织都在采用一些公共云服务，所面临的问题变成了：企业应该使用哪种云服务，是基础设施即服务（IaaS），平台即服务（PaaS），还是软件即服务（SaaS）？

根据调研机构 IDC 公司最新的全球公共云服务支出调查预测，云计算支出增长速度比整体 IT 支出快 7 倍。目前,云计算最流行的交付模式是 SaaS,该交易模式在 2017 年约占云计算支出的 2/3。但根据 IDC 公司的预测,到 2020 年,IaaS 和 PaaS 支出的增长速度将超过 SaaS 支出。SaaS 支出可能会下降到公共云总收入的 60% 左右。

显然,这三种云交付模式都具有吸引新用户的优势,它们也都有一些缺点,可能会使它们不适合某些用例。因此,企业需要深入了解所有三种云计算模式。

BMC Software 公司制作了一张图表,通过所管理 IT 堆栈的不同部分来说明 IaaS、PaaS 和 SaaS 之间的主要差异,如图 2-7 所示。

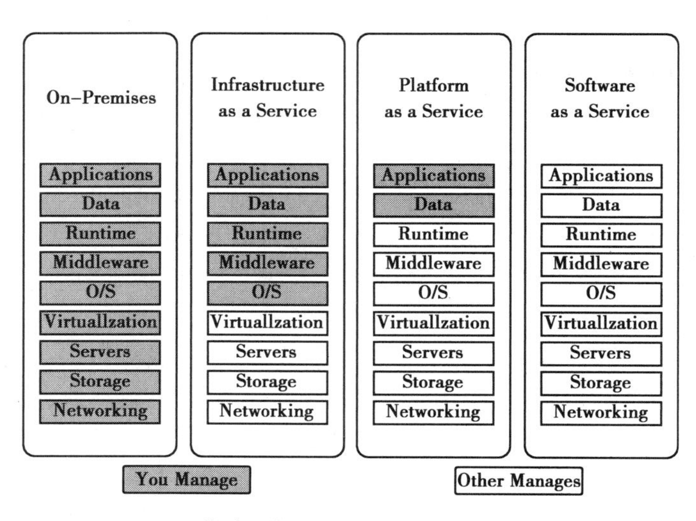


图 2-7　传统架构、IaaS、PaaS、SaaS 的结构分层

◆ IaaS 的优点和缺点

作为目前流行的第二种云计算交付物模式,IaaS 提供云计算的所有典型优势,如可扩展性、灵活性、位置独立性,以及潜在的更低成本等。

而与 PaaS 和 SaaS 相比,IaaS 最大的优势在于它提供的灵活性和定制化。领先的云计算供应商提供广泛的不同计算和存储实例,使客户能够选择最符合他们需求的性能特征。一些供应商还允许使用裸机服务器,这使得客户能够以他们想要的方式完全配置他们的云计算服务器,就像他们购买硬件在自己的数据中心部署时一样。这种自定义功能可以轻松设置公共云服务,使其能够准确反映组织的数据中心基础设施。这简化了将原有应用程序迁移到云端,建立混合云环境或将企业的基于云计算的应用程序和数据与现有工具和其他软件集成的过程。

IaaS 按客户实际使用的资源向其收费,这可能会导致一些组织的成本降低。但 IaaS 不一定能提供最低的总体拥有成本(TCO)。企业的 IT 团队仍将承担管理大量 IT 堆栈的责任。另外,IaaS 成本可能无法预测。云计算如此吸引人的简单扩展也可能导致账单高于企业预期,更不用说有时会启动实例并忘记关闭实例,这也会增加总成本。

◆ PaaS 的优点和缺点

根据图 2-7,PaaS 将更多的 IT 管理责任从客户转移到云计算供应商。通常,这些服务旨在通过将创建特定类型应用程序所需的工具捆绑在一起来简化应用程序开发过程。

作为目前最不流行的云计算交付模式,PaaS 也正在以最快的速度增长。根据 Crowd

Research Partners 的调查,28% 的受访企业目前使用 PaaS 进行生产,51% 的企业计划在未来部署。

PaaS 的好处与 IaaS 的好处非常相似,但 PaaS 需要更少的时间和技巧来管理。这可能会导致较低的 TCO。PaaS 提供的与其他云交付模式相关的最大优点是可以加速新应用的开发和部署。因此,对于创建新的基于云计算的应用程序的企业应用程序开发团队而言,这通常是一个不错的选择。PaaS 在 DevOps 团队中特别受欢迎。

而不利的一面是,像 IaaS 一样,PaaS 可能导致不可预知的费用,特别是在应用规模扩大的情况下。与 IaaS 相比,它提供更少的灵活性,更少的客户控制以及更多的供应商锁定潜力。尽管一些供应商提供的 PaaS 产品不需要编码技能,但大多数产品需要一些基本的编程知识。PaaS 虽然比 IaaS 更易于部署,但并不像 SaaS 那么容易使用。

◆ SaaS 的优点和缺点

作为最流行的云交付形式,SaaS 最大的好处是易于使用。不需要用户具有任何特殊技能,并且在大多数情况下,可以在几分钟甚至几秒钟内开始使用 SaaS 应用程序。它们通常也具有较低的可预测成本。大多数 SaaS 供应商按用户收取每月费用,因此企业可以提前知道他们每个月的账单。

这种交付模式的缺点是 IT 团队具有很少的控制权或没有控制权。在某些情况下,工作人员可能会在未获得 IT 知识或认可的情况下访问 SaaS 应用程序,这可能会导致访问和保护存储在这些应用程序中的任何数据难以管理。供应商可能有权访问某些数据,这可能违反了某些组织的合规性要求或隐私政策。此外,一些 SaaS 应用程序可能无法与组织使用的其他软件或工具集成。

尽管存在这些缺点,SaaS 通常非常适合没有大型 IT 团队的小型企业。这也是为移动访问或替换本地安装的应用程序以用于办公生产力、客户关系管理(CRM)和电子邮件等用途的理想选择。

那么,到底 IaaS、PaaS、SaaS 哪种方式适合?答案取决于具体的用例。有些组织可能会发现自己使用这三种方法。例如,一家大型企业可能会使用 Microsoft Office 365 和 Salesforce 等 SaaS 应用程序,同时将部分内部应用程序迁移到 IaaS,并通过 PaaS 开发面向客户的新应用程序。表 2-1 详细说明了 IaaS、PaaS 与 SaaS 的适用范围,并为一种云交付模式可能比其他交付模式更好的情况提供了指导。

**表 2-1　IaaS、PaaS 与 SaaS 的适用范围**

| 云计算服务模式 | 适用范围 |
| --- | --- |
| IaaS | • 组织将现有工作负载迁移到云中<br>• 混合云环境<br>• 拥有大量 IT 人员的大型企业<br>• 具有可移动到云中的现有软件许可证的组织 |
| PaaS | • 开发人员创建新的云原生应用程序<br>• DevOps 团队<br>• 拥有自定义内部应用程序的大型组织 |

续表

| 云计算服务模式 | 适用范围 |
| --- | --- |
| SaaS | • 拥有最少 IT 人员的小型组织<br>• 需要移动访问的应用程序<br>• 替换特定类型的商业软件 |

资料来源：IaaS vs PaaS vs SaaS：应该选择哪一个？
（企业网 DINet）

## 思考题

1. IaaS、PaaS、SaaS 的主要功能分别包括哪些？
2. IaaS、PaaS 分别有哪些优势？
3. 与传统软件相比，SaaS 有哪些特性？
4. SaaS 服务的架构主要有哪几种？
5. 什么是单租户、多租户？

# 第 3 章
# 云计算的商业价值

### 本章导读

云计算作为一种全新的服务模式，改变了传统软硬件等资源的交付和使用方式，成为引领新一代信息技术创新的关键战略性新兴产业。云计算带来的不仅仅是一场技术的变革，也是商业模式的变革。云计算商业模式的变革已不限于 IT 业，已被延伸至 IT 之外的产业，并影响到很多企业的经营思维。毋庸置疑，云计算将是下一代互联网技术的发展方向，云计算将改变传统的商业模式，带来巨大的商业价值。因此，本章将从经济学的角度分析云计算服务，并介绍云计算典型的应用场景，让读者进一步明确云计算的商业价值。

## 3.1　云计算的经济学分析

云计算作为一种新兴的共享基础架构的方法，是对包括网格计算在内的计算模式的集成和发展。全球第二大市场研究机构 Markets and Markets 预计，2023 年全球云计算市场的规模将达到 6 233 亿美元。在这种背景下，对云计算的经济学分析显得尤为重要。

最早出现在人们眼中的对云计算经济属性讨论的文章是 Jim Gray 在 2003 年 3 月发表的一篇题为《分布式计算经济学(Distributed Computing Economics)》的论文。在此之后，对云计算经济属性的讨论就一直持续着。

### 3.1.1　按使用量付费的意义

目前，云计算服务的收费非常灵活，用户按照月或年或使用量来付费。

按使用量付费(Pay Per Use)是服务供应商最常用的定价模式。根据按使用量付费的原则，用户只需要对自己所使用的资源付费。在这种定价模式中，用户需要为使用的单位服务支付固定的价格，一般是按每小时、千兆字节或是每小时 CPU 等计算。目前大部分的云计算供应商都采用这种定价方式，如在 Amazon 的某些云服务中，用户只需要支付自己使用的资源，不存在任何最低消费。

根据伯克利大学的一篇技术报告分析,Amazon 的按使用量付费的价格比购买类似服务器更贵,但是相比于成本支出,云计算的按需服务(即弹性)和按使用量付费模式更为重要。这是因为云计算的弹性和按使用量付费的模式准确地描述了云计算服务用户所能看到的经济方面的好处:云计算将“资本支出”转变成为“经营费用”。以 Amazon 的云计算服务为例,用户使用 Amazon 的云计算服务,3 年租用一台服务器的钱比购买一台服务器(假设每台服务器的使用期限是 3 年)的价钱还要贵,但是在考虑到云计算在弹性计算和转嫁风险方面的经济优势后,按需服务、按使用量付费的云计算服务架构还是非常值得用户选择的。同时,云计算还能够很好地应对市场变化的需求,提高资源利用率,改变机器忙闲不均的使用状况。

云计算能够随意在一个服务器上增加或移除资源,只需要几分钟就可以搜寻到匹配的资源,因此能更好地按需分配资源,而传统方式则需要几个星期的时间才能完成。在一般数据中心,服务器的真实利用率为 5% ~20% 。但是考虑到大多数业务系统的峰值工作量比平均值工作量要高 2 ~10 倍,就比较能够容易理解数据中心的服务器利用率低的问题了。大多数数据中心都会按照峰值准备资源,以便能够应付高峰期,但是在资源使用的非高峰期,服务器难免闲置。峰值越高,浪费越多。下面将给出一个简单的例子来说明,相对于购买,选用弹性方式可以减少浪费,且可以弥补按使用量付费带来的潜在高成本。

假设某企业的服务器有一个可预见的日常需求:白天的峰值是 500 台服务器,而晚间的峰值是 100 台服务器,如图 3-1 所示。

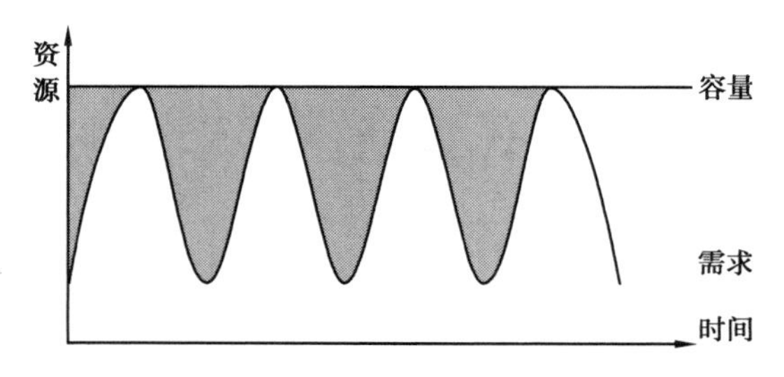


**图 3-1　最大负荷配置的情况**

如果一天中每个时段的平均使用量是 300 台服务器,则一天服务器总的实际使用量是 300 × 24 = 7 200 台,但是如果必须一直提供峰值时刻需要的 500 台服务器,则我们需要 500 × 24 = 12 000 台服务器,是实际所需服务器数的 1.6 倍。

事实上,上面的例子还是低估了按使用量付费的益处。因为最普通的服务也会经历季节性或周期性需求变化(例如,电子商务的峰值在 11—12 月),一些意想不到的需求(如新闻事件)也可能导致峰值。传统数据中心因为需要几周才能完成新装备的申请和安装,所以唯一的办法就是提前预备资源设备以便应付峰值。不过即使峰值预测正确,也会存在浪费,如图 3-1 所示。如果他们高估了峰值,则浪费更多。而如果低估了需求的峰值,部分客户在峰值时没有得到服务(见图 3-2 阴影部分),则会使网站访问速度大幅下降,甚至无法访问,从而导致客户流失。

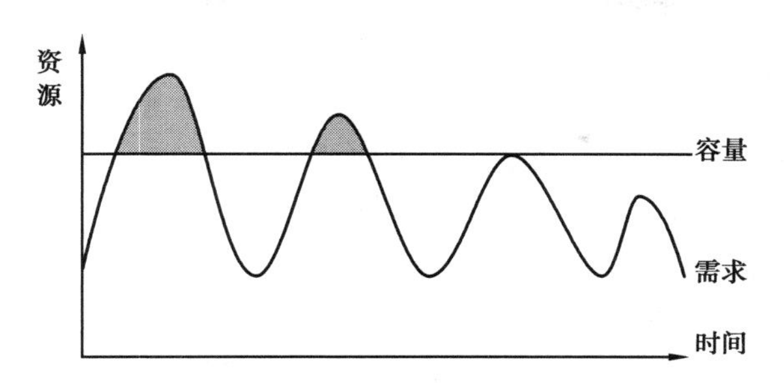


图 3-2　资源配置不足的情况

所以，无论对大型企业还是中小企业，云计算的弹性和按使用量付费模式都是有价值的。没有使用资源的情况下，因为资源闲置，单位时间内成本更高；过高估计峰值，将会导致同样状况；而在低估峰值的情况下，资源配置不足，流失客户，也导致成本上升：由于一部分用户永久离开，但是固定费用保持不变，所以费用只能摊销在较少的用户身上。

### 3.1.2　迁移到云平台的经济分析

云计算在短短的几年时间里逐渐被人们所接受，并得到了迅猛的发展。“金融云”“农业云”“物联网云”等不断涌现，像 Amazon、IBM、阿里巴巴等企业也纷纷搭建起了云计算平台，使得云计算成为实实在在的系统，让用户体验到具体的价值。

为了推进云计算的快速发展，相关支持政策也陆续出台。2018 年 8 月，工信部印发了《推动企业上云实施指南（2018—2020 年）》，指导和促进企业运用云计算加快数字化、网络化、智能化转型升级，同时多地政府也采用财政补贴的形式支持企业上云。但传统行业企业、中小企业对数字化改造能够带来的巨大价值认识不足，大部分企业仍处于观望阶段。为此，本节将具体分析迁移到云平台的经济价值。

**1）基础价值**

表 3-1 是以 AWS（Amazon Web Services，Amazon 网络服务）为参考的 2003 年和 2008 年成本数据的统计。表中提供了 1 美元在 2003 年和 2008 年所能购买资源的比较结果，并且给出了在 2008 年的价格基础上，与 AWS 上租用价值 1 美元的资源的实际成本的对比。

表 3-1　计算资源的成本

| | 互联网带宽/月 | CPU hours（所有内核） | 存储 |
|---|---|---|---|
| 2003 年设备 | 1 Mbps | 2 GHz CPU，2 GB 内存 | 200 GB，50 Mb/s 速率 |
| 2003 年成本 | 100 美元/月 | 2 000 美元 | 200 美元 |
| 2003 年 1 美元的购买力 | 1 GB | 8 CPU hours | 1 GB |
| 2008 年设备 | 100 Mbps | 2 GHz，双通道，<br>4 核/通道，4 GB 内存 | 1 TB，115 Mb/s 速率 |
| 2008 年成本 | 3 600 美元/月 | 1 000 美元 | 100 美元 |

续表

| | 互联网带宽/月 | CPU hours(所有内核) | 存储 |
|---|---|---|---|
| 2008 年 1 美元的购买力 | 2.7 GB | 128 CPU hours | 10 GB |
| 性价比提升率 | 2.7 倍 | 16 倍 | 10 倍 |
| 2008 年 AWS 上租用价值 1 美元资源的租金 | 0.27～0.40 美元 | 2.56 美元 | 1.20～1.50 美元 |

由上述分析可见,计算成本 5 年来大大地降低了,而网络成本 5 年来也有所降低。不过从表面上看,似乎 2008 年购买硬件比支付云计算资源使用费更合算。这是为什么呢? 因为这个简单分析遗漏了几个重要因素。

(1)传统数据中心中的每个资源不能单独付费

大多数应用程序所使用的计算能力、存储和网络带宽是不同的:有些应用主要使用 CPU,有些应用主要使用网络资源等,且可能出现一个资源不够用,而另一个资源没能得到充分使用的情况。按使用量付费的云计算则可以按照各种资源的使用量单独付费,从而降低了资源浪费。虽然各应用确切的节约数量不同,但假定一个应用只能利用 50% 的 CPU 计算能力,还是必须要支付 100% 的 CPU 成本才能运行这个应用。因此,不是 2.56 美元租用一个价值 1 美元的 CPU 资源,其更精确的表述应该是用 2.56 美元租用了价值 2 美元的 CPU 资源。

(2)电力、制冷和场地的成本

在上述分析中,缺少了电力、制冷以及场地的摊销成本。据粗略估计,均摊这些成本之后,CPU、存储和带宽的费用会翻倍。根据这个估计的结果,在 2008 年购买 128 小时的 CPU 其实要花费 2 美元,不是 1 美元,而在 EC2 上要 2.56 美元。同样,10 GB 的磁盘空间成本为 2 美元,不是 1 美元,而 S3 的成本为 1.20～1.50 美元。最后,S3 为了可用性和性能,至少需要将数据复制 3 次。这意味着在数据中心要达到同样水平的可用性,成本则要达到 6 美元,而在 S3 上购买的费用是 1.2～1.5 美元,不到自购的 1/4。

(3)数据中心的运营成本

一般企业的数据中心都会配备一定规模的运维人员,包括服务器、网络和软件相关的技术人员,以便确保 IT 系统的正常运营。而当托管在云计算平台时,这些运维工作大部分由云计算供应商来负责,如软件的部署、升级和打补丁等工作可以自动化完成,从而使得运营成本大大降低。

云计算透过新形态的 IT 资源使用模式,使用同样的物理资源做更多的事情,成本更低,效率更高,而且有更加便捷的客户体验。但这些只是非常基础层面的价值,云计算更大的价值在于利用这种全新的 IT 形态所带来的业务创新机会。

**2)商业价值**

云计算因为自身的经济模式属性,彻底改变了传统的商业模式和业务模式,同时也带来

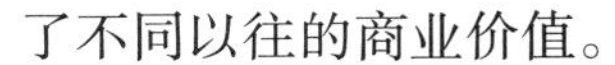

了不同以往的商业价值。

(1)云计算带来规模效应

网格之父 Ian Foster 曾说过:"云计算是一种由规模经济效应驱动的大规模分布式计算模式,可以通过网络向客户提供其所需的计算能力、存储及带宽服务等可动态扩展的资源。"

本节介绍的规模效应主要分为两方面,即服务器的规模和网络效应。

①服务器的规模。根据 James Hamilton 的数据,拥有 50 000 个服务器的特大型数据中心与拥有 1 000 个服务器的中型数据中心相比,特大型数据中心的网络和存储成本只相当于中型数据中心的 1/5 到 1/7,而每个管理员能够管理的服务器数量则扩大到 7 倍之多。因此,对于规模通常达到几十万乃至上百万台计算机的 Google 和 Amazon 云计算而言,其网络、存储和管理成本较之中型数据中心至少可以降低 80% ~85%。

②网络效应。打电话的人越多,意味着电话的网络价值越大。这点还适用于互联网上提供的云计算服务,使用的人越多,价值也就越大。Google 有数以百万计的服务器,但 Google 的固定资产不仅仅是这些服务器,而是网络效应。Google 的搜索结果每天都在根据每个搜索者的搜索结果进行修正,如果说 Google 提供的搜索结果准确率高,那是因为每一个使用者都在为此做出贡献。此外,还有 Amazon 的云计算服务。因为买书的消费者数量巨大,因此 Amazon 可以提供一个非常强大的推荐榜单,这也是根据读者的购买数据统计出来的。Amazon 网站所销售的图书超过一半是靠这个方式卖出去的,这是 Amazon 独有的、不可复制的商业秘密。

从经济学的角度来讲,网络效应加上全球访问带来的结果就是边际成本的递减,效益递增,最终使边际成本趋于零,达到经济学上的最高效率。

(2)云计算带来个性化服务

由于规模、IT 建设水平、业务、部署应用等的差异,不同的用户对于云计算的需求也是千差万别。基于这种差别,云计算服务为用户提供了不同类型、差异化的应用和服务的组合,同时用户也可以根据自己的需求进行应用和服务的组合,实现个性化配置,而不是简单的"一刀切"。例如,国内的云海创想提供的微世界云主机服务。对于那些仅仅需要服务器和存储空间的用户,微世界提供了一系列的基础配置云主机,共有入门级、专业级、部门级和企业级四个级别可供用户选择。用户只需在微世界的网站上自主选择所需云主机的配置,无需购买硬件,自主安装各种软件后,就能配置各种应用;而对于那些需要一定应用的用户,微世界则提供了应用级云主机,在云主机内预装好了各类应用软件,用户无需再次购买、安装这些应用软件,就能享受服务。目前微世界拥有 OA 办公云主机、ERP 云主机、CRM 云主机、OA 云主机、企业网盘云主机、数据库云主机、网站云主机、邮件云主机等多种类型的应用云主机,方便用户自主选择。

(3)云计算带来长尾效应

所谓长尾效益(Long Tail),是指只要产品的存储和流通的渠道足够大,冷门商品所共同占据的市场份额可以和畅销商品所占据的市场份额相匹敌甚至更大,即众多小市场汇聚可产生与主流市场相匹敌的市场能量。

Google 就是一个典型的“长尾”企业,其成长历程就是把广告商和出版商的“长尾”商业化的过程。Google 的 AdSens 降低了广告门槛,使得数以百万计的小企业和个人可以打广告;对成千上万的博客站点和小规模的商业网站来说,在自己的站点放上广告已成举手之劳。Google 目前有一半的生意来自这些小网站而不是搜索结果中放置的广告。此外,Amazon 上冷门书籍的销量加起来超过总销量的70%,而畅销书只占30%,这也是长尾效应。无数的小数积累在一起就是一个不可估量的大数,无数的小生意集合在一起就是一个不可限量的大市场。非常多的个性化需求加起来可以产生巨大价值,所以云计算服务的价值在于开创“蓝海”。

从经济学的属性来看,云计算服务比传统服务具有超过若干个数量级的竞争能力。云计算平台能够以较低的管理边际成本开发新产品,推出新产品,使新业务的启动成本为零,资源不会受限于单一的产品和服务,运营商因此可以在一定投资范围内极大地丰富产品的种类,通过资源的自动调度,满足各个业务需求,尽可能地发挥长尾效益。

(4)云计算带来环保优势

云计算同样还会带来环保方面的优势。虽然云计算的确需要消耗大量的资源,但是和先前的计算模式(比如 Client/Server 等)相比,在能源的使用效率方面,云计算相对高得多。所以,从长期而言,采用云计算对环境还是非常有益处的。

微软的一项新研究证实了关心环保的众企业长久以来的期望:云计算有望帮助企业减少30%甚至更多的能量消耗和碳排放。该研究表明,例如技术巨人微软和 Google 所运营的大型数据中心,其利润依赖于规模经济和运作效率。拥有约100个用户的小型商务,如果将商务应用从实地服务转向云计算,将节约超过90%的净能量和碳消耗。对于服务约1 000用户的中型机构,将节能60%~90%。机构规模越小,受益越大。

云计算带来的环保优势主要体现在以下几个方面:

①云计算可以在不同的应用程序之间虚拟化和共享资源,以提高服务器的利用率。在云中,可以在多个操作系统和应用程序之间共享(虚拟化)服务器,从而减少服务器的数量。更少的服务器意味着更少的空间、更少的电能和更少的污染。

②计算资源集中化将极大提高效率。计算资源集中化,能将工作负载从低效率的企业数据中心转移到高效率的云中(比如,Google 数据中心的能源利用率是普通的企业数据中心2倍以上),并能把许多细小的工作负载整合到一起来增加计算资源的利用率。更重要的是,云计算中心能选择在最合适的地点建设。比如将云计算中心建在电厂旁,以免去电网对电力耗损;也能建在寒冷的北方,从而降低用于制冷的能源投入。

③云计算将提升能源自身运营的效率。比如通过云计算所支撑的智能电网(Smart Grid)方案,将极大地减少电流在传输方面的损耗。因为有很多电力是在传输中被低效的电网所浪费,而不是被使用掉的。

④接入互联网的设备趋向低能耗化。手机、平板和笔记本等移动设备已经逐步替代高能耗的台式机成为上网的首选,而这些设备的能耗大多在传统台式机的1/10左右。

⑤通过接入互联网来进行在线通信和会议,将有效地降低人们出行的次数,从而减少在

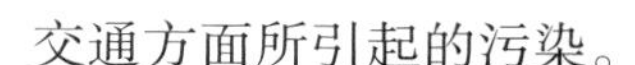

交通方面所引起的污染。

网络效应、个性化服务、长尾效应,环保优势,云计算带来的不仅是 IT 基础设施使用的改变,更重要的是重塑了经济学概念,促进企业业务模式的改变,从而快速迈进服务经济时代。

### 3.1.3　云计算的成本结构分析

在短短几年时间里,云计算被广大用户所接受,越来越多的企业、政府、学校、医疗机构纷纷投入到云计算实践当中。随着云计算的蓬勃发展,运营商吸引用户从传统方式转换为云计算模式,运营商的目光也转移到如何以最小的成本获得最大的收益这样深层次的问题上。为此,需要展开对云计算的成本效益分析。

在云计算中,经济效益的实现被视为两步过程:第一步,只有当收益大于成本时,资源才被应用;第二步,当成本最小时,通过给定的资源实现最大效益。由此可见,成本分析是云计算经济效益分析的重要基础。所以,本节将先为读者分析云计算的成本结构。

**1)云计算的成本结构特点**

目前,已经有一些方法和技术用以对传统数据中心的成本分析,但是云计算的特点使得它们很难被采用去作云计算的成本分析。这是因为云计算服务作为新型的 IT 服务,与以往的 IT 服务不同,具有资源弹性利用和虚拟化的新特点。

(1)资源弹性利用

云计算是一个按需提供的资源服务。用户通过向云申请自己所需要的资源,然后从云上得到反馈,获得所需资源。云计算所采用的架构使得其可以不断地自动适应用户变化的需求。动态可扩展性技术支持云在资源池中实现多次配置,无需人工干预。这就意味着,服务器、软件、能耗以及设施,包括网络关键物理基础设施和电力系统,都可以根据用户需求的变化,在资源池中进行删减。这就使得云计算的成本分析完全不同于传统的数据中心。目前的成本分析技术并没有考虑云计算的弹性特点。它们的计算主要取决于对每个成本项目和所有现金支出的汇总的统计,而忽略了弹性使用对成本计算的影响。且目前的技术无法从不断变化的云计算中得到每一个成本项目的确切数据,用以计算。

云计算的成本分析应该以使用为导向,随着用户不断变化的需求,甚至是用户的规模而改变。

(2)虚拟化

在云计算中,一组通用的服务器承载着多个应用程序。这就允许应用程序工作量整合在较少的服务器上,从而保证其被更好地使用。因为不同的工作量可能有不同的资源利用足迹,且随着时间变化可能会进一步有所不同。为此,虚拟化技术在云计算中被广泛采用。云计算服务提供商将任意用户的应用程序打包成一组虚拟机(VMs),并将虚拟机作为应用程序的资源。

在这种情况下,虚拟机成为云计算中资源的单位,这肯定会影响成本分析。例如,传统的成本计算主要以物理服务器作为单位来计算服务器成本,且考虑更新情况。但采用虚拟

化是在综合使用物理服务器。另一个例子是软件。在云计算服务中,软件以虚拟机的形式授权给用户使用,而不是物理服务器。云计算服务供应商在虚拟机应用的租赁时,将软件借给用户,这就使得在一段时期内,云中的软件被公共使用了,传统的软件成本基于单独价格直接计算的方式已不再适用。

**2)云计算的成本分析方法**

目前,对云计算成本分析的方法并不多,下面介绍其中一种云计算成本分析的方法,是由 IBM 研究所的 Li 等(2009)提出的。他们分析云计算的成本包含两部分:总拥有成本(TCO)和使用成本。

(1)总拥有成本

总拥有成本通常被用来作为商业实施和管理 IT 基础设施的实际成本。它不仅包含资本成本,而且考虑了经营整个 IT 基础设施的成本。综合考虑整个生命周期的消费使得总拥有成本可以适当地作为决定云计算经济价值的成本基础。因此,将云计算总拥有成本视为云计算成本分析的基础。

云计算的总拥有成本一般是指建立和运营一个云所花费的成本。构成云计算总拥有成本的元素可以分为八类:服务器、软件、设施、支持和维护、网络、电力、冷却以及场地。

①服务器成本。云计算中的服务器都被安放在机架中,共同构成一个资源池。用户通过资源池分配到自己需要的应用和服务。计算总拥有成本时,需考虑资源池中所有的服务器。

②软件成本。这个成本主要是用于支付软件使用许可证费用,根据许可方式的不同,有不同的分类方式,相应的成本计算方法也是截然不同的。

③网络成本。与网络相关的成本主要是由交换机、网卡和用来将物理服务器连接到网络的电缆产生。其中,由于网卡、电缆一般是和服务器联合购买的,因此在计算总拥有成本时,网卡和电缆算在物理服务器的价格里。网络成本只需考虑网络交换机的成本。

④支持和维护成本。此项属于软成本,但是也包含了一些重要工作的费用,如软件分发和升级、资产管理、故障排除、流量管理、服务器配置、病毒防护、磁盘保护以及性能维护等产生的费用。

⑤电力成本。云计算中的电力主要用于计算的基础设施(IT 负载),如服务器、网络交换机等,以及网络关键物理基础设施(非 IT 负载),如变压器、不间断电源设备、电源线、风扇、空调、水泵、加湿器、照明等。由于这些是被配置在机架内的,因此电力成本一般按照机架为单位计算。

⑥冷却成本。因为数据中心的能耗被完全转化为热能,所以机架的额定功率与热输出是相等的。

⑦设施成本。设施不是设备,但是对设备的正常运行具有重要作用。它们都被包含在机架内,也是按机架为单位来计算的。

⑧场地成本。由于冷却、电力等特殊基础设施的需求,云计算所需求场地价格通常比标准的商用物业更贵。有数据显示,每平方米额定功率为 40 W 的数据中心的成本约为 4 000

美元。

以上八类成本的总和就是云计算的总拥有成本。当具体计算时,所需要的参数都从运营商或行业统计数据处收集。

(2)使用成本

对云计算来说,仅仅计算和分析总拥有成本是不够的。虽然总拥有成本对评估云计算整个生命周期的 IT 成本是有帮助的,但是它更适合被用来评估基础成本,而不是云上弹性资源的传递成本。总拥有成本包含资源池内所有服务器及所有支持这些服务器的设施等的成本。但是云只是使用了这些服务器和其他类别的资源的部分以满足用户的要求。被使用的部分资源的成本很容易随着各种工作负载的变化而不断变化,于是需要计算由用户使用带来的成本,这里被称为使用成本。使用成本的计算将考虑到云计算的虚拟化和弹性化特性。

完全不同于传统的成本核算方式,这里采用虚拟主机为使用成本的输入,并采用一个三层结构的推导模型来计算使用成本,如图 3-3 所示。

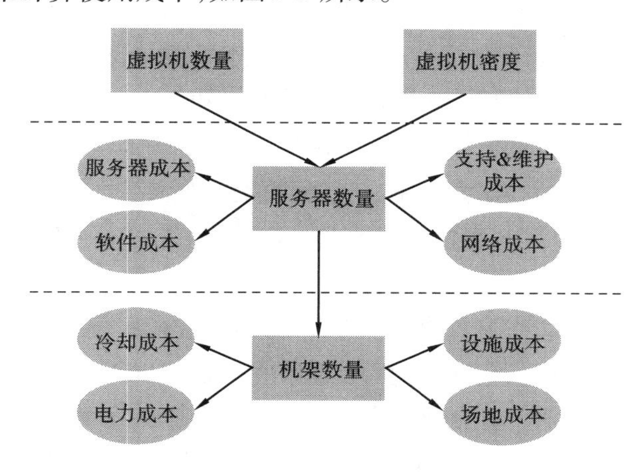


图 3-3 云计算的使用成本模型

同总拥有成本一样,使用成本也采用相同的 8 个衡量标准的类别,即服务器成本、软件成本、设施成本、支持和维护成本、网络成本、电力成本、冷却成本以及场地成本。在图 3-3 中,使用成本的整个计算过程是:首先,在第一层,获得作为输入的虚拟机数量和虚拟机密度;然后,在第二层,根据以上两个参数,计算服务器的数量,在服务器数量和虚拟机数量的基础上可以得到服务器成本、软件成本、支持和维护成本、网络成本等;在第三层次,计算包含服务器的机架数量。电力成本、冷却成本、设施成本以及场地成本都取决于机架数。最后,将这 8 类成本相加就得到了云计算的使用成本。

### 3.1.4 云计算的效益分析

很多企业目前仍然是手动安装部署系统,效率低下,很多人力浪费在重复烦琐的系统管理和手动部署上。然而,在高度虚拟化的云计算环境中,虚拟化可以大力促进系统整合,从而减少硬件支出;自动化能够显著节省人力支出,同时提高效率,减少手动错误。在此基础上总体节省的数目将大大超过云计算项目在虚拟化和管理软件上的投入。因此,通过建立

云计算平台,用户可以得到更大的效益。

对于云计算,其收益分析主要包括以下4个方面:硬件、软件、自动化部署、系统管理。

**1)硬件效益分析**

李开复曾表示,云计算可将硬件成本降低到原来的1/40。他还举例说,Google如果不采用云计算,每年购买设备的资金将高达640亿美元,而采用云计算后仅需要16亿美元的成本。

云计算能节省多少钱,根据用户的不同而有所差别。但是云计算能节省用户硬件成本已经是个不争的事实。云计算可以使用户的硬件的利用率达到最大化,给用户带来巨大效益。

(1)效率效益

在传统硬件模式的架构下,如果需要更高处理能力或是更大存储空间,通常会选用更高级、更强大的服务器来实现,比如选择大型服务器或高端小型机。但随着应用规模越来越大,尤其是对许多互联网上的应用而言,这种方式给用户带来诸多挑战。比如,系统的纵向扩展能力有限,无论是何种服务器,所能扩展的处理器和内存都相对有限。另外,对于大规模应用来说,这种构建方式下的系统构建成本较高。由于传统的大型机和小型机不是采用标准化的构建方式,其成本始终居高不下。云计算的出现,使人们开始重新考虑硬件平台的构建方式。绝大部分云计算平台目前都是采用标准化、低成本的硬件,然后通过软件方式横向扩展来构建一个庞大且稳定的计算平台。

在云计算中,硬件的节省来自提高服务器利用率和减少服务器的数量。在一个典型的数据中心,服务器运行单一应用程序,计算能力利用率低于20%。在云计算环境中,由于系统的整合和虚拟化,需要的服务器的数量极大下降,每台服务器的利用率大幅提高,从而显著节省了硬件费用,也减少了将来的硬件投资。

(2)节能效益

当越来越多的企业开始转向云计算,他们就不需要自己来维护服务器。相应地,服务器数量减少了,就直接节省了电力、智能及机房的开支。例如2006年英特尔IT部门采用虚拟化后,服务器整合比是8:1,用于设计计算的服务器资源利用率从55% 提升至66%,每年在直接成本、间接支持、网络折旧以及能耗和制冷成本方面就能节省6 024美元,空间节省了87%。

(3)市场效益

服务器整合是实施企业私有云的第一步。服务器整合可以提高IT效率,同时减少基础设施的支出,从而使得企业可以用更多精力和资本去发展自身业务、开拓市场,同时也提升了企业IT快速响应市场变化的能力。

**2)软件效益分析**

软件即服务是云计算中的一个重要模式。在这种模式下,客户不再像传统模式那样花费大量投资用于硬件、软件、人员,而只需要支出一定的租赁服务费用,通过互联网便可以享受到相应的硬件、软件和维护服务,享有软件使用权和不断升级。这是软件应用最具效益的营运模式。

(1)经济效益

SaaS 不仅减少甚至取消了传统的软件授权费用,而且厂商将应用软件部署在统一的服务器上,免除了最终用户的服务器硬件、网络安全设备和软件升级维护的支出,客户不需要付出除了个人电脑和互联网连接之外的其他 IT 投资,就可以通过互联网获得所需要软件和服务。另外,SaaS 软件运营商通常是按照客户所租用的软件模块来进行收费的,因此用户可以根据需求按需订购软件应用服务,而且 SaaS 的供应商会负责系统的部署、升级和维护。而传统管理软件通常是买家需要一次支付一笔可观的费用才能正式启动。相比之下,使用云计算的用户可以节省一大笔开支。

(2)市场效益

客户通过 SaaS 模式获得巨大收益的同时,对于软件厂商而言就变成了巨大的潜在市场。因为以前那些因为无法承担软件许可费用或者是没有能力配置专业人员的用户,都变成了潜在的客户。同时,SaaS 模式还可以帮助厂商增强差异化的竞争优势,降低开发成本和维护成本,加快产品或服务进入市场的节奏,有效降低营销成本,改变自身的收入模式,改善与客户之间的关系。

**3)自动化部署效益分析**

艾森哲企业调查研究显示,企业在 IT 方面的 70% 花费用于维护现有的 IT 系统,而只有 30% 的花费用在新功能的添加上。另外,该企业的统计发现企业 85% 的 IT 资源在大多数时间是空闲的,IT 资源浪费相当严重。

云计算的一个功能就是通过自动化部署解决 IT 资源的维护和使用问题,帮助 IT 资源获得最大的使用率,最终降低 IT 资源的成本开销。

自动化部署是指通过自动安装和部署,将计算资源从原始状态变为可用状态。自动化部署是支撑云计算服务平台的重要功能之一。传统的手工应用部署是一个费时费力的过程,通常由多个复杂的步骤组成,包括软件的安装、配置,以及为软件分配硬件资源等。由于定制化的业务应用通常具有特殊的安装和配置步骤,使得应用软件的部署更成为复杂的过程。这些因素都使得自动化部署成为以云计算平台管理这些任务的关键。只有通过动态的部署业务应用,才能够真正实现云计算平台的灵活性。

在云计算中,自动化部署体现为将虚拟资源池中的资源划分、安装和部署成可以为用户提供各种服务和应用的过程,其中包括硬件(服务器)、软件(用户需要的软件和配置)、网络和存储。系统资源的部署有多个步骤,自动化部署通过调用脚本,实现云上自动配置、应用软件的部署和配置,确保这些调用过程可以以默认的方式实现,免除了大量的人机交互,从而节省部署所需的大量时间和人力,提高部署的质量。

IDC(Internet Data Center,互联网数据中心)调研显示,自动化管理在为企业降低成本的同时,可以提供更好、更标准化的交付服务,并且更灵活地响应变更。

IBM 云计算中心的数据显示,中等规模和大型的云计算环境下,自动化安装部署工具的

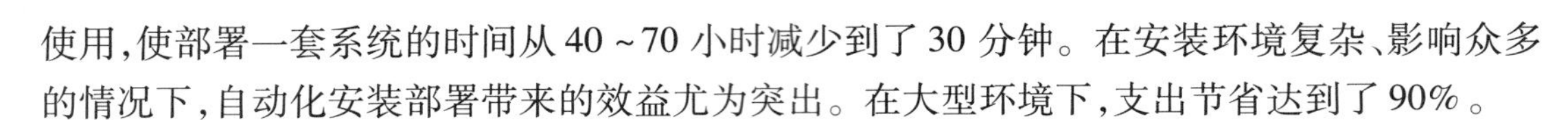

使用,使部署一套系统的时间从 40 ~70 小时减少到了 30 分钟。在安装环境复杂、影响众多的情况下,自动化安装部署带来的效益尤为突出。在大型环境下,支出节省达到了 90% 。

**4)系统管理方面的效益**

云计算的一个重要核心理念:通过一种系统配置机制来实现不同的功能,以满足不同的需求。一般来说,改变软件系统的运行和功能,通常是靠编程或配置,也可以是两者同时进行。编程需要专门的技术知识,包括底层的软件程序语言和算法逻辑;而配置则不需要任何具体的技术专长。配置的变化会直接影响系统运行和用户体验,并且该操作通常由系统管理员实施,他只需要访问配置维护界面,整个过程中,底层软件程序并没有改变。这种重要的理念让云计算的系统管理难度大大降低。

同时,云计算服务不可避免地对企业相关组织结构和工作职责产生影响,使企业管理扁平化。云计算是将资源集中起来,以整体服务的方式提供给使用者,无论是公有云,还是私有云。所以,这种资源集中化,必然带来企业组织结构、业务流程的调整,特别是对于一些大型企业。例如中国联通,已建立了一套“大 ERP 系统”,它以 ERP 核心系统为基础,同步建设包括采购、项目、资金、合同、预算、报账等 10 多个子系统,紧密集成,共同构成了一个超越了传统 ERP 方法和理念的信息系统。这个一级平台带来最大的好处就是平面化管理:能够实现全集团业务处理过程的统一、全集团数据信息的集中,让所有单位的管理过程全部放在一个桌面上,实现业务过程、数据信息等全部置于一个平面。相应的,很多管理职能得以上移,减少了层级,提高了管理的效率。而对于小企业来讲,选用云计算服务的结果,最直接的改变就是不再需要为此养人,而是靠服务商来保证品质,且系统的初始成本可以忽略不计。

## 3.2 云计算典型的应用场景

随着信息技术的不断提高和发展,云计算已经逐渐渗入各行各业当中,并得到了广泛的接纳与认同。各种类型的行业云纷纷诞生。其中,制造云、金融云、医疗云、教育云等作为首先落地的典型代表,已经取得了不俗的效果和成绩。

### 3.2.1 制造云

我国制造业正处于从生产型向服务型、从价值链的低端向中高端,从制造大国向制造强国、从中国制造向中国创造转变的关键历史时期。如何在制造过程中整合社会化存量资源,提高资源利用率,降低能源消耗,减少排放,从而实现服务型制造,已成为我国制造业迫切需要解决的瓶颈问题。解决这些问题,需要探索新的制造业发展模式。因此,由先进的信息技术、制造技术以及新兴物联网技术等交叉融合的“制造云”应运而生。

制造云是云计算向制造业信息化领域延伸与发展后的落地与实现,融合与发展了现有信息化制造(信息化设计、生产、实验、仿真、管理、集成)技术及云计算、物联网、面向服务、智能科学、高效能(性能)计算等新兴信息技术,将各类制造资源和制造能力虚拟化、服务化，构成制造资源和制造能力的服务云池，并进行协调的优化管理和经营，使用户通过网络和终端就能随时按需获取制造资源与能力服务，进而智慧地完成其制造全生命周期的各类活动。

在制造云模式下，用户无需直接和各个资源/能力节点打交道，也无需了解各资源/能力节点的具体位置和情况，用户在终端上提出需求，制造云将自动从虚拟云池中为用户构造“虚拟制造环境”，使用户能像使用水、电、煤、气一样使用所需的制造资源和制造能力（图 3-4）。

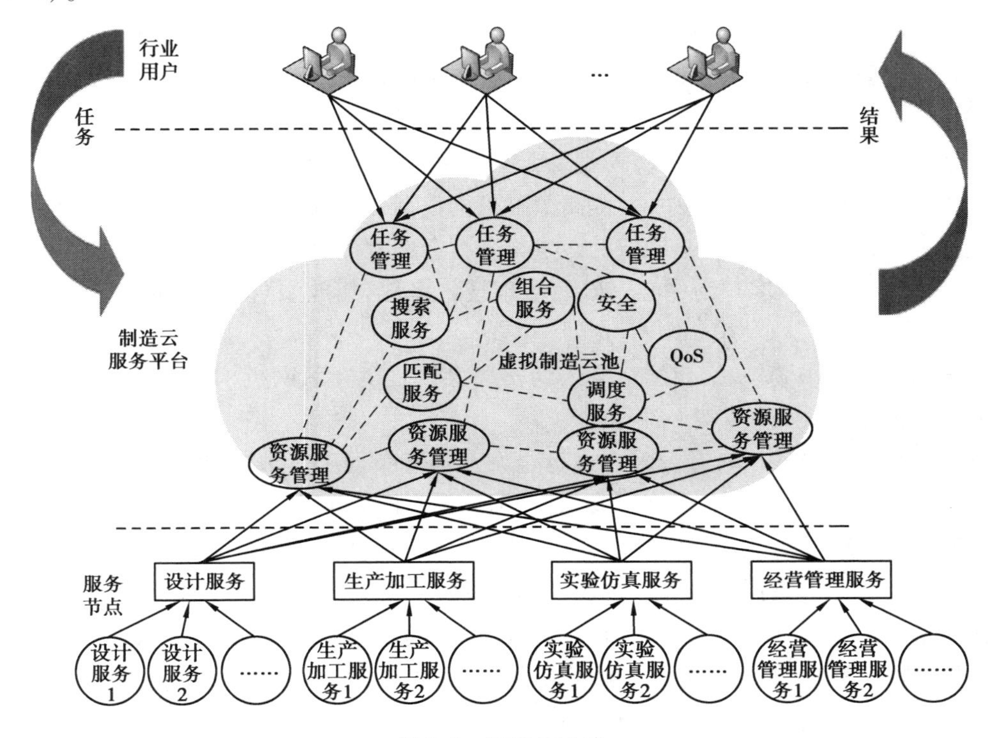


图 3-4　制造云系统

目前，云计算技术与制造业的结合得到了广泛的重视与应用。国外，美国越野赛车制造厂 Local-Motors 通过众包的方式，将车的全部个性化设计与制造过程众包给社区，仅用 18 个月的时间，就在干洗店大小的微型工厂里实现了汽车从图纸设计到上市；美国波音公司采用基于网络协同、制造服务外包的模式，组织全球 40 多个国家和地区协同研发波音 787，使研发周期缩短了 30%，成本减少了 50%。国内，航天科工集团开发的面向航天复杂产品的集团企业云制造服务平台，接入了集团下属各院所和基地拥有丰富的制造资源和能力；中车集团面向轨道交通装备的集团企业云制造服务平台，打通了轨道车辆、工程机械、机电设备、电子设备及相关部件等产品的研发、设计、制造、修理和服务等业务；面向中小企业的云制造平台，也陆续出现在了装备制造、箱包鞋帽等行业领域。

### 3.2.2 金融云

互联网金融以及金融科技、大数据的迅猛发展,同步催生了金融机构对云计算技术的强烈需求。这些机构所产生的数据体量越来越大,数据维度和复杂度呈指数型增长,金融机构对云计算的依赖程度也与日俱增。因此,拥抱云计算,打造“金融云”,恰逢其时。

金融云是指金融机构利用云计算的运算和服务优势,将自身数据、客户、流程及价值通过数据中心、客户端等技术手段分散到云中,以改善系统体验、提升运算能力、重组数据价值,为客户提供更高水平的金融服务,降低运行成本,最终达到精简核心业务、扩充分散渠道的目的。金融云的发展服务旨在为银行、基金、保险等金融机构提供 IT 资源和互联网运维服务。

金融云是金融机构融合云计算模型及业务体系所诞生的新产物。金融云可以帮助金融机构实现海量数据的转移与集中,并提高金融机构数据处理的能力,从而降低金融机构的运营商成本,改善客户的体验。金融云的诞生符合新金融时代要求,即金融机构经营模式将从“以产品为中心”向“以客户为中心”转型,管理模式将从“粗放型”向“精细化”转型,逐步实现开放、普惠、创新。

从国内金融云市场来看,我国金融云的格局大概是由互联网机构、商业银行、软件服务商主导的三方争夺。

互联网机构主要基于自有云平台进行金融云业务布局。其中,阿里云作为国内知名公有云服务商,早于 2013 年实施“聚宝盆”金融云服务,服务模式分为金融公共云和金融专有云,其技术成熟度、品牌效应、性价比等优势明显,云平台性能相对而言较为稳定,服务用户不乏中国银行、广发银行、阳光保险、众安保险、银河证券、陆金所等知名的金融机构,金融云市场份额最大。腾讯与阿里实力相当,在上海浦东建了金桥数据中心,其网络容灾性设计为最高级别,服务案例包括微众银行、泰康人寿、广发证券、安心保险等,用户积累已达 2 000 个。华为凭借硬件提供商及 IT 市场影响力,金融云业务开展亦较强劲。此外,百度、京东、UCloud 等也开始发力金融云,基本模式和阿里、腾讯等类似,但在规模上仍处于追赶阶段。

商业银行中,兴业银行、浦发银行、广发银行、招商银行等依托各自旗下科技公司相继开展金融云服务。招银云创采用 IBM Power Systems 服务器及 Power 云服务等解决方案,对旗下金融云业务进行服务内容与能力的全面升级,建设国内首个基于 IBM System i 的金融行业云,提供金融级的容灾与保障,帮助金融机构满足监管合规要求。招银云创未来还将采用 IBM 先进的区块链及人工智能等技术提供创新的金融云服务。兴业银行数金云服务包括六项,其中专属云、容灾云、备份云是三大基础服务,此外还包括区块链云服务、人工智能云服务和金融组建云服务。2018 年初,银监会牵头 16 家金融机构共同成立互联网金融云服务平台公司。

软件服务商中,用友金融、IBM 也进入金融云市场。用友金融“链融云”作为用友金融 3.0 时期互联网服务的主打产品,帮助现代金融企业以及企业金融业务建立生态价值链,可为小微金融企业更好地管理业务过程、管理业务财务、管理业务流程、管理客户、管理风险、把控风险、拓展客户、拓展业务、拓展生态服务，目前已经在小贷、保险机构中得到应用。IBM 在华选择与兴业数金、招银云创等境内机构合作发布金融云服务。

### 3.2.3　医疗云

向云端加速迁移是医疗行业在 IT 应用方面的一个阶段性变化。过去，整个行业的 IT 基础设施与系统是高度分散的，医疗机构往往配备强大的防火墙，采用内部管理的方式。这种零碎、定制化的 IT 管理方式背后是对数据安全的担忧。现在，医疗行业已经开始效仿金融服务等其他领域，在不牺牲数据安全的前提下，充分享受云计算带来的成本与敏捷优势。随着云计算在医疗行业的广泛运用，“医疗云”随之而诞生。

所谓医疗云，是指在医疗卫生领域采用云计算、物联网、3G 通信以及多媒体等新技术，结合医疗技术，使用云计算的理念来构建的医疗健康服务云平台(图 3-5)。医疗云将现有系统迁移到基础设施云上，实现了虚拟化和桌面云，并帮助开发了新的基于云计算的 SaaS 应用，例如医院管理辅助决策和医院财务的运营管理。医疗云的诞生提高了医疗机构的服务效率，降低了服务成本，方便了居民就医，减轻了患者的经济负担。

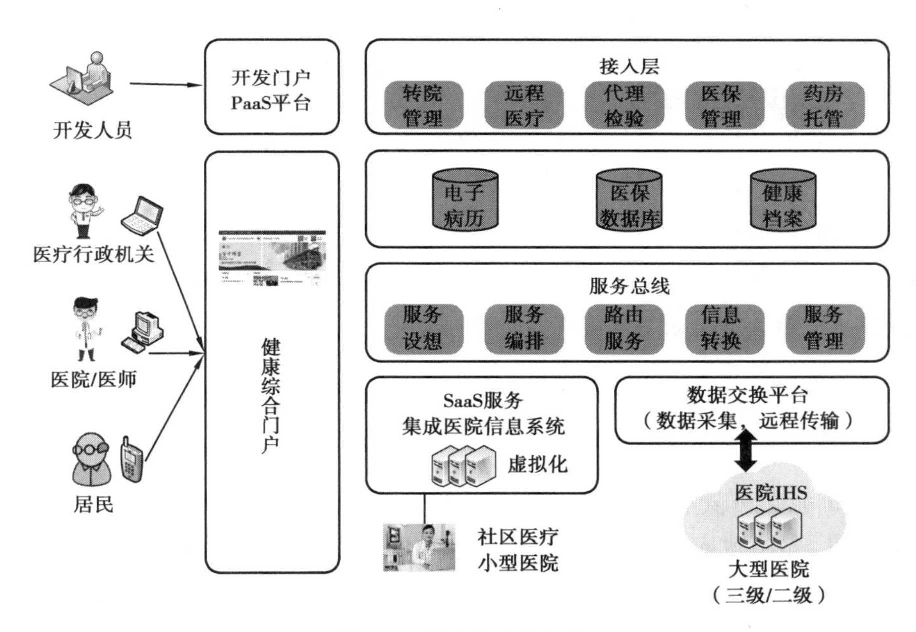


图 3-5　医疗云总体架构

目前，医疗云包括云医疗健康信息平台、云医疗远程诊断及会诊系统、云医疗远程监护系统以及云医疗教育系统等。

**1)云医疗健康信息平台**

该平台主要是将电子病历、预约挂号、电子处方、电子医嘱以及医疗影像文档、临床检验信息文档等整合起来建立一个完整的数字化电子健康档案(EHR)系统，并将健康档案通过云端存储使其成为今后医疗的诊断依据以及其他远程医疗、医疗教育信息的来源等。在云

医疗健康信息平台中还将建立一个以视频语音为基础的、多对多的健康信息沟通平台，建立多媒体医疗保健咨询系统，以方便病人更多更快地与医生进行沟通，云医疗健康信息平台将作为云医疗远程诊断及会诊系统、云医疗远程监护系统以及云医疗教育系统的基础平台。

**2）云医疗远程诊断及会诊系统**

该平台主要针对边远地区以及应用于社区门诊，通过云医疗远程诊断及会诊系统，在医学专家和病人之间建立起全新的联系，使病人在原地、原医院即可接受远地专家的会诊并在其指导下进行治疗和护理，可以节约医生和病人的大量时间和金钱。云医疗运用云计算、3G通信、物联网以及医疗技术与设备，通过数据、文字、语音和图像资料的远距离传送，实现专家与病人、专家与医务人员之间异地“面对面”的会诊。

**3）云医疗远程监护系统**

该平台主要应用于老年人、心脑血管疾病患者、糖尿病患者以及术后康复的监护。它通过云医疗监护设备，提供了全方位的生命信号检测（包括心脏、血压、呼吸等），并通过3G通信、物联网等设备将监测到的数据发送到云医疗远程监护系统，如出现异常数据，系统将会发出警告通知给监护人。云医疗监护设备还将附带安装一个GPS定位仪以及SOS紧急求救按钮，如病人出现异常，通过SOS求助按钮将信息传送回云医疗远程监护系统，云医疗远程监护系统将与云医疗远程诊断及会诊系统对接，远程为病人进行会诊治疗，如出现紧急情况，云医疗远程监护系统也能通过GPS定位仪迅速找到病人进行救治，以免错过最佳救治时间。

**4）云医疗教育系统**

该平台主要在云医疗健康信息平台基础上，以现实统计数据为依据，对各地疑难急重症患者进行远程、异地、实时、动态电视直播会诊以及进行大型国际会议全程转播，并组织国内外专题讲座、学术交流和手术观摩等，可极大地促进我国云医疗事业的发展。

### 3.2.4 教育云

2016年12月，国务院印发《“十三五”国家信息化规划》，明确提出要实施在线教育普惠行动，到2020年，基本建成数字教育资源公共服务体系，形成覆盖全国、多级分布、互联互通的数字教育资源云服务体系。随着普惠教育理念的进一步深化，教育资源共享已然成为当前教育改革的重点。其中，教育云凭借其资源敏捷性、共享性的优势，已经成为普惠教育实践的优先工具。

所谓教育云，就是指基于云计算商业模式应用的教育平台服务（图3-6）。在云平台上，所有的教育机构、培训机构、招生服务机构、宣传机构、行业协会、管理机构、行业媒体、法律结构等都集中云整合成资源池，各个资源相互展示和互动，按需交流，达成意向，从而降低教育成本，提高效率。

由此可见，教育云不仅实现了教育资源的整合与信息化，而且实现了教育资源的统一部署与规划，推动了教育资源的共享。学生或老师只需要使用简单的终端设备通过网络就可以获取学习资料以及实验的资源，大大降低了教学成本，减少了院校的成本投入；对于高校来说，选择自有教育云基础设施的建设，推进建设业务支撑平台、科研实验平台、教学实训平台、数字化校园和智慧校园云平台、双活数据中心等子系统的建设；中小学校可以将应用接入教育部门统一构建的教育云平台，打通教育资源之间的壁垒。

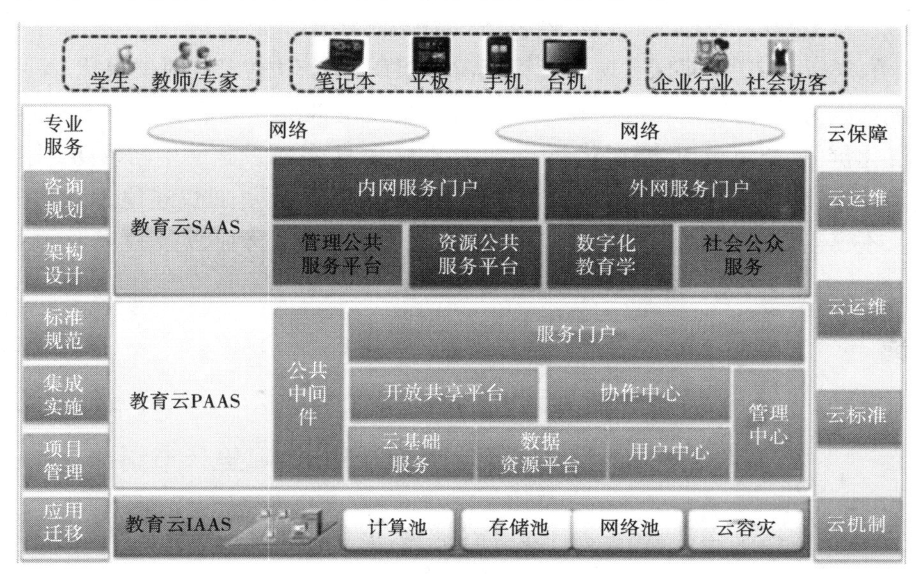


图3-6 教育云系统架构

（来源：浪潮）

目前，教育云主要包括云计算辅助教学（Cloud Computing Assisted Instructions，CCAI）和云计算辅助教育（Clouds Computing Based Education，CCBE）多种形式。

云计算辅助教学是指学校和教师利用云计算支持的教育云服务，构建个性化教学的信息化环境，支持教师的有效教学和学生的主动学习，促进学生高级思维能力和群体智慧发展，提高教育质量。也就是充分利用云计算所带来的云服务为我们的教学提供资源共享，存储空间无限的便利条件。

云计算辅助教育，或称为基于云计算的教育，是指在教育的各个领域中，利用云计算提供的服务来辅助教育教学活动。云计算辅助教育是一个新兴的学科概念，属于计算机科学和教育科学的交叉领域，它关注未来云计算时代教育活动中各种要素的总和，主要探索云计算提供的服务在教育教学中的应用规律，与主流学习理论的支持和融合，相应的教育教学资源和过程的设计与管理等。

近几年来，与所有的新技术的发展一样，基于云计算的教育云至今仍处于发展和完善阶段，还需要更多的探索与实验，在新的信息技术不断出现和引领下，在服务化的驱使下，能够帮助教育学体系（包括普通高校、高职高专、中小学校）在信息化转型过程中实现目标。

## 本章小结

本章从经济学的角度出发，逐一分析了按使用量付费的意义、云平台的经济性以及云计算的成本效益，为读者展现了云计算独特的一面；同时让读者了解到，云计算服务不仅实现了IT产业的创新和变革，而且实现了计算资源在组织和管理模式上的规模化、集约化和专业化；云计算因为自身的经济模式，也彻底改变了传统的商业模式和业务模式，带来了规模效益、个性化价值、长尾效应、环保优势；云计算不仅是IT基础设施使用的改变，更重要的是重塑了经济学概念，促进了企业业务模式的改变，从而使企业更加快速地迈进服务经济时代。最后，本章还介绍了云计算在制造业、金融业、医疗卫生行业以及教育业的典型商业应用。

### 扩展阅读

#### 年度收官再降价，中国云计算市场进入阿里云节奏

2016年12月15日，在云栖大会广东分会上，阿里云宣布了新一轮降价策略：新用户华南区云服务器优惠至7折，中国各大区云数据库全系调价，平均降幅20%。云服务器独享实例最高降幅30%。除此之外，阿里云还在会上推出了“免费套餐”计划，获得邀请码的新用户可在半年内免费使用30余款云产品。作为中国云计算市场的领头羊，阿里云的一举一动都对市场产生着巨大的影响，频繁地降价更是引发了云计算市场的连锁反应，国内外市场玩家纷纷跟进。

阿里云为什么频繁降价？

根据知名投行摩根士丹利发布的关于中国云计算市场的评估报告显示，2016年中国公共云市场份额约20亿美元，其中阿里云占据约50%市场份额，在中国公共云市场上占据绝对主导地位，市场份额是AWS、Azure、腾讯云、百度云、华为云等市场追随者的总和。这样体量的阿里云一再频繁降价，到底又是什么原因？

首先，凭借50%的市场占有率，阿里云已经进入规模效益和降价的良性周期。众所周知，对于云计算行业而言，规模效应异常重要，它不仅可以有效降低新增用户的边际成本，还可以让企业进行更为频繁的价格下调。阿里巴巴上一季度财报显示，阿里云该季度营收增幅达156%，并拥有57.7万云计算付费用户。这应该是阿里能够频繁降价的原因之一，规模的不断扩大，带来边际成本的不断降低，这使得阿里云在价格上拥有更多灵活的空间。

其次，技术红利的释放。在云栖大会上，阿里云将本次降价定义为“技术红利的释放”。在云计算成本控制方面除了规模效应之外，最重要的当属技术的发展升级，阿里云飞天操作系统的大规模技术升级可以有效降低云计算应用成本，而阿里云也愿意将技术升级带来的红利分享给客户、消费者，以增加阿里云的市场吸引力。这应该是阿里云频繁降价的第二个

原因。

最后,在中国市场中压制追随者,尤其是来自国际的云计算巨头。亚马逊AWS入华三年后终于取得“合法身份”,注定是国内云计算发展史上的标志性事件,也为云计算贴上了本土化的标签。同样,微软Azure在2010年就瞄向了中国市场。2012年末,微软同上海市政府、世纪互联签署的合作运营协议正式在中国落地。国际云计算巨头对中国市场的虎视眈眈,让阿里云意识到必须以更友好的价格来持续增强其市场吸引力。

目前,在中国市场上,公共云的市场规模保持在企业整体IT费用的5%左右,仍处在比较低的比例。而降价无疑是推动云计算普及的最有效的措施之一,阿里云率先发起的频繁降价,并引发众多云计算厂商的跟随,继而引发的云上价格战将成为云计算技术的爆发、普及的良机,在一定程度上刺激了云计算市场需求的井喷。2016年的“双11”当天,阿里云官方公布的销售收入为1.9亿元,相当于24小时卖空一座超大规模的数据中心,为数万家企业节省超过11亿元的IT成本,有效地印证了云计算市场的价格敏感度。

另一方面,价格战将会进一步引导市场,形成更为合理、更为良性的价格体系。合适的价格往往是促进技术转变为生产力的关键之举,也将加速中国云计算市场的进化历程。阿里财报显示,阿里云在2017年第一季度营收12.43亿元,同比增长156%,但阿里云的目标似乎并没有放在盈利上,而是选择继续把规模效益和技术升级产生的成本下降惠及用户,真真正正地将云计算普及成为基础设施。

可以预见的是,随着阿里云发起的云计算价格战在2016年开打,中国市场对公共云的应用将会加速,并将展现出巨大的成长空间,云计算的潜在商业价值将会被彻底激活,而其作为普惠科技的价值将绽放出耀眼的光芒。到那时,正如阿里云资深专家何云飞描述的那样,“当公共的计算资源池变得越来越大,不同的客户群体都能获得最适合自己的普惠计算服务”。

资料来源:年度收官再降价,中国云计算市场进入阿里云节奏（搜狐网）

## 思考题

1. 什么是按使用量付费?
2. 云计算的商业价值表现在哪些方面?
3. 云计算的成本包括哪些内容?
4. 什么是制造云,其所包含的用户有哪几类?
5. 什么是医疗云,其包括哪些内容?

# 第 4 章 云计算的发展现状

## 本章导读

进入 21 世纪以来,随着计算机处理技术、网络通信技术、存储技术的高速发展,以及虚拟化技术的广泛普及,云计算作为一种新型的效用计算方式,在全球化趋势的大背景下应运而生并取得了蓬勃的发展。目前,云计算已成为提升信息化发展水平、打造数字经济新动能的重要支撑。在政府、业界与学术界的共同推动下,云计算拥有光明的发展前景。

本章将主要介绍云计算的演化与发展情况,分析云计算与网格计算之间的异同点、互补关系,并阐述云计算与物联网的融合发展情况,从而使读者可以较为全面地了解云计算的前世今生。

## 4.1 云计算的演化与发展

1997 年,南加州大学的 Ramnath K. Chellappa 教授将“云”和“计算”组成一个新的单词,正式提出了云计算的第一个学术定义。他认为“计算的边界可以不是技术局限,而是由经济的规模效应决定”。之后,关于云计算的研究和应用才逐步展开。

然而,在不同的历史时期,云计算所扮演的角色是不同的。

2000 年之前,云计算更多的是以一种新技术形态出现的。当时学术界一直关注网格计算(Grid Computing)、并行计算(Parallel Computing)等,这些可以看作云计算比较早期的雏形。

21 世纪最初的几年,云计算开始在 Google 等大型 IT 公司广泛应用。此时,云计算更多的是代表一种能力(Capacity),并且只有大公司才能拥有这种能力。

到了 2005 年,Amazon 发布 Amazon Web Services 云计算平台,并相继推出在线存储服务 S3(Amazon Simple Storage Service)和弹性计算云 EC2(Amazon Elastic Compute Cloud)等云服务。这是 Amazon 第一次将对象存储作为一种服务对外售卖。由此,云计算才由少数公司具有的能力,演变成人人都能购买的服务。

但当Amazon推出第一个云计算服务的时候,云计算服务既不被看好又乏人问津,被认为是一个高投入、低利润的产业。然而微软、IBM、Google、SUN等高新技术企业仍然纷纷投入到对云计算服务的开发中。2006年,Sun推出基于云计算理论的"BlackBox"计划。2007年3月,戴尔成立数据中心解决方案部门,先后为全球五大云计算平台中的三个(包括Windows Azure,Facebook和Ask.com)提供云基础架构。2007年,Google与IBM共同宣布开始云计算领域的合作。2007年11月,IBM首次发布云计算商业解决方案,推出"蓝云(Blue Cloud)计划"。2009年10月,《经济学人》杂志更是破天荒地利用整期内容对云计算做了全方位的深度报道,并很有预见性地指出"云计算的崛起不仅是一个让极客们兴奋的可以转变的平台。这无疑将改变IT产业,但也将深刻改变人们工作和企业经营的方式。它将允许数字技术渗透到经济和社会的每一个角落,并会遇到一些棘手的政治问题"。随后,云计算逐渐被大众所熟知和接受,并迅速成为业界和学术界研究的焦点与热点。

目前,云计算已经形成了从应用软件、操作系统到硬件的完整产业链,并被大规模地应用于商业应用环节,发展成为具有强劲势头并具有上万亿规模的高科技市场。作为云计算产业领先企业之一的Amazon,主要基于服务器的虚拟化技术向客户提供相关的云计算服务与应用。AWS(Amazon Web Service)上的EC2和S3作为Amazon最早提供的云计算服务,根据客户的不同需求提供了包括不同等级的存储服务、宽带服务以及计算容量等。除了现有的等级外,Amazon还可以按照客户的要求提供个性化的配置与扩展等服务。这些服务都充分地体现了云计算的可扩展性和弹性特征。作为搜索引擎方面的专家与巨头,Google所提供的云计算服务全部都是基于Google的基础构架。同时,Google还为客户提供了快速开发和部署的环境,便于客户快速开发并部署应用。Google App Engine作为一个统一的云计算服务平台,汇集了Google的大部分业务,如Google Search,Google Earth,Google Map,Google Doc,Gmail等业务,以供客户选择及使用。此外,Google还提供云打印业务,以解决客户随时随地通过网络连接打印机打印的问题。Windows Azure则是微软搭建的一个开放且灵活的云计算平台,其包含基础的Microsoft SQL数据服务,Microsoft .NET服务,用于分享、存储、同步文件的Live服务,以及针对商业的Microsoft Dynamics CRM等。IBM的SmartCloud则提供了企业级的云计算技术和服务组合,其中IBM SmartCloud Application Services即为IBM的平台即服务产品,支持客户在该平台上开发运行属于自己的应用;而IBM SmartCloud Foundation则可以帮助企业快速搭建、运营与管理属于该企业的私有云环境。与此同时,这些云计算产业的巨头也纷纷与各国各地政府合作,推出了特色鲜明、具有代表性的系列云计算服务。

云计算的出现,把数据存储和数据分析变成一个可以更方便获得的网络服务。这是一项重大的变革,一场企业、个人乃至全世界的使用及消费信息技术的模式正在被改写。不同于传统IT资源提供的方式,在云计算中,软件、硬件、带宽、存储等IT资源是以基础设施即服务(IaaS)、平台即服务(PaaS)、软件即服务(SaaS)等模式提供给企业或个人,同时还存在面向各种行业或各种需求的云服务,例如金融云、医疗云、教育云、制造云等。企业或个人只需要拥有PC或手机、平板电脑、PDA等移动终端,就能随时随地按照自己的需求购买相关权

限使用相关云计算的资源,从而真正地实现了像使用水电气一样使用IT资源。

云计算的目的是将IT资源以服务的模式提供给广大企业或个人,以实现随时随地的使用,从而为他们带来更为便捷和快速的IT体验和服务。对于广大企业来说,采用基于云计算的各项服务,可以节省大量IT资源经费的投入和人员成本,尤其对于中小型企业,它们不需要再投入精力、人力、财力等相关资源进行系统的维护与更新等,可以更专注于自身业务的发展;而对于个人来说,云计算带来了更为便捷的生活、学习、工作方式,降低了个人使用IT资源的成本。随着技术的不断改进与发展,云计算正在逐渐渗入并改变人类工作和企业运作的方式。

追根溯源,云计算与并行计算、分布式计算和网格计算不无关系,更是虚拟化、效用计算、SaaS、SOA等技术混合演进的结果。作为IT行业的最大新趋势之一,云计算是对现有的IT技术和新型技术的融合与发展,同时还新增了弹性可扩展等新型特征,彻底改变了IT行业的固有模式,改变了软件和硬件的提供方式,给IT行业乃至整个产业链注入了新的思维模式和商业模式。云计算所带来的IT业革命是毋庸置疑的。随着移动端的不断强大,物联网、大数据等技术的迅速崛起,云计算也绽放出前所未有的光彩。

## 4.2　云计算与网格计算

在云计算的发展过程中,网格计算扮演了重要的角色。在前文的介绍中,将云计算看作从网格计算演化而来,能够随需应变地提供资源。那到底什么是网格计算?云计算与网格计算之间的关系是什么?本节将具体展开这些问题。

### 4.2.1　网格计算

网格计算(Grid Computing)的产生是应对计算资源和计算能力不断增长需求的结果,其概念来源于电力网。但与电力网相比,网格的结构更复杂,需要解决的问题也更多,对推动社会快速的发展起到巨大的作用。

**1)网格与网格计算**

网格(Grid)的概念最早于20世纪90年代中期被提出,当时是用于表述在高端科学和工程上分布式计算的一种基础构造形式。网格一直处于不断发展和变化中,尚未有精确的定义和内容定位。

从广义上理解,网格是指巨大全球网格(GGG,Great Global Grid),它不仅包括计算网格、数据网格、信息网格、知识网格、商业网格,还包括一些已有的计算模式,例如对等计算、寄生计算等。网格就是一个集成的计算与资源环境,或者说是一个计算资源池,能够充分吸收各种计算资源,并将它们转化为一种随处可得的、可靠的、标准的、经济的计算能力。而狭义的网格则专指计算网格(Computational Grid),就是主要用于解决科学与工程计算问题的网格。

不管是狭义的还是广义的网格,其目的就是要利用互联网把分散在不同地理位置的计算机组织成一台"虚拟的超级计算机",实现计算资源、存储资源、数据资源、信息资源、软件资源、通信资源、知识资源、专家资源等的全面共享。传统的互联网实现了计算机硬件的连通,Web 实现了网页的连通,Web 服务实现了程序和程序之间的共享,而网格则试图实现互联网上所有资源的全面连通。

鉴于网格概念的不确定性,网格之父 Ian Foster 也对网格概念进行了限定,即网格的三要素:

(1)在非集中控制的环境中协同使用资源

网格整合各种资源,协调各种使用者,这些资源和使用者在不同控制域中,比如,个人计算机和中心计算机;相同或不同公司的不同管理单元。网格还要解决在这种分布式环境中出现的安全、策略、使用费用、成员权限等问题,否则,只能算本地管理系统而非网格。

(2)使用标准的、开放的、通用的协议和接口

网格建立在多功能的协议和接口之上,这些协议和接口解决认证、授权、资源发现和资源存取等基本问题,否则,只算一个具体应用系统而非网格。

(3)提供非凡的服务质量

网格允许它的资源被协调使用,以提供多种服务质量来满足不同使用者的需求,如系统响应时间、流通量、有效性、安全性及资源重定位,使得联合系统的功效比其各部分的功效总和要大得多。

而网格计算(Grid Computing)则是基于网格的问题求解。严格地说,网格所关心的是一个崭新的信息基础实施的"构造"问题,而网格计算则关心如何"使用"网格平台来提供强大、经济与方便的问题解决途径。

网格计算实际上应归于分布式计算(Distributed Computing)。网格计算模式首先把要计算的数据分割成若干"小片",而计算这些"小片"的软件通常是一个预先编制好的程序,然后处于不同节点的计算机根据自己的处理能力下载一个或多个数据片段进行计算。

网格计算的目的是,通过任何一台计算机都可以提供无限的计算能力,可以接入浩如烟海的信息。这种环境将能够使各企业解决以前难以处理的问题,最有效地使用他们的系统,满足客户要求并降低他们计算机资源的拥有和管理总成本。网格计算的主要目的是设计一种能够提供以下功能的系统:

①提高或拓展企业内所有计算资源的效率和利用率,满足最终用户的需求,同时能够解决以前由于计算、数据或存储资源的短缺而无法解决的问题。

②建立虚拟组织,通过让他们共享应用和数据来对公共问题进行合作。

③整合计算能力、存储和其他资源,能使得需要大量计算资源的巨大问题求解成为可能。

④通过对这些资源进行共享、有效优化和整体管理,能降低计算的总成本。

**2)网格计算的体系结构**

目前网格计算技术流行的三种体系结构,即五层沙漏体系结构(Five-Level Sandglass Architecture)、开放网格服务体系结构(Open Grid Services Architecture,OGSA)、Web 服务资源框架(Web Services Resource Framework,WSRF)。

(1)五层沙漏体系结构(Five-Level Sandglass Architecture)

五层沙漏体系结构是由 Ian Foster 等最早提出的一种具有代表性的网格体系结构,也是一个最先出现的应用和影响广泛的结构。它的特点就是简单,主要侧重于定性的描述而不是具体的协议定义,容易从整体上进行理解。在五层沙漏体系结构中,最基本的思想就是以协议为中心,强调服务与 API 和 SDK 的重要性。

五层沙漏体系结构的设计原则就是要保持参与的开销最小,即作为基础的核心协议较少,类似于 OS 内核,以方便移植。另外,沙漏结构管辖多种资源,允许局部控制,可用来构建高层的、特定领域的应用服务,支持广泛的适应性。

五层沙漏体系结构根据该结构中各组成部分与共享资源的距离,将对共享资源进行操作、管理和使用的功能分散在五个不同的层次,由下至上分别为构造层(Fabric)、连接层(Connectivity)、资源层(Resource)、汇聚层(Collective)和应用层(Application),如图 4-1 所示。

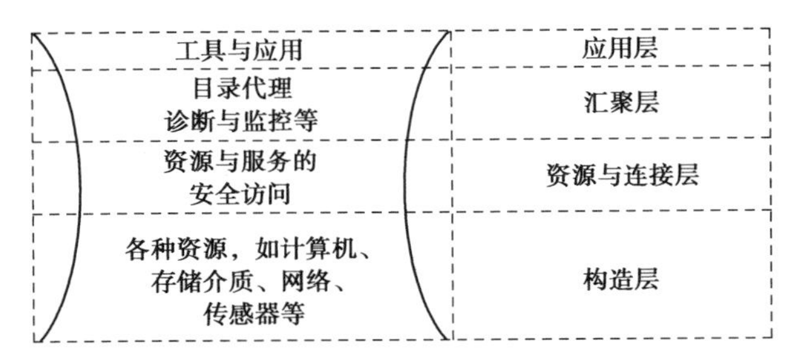


图 4-1　沙漏形状的五层结构

◆ 构造层——提供本地资源接口

构造层的基本功能就是控制局部的资源,包括查询机制(发现资源的结构和状态等信息)、控制服务质量的资源管理能力等,并向上提供访问这些资源的接口。构造层资源是非常广泛的,可以是计算资源、存储系统、目录、网络资源以及传感器等。

◆ 连接层——通信管理

连接层的基本功能就是实现相互通信。它定义了核心的通信和认证协议,用于网格的网络事务处理。通信协议允许在构造层资源之间交换数据,要求包括传输、路由、命名等功能。

◆ 资源层——共享单一资源

资源层的基本功能就是实现对单个资源的共享,使用户与资源安全握手。资源层定义的协议包括安全初始化、监视、控制单个资源的共享操作、审计以及付费等。它忽略了全局状态和跨越分布资源集合的原子操作。

◆ 汇聚层——协调多种资源共享

汇聚层的基本功能是汇聚资源层提供的各种资源,协调各种资源的共享。汇聚层协议与服务描述的是资源的共性,包括目录服务、协同分配和调度以及代理服务、监控和诊断服务、数据复制服务、网格支持下的编程系统、负载管理系统与协同分配工作框架、软件发现服务、协作服务等。它们说明了不同资源集合之间是如何相互作用的,但不涉及资源的具体特征。

◆ 应用层——用户的网格应用

应用层是在虚拟组织环境中存在的，其基本功能是调用各底层提供的服务，实现网格应用的开发。应用可以根据任一层次上定义的服务来构造。每一层都定义了协议，以提供对相关服务的访问，这些服务包括资源管理、数据存取、资源发现等。

在五层结构中，资源层和连接层共同组成了瓶颈部分，使得该结构呈沙漏形状。其内在的含义就是各部分协议的数量是不同的，对于其最核心的部分，要能够实现上层各种协议向核心协议的映射。同时实现核心协议向下层各种协议的映射，核心协议在所有支持网格计算的地点都应该得到支持，因此核心协议的数量不应该太多，这样核心协议就形成了协议层次结构中的一个瓶颈。

（2）开放网格服务体系结构

开放网格服务结构（Open Grid Services Architecture，OGSA）是继五层沙漏结构之后最重要的一种网格体系结构，由 Foster 等结合 Web Service 等技术，在与 IBM 合作下提出的新的网格结构。OGSA 最基本的思想就是以"服务"为中心。在 OGSA 框架中，将一切抽象为服务，包括各种计算资源、存储资源、网络、程序、数据库等。简而言之，一切都是服务。五层模型的目的是要实现对资源的共享，而 OGSA 中则要实现对服务的共享。

OGSA 定义了网格服务（Grid Service）的概念。网格服务是一种 Web Service，该服务提供了一组接口，这些接口的定义明确并且遵守特定的管理，解决服务发现、动态服务创建、生命周期管理、通知等问题。在 OGSA 中，将一切都看作网格服务，因此网格就是可扩展的网格服务的集合。网格服务可以以不同的方式聚集起来满足虚拟组织的需要，虚拟组织自身也可以部分地根据他们操作和共享的服务来定义。简单地说，网格服务 = 接口/行为 + 服务数据。图 4-2 是对网格服务体系结构的简单描述。

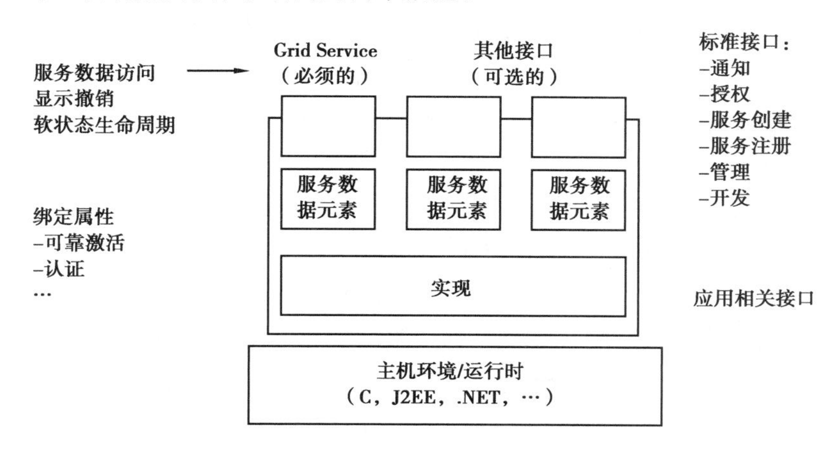


图 4-2　OGSA 的网络服务示意图

OGSA 以服务为中心，具有如下好处：

在 OGSA 中一切都是服务，通过提供一组相对统一的核心接口，所有的网格服务都基于这些接口实现，可以很容易地构造出具有层次结构的、更高级别的服务，这些服务可以跨越不同的抽象层次，以一种统一的方式来看待。

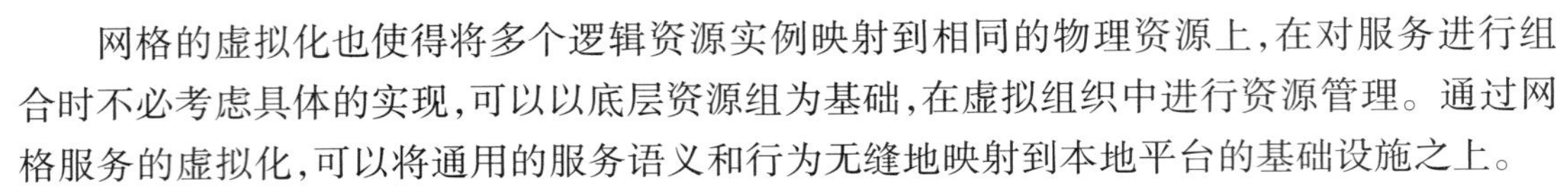

网格的虚拟化也使得将多个逻辑资源实例映射到相同的物理资源上，在对服务进行组合时不必考虑具体的实现，可以以底层资源组为基础，在虚拟组织中进行资源管理。通过网格服务的虚拟化，可以将通用的服务语义和行为无缝地映射到本地平台的基础设施之上。

OGSA 包括两大关键技术，即网格技术（如 Globus 软件包）和 Web Service 技术。它是在五层沙漏结构的基础上，结合 Web Service 技术提出来的，解决了两个重要问题——标准服务接口的定义和协议的识别。

◆ Globus

Globus 是已经被科学和工程计算领域广泛接受的网格技术解决方案。它是一种基于社团的、开放结构、开放源码的服务的集合，也是支持网格和网格应用的软件库。该工具包解决了安全、信息发现、资源管理、数据管理、通信、错误监测以及可移植等问题。

与 OGSA 关系密切的 Globus 组件是 GRAM 网格资源分配与管理协议和门卫（Gate Keeper）服务，它们提供了安全可靠的服务创建和管理功能，元目录服务通过软状态注册、数据模型以及局部注册来提供信息发现功能。GSI（Grid Security Infrastructure，网格安全架构）支持单一登录点、代理和信任映射。这些功能提供了面向服务结构的必要元素，但是比 OGSA 中的通用性要小。

◆ Web Service

Web Service 是一种标准的存取网络应用的框架。XML 协议相关的工作是 Web Service 的基础。Web Service 中几个比较重要的协议标准是 SOAP（Simple Object Access Protocol，简单对象访问协议）、WSDL（Web Service Description Language，Web 服务描述语言）、WS-Inspection、UDDI（Universal Description, Discovery & Integration，统一的描述、发现与集成）。SOAP 是基于 XML 的 RPC（Remote Process Call，远程进程调用）协议，用于描述通用的 WSDL 目标。WSDL 用于描述服务，包括接口和访问的方法，复杂的服务可以由几个服务组成，它是 Web Service 的接口定义语言。WS-Inspection 给出了一种定义服务描述的惯例，包括一种简单的 XML 语言和相关的管理，用于定位服务提供者公布的服务。而 UDDI 则定义了 Web Service 的目录结构。

（3）Web 服务资源框架（Web Service Resource Framework，WSRF）

在 OGSA 刚提出不久，GGF 及时推出了 OGSI（Open Grid Services Infrastructure，开放网格服务基础架构）草案，并成立了 OGSI 工作组，负责该草案的进一步完善和规范化。OGSI 是作为 OGSA 核心规范提出的，其 1.0 版于 2003 年 7 月正式发布。OGSI 规范通过扩展 Web 服务定义语言 WSDL 和 XML Schema 的使用来解决具有状态属性的 Web 服务问题。它提出了网格服务的概念，并针对网格服务定义了一套标准化的接口，主要包括：服务实例的创建、命名和生命期管理，服务状态数据的声明和查看，服务数据的异步通知，服务实例集合的表达和管理，以及一般的服务调用错误的处理等。

OGSI 通过封装资源的状态，将具有状态的资源建模为 Web 服务，这种做法引起了“Web 服务没有状态和实例”的争议，同时某些 Web 服务的实现不能满足网格服务的动态创建和销毁的需求。OGSI 单个规范中的内容太多，所有接口和操作都与服务数据有关，缺乏通用性,而且OGSI规范没有对资源和服务进行区分。OGSI目前使用的Web服务和XML工具不能良好工作,因为它过多地采用了XML模式,比如xsd:any基本用法、属性等,这可能带来移植性差的问题。另外,由于OGSI过分强调网格服务和Web服务的差别,导致了两者之间不能更好地融合在一起。上述原因促使了Web服务资源框架的出现。

WSRF采用了与网格服务完全不同的定义:资源是有状态的,服务是无状态的。为了充分兼容现有的Web服务,WSRF使用WSDL 1.1定义OGSI中的各项能力,避免对扩展工具的要求,原有的网格服务已经演变成了Web服务和资源文档两部分。WSRF推出的目的在于,定义出一个通用且开放的架构,利用Web服务对具有状态属性的资源进行存取,并包含描述状态属性的机制,另外也包含如何将机制延伸至Web服务中的方式。

WSRF是一个服务资源的框架,一个具有5个技术规范的集合,它们根据特定的Web服务消息交换和相关的XML规范来定义Web服务资源方法的标准化描述。表4-1总结了这些技术规范。

**表4-1　WSRF中5个标准化的技术规范**

| 序号 | 名称 | 描述 |
| --- | --- | --- |
| 1 | WS-ResourceLifeTime | Web服务资源的析构机制。包括消息交换,它使请求者可以立即地或者通过使用基于时间调度的资源终止机制来销毁Web服务资源 |
| 2 | WS-ResourceProperties | Web服务资源的定义,以及用于检索、更改和删除Web服务资源特性的机制 |
| 3 | WS-RenewableReferences | 定义了WS-Addressing端点引用的常规装饰(a conventional decoration),该WS-Addressing端点引用带有策略信息,用于在端点变为无效的时候重新找回最新版本的端点引用 |
| 4 | WS-ServiceGroup | 连接异构的通过引用的Web服务集合的接口 |
| 5 | WS-BaseFaults | 当Web服务消息交换中返回错误的时候所使用的基本错误XML类型 |

这些规范定义了以下方法:

Web服务资源可以与销毁请求同步地或者通过提供基于时间的析构(destruct)机制来销毁,而且指定的资源特性可以被用来检查和检测Web服务资源的生存期。

Web服务资源的类型定义可以由Web服务的接口描述和XML资源特性文档来组成,并且可以通过Web服务消息交换来查询和更改Web服务资源的状态。

如果Web服务内部所包含的寻址或者策略信息变得无效或者过时,Web服务端点引用(Web服务寻址)可以被更新。

可以定义异构的通过引用方式结合在一起的Web服务集合,不管这些服务是否属于Web服务资源。

通过使用用于基本错误的XML Schema类型以及扩展这个基本错误类型的规则应用到

Web 服务中，使得 Web 服务中的错误报告可以更加标准化。

**3）网格计算的技术特点**

与现在的网络技术相比，网格计算有以下几个鲜明的技术特点：

（1）分布性

分布性是网格计算的一个最主要的特点。网格计算的分布性首先是指网格的资源是分布的。组成网格的计算能力不同的计算机，各种类型的数据库乃至电子图书馆，以及其他的各种设备和资源，是分布在地理位置互不相同的多个地方，而不是集中在一起的。分布的网格一般涉及的资源类型复杂、规模较大、跨越的地理范围较广。

（2）共享性

网格资源虽然是分布的，但是它们却是可以充分共享的。即网格上的任何资源都是可以提供给网格上的任何使用者。共享是网格的目的，没有共享便没有网格。解决分布资源的共享问题，是网格的核心内容。这里共享的含义是非常广泛的，不仅指一个地方的计算机可以用来完成其他地方的任务，还可以指中间结果、数据库、专业模型库以及人才资源等各方面的资源。

（3）自相似性

自相似性在许多自然和社会现象中大量存在，一些复杂系统都具有这种特征，网格就是这样。网格的局部和整体之间存在着一定的相似性，局部往往有许多地方具有全局的某些特征，而全局的特征在局部也有一定的体现。除了相似性之外，整体和部分之间必然有不同的地方。

（4）动态性

对于网格来说，决不能假设它是一成不变的。网格的动态性包括动态增加和动态减少两个方面的含义。原来拥有的资源或者功能，在下一时刻可能就会出现故障或者不可用；而原来没有的资源，可能随着时间的推移会不断加入进来。这种动态变化的特点就要求网格管理者充分考虑并解决好这一问题，对于网格资源的动态减少或者资源出现故障的情况，要求网格能够及时采取措施，实现任务的自动迁移，做到对高层用户透明或者尽可能减少用户的损失。

（5）多样性

网格资源是异构的和多样的。在网格环境中有不同体系结构的计算机系统和类别不同的资源，因此网格系统必须能够解决这些不同结构、不同类别资源之间通信和互操作问题。正是因为异构性或者多样性的存在，为网格软件的设计提出了更大的挑战，只有解决好这一问题，才会使网格更有吸引力。

（6）自治性与管理的多重性

网格上的资源，首先是属于某一个组织或者个人的，因此网格资源的拥有者对该资源具有最高级别的管理权限，网格应该允许资源拥有者对其资源有自主的管理能力，这就是网格的自治性。但是网格资源也必须接受网格的统一管理，否则不同的资源就无法建立相互之间的联系，无法实现共享和互操作，无法作为一个整体为更多用户提供方便的服务。因此网

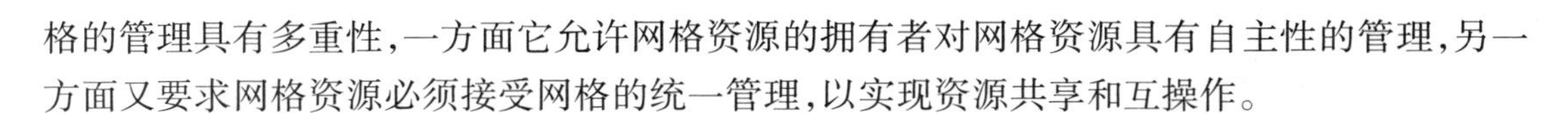

格的管理具有多重性，一方面它允许网格资源的拥有者对网格资源具有自主性的管理，另一方面又要求网格资源必须接受网格的统一管理，以实现资源共享和互操作。

### 4.2.2　网格计算和云计算的异同点

没有网格计算打下的基础，云计算也不会这么快到来。云计算是从网格计算发展演化而来的，网格计算为云计算提供了基本的框架支持。网格计算侧重于提供计算能力和存储能力，而云计算侧重于在此基础上提供抽象的资源和服务。

两者具有如下相同点：

①都具有超强的数据处理能力。两者都能够通过互联网将本地计算机上的计算转移到网络计算机上，以此来获得数据或者计算能力。

②都构建自己的虚拟资源池，而且资源及使用都是动态可伸缩的。两者的服务都可以快速方便地获得，且在某种情况下是自动化获取的；都可通过增加新的节点或者分配新的计算资源来解决计算量的增加；CPU 和网络带宽根据需要分配和回收；系统存储能力根据特定时间的用户数量、实例的数量和传输的数据量进行调整。

③两种计算类型都涉及多承租和多任务。即很多用户可以执行不同的任务，访问一个或多个应用程序实例。

可以看出云计算和网格计算有着很多相同点，但它们的区别也是明显的，其不同点如下：

①网格计算重在资源共享，强调转移工作量到远程的可用计算资源上；云计算则强调专有，任何人都可以获取自己的专有资源。网格计算侧重并行的集中性计算需求，并且难以自动扩展；云计算侧重事务性应用，大量的单独请求，可以实现自动或半自动的扩展。

②网格构建是尽可能地聚合网络上的各种分布资源来支持挑战性的应用或者完成某一个特定的任务需要。它使用网格软件，将庞大的项目分解为相互独立的、不太相关的若干子任务，然后交由各个计算节点进行计算。云计算一般来说都是为了通用应用而设计，云计算的资源相对集中，以 Internet 的形式提供底层资源的获得和使用。

③对待异构理念不同。网格计算用中间件屏蔽异构系统，力图使用户面向同样的环境，把困难留在中间件，让中间件完成任务。而云计算是不同的服务采用不同的方法对待异构型，一般用镜像执行，或者提供服务的机制来解决异构性的问题。

④网格计算更多地面向科研应用，非常重视标准规范，也非常复杂，但缺乏成功的商业模式。而云计算从诞生开始就是针对企业商业应用，商业模型比较清晰。

总之，云计算是以相对集中的资源，运行分散的应用（大量分散的应用在若干大的中心执行）；而网格计算则是聚合分散的资源，支持大型集中式应用（一个大的应用分到多处执行），如图 4-3 所示。但从根本上来说，从应对 Internet 的应用的特征特点来说，它们是一致的，为了完成在 Internet 情况下支持应用，解决异构性、资源共享等问题。

那么，网格计算和云计算有没有可能取长补短、互为补充呢？

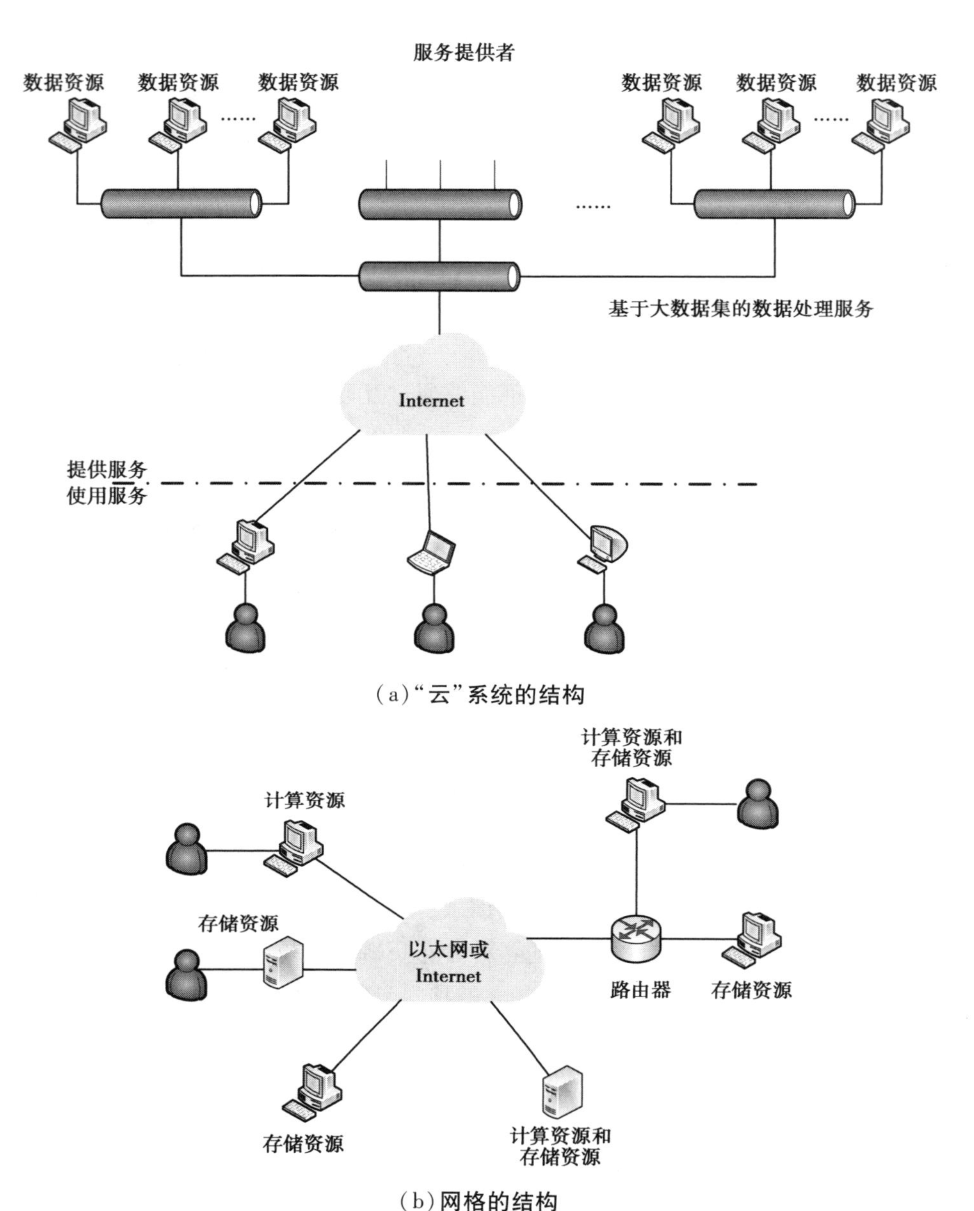


(a)"云"系统的结构

(b)网格的结构

图4-3　云计算与网格计算的异同

### 4.2.3　云计算与网格技术的互补关系

云计算无疑是迄今最为成功的商业计算模型,但它并不能包治百病,而它的一些缺陷正是网格技术所擅长的①。

① 刘鹏,云格——云计算的未来。

(1)从平台统一角度看

目前云计算还没有统一的标准,不同厂商的解决方案风格迥异、互不兼容,未来一定会朝着形成统一平台的方向发展。而网格技术生来就是为了解决跨平台、跨系统、跨地域的异构资源动态集成与共享的,国际网格界已经形成了统一的标准体系和成功应用。网格技术能够在云计算平台之间实现互操作,从而达成云计算设施的一体化,使得未来的云计算不再以厂商为单位提供,而构成一个统一的虚拟平台。因此,可以预见,云和云之间的协同共享离不开网格的支持。

(2)从计算角度看

云计算管理的是由 PC 和服务器构成的廉价计算资源池,主要针对松耦合型的数据处理应用,对于不容易分解成众多相互独立子任务的紧耦合型计算任务,采用云计算模式来处理效率很低,因为节点之间存在频繁的通信;网格技术能够集成分布在不同机构的高性能计算机,它们比较擅长处理紧耦合型应用,而有许多应用都属于紧耦合应用,如数值天气预报、汽车模拟碰撞试验、高楼受力分析等。这类应用并不是云计算所擅长的,如果云计算与网格技术能够一体化,则可以充分发挥各自特点。

(3)从数据角度看

云计算主要管理和分析商业数据;网格技术已经集成了海量的科学数据,如物种基因数据、天文观测数据、地球遥感数据、气象数据、海洋数据、药物数据、人口统计数据等。如果将云计算与网格技术集成在一起,则可以大大扩大云计算的应用范畴。目前 Amazon 在不断征集供公众共享使用的数据集,包括人类基因数据、化学数据、经济数据、交通数据等,这充分说明云计算对于这些数据集的需求,同时也反映出这种征集的方法过于原始。

(4)从资源集成角度

要使用云计算,就必须要将各种数据、系统、应用集中到云计算数据中心上,而很多现有信息系统要改变运行模式、迁移到云计算平台上的难度和成本是不低的。还有些系统的数据源离数据中心可能距离较远,且数据源的数据是不断更新的(物联网就具有此种特性),如果要求随时随地将这些数据传送到云计算中心,则对网络带宽的消耗是不经济的。因此还会有大量的应用系统处于分散运转状态,而不会集中到云计算平台上去;而网格技术可以在现有资源上实现集成,达到物理分散、逻辑集中的效果,可以巧妙地解决这方面的问题。

(5)从信息安全角度看

许多用户担心将自己宝贵的数据托管到云计算中心,就相当于丧失了对数据的绝对控制权,存在被第三方窥看、非法利用或丢失的可能,从而不敢采用云计算技术;而在网格环境中,数据可以仍然保存在原来的数据中心,由其所有者管控,对外界提供数据访问服务,是一种可以用但不能全部拿走的模式,不会丧失数据的所有权,但数据资源的使用范围扩大了、利用率提高了。由于数据源头分别由不同所有者控制,它们可以决定每一种数据是否共享和在什么范围共享,较之将所有数据都放进云计算数据中心进行共享更有利于避免敏感数据的扩散。

因此,云计算与网格技术其实是互补的关系,而不是取代的关系。网格技术主要解决分布在不同机构的各种信息资源的共享问题,而云计算主要解决计算力和存储空间的集中共享使用问题。可以预见,云计算与网格技术终将融为一体,这就是云计算的明天。

## 4.3 云计算与物联网

随着物联网相关技术的迅猛发展,网络规模日趋庞大,人们越来越迫切地需要一个计算能力强大的支撑平台。云计算作为这样一个平台,正在帮助物联网实现信息的高效性、方便性以及快捷性。云计算与物联网的融合,正在推动企业商业模式产生新的变革与创新。

### 4.3.1 物联网

物联网本身并不是全新的技术,而是在原有基础上的提升、汇总和融合。因此,物联网可以看作一种融合发展的技术。物联网产业在自身发展的同时,也带来了庞大的产业集群效应。未来,物联网所创造并分享的数据将会给人们的工作和生活带来一场新的信息革命。

**1)物联网的概念**

物联网(Internet of Things,IoT),国内外普遍公认的是 MIT Auto-ID 中心 Ashton 教授 1999 年在研究射频识别(Radio Frequency Identification,RFID)时最早提出的概念,当时被称为传感网(Sensor Network)。其定义是:通过 RFID、红外感应器、全球定位系统、激光扫描器等信息传感设备,按约定的协议,把任何物品通过物联网域名相连接,进行信息交换和通信,以实现智能化识别、定位、跟踪、监控和管理的一种网络概念。

2005 年 11 月 17 日,国际电信联盟(ITU)正式提出物联网的概念。在国际电信联盟发布的同名报告中,物联网的定义和范围已经发生了变化,覆盖范围有了较大的拓展,不再只是指基于 RFID 技术的物联网,提出任何时刻、任何地点、任何物体之间的互联,无所不在的网络和无所不在计算的发展愿景,除 RFID 技术外,传感器技术、纳米技术、智能终端等技术将得到更加广泛的应用。

物联网,在中国也称为传感网,指的是将各种信息传感设备与互联网结合起来而形成的一个巨大网络。物联网是新一代信息技术的重要组成部分。顾名思义,物联网就是物物相连的互联网。这有两层意思:第一,物联网的核心和基础仍然是互联网,是在互联网基础上的延伸和扩展的网络;第二,其用户端延伸和扩展到了任何物品与物品之间,进行信息交换和通信,也就是物物相息。

物联网颠覆了人类之前将物理基础设施和 IT 基础设施截然分开的传统思维,将具有自我标识、感知和智能的物理实体基于通信技术有效连接在一起,使得政府管理、生产制造、社会管理,以及个人生活实现互联互通,成为继计算机、互联网之后,世界信息产业的第三次浪潮。

**2)物联网的体系架构**

物联网的价值在于让物体也拥有了“智慧”,从而实现人与物、物与物之间的沟通,物联网的特征在于感知、互联和智能的叠加。因此,物联网由三个层次组成:感知层、网络层、应用层,具体如图 4-4 所示。

感知层是物联网的皮肤和五官——识别物体,采集信息。感知层包括二维码标签和识

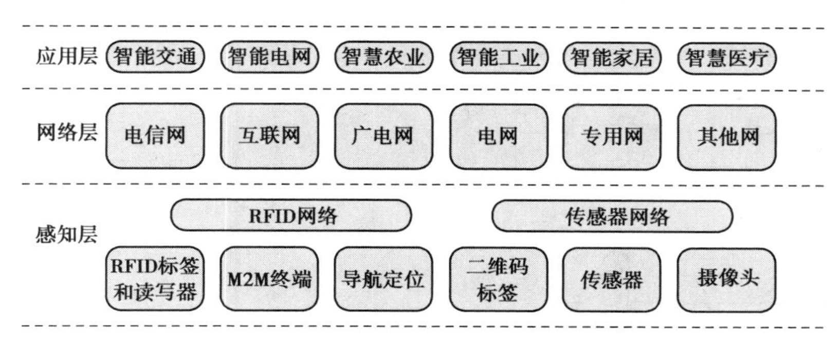


图 4-4　物联网体系架构

读器、RFID 标签和读写器、摄像头、GPS 等，主要作用是识别物体、采集信息，与人体结构中皮肤和五官的作用相似。

网络层是物联网的神经中枢和大脑——信息传递和处理。网络层包括通信与互联网的融合网络、网络管理中心和信息处理中心等。网络层将感知层获取的信息进行传递和处理，类似于人体结构中的神经中枢和大脑。

应用层是物联网的“社会分工”——与行业需求结合，实现广泛智能化。应用层物联网与行业专业技术的深度融合，与行业需求结合，实现行业智能化，这类似于人的社会分工，最终构成人类社会。

**3）物联网的主要技术**

物联网技术的核心和基础仍然是互联网技术，在互联网技术基础上的延伸和扩展的一种网络技术。其用户端延伸和扩展到了任何物品和物品之间，进行信息交换和通信。在物联网应用中有三项关键技术。

（1）传感器技术

有价值的信息不仅需要射频识别技术，还要有传感技术。物联网经常处在自然环境中，传感器会受到环境恶劣的考验。所以，对于传感器技术的要求就会更加严格、更加苛刻。

传感器是摄取信息的关键器件，是物联网中不可缺少的信息采集手段。若无传感器对最初信息的检测、交替和捕获，所有控制与测试都不能实现。即使是最先进的计算机，若是没有信息和可靠数据，都不能有效地发挥传感器本身作用。目前传感器技术已渗透到科学研究和国民经济的各个领域，在工农生产、科学研究及改善人民生活等方面起着越来越重要的作用。

（2）射频识别技术

射频识别技术（RFID）也是一种传感器技术，它是利用射频信号通过空间电磁耦合实现无接触信息传递并通过所传递的信息实现物体识别。RFID 可以看作一种设备标识技术，也是物联网感知层的一个关键技术。RFID 是由下面几个方面结合而成：第一，在某一个事物上有标识的对象，是 RFID 电子标签；第二，RFID 读写器，读取或者写入附着在电子标签上的信息，可以是静态，也可以是动态的；第三，RFID 天线，在读写器和标签之间做信号的传达，如图 4-5 所示。

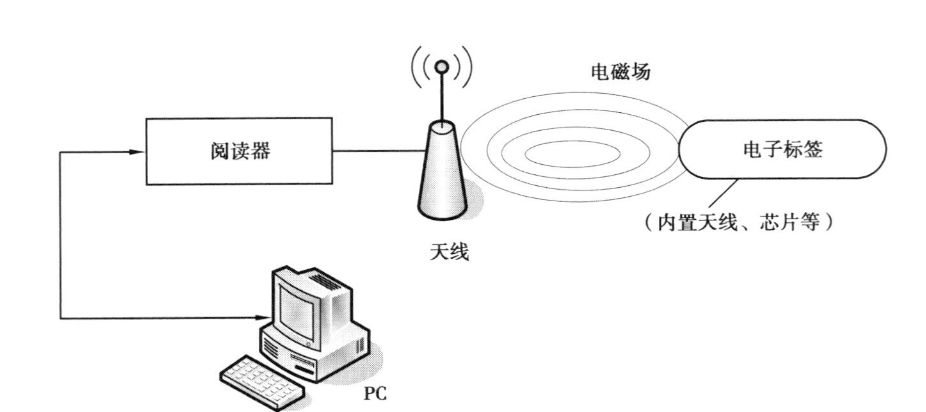


图 4-5　RFID 工作原理

由于 RFID 具有无需接触、自动化程度高、耐用可靠、识别速度快、适应各种工作环境、可实现高速和多标签同时识别等优势，因此 RFID 在自动识别、物品物流管理有着广阔的应用前景，如物流和供应链管理、门禁安防系统、道路自动收费、航空行李处理、文档追踪、图书管理、电子支付、生产制造和装配、汽车监控等。

(3)二维码

二维码是用某种特定的几何图形按一定规律在平面(二维方向)上分布的黑白相间的图形记录数据符号信息的；在代码编制上巧妙地利用构成计算机内部逻辑基础的"0""1"比特流的概念，使用若干个与二进制相对应的几何形体来表示文字数值信息，通过图像输入设备或光电扫描设备自动识读以实现信息自动处理：二维条码/二维码能够在横向和纵向两个方位同时表达信息，因此能在很小的面积内表达大量的信息。与 RFID 相比，二维码最大的优势在于成本较低，一条二维码的成本仅为几分钱。

### 4.3.2　云计算与物联网的关系

作为 IT 业界的两大焦点，虽然云计算与物联网两者之间区别比较大，但它们之间却息息相关。

1)物联网与云计算之间是应用与平台的关系

物联网是互联网通过传感网络向物理世界的延伸，它的最终目标就是对物理世界进行智能化管理。物联网的这一使命也决定了它必然要有一个计算平台作为支撑。由于云计算从本质上来说就是一个用于海量数据处理的计算平台，因此，云计算技术是物联网涵盖的技术范畴之一。随着物联网的发展，未来物联网将势必产生海量数据，而传统的硬件架构服务器将很难满足数据管理和处理要求。如果将云计算运用到物联网的传输层和应用层，采用云计算的物联网，将会在很大程度上提高运作效率。可以说，如果将物联网比作一台主机的话，云计算就是它的 CPU 了。

2)云计算是物联网的核心平台

云计算作为物联网数据处理的核心平台，适于处理物联网中地域分散、数据海量、动态

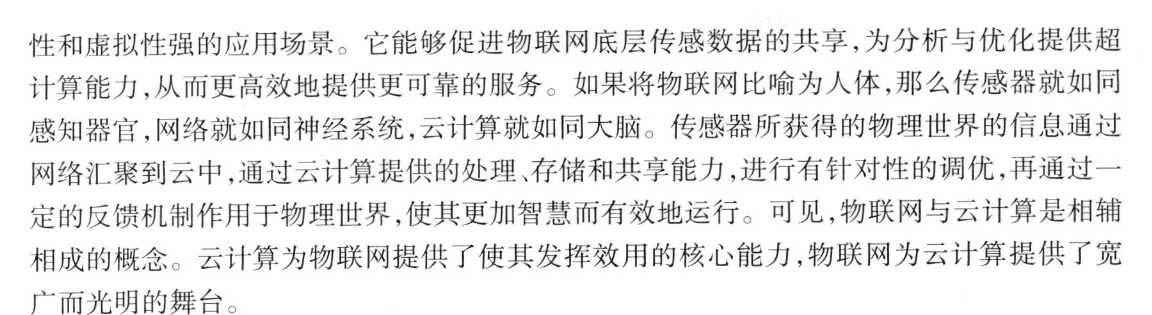
性和虚拟性强的应用场景。它能够促进物联网底层传感数据的共享，为分析与优化提供超计算能力，从而更高效地提供更可靠的服务。如果将物联网比喻为人体，那么传感器就如同感知器官，网络就如同神经系统，云计算就如同大脑。传感器所获得的物理世界的信息通过网络汇聚到云中，通过云计算提供的处理、存储和共享能力，进行有针对性的调优，再通过一定的反馈机制作用于物理世界，使其更加智慧而有效地运行。可见，物联网与云计算是相辅相成的概念。云计算为物联网提供了使其发挥效用的核心能力，物联网为云计算提供了宽广而光明的舞台。

3）云计算是互联网和物联网融合的纽带

云计算促进了物联网和互联网的智能融合。物联网和互联网的结合是更高层次的整合，需要“更透彻的感知，更安全的互联互通，更深入的智能化”，需要依靠高效的、动态的、可以大规模扩展的技术资源处理能力，而这正是云计算模式所擅长的。同时，云计算的交付模式是创新型、简化型的服务，加强了物联网和互联网之间及其内部的互联互通，是实现新商业模式的快速创新、促进物联网和互联网的智能融合的有力手段。

### 4.3.3　云计算与物联网的结合

随着物联网产业的深入发展，物联网发展到一定规模后，物理资源层与云计算结合是水到渠成。然而物联网与云计算各自具备很多优势，结合方式主要可以分为以下几种：

第一，一对多，即单一云计算中心，多业务终端。此类模式适用于小范围的物联网终端（例如：传感器、摄像头或3G手机等）。这种模式是把云中心或部分云中心作为数据/处理中心，终端所获得信息、数据统一由云中心处理及存储，云中心提供统一界面给使用者操作或者查看。

这类应用非常多，如小区及家庭的监控、对某一高速路段的监测、公共设施的保护等都可以用此类信息。这类主要应用的云计算中心可提供海量存储和统一界面、分级管理等功能，对日常生活提供较好的帮助。一般此类云中心为私有云中心居多。

第二，多对多，即多个云计算中心，大量业务终端。此类模式适用于区域跨度大的企业和单位。例如，一个跨多地区或者多国家的企业，因其分公司或分厂较多，要对各公司或工厂的生产流程进行监控、对相关产品进行质量跟踪等。

同理，有些数据或者信息需要及时甚至实时共享给各个终端的使用者也可采取这种方式。这种模式的前提是云计算中心要包含公共云和私有云，且两者之间的互联没有障碍。这样可以确保企业在安全保密的情况下传递与传播机密信息。

第三，信息和应用的处理分层化，拥有海量业务终端。此类模式是为用户范围广、信息及数据种类多、安全性要求高等特征的使用者量身打造的。

当前，客户对各种海量数据的处理需求越来越多，需要根据客户需求及云中心的分布情况进行合理的资源分配。对需要大量数据传送但安全性要求不高的，如视频数据、游戏数据等，可以采取本地云计算中心处理或存储；对于计算要求高且量不大的数据，可以放在专门负责高端运算的云计算中心；而对于数据安全要求非常高的信息和数据，可以放在具有灾备的云计算中心。此模式是具体根据应用模式和场景,对各种信息、数据进行分类处理,然后选择相关的途径给相应的终端。

云计算与物联网的有效结合,会给用户带来更为方便、快捷和低廉的服务,在技术层上更为一致,网络层上能够互联互通、无缝覆盖,业务层上更容易使用统一的 IP 协议,使经营上相互竞争合作从而加速朝着向人类提供多样化、多媒体化、个性化服务的同一目标逐渐交汇,使行业管制和政策方面也逐渐趋向统一。

但物联网与云计算结合将面临一些问题:

第一,IPv4 资源的枯竭。IPv6 资源庞大到号称世界上每一粒沙子都可以拥有一个 IP 地址,但正式商用和各种物联网标准的制定与实施推广需要一定时间。

第二,各种物联网所需设备的规模成本。物联网如果没有规模,一切都是空谈。而要物联网大行其时,各种电子设备、传感设备的价格、实施难度其实非常关键。

第三,云计算中心建设需达到一定规模。目前的情况,除极少数企业有部分为企业自身服务的私有云以外,目前还没有较大的公共云或者“互联云”。

## 本章小结

本章主要阐述了云计算的演化与发展,分析了云计算与网格计算、物联网等技术的关系。作为一种商业计算模型,云计算的愿景是计算机的服务能力可以作为一种商品进行流通,就像水、电、气一样取之方便,费用低廉。随着技术创新及服务模式不断创新,云计算产业正在逐渐成为物联网、大数据等新兴领域的重要支撑,云计算所带来的低成本、灵活、快速部署与支付等特性为新业务的产生与拓展提供了可能。

### 扩展阅读

### 后云计算时代里的新技术

如今,云计算已经走过了十几年,成为家喻户晓的新技术代名词。云计算技术获得了空前的发展,在数据中心领域不断生根发芽,硕果累累。几乎在所有的信息系统中都能找到云计算的身影,云计算带来了新一轮的信息技术变革。

云计算是从集群技术发展而来,云计算将任务分割成多个进程在多台服务器上并行计算,然后得到结果。云计算可以使用廉价的 PC 服务器,也可以管理大数据量与大集群,关键技术在于能够对云内的基础设施进行动态按需分配与管理。云计算不只是计算等计算机概念,还有运营服务等概念。它是分布式计算、并行计算和网格计算的发展,或者说是这些概念的商业实现。云计算不但包括分布式计算还包括分布式存储和分布式缓存。分布式存储又包括分布式文件存储和分布式数据存储。显然,云计算是一个技术集合体,最终体现到服务上。云计算可以将数据中心的计算资源通过网络充分利用起来,大大提升设备使用率,通

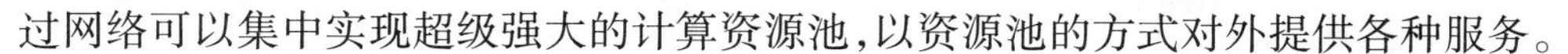

过网络可以集中实现超级强大的计算资源池，以资源池的方式对外提供各种服务。

不过，信息技术世界丰富多彩，也使得云计算无法面面俱到，在某些应用场景下存在使用限制，这就催生了其他一些新的计算技术。

**边缘计算**（Edge Computing）

边缘计算并非一个新鲜词。内容分发网络 CDN 和云服务的提供商 AKAMAI 在 2003 年就与 IBM 合作“边缘计算”。AKAMAI 在内部的学习项目中曾提出“边缘计算”的目的和解决问题，并通过 AKAMAI 与 IBM 在其 WebSphere 上提供基于边缘计算服务。不过，当时边缘计算还是被云计算的风头掩盖，并没有引起太多人的关注。直到 2016 年，边缘计算一下子火了，这缘于物联网的火热，尤其是智能家居的火热。

云计算主要聚焦非实时、长周期数据分析，能够在周期性维护、业务决策支持等领域发挥专长，云计算通过大数据分析优化输出的业务规则也可以下发到边缘侧。而边缘计算则根据新的业务规则进行业务执行的优化处理，边缘计算聚焦实时、短周期数据的分析，能更好地支撑本地业务的实时智能化处理与执行。边缘计算既靠近执行单元，更是云端所需高价值数据的采集单元，可以更好地支撑云端应用的大数据分析。因此，边缘计算可以作为云计算技术的补充，在物联网中发挥更大的作用。边缘计算通过数据分析处理，实现物与物之间传感、交互控制，让数据不用再传到遥远的云端，在边缘就能解决。

**雾计算**（Fog Computing）

雾计算的概念由思科首创。雾计算没有强力的计算能力，只有一些弱的、零散的计算设备。雾计算中，数据处理和应用程序都集中在网络边缘设备中，而不是几乎全部保存在云中，这使得雾计算成了云计算很好的补充。雾计算不仅在边缘网络，也可以拓展到核心网络，整个数据中心的网络组件都可以作为雾计算基础设施。雾计算可以将基于云的服务（例如 IaaS、PaaS、SaaS 等）拓展到网络边缘，这与边缘计算是不同的。雾计算虽然更靠近用户设备，但是和云计算一样，仍然是网络设备为主角，而边缘计算是计算设备自身为主角，两者面对的主要对象是不同的。

**区块链**（Blockchain）

说到区域计算，就不能不提下区块链。区块链是一种新型去中心化协议，是由节点参与的分布式数据库系统。相比于传统的云计算基础设施，区块链云可以称得上是“瘦云”，是一种更适合运行的智能合约程序。智能合约可以理解为运行于区块链中“虚拟机”上的商业逻辑。2016 年，Google 曾在一个网络架构会议上，提出 3.0 版本的云计算是无服务器计算（1.0 的云计算是虚拟机时代，2.0 是公有云时代，只要把软件装上去就可以，不用管云在什么地方），也就是部署应用时，根本不用关心服务器。3.0 版本的云计算就是区块链时代的到来。区块链技术虽然被提出不久，但发展飞快。在菜鸟网络、招商银行等系统中已经开始部署了区块链技术，相信未来会有越来越多的客户采用它。

边缘计算、雾计算、区块链技术都是后云计算时代里的热门技术，这些技术有个共同的特点，与云计算截然相反，都是不再强调集中的分布式网络计算（云计算专属的技术）的概念。不过，这些技术并不是为了取代云计算，而是作为云计算的有效补充，用在那些计算量不大、距离用户最近的地方。不可否认，在未来技术发展中，它们都将发挥更加重要的作用，使云计算可以更好地为人们服务。

资料来源：后云计算时代里的新技术（信管网）

## 思考题

1. 什么是网格计算？其流行的体系结构有哪几种？
2. 网格体系结构之一的五层沙漏体系结构包括哪些内容？
3. 云时代，云计算与网格计算有什么区别？
4. 物联网与云计算是什么关系？你的看法是什么？

第 2 编

# 关键技术

# 第 5 章 虚拟化技术

## 本章导读

作为云计算的核心技术之一，虚拟化技术并不是新概念。虚拟化技术是伴随着计算机技术的产生而出现的，在计算技术的发展历程中一直扮演着重要的角色。

本章将主要介绍虚拟化的基础概念、结构模型以及应用产品等，帮助读者理解虚拟化与云计算之间的重要关系。本章首先介绍了虚拟化的历史演变、概念及特征；其次，介绍了虚拟化的实现结构，包括 Hypervisor 模型、宿主模型以及混合模型；再次，介绍了虚拟化的分类，按照虚拟化的程度和级别划分，可以分成软件虚拟化和硬件虚拟化，全虚拟化和半虚拟化；接着，介绍了 x86 平台上的主要虚拟化产品，如 VMware 的 vSphere、微软的 Hyper-V 和 Citrix 的 XenServer 等；最后，介绍了云计算与虚拟化的关系。

## 5.1　虚拟化的概念及特征

虚拟化技术并非随着云计算概念的诞生而诞生。1959 年，计算机科学家 Christopher Strachey 在其发表的论文《大型高速计算机中的时间共享》(*Time Sharing in Large Fast Computers*)中首次提出了虚拟化的基本概念。

20 世纪 60 年代，IBM 已实现了虚拟化技术的商业应用。IBM Mainframe 大型主机可以通过分区的功能拆分硬件资源来分配使用，使大型机的资源得到充分的利用；IBM 也推出小型机的虚拟化，如 1966 年推出的 S360/M67，支持插上多个 CPU，并支持完整的虚拟化功能，可以运行当时的多个应用系统。

随着软硬件的进步，在 20 世纪 90 年代 VMware 公司率先实现了虚拟化进入 Windows 系统，即在 x86 服务器上架构虚拟化，并在 1999 年，推出了 x86 平台上的第一款虚拟化商业软件 VMware Workstation，加快了虚拟化前进的脚步。

2000 年后，各大软硬件厂商相继重视并加大虚拟化市场的投入，微软、Sun 和 IBM 等公司相继收购了如 Windows 系统下的 Virtual PC、Parallels 的 Workstation 以及 VirtualBox 等小

型软件厂商。

随着近年多核系统、集群、网格以及云计算的广泛部署，虚拟化技术在商业应用上的优势日益体现。从操作系统的虚拟内存到 Java 语言虚拟机，再到目前基于 x86 体系结构的服务器虚拟化技术的蓬勃发展，都为虚拟化这一看似抽象的概念添加了极其丰富的内涵。

“虚拟化是以某种用户和应用程序都可以很容易从中获益的方式来表示计算机资源的过程，而不是根据这些资源的实现、地理位置或物理包装的专有方式来表示它们。换句话说，它为数据、计算能力、存储资源以及其他资源提供了一个逻辑视图，而不是物理视图。”——Jonathan Eunice，Illuminata Inc。

“虚拟化是表示计算机资源的逻辑组（或子集）的过程，这样就可以用从原始配置中获益的方式访问它们。这种资源的新虚拟视图并不受现实、地理位置或底层资源的物理配置的限制。”——维基百科。

“虚拟化：对一组类似资源提供一个通用的抽象接口集，从而隐藏属性和操作之间的差异，并允许通过一张通用的方式来查看并维护资源。”——Open Grid Service Architecture Glossary of Terms。

“虚拟化代表着这样一个巨大趋势，就是把物理资源转变为逻辑上可以管理的资源，打破了物理结构之间的壁垒，使原来闲置的资源得到充分的利用。”——IBM i 中国开发团队。

由此可见，虚拟化的含义较为广泛，对不同的人来说可能意味着不同的东西，这取决于他们所处的环境。相对于现实，虚拟化就是将原本运行在真实环境上的计算机系统或组建运行在虚拟出来的环境中。在计算机方面，虚拟化一般是通过对计算机物理资源的抽象，提供一个或多个操作环境，实现资源的模拟、隔离或共享等。而在云计算环境中，是通过物理主机中同时运行多个虚拟机实现虚拟化，在这个虚拟化平台上，实现对多个虚拟机操作系统的监视和多个虚拟机对物理资源的共享（图 5-1）。

本书将采用以下关于虚拟化的定义：

“虚拟化是指通过虚拟化技术将一台计算机虚拟为多台逻辑计算机，在一台计算机上同时运行多个逻辑计算机，每个逻辑计算机可运行不同的操作系统，并且应用程序都可以在相互独立的空间内运行而互不影响，从而显著提高计算机的工作效率。”

一般虚拟化包括四个基本特征：

①分区：即在单一物理机上同时运行多个虚拟机。

分区意味着虚拟化层拥有为多个虚拟机划分服务器资源的能力；每个虚拟机可以同时运行一个单独的操作系统（相同或不同的操作系统），使得用户能够在一台服务器上运行多个应用程序；每个操作系统只能看到虚拟化层为其提供的“虚拟硬件”（虚拟网卡、CPU、内存等），使它认为运行在自己的专用服务器上。

②隔离：在同一物理机上的虚拟机之间是相互隔离的。

这意味着一个虚拟机的崩溃或故障（例如，操作系统故障、应用程序崩溃、驱动程序故障，等等）不会影响同一物理机上的其他虚拟机；一个虚拟机中的病毒、蠕虫等与其他虚拟机相隔离，就像每个虚拟机都位于单独的物理机上一样；不但可以进行资源控制以提供性能隔

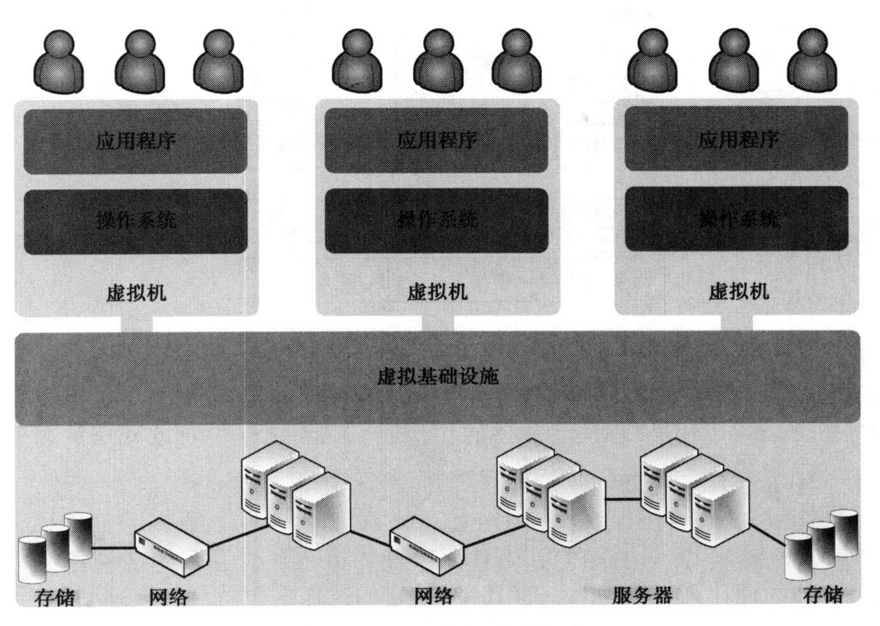


图 5-1　云计算虚拟化模型

离，可以为每个虚拟机指定最小和最大资源使用量，以确保某个虚拟机不会占用所有资源而使得同一系统中的其他虚拟机无资源可用；还可以在单一机器上同时运行多个负载/应用程序/操作系统。

③封装：整个虚拟机都保存在文件中，可以通过移动文件的方式来迁移该虚拟机。

也就是说，整个虚拟机（包括硬件配置、BIOS 配置、内存状态、磁盘状态、CPU 态）都储存在独立于物理硬件的一组文件中。这样，使用者只需复制几个文件就可以随时随地根据需要复制、保存和移动虚拟机。

④硬件独立：无须修改就可以在任何服务器上运行虚拟机。

因为虚拟机运行在虚拟化层之上，所以操作系统只能看到虚拟化层提供的虚拟硬件，而且这些虚拟硬件也同样不必考虑物理服务器的情况。这样，虚拟机就可以在任何 x86 服务器（IBM、Dell、HP 等）上运行而无须进行任何修改。这打破了操作系统和硬件以及应用程序和操作系统/硬件之间的约束，也就是实现了解耦。

## 5.2　虚拟化的结构模型

一般来说，虚拟环境由三部分组成：虚拟机、虚拟机监控器（VMM，亦称为 Hypervisor）、硬件。在没有虚拟化的情况下，操作系统管理底层物理硬件，直接运行在硬件之上，构成一个完整的计算机系统。而在虚拟化环境里，VMM 取代了操作系统的管理者地位，成为真实物理硬件的管理者。同时，VMM 向上层的软件呈现出虚拟的硬件平台，“欺瞒”着上层的操作系统。而此时的操作系统运行在虚拟平台之上，管理着虚拟硬件，但它自认为是真实的物理硬件（图 5-2）。

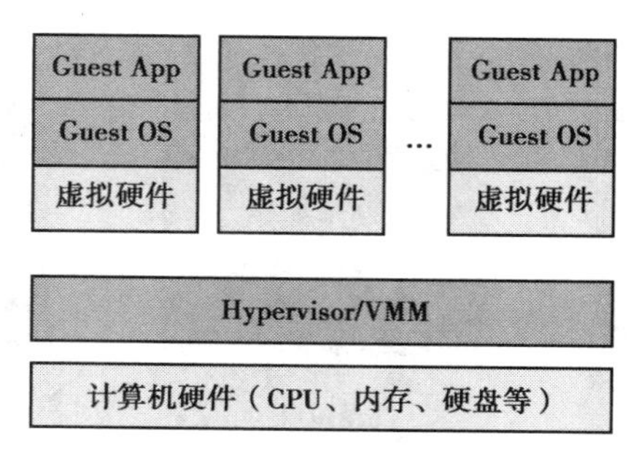


图 5-2　虚拟环境构成

通常虚拟化的实现结构分为三类:Hypervisor 模型(或独立监控模型)、宿主模型以及混合模型。

### 5.2.1　Hypervisor 模型

在 Hypervisor 模型中,虚拟化平台是直接运行在物理硬件之上,无须主机操作系统(安装虚拟化平台的物理计算机称为"主机(Host)",它的操作系统就称为"主机操作系统")(图 5-3)。在这种模型中,VMM 管理所有物理资源,如处理器、内存、I/O 设备等,另外,VMM 还负责虚拟环境的创建和管理,用于运行客户机操作系统(在一个虚拟机内部运行的操作系统称为"客户机(Guest)操作系统")。由于 VMM 同时具有物理资源的管理功能和虚拟化功能,虽然物理资源的虚拟化效率会更高一些,但同时也增加了 VMM 的工作量,因为 VMM 需要进行物理资源的管理,包括设备的驱动,而设备驱动开发的工作量是很大的。

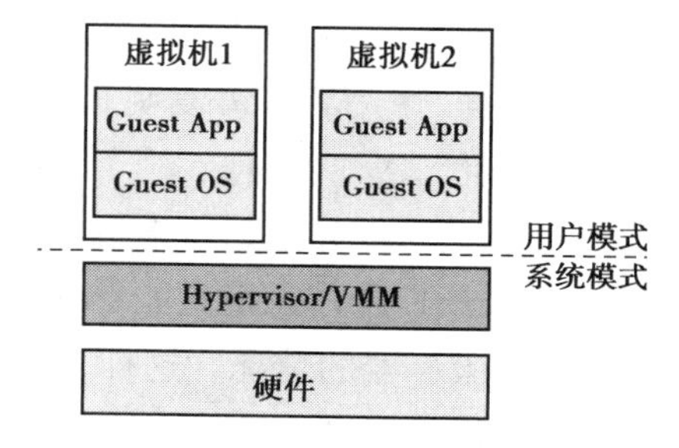


图 5-3　Hypervisor 模型

优点:效率高。

缺点:只支持部分型号设备,需要重写驱动或者协议。

典型产品:VMware ESX server3,KVM。

### 5.2.2　宿主模型

在宿主模型中,虚拟化平台是安装在主机操作系统之上的。VMM 通过调用主机操作系统的服务来获得资源,实现处理器、内存和 I/O 设备的虚拟化。VMM 创建出虚拟机之后,通常将虚拟机作为主机操作系统的一个进程参与调度(图 5-4)。宿主模型的优缺点正好与 Hypervisor 模型相反。宿主模型可以充分利用现有操作系统的设备驱动程序,VMM 无须为各类 I/O 设备重新实现驱动程序,减轻了工作量。但是由于物理资源由主机操作系统控制,VMM 需要调用主机操作系统的服务来获取资源进行虚拟化,这对虚拟化的效率会有一些影响。

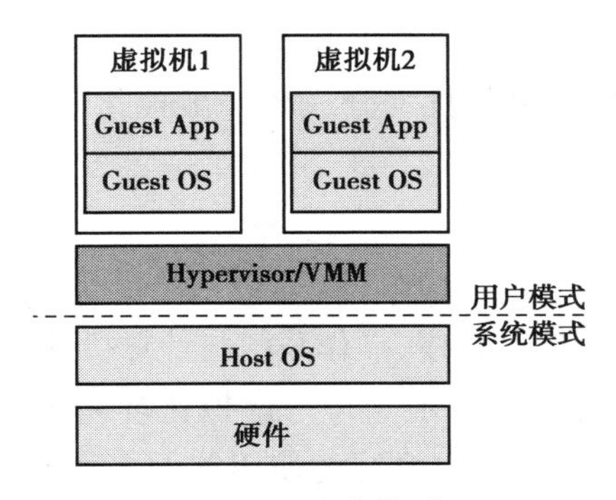


图 5-4　宿主模型

优点:充分利用现有的 OS 的 Device Driver(设备驱动程序),无需重写;物理资源的管理直接利用宿主 OS 来完成。

缺点:效率不够高,安全性一般,依赖于 VMM 和宿主 OS 的安全性。

典型产品:VMware server,VMware workstation,virtual PC,virtual server。

### 5.2.3　混合模型

顾名思义,混合模型就是上述两种模型的混合体。混合模型在结构上与 Hypervisor 模型类似,VMM 直接运行在裸机上,具有最高特权级。混合模型与 Hypervisor 模型的区别在于:混合模式的 VMM 相对要小得多,它只负责向客户机操作系统(Guest OS)提供一部分基本的虚拟服务,例如 CPU 和内存,而把 I/O 设备的虚拟交给一个特权虚拟机(Privileged VM)来执行。由于充分利用了原操作系统的设备驱动,VMM 本身并不包含设备驱动。

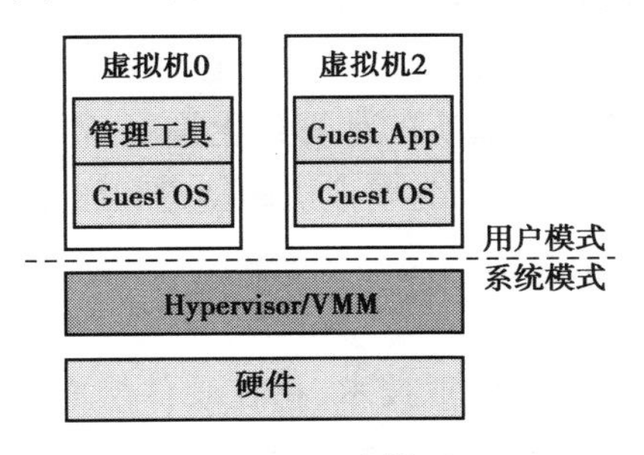


图 5-5　混合模型

优点:集合了上述两种模型的优点。

缺点:经常需要在 VMM 与特权 OS 之间进行上下文切换,开销较大。

典型产品:Xen。

## 5.3 虚拟化的分类

在虚拟化蓬勃发展的这些年里，虚拟化可以根据不同划分标准进行分类。如根据虚拟化的程度和级别，一般可以将虚拟化技术分成软件虚拟化和硬件虚拟化，全虚拟化和半虚拟化。

### 5.3.1 软件虚拟化

软件虚拟化就是通过解除应用程序、操作系统与计算机硬件之间的关联性，使得可以在一个物理计算机上建立多个虚拟化环境。每个虚拟化环境中都能模拟出完整的计算机系统，这些虚拟计算机系统与真实计算机系统的使用并无多大差异，可以安装操作系统，在操作系统上安装应用程序。

软件虚拟化可以实现桌面虚拟化和应用虚拟化。桌面虚拟化是将操作系统与计算机硬件设备解耦，这样用户可以在自己的计算机上运行多个操作系统，或通过网络从任何位置和设备访问存放在服务器上的个人桌面环境。应用虚拟化就是指解除应用和操作系统、硬件的耦合关系，使应用程序运行在一个虚拟化的环境中，这样就不会跟本地安装的其他程序相冲突，同时也方便了应用程序的升级。

软件虚拟化可以带来许多便利。第一，创建虚拟机可使部署各种软件运行环境更加容易，加快软件开发的测试和调试周期。另外，也可以使用虚拟机的快照、备份功能对用户的桌面环境进行备份，这样即使用户的桌面环境被攻击或出现重大错误，也可以轻松恢复原有的桌面环境，便于桌面环境的管理和维护。第二，提高系统资源利用率。在一个计算机上运行多个虚拟环境，每个虚拟环境有不同的空闲和繁忙时间段，使单个计算机的资源利用率提高。如果某一个虚拟环境无法正常运行，也不会影响其他虚拟环境的工作。第三，可应用于教育上，提高教学效率。比如在虚拟机中可以做一些“破坏性”实验，像对硬盘重新分区、格式化、重新安装操作系统等，若是在真实的计算机上进行，可能会导致系统、数据等被破坏，而在虚拟机中就可以不用顾虑这些，因为虚拟机的创建和删除相当简单。

### 5.3.2 硬件虚拟化

硬件虚拟机是一种基于硬件的虚拟技术，指在硬件层面上，更确切地说是在 CPU 里对虚拟技术提供了支持，使得 Hypervisor 运行在比操作系统更高的权限上。宿主机（Host Computer）被启动后，在引导操作系统前先初始化 VMM 并初始化每个虚拟机，每个虚拟机就像有了自己的硬件一样，因此可以完全隔离地运行各自的客户机操作系统。

硬件虚拟化技术是一种 CPU 芯片虚拟化技术，支持虚拟技术的 CPU 带有特别优化过的指令集来控制虚拟过程。通过这些指令集，VMM 会很容易地提高性能，相比软件虚拟化方式会很大程度上提高性能。硬件虚拟化技术可提供基于芯片的功能，借助兼容 VMM 软件能够改进纯软件解决方案。同时，由于硬件虚拟化可提供全新的架构，支持操作系统直接在上面运行，无须进行二进制翻译转换，减少性能开销，极大地简化了VMM的设计，从而使VMM可以按标准编写，通用性更好，性能更强。但硬件虚拟化基本上就是在一台宿主机上虚拟了整个系统，各台虚拟机之间相互不可见，这会明显导致很多重复的线程和重复的内存页出现，性能上肯定会有影响。所以采用这种技术，一台宿主机上虚拟机的个数肯定会有一定限制。

硬件级虚拟化是目前研究最广泛的虚拟化技术，相应的虚拟化系统也相对较多。其中最具影响力的VMware和Xen都属于硬件级虚拟化的范畴，这将在后续章节中介绍。

### 5.3.3 全虚拟化

全虚拟化(Full Virtualization)，也称为原始虚拟化技术，是指虚拟机模拟了完整的底层硬件，包括处理器、物理内存、时钟、外设等，使得为原始硬件设计的操作系统或其他系统软件完全不作任何修改就可以在虚拟机中运行，且它们不知道自己运行在虚拟化环境下。操作系统与真实硬件之间的交互可以看成是通过一个预先规定的硬件接口进行的。全虚拟化VMM以完整模拟硬件的方式提供全部接口(同时还必须模拟特权指令的执行过程)。

全虚拟化技术是最流行的虚拟化方法，使用Hypervisor这种中间层软件，在虚拟服务器和底层硬件之间建立一个抽象层。Hypervisor可以划分为两大类。首先是类型1，这种Hypervisor是直接运行在物理硬件之上的；其次是类型2，这种Hypervisor运行在另一个操作系统(运行在物理硬件之上)中。

因为运行在虚拟机上的操作系统通过Hypervisor来最终分享硬件，所以虚拟机发出的指令需经过Hypervisor捕获并处理。为此，每个客户机操作系统(Guest OS)所发出的指令都要被翻译成CPU能识别的指令格式，这里的客户机操作系统即是运行的虚拟机，所以Hypervisor的工作负荷会很大，因此会占用一定的资源，所以在性能方面不如裸机，但是运行速度要快于硬件模拟。全虚拟化最大的优点就是运行在虚拟机上的操作系统没有经过任何修改，唯一的限制就是操作系统必须能够支持底层的硬件，不过目前的操作系统一般都能支持底层硬件，所以这个限制就变得微不足道了。

这种方式是业界现今最成熟和最常见的，而且属于宿主模式和Hypervisor模式的都有，知名的产品有IBM CP/CMS，VirtualBox，KVM，VMware Workstation和VMware ESX(其4.0版被改名为VMware vSphere)。

### 5.3.4 半虚拟化

在全虚拟化模式中，每个客户操作系统(Guest OS)获得的关键平台资源都由Hypervisor控制和分配，以避免发生冲突，为此需要利用二进制转换，而二进制转换的开销又使得全虚拟化的性能大打折扣。为解决这个问题，引入了一种全新的虚拟化的技术，这就是半虚拟化技术。

半虚拟化技术(Para-virtualization)又称为准虚拟化技术，是在全虚拟化的基础上，对客户机操作系统进行修改，增加一个专门的API将客户机操作系统发出的指令进行最优化，即不需要 Hypervisor 耗费一定的资源进行翻译操作,因此,Hypervisor 的工作负担变得非常小,整体性能也有很大的提高。经过半虚拟化处理的服务器可与 Hypervisor 协同工作,其响应能力几乎不亚于未经过虚拟化处理的服务器。因此,半虚拟化具有消耗资源小、性能高的优点。不过缺点就是,要修改包含该 API 的操作系统,但是对于某些不含该 API 的操作系统(主要是 Windows)不支持,因此它的兼容性和可移植性较差。

通过这种方法将无需重新编译或捕获特权指令,使其性能非常接近物理机,其最经典的产品就是 Xen,而且因为微软的 Hyper-V 所采用技术和 Xen 类似,所以也可以把 Hyper-V 归属于半虚拟化。

## 5.4 主流虚拟化产品

以市场占有率来说,x86 平台上的主要虚拟化产品分别是 VMware 的 vSphere、微软的 Hyper-V 和 Citrix 的 XenServer,当然还有一些小型的厂家,但其市场份额可以忽略不计。

### 5.4.1 VMware vSphere

VMware 公司是虚拟界的领袖,也是世界第三大软件公司。该公司 1999 年发布第一款产品 WMware Workstation,2001 年发布进入服务器市场的 VMware GSX Server(托管)和 VMware ESX Server(不托管)的系统,2004 年推出 64 位虚拟化支持版本,2009 年推出了号称云端操作系统的 vSphere 解决方案(也被称为 VMware Infrastructure 4.0(VI4))。2010 年,WMware vSphere 5.0 正式发布,它对硬件的支持更加完整,捍卫了其在虚拟化市场中的地位。

vSphere 是 VMware 推出的基于云计算的新一代数据中心虚拟化套件,它是以原生架构的 ESX/ESXi Server 为基础,让多台 ESX Server 能并发负担更多个虚拟机,再加上 VirtualCenter、配合主流数据库软件来管理多台 ESXi 及虚拟机,通过将关键业务应用程序与底层硬件分离来实现前所未有的可靠性和灵活性,从而优化 IT 交付。

VMware vSphere 主要通过虚拟化技术将数据中心转变为云计算基础架构,通过虚拟化提供自助部署和调配的功能,将 IT 基础架构作为服务来交付使用。vSphere 是一个整体架构而非单个产品,基本架构如图 5-6 所示。

vSphere 的组成部件:

(1)vSphere 的云端部分

vSphere 所谓的云端,是指平台及架构部分(PaaS 和 IaaS),可以分为内部云端和外部云端(即私有云与公共云)。

①内部云端:由各种硬件资源组成,并由 vSphere 负责统合云端资源。在 IaaS 及 PaaS 中,资源为硬件及 OS 资源,硬件主要有 CPU 运算能力、RAM 以及存储空间,而 PaaS 则是有各种操作系统。

②外部云端:vSphere 可以将这些第三方提供的资源集成到企业的 IT 架构中。

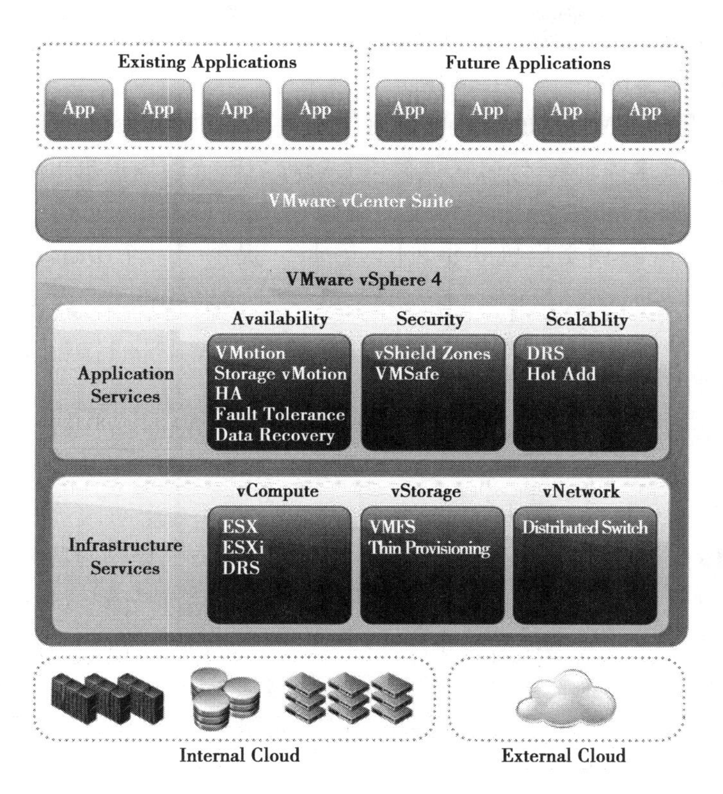


图 5-6　VMware vSphere 的基本架构

（来源：VMware）

(2) vSphere 的底层：服务架构（Infrastructure Service）

有了硬件资源之后，就需要一个 Hypervisor 将资源集成，然后 ESX 和 ESXi 服务器负责将硬件资源虚拟化。Infrastructure Service 主要可以分为运算部分的 vCompute、存储部分的 vStorage 以及网络部分的 vNetwork。

①vCompute 部分。它包括 ESX/ESXi 以及 DRS。ESX/ESXi 主要实现服务器整合、提供高性能并担保服务品质、流水式测试和部署及可伸缩的软硬件架构；DRS（Distributed Resource Scheduler，分布式资源调度）确保按需调整资源配置，根据需要和优先级压缩和增加应用系统的资源，动态地响应负载平衡。

②vStorage 部分。它包括 VM 所在硬盘的文件系统 VMFS 以及动态分配大小的 Thin Provisioning（自动精简配置，TP）。

TP 是一项优化存储局域网（SAN）中可利用空间、提高存储空间利用率的技术，可按照每位用户某一时刻所需的最小空间，动态灵活地在多用户间分配磁盘存储空间。与传统网络化的存储系统相比，TP 具有存储空间利用率高、减少电力消耗、减低硬件空间需求、减少热量产生等优点。在传统的存储自动配置（Storage Provisioning）模式（也被称作传统配置，Fat Provisioning，FP）下，考虑到需求和数据复杂性可能增加，存储空间的分配要大于当前需求，但这也导致利用率低下，大量的存储空间被占用，但很少被真正使用。上述问题可通过 TP 解决，且开销不大。

VMFS 是专门为虚拟机设计的高性能集群文件系统，该系统可以在 VMware 虚拟机的 VMware 虚拟数据中心环境中访问共享存储。

③vNetwork 部分。VMware 的网络虚拟化技术主要通过 VMware vSphere 中的 vNetwork 网络元素实现。通过这些元素，部署在数据中心物理主机上的虚拟机可以像物理环境一样进行网络互联。vNetwork 的组件主要包括虚拟网络接口卡 Vnic、vNetwork 标准交换机 vSwitch 和 vNetwork 分布式交换机 dvSwitch。vSphere 提供了一个 Distributed Network 的架构，不但有完整的 Bridged/NAT/Host only 架构，更和 Cisco 合作推出一个专门安装在 vSphere 上的分布式网络。

(3) vSphere 的底层：Application Service

应用软件服务是针对 VM 的，可以让多台服务器多个 VM 排列组合，达到企业应用的目的。

①可用性(Availability)。可用性就是企业的服务永远不会中断，不管是服务器蓝屏或是应用软件蓝屏，都不影响用户对服务的访问。vSphere 在这方面提供的功能主要有：

- VMotion：VM 动态转移，可以把 VM 从一台物理服务器转移到另一台上；
- Storage VMotion：VM 磁盘动态迁移，可以把 VM 磁盘从一个存储设备转移到另一台；
- HA(高可用性)：VM 在一台服务器蓝屏后转移到另一台上，服务永远不会中断；
- Fault Tolerance(冗余性)：随时有一台动态的服务器待命，当有一台服务器蓝屏时，不需要 HA 或 VMotion 就立即接手；
- Data Recovery：服务器或 VM 蓝屏后数据回退功能。

②安全性(Security)。安全性包括 vShields Zones 和 VMSafe 两部分，让物理机直接连上虚拟机，甚至是不同物理机上的虚拟机，而无须通过外接的防火墙或路由器获取监控。

③可伸缩性(Scalablity)。再强大的系统也有遇到效能瓶颈的一天，从前的计算机流行纵向升级(Scale up)，即在同一台电脑上安装更多更快的 CPU，加装更多的 RAM。但纵向升级容量有限，一台电脑不可能有无限个 CPU 和内存插槽。因此采用横向升级(Scale out)，即用更多的物理服务器来增加效能。而 vSphere 提供了 DRS 和 Hot Add，让 VM 能动态转移到更快捷的物理服务器上，其中 Hot Add 的功能可以让 VM 在不关机的情况下直接添加 vCPU 或内存，这对系统的高可用性也有极大的帮助。

(4) vSphere 的神经中枢：VMware vCenter

vCenter 作为管理节点，控制和整合属于其域的 vSphere 主机，可以安装在物理机的操作系统上，也可以安装在虚拟机的操作系统上。vCenter 提高在虚拟基础架构每个级别上的集中控制和可见性，通过主动管理发挥 vSphere 潜能，是一个具有广泛合作伙伴体系支持的可伸缩、可扩展平台。

①VMware vCenter Client。这是一个 Windows 端的实用程序，用来直接总控单台 ESX/ESXi。在 vSphere 中，所有的 VM 管理、创建、运行、维护都靠 vCenter Client。

②VMware vCenter Server。vCenter Server 大概是 VMware 中功能最复杂的产品了。前面所提的云端、架构、应用软件等，都要靠 vCenter Server 来落实。在 vSphere 中，vCenter Server

具有动态迁移、资源优化、容错、高可用性、备份以及应用部署等高级功能。

### 5.4.2　微软的 Hyper-V

Microsoft 公司的虚拟化技术起步比较迟，直到 2003 年收购了 Connectix 后才正式踏入虚拟化领域。2007 年 9 月，Microsoft 正式推出一个采用类似 VMware 和 Citrix 开源 Xen 的基于 Hypervisor 的 Hyper-V。Hyper-V 提供了从桌面虚拟化、服务器虚拟化、应用虚拟化到表示层虚拟化的完备产品线。

Hyper-V 采用了一种全新的架构，也就是 Hypervisor 架构。它实际是用 VMM 代替 Host OS。Host OS 从这个架构中彻底消失，将 VMM 这层直接做在硬件里面，所以 Hyper-V 要求 CPU 必须支持虚拟化。这种做法带来了虚拟机 OS 访问硬件性能的直线提升。VMM 主要目的是提供很多孤立的执行环境，这些执行环境被称之为分区，每一个分区都被分配了自己独立的一套硬件资源。

Hyper-V 架构如图 5-7 所示。

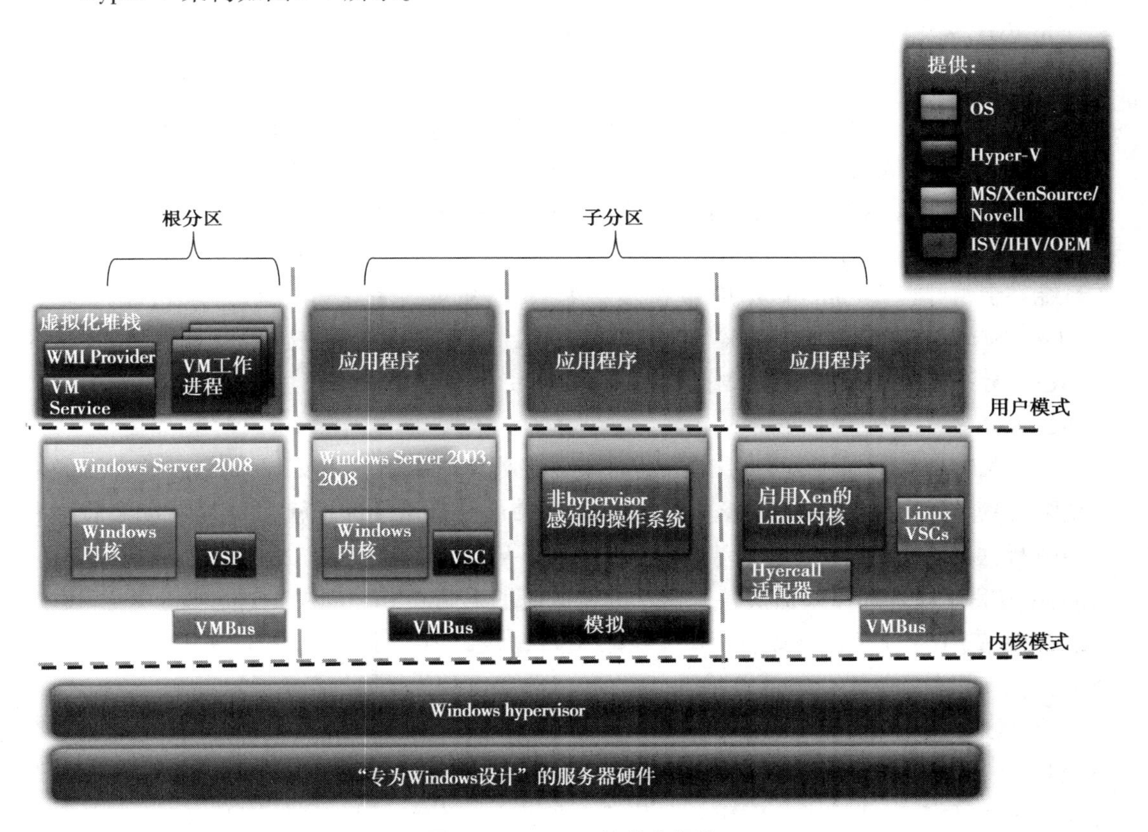


图 5-7　Hyper-V 的基本架构

下面对图中使用的首字母缩写词和术语进行简单介绍。

①子分区：承载客户机操作系统（Guest OS）的分区，子分区对物理内存和设备的所有访问都通过虚拟机总线（VMBus）或虚拟机监控程序提供。

②虚拟化调用(HyperCall):用于与虚拟机监控程序进行通信的接口,可通过虚拟化调用接口访问虚拟机监控程序提供的优化功能。

③虚拟机监控程序(Hypervisor):驻留在硬件和一个或多个操作系统之间的软件层,其主要工作是提供称为分区的隔离执行环境,控制和裁定对基础硬件的访问。

④根/父分区:管理计算机级别的功能,如设备驱动程序、电源管理和设备热添加/移除。根/父分区是唯一能够直接访问物理内存和设备的分区。

⑤VMBus:虚拟机总线,基于通道的通信机制,在具有多个活动虚拟化分区的系统上,用于分区之间的通信和设备枚举,VMBus 随 Hyper-V 集成服务一起安装。

⑥VSC:虚拟化服务客户端,驻留在子分区中的一种综合设备实例。VSC 利用父分区中的虚拟化服务提供程序(VSP)提供的硬件资源,它们通过 VMBus 与父分区中的相应 VSP 通信以满足子分区的设备 I/O 请求。

⑦VSP:虚拟化服务提供程序,驻留在父分区中,通过虚拟机总线(VMBus)向子分区提供综合设备支持。

⑧WMI:虚拟机管理服务公开一组基于 Windows Management Instrumentation(WMI)的 API 用于管理和控制虚拟机。

由此可见,Hyper-V 采用基于 VMbus 的高速内存总线架构,来自虚拟机的硬件请求(显卡、鼠标、磁盘、网络),可以直接经过 VSC,通过 VMbus 总线发送到父分区的 VSP,VSP 调用对应的设备驱动,直接访问硬件,中间不需要 Hypervisor 的帮助。

Hyper-V 支持分区层面的隔离。分区是逻辑隔离单位,受虚拟机监控程序支持,并且操作系统在其中执行。Microsoft 虚拟机监控程序必须至少有一个根/父分区,用于运行 Windows Server。虚拟化堆栈在父分区中运行,并且可以直接访问硬件设备。随后,父分区会创建子分区用于承载客户机操作系统。父分区使用虚拟化调用应用程序编程接口(API)来创建子分区。

分区对物理处理器没有访问权限,也不能处理处理器中断。相反,它们具有处理器的虚拟视图,并运行于每个客户机分区专用的虚拟内存地址区域。虚拟机监控程序负责处理处理器中断,并将其重定向到相应的分区。Hyper-V 还可以通过输入输出内存管理单元(IOMMU)利用硬件加速来加快各个客户机虚拟地址空间相互之间的地址转换。IOMMU 独立于 CPU 使用的内存管理硬件运行,并用于将物理内存地址重新映射到子分区使用的地址。

子分区对其他硬件资源也没有直接访问权限,只具有这些资源的虚拟视图,就像虚拟设备(VDev)一样。对虚拟设备的请求通过 VMBus 或虚拟机监控程序重定向到父分区中的设备,由父分区处理这些请求。VMBus 是用于分区之间通信的逻辑通道。父分区承载虚拟化服务提供程序(VSP),这些提供程序通过 VMBus 通信以处理来自子分区的设备访问请求。子分区承载虚拟化服务使用程序(VSC),这些使用程序通过 VMBus 将设备请求重定向到父分区中的 VSP。整个过程对客户机操作系统来说是透明的。

虚拟设备还可以利用一项名为“具有启发功能的 I/O”的 Windows Server 虚拟化功能进

行存储、联网、处理图形和输入子系统。具有启发功能的 I/O 是高级通信协议（如 SCSI）的支持虚拟化功能的专门实现，它直接利用 VMBus，而避开任何设备枚举层。这可以提高通信效率，但需要有支持虚拟化监控程序和 VMBus 的具有启发功能的来宾系统。Hyper-V 具有启发功能的 I/O 和支持虚拟化监控程序的内核可通过安装 Hyper-V 集成服务来提供。集成组件包含虚拟服务器客户端（VSC）驱动程序，还可用于其他客户端操作系统。Hyper-V 需要一个包含硬件辅助虚拟化的处理器，如通过 Intel VT 或 AMD 虚拟化（AMD-V）技术提供的处理器。

### 5.4.3　Citrix XenServer

Citrix 公司作为全球知名的虚拟化厂商之一，其产品在桌面虚拟化市场中独树一帜。2007 年 Citrix 收购了 XenSource 公司，这标志着 Citrix 公司全面进入虚拟化市场，这次的收购使得它的业务快速拓展到相邻的服务器桌面虚拟化市场。

XenServer 是 Citrix 推出的一款服务器半虚拟化产品。与大多数服务器半虚拟化产品相同的是，XenServer 作为一种开放的、功能强大的服务器虚拟化解决方案，可将静态的、复杂的数据中心环境转变成更为动态的、更易于管理的交付中心，从而大大降低数据中心成本；与传统虚拟机类软件不同的是，它无需底层原生操作系统的支持，也就是说 XenServer 本身就具备了操作系统的功能，是能直接安装在服务器上引导启动并运行的。Citrix XenServer 源自开放原始码 Xen。

Xen 是一个开放源代码虚拟机监视器，由剑桥大学开发。Xen 技术被广泛看作业界最快速、最安全的虚拟化软件。它是基于硬件的完全分割，物理上有多少的资源就只能分配多少资源，因此很难超售。Xen 可分为 Xen-PV（半虚拟化）和 Xen-HVM（全虚拟化）。半虚拟化需要特定内核的操作系统，如基于 Linux paravirt_ops（Linux 内核的一套编译选项）框架的 Linux 内核，而 Windows 操作系统由于其封闭性则不能被 Xen 的半虚拟化所支持。Xen 的半虚拟化有个特别之处就是不要求 CPU 具备硬件辅助虚拟化，这非常适用于 2007 年之前的旧服务器虚拟化改造。全虚拟化支持原生的操作系统，特别是针对 Windows 这类操作系统，Xen 的全虚拟化要求 CPU 具备硬件辅助虚拟化，它修改的 Qemu 仿真所有硬件，包括 BIOS、IDE 控制器、VGA 显示卡、USB 控制器和网卡等。为了提升 I/O 性能，全虚拟化特别针对磁盘和网卡采用半虚拟化设备来代替仿真设备，这些设备驱动称为 PV on HVM。为了使 PV on HVM 有最佳性能，CPU 应具备 MMU 硬件辅助虚拟化。

图 5-8 为 Xen 的虚拟化架构示意图。

Xen 的 VMM（Xen Hypervisor）位于操作系统和硬件之间，负责为上层运行的操作系统内核提供虚拟化的硬件资源，负责管理和分配这些资源，并确保上层虚拟机（称为域 Domain）之间的相互隔离。Xen 采用混合模式，因而设定了一个特权域用以辅助 Xen 管理其他的域，并提供虚拟的资源服务，该特权域称为 Domain 0（简称 Dom0），而其余的域则称为 Domain U（简称 DomU）。

因此，Xen 就包含三个部分：

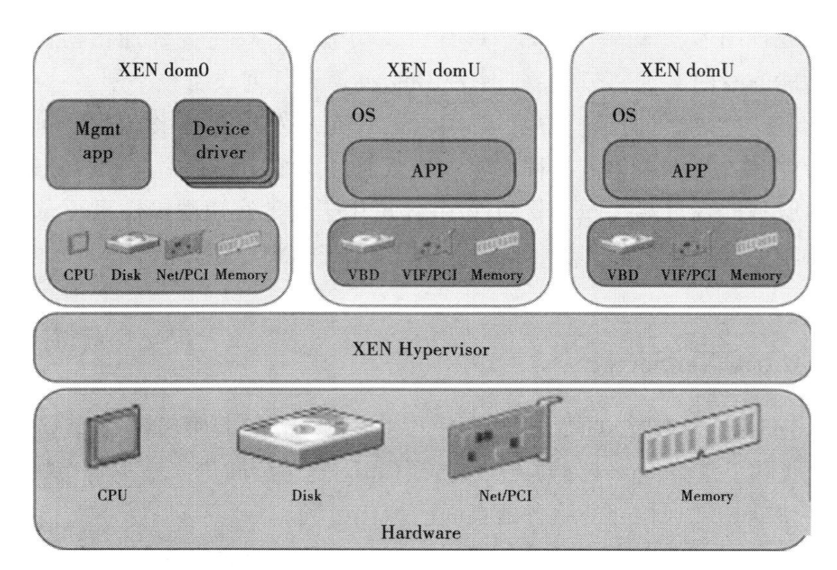


图 5-8　Xen 的虚拟化架构示意图

Xen Hypervisor：直接运行于硬件之上是 Xen 客户操作系统与硬件资源之间的访问接口。通过将客户操作系统与硬件进行分类，Xen 管理系统可以允许客户操作系统安全、独立地运行在相同硬件环境之上。

Dom0：运行在 Xen 管理程序之上，具有直接访问硬件和管理其他客户操作系统的特权的客户操作系统。它通过本身加载的物理驱动，为其他虚拟机（DomU）提供访问存储和网卡的桥梁。

DomU：运行在 Xen 管理程序之上的普通客户操作系统或业务操作系统，不能直接访问硬件资源（如内存、硬盘等），但可以独立并行地存在多个。

XenServer 则是基于强大开源的 Xen Hypervisor 的免费平台，通过多服务管理平台，XenCenter 可管理虚拟服务器、虚拟机模板、快照共享存储、资源池等功能。XenServer 是一种全面的企业级虚拟化平台，用于实现虚拟化数据中心从管理基础架构到优化长期运营，并实现关键流程的自动化到交付 IT 服务。

XenServer 主要包含以下核心功能：

- 强大的集中式管理。可以对无数量限制的服务器和虚拟机实现完全多节点管理，包括大量图形报告和警报、简易的物理到虚拟及虚拟到虚拟的转换工具，以及一个无单一故障点的弹性、高度可用的管理基础架构。

- 动态迁移及多服务器资源共享。结合强大的 XenMotion 技术，使虚拟机能够在不中断服务、无停机的情况下实现服务器之间的迁移，还包括在众多物理服务器中自动平衡计算能力、优化虚拟机配置及多资源库管理。

- 经过验证的管理程序引擎。采用 64 位行业标准 Xen 开放源管理程序——该程序是由超过 50 家领先技术供应商联合开发的，充分利用下一代服务器、操作系统和微处理器的最新性能、安全性及可扩展性的增强功能。

• 快速裸机性能。支持无限数量的服务器及虚拟机，拥有业界领先的整合比率，在最具有挑战性的应用负载上实现接近于物理机的性能，并且在 Windows 和 Linux 环境下性能几乎零损耗。

• 简单设置及管理。采用熟悉的界面，并带有简单的配置向导、直观的 Web 2.0 风格搜索，以及能让新管理员易学易用的内置自助功能。

• 集成存储管理。支持任何现有存储系统，如主机逻辑卷管理、快照复制及动态多路径功能等内置存储管理功能。

XenServer 是在云计算环境中经过验证的企业级虚拟化平台，可提供创建和管理虚拟基础架构所需的所有功能。它深得很多要求苛刻的企业信赖，被用于运行最关键的应用，而且被最大规模的云计算环境和 xSP 所采用。XenServer 体系架构如图 5-9 所示。

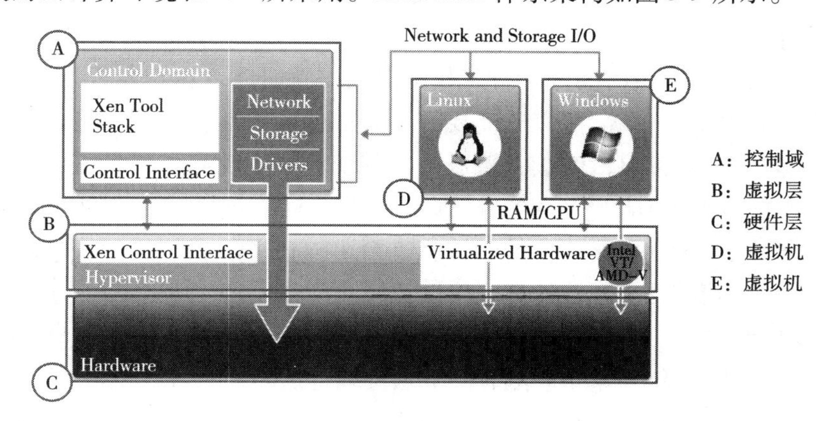


图 5-9　XenServer 的基本架构

XenServer 主要包含以下几个方面。

Xen 虚拟机管理程序：此虚拟机管理程序是软件的基础抽象层。此虚拟机管理程序负责底层任务，例如 CPU 调度，并且负责常驻 VM 的内存隔离。此虚拟机管理程序从 VM 的硬件提取。此虚拟机管理程序无法识别网络连接、外部存储设备、视频等。

控制域：也称作"Domain 0"或"Don 0"。控制域是一个安全的特权 Linux VM，除了提供 XenServer 管理功能之外，控制域还运行驱动程序堆栈，提供对物理设备的用户创建虚拟机（VM）访问。

管理 toolstack：也称作 XAPI，该软件 toolstack 可以控制 VM 生命周期操作、主机和 VM 网络连接、VM 存储、用户身份验证，并允许管理 XenServer 资源池。XAPI 提供公开记录的 XenAPI 管理接口，以供管理 VM 和资源池的所有工具使用。

VM 虚拟机：用于将受欢迎操作系统安装为 VM。也就是 Xen 当中的 Domain U。

## 5.5　云计算与虚拟化

云计算和虚拟化虽然是密切相关的，但虚拟化对于云计算来说并不是必不可少的。云计算将各种 IT 资源以服务的方式通过互联网交付给用户，然而虚拟化本身并不能给用户提

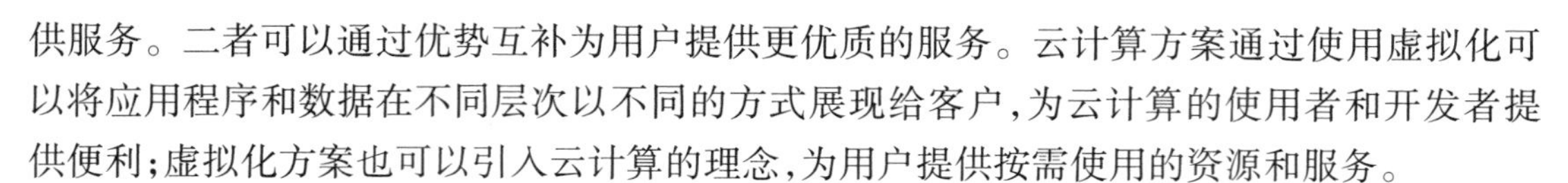
供服务。二者可以通过优势互补为用户提供更优质的服务。云计算方案通过使用虚拟化可以将应用程序和数据在不同层次以不同的方式展现给客户，为云计算的使用者和开发者提供便利；虚拟化方案也可以引入云计算的理念，为用户提供按需使用的资源和服务。

相对于传统的方式而言，基于虚拟化技术搭建的云平台有着相当大的优势，体现在以下几个方面：

（1）可伸缩性

可伸缩性是指系统通过对资源的合理调整去应对负载变化的特性，以此来保持性能的一致性。对基于虚拟化技术的云计算平台来说，能够通过对虚拟机资源的适度调整来实现系统的可伸缩性。相较于传统的方式而言，新的调整虚拟机映像资源的方式远比调整物理主机资源的方式要快速得多、灵活得多，从而易于实现软件系统的可伸缩性。

（2）高可用性

可用性是指系统在一段时间内正常工作的时间与总时间之比。在云计算环境里，节点的失效是一种比较常见的情况，所以就需要有一定的保障机制去保证系统在发生故障之后还能够迅速恢复过来，从而可以继续提供服务。传统方式实现高可用性需要引入灾难和冗余备份系统，但是这样却带来了冗余备份数据一致性等相关问题，而且管理和采购所需的开销很大。相对而言，基于虚拟化技术的云计算平台可以借助于虚拟机的快速部署和实时迁移等优点，方便和快捷地提高系统的高可用性。

（3）负载均衡

在云计算平台中，可能在某个时刻有的节点负载特别高，而其他节点负载过低。某一节点的负载很高，将会影响到该节点上层应用的性能。若采用了虚拟化技术，则能够将高负载节点上的部分虚拟机实时迁移到低负载节点上，从而使整个系统的负载达到均衡，也保证了上层应用的使用性能。同时，因为虚拟机也包括了上层应用的执行环境，所以进行实时迁移操作的时候，对上层应用并无影响。

（4）提高资源使用率

对于云计算这样的大规模集群式环境来说，任何时刻每一个节点的负载都是不均匀的。若过多的节点负载很低，会造成资源的严重浪费。但是基于虚拟化技术的云计算平台而言，能够将多个低负载的虚拟机合并至同一个物理节点上去，并且关闭掉其他空闲的物理节点，从而大大提高了资源的利用率，同时还能够达到减少系统能耗的目的。

## 本章小结

虚拟化实现了 IT 资源的逻辑抽象和统一表示，是支撑云计算伟大构想的最重要的技术基石。但虚拟化这个词并不像云计算那样难以令人捉摸。虚拟化是一种综合技术，是将计算机的各种实体资源（CPU、内存、磁盘空间、网络适配器等），予以抽象、转换后呈现出来并可供分区、组合为一个或多个电脑配置环境。

本章对虚拟化技术的概念、特征、结构模型以及分类进行分析和阐述，并介绍了当前 x86

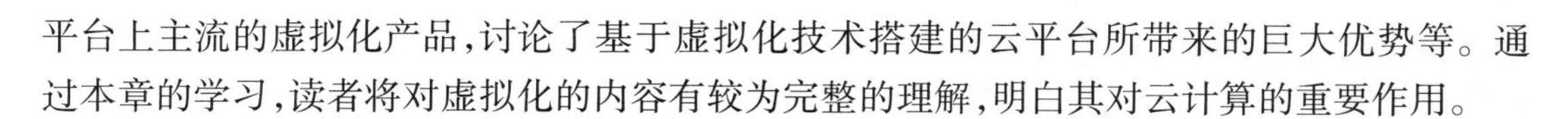

平台上主流的虚拟化产品，讨论了基于虚拟化技术搭建的云平台所带来的巨大优势等。通过本章的学习，读者将对虚拟化的内容有较为完整的理解，明白其对云计算的重要作用。

## 扩展阅读

### 新 IT 时代，易思捷助力华数集团转型

华数数字电视传媒集团（以下简称华数集团）是由杭州文广集团、浙江广电集团等投资设立的大型国有文化传媒产业集团。自 1999 年以来，华数集团坚持以体制创新和技术创新带动产品、服务、管理、产业创新，打造成为“新媒体、新网络”产业的领军企业。

然而伴随着华数集团转型及业务的快速发展，IT 服务与日俱增，传统方式的基础架构设计和管理维护方式，存在着资源利用率低、业务部署慢、维护难度大等缺点，如果继续采用，将可能会造成极大的资源浪费，并严重阻碍业务的拓展。因此，需要建立一个弹性、高效、灵活的服务器虚拟化和云计算平台，以实现 IT 基础设施的按需服务、动态配置和计算能力的按需分配。

2012 年，华数集团开始与易思捷及 Intel 一起合作开发云计算平台。这个平台在底层主要基于英特尔支持化技术的硬件，中间则由易思捷提供资源池的管理，其上层除具备整体的管理功能和云平台高级功能外，还支持其他云管理平台。

**华数云平台建设目标及内容**

通过单一控制台全面管理内外资源，能够实现自动化的配置、管理和部署成组的虚拟机。同时，要求能够整合现有的 IT 基础设施，具备丰富的集成 API 与外部 SLA 管理手段、用户体验管理和配置管理。

具体需求：

- 云计算管理支持规模三年内达 1 万台；
- 提供监控、在线迁移、多租户权限、HA、备份、负载均衡高级服务功能；
- 提供虚拟化管理、服务器管理功能。

**华数云总体实施规划**

众所周知，服务器虚拟化是实施云计算的第一步，因为传统架构下的物理服务器资源被严重浪费，很多服务器的利用率只有 6%、15%、35% 等，且一个应用只能运行在一台服务器上面，再加上高昂的维护费用，使企业的 TCO 不断增长。服务器虚拟化技术的出现解决了这样的问题，使得资源可以充分利用起来。

在经过众多的调研和论证后，华数、易思捷、Intel 三方最终一致通过华数云的实施应该遵循“三步走”的方针：

第一步，利用易思捷 eCos 整合华数内部的服务器资源、存储资源、网络资源，初步把一些不重要的业务迁移到虚拟架构，运行稳定之后再逐步将所有的业务平稳地迁移到虚拟架构，实现物理架构到虚拟架构的完美过渡；

第二步，在原有虚拟架构的基础之上采用易思捷云平台，将所有的虚拟化资源池化，形成多个计算资源池、网络池、存储池、镜像池，使得各部门可以按需申请资源，到期自动收回，真正感受到云计算带来的好处；

第三步，利用易思捷云平台可以管理 OpenStack 的优越性，实现公有云、私有云的结合，即普遍声称的混合云。

**易思捷解决方案**

为解决上述问题，华数集团采用易思捷 eCos 云管理平台方案，将原本部署在某知名虚拟化管理平台上的应用迁移到 eCos 云管理平台中运行，彻底改变了传统虚拟化架构，实现了对所有资源的统一化、集中化、智能化调度和管理，并打通了内部平台和云管理平台的信息对接。

**分布式架构：可支撑 10 000 台虚拟机规模**

华数利用 eCos 模块化的优势，将平台主要服务模块分布式部署，既降低了管理平台和硬件故障风险，又提高了管理平台的支撑能力，为支撑 10 000 台虚拟机规模打下了良好的基础，也可为未来的业务扩展提供续航能力。

**无关 Hypervisor 的 HA 助力华数业务安全**

eCos HA 可以确保在所有 Hypervisor 类型上的 VM 在线迁移。确保主机或虚拟机发生故障时对整个虚拟基础设施的影响最小，即 VM 故障无缝恢复（HA）功能。当虚拟基础设施中的任何虚拟机/服务器出现故障，eCos 会自动检测，并把 VM 重启或从数据中心中发生故障的主机上面迁移到其他可用的主机。

**自主虚拟企业：资源限额内自助管理**

易思捷的自主虚拟企业是云用户与他们自己逻辑资源的一个分组。在公有云他们可以是一个组织，而在私有云他们则可以是一个部门。

用户视图则依赖于分配给每个用户的权限。例如，超级用户 Cloud Admin 在左边面板将可以看到所有企业的列表和所有的用户，因为他有管理企业和管理企业用户的权限。默认的企业管理员（Enterprise Administrator）将只可以看到他们自己的企业，以及该企业下的用户。

**定价和计费引擎**

易思捷有一个灵活的定价体系，用来让云服务提供商为自己提供的服务/资源贴上一个标签。帮助华数创建与服务级别匹配的定价模型，并分配他们到华数的虚拟企业。定价模型可以用不同的货币符号来表示（为每个虚拟机镜像模板）。当管理员设置了在部署虚拟机前显示价格时，普通用户在部署时将会看到价格的显示。

资料来源：易思捷虚拟化-广电传媒行业-华数传媒
（新浪博客）

## 思考题

1. 如何理解虚拟化的概念？
2. 虚拟化有哪些主要特征？
3. 通常，虚拟化的实现结构可以分为哪几类？它们各自有何优缺点？
4. 什么是全虚拟化与半虚拟化？

# 第6章 云存储技术

## 本章导读

当今社会发展的主题是经济快速发展，伴随着Internet技术的快速推进，数据量更是呈现出爆炸式增长。数据量急剧增长，对所需的存储系统也有了更高的要求——更大的存储容量、更强的性能、更高的安全性级别、进一步智能化等。传统的SAN或NAS存储技术面对PB级甚至EB级海量数据，存在容量、性能、扩展性和费用上的瓶颈，已经无法满足新形势下数据存储要求。因此，为了应对不断变大的存储容量、不断加入的新型存储设备、不断扩展的存储系统规模，云存储作为一种全新的解决方案被提出，备受业界的认可和关注。

基于此，本章将展开对云存储的构架模式、技术优势及特点的分析，并与传统的存储架构模式进行对比，最后介绍典型的云存储系统。

## 6.1 云存储的概念与特点

作为近几年兴起的云计算的一大重要组成部分，云存储承担着最底层以服务形式收集、存储和处理数据的任务，并在此基础上展开上层的云平台、云服务等业务。云存储通常由具有完备数据中心设施的第三方提供。企业用户和个人将数据托管给第三方，通过公有云、私有云或混合云形式对大数据的存储进行按需存取操作。

实际上，云存储的概念虽然是近几年提出的，但其实际应用早在10多年前便已随着基于互联网的Email系统而开始。Web2.0种种热门的服务，从Google Docs文档到Evernote笔记，从Facebook关系到Twitter，也都是建立在云存储的机制之上。

那什么是云存储？与云计算一样，云存储也是一个从混沌中走出来的概念。

有人觉得云存储就是网盘，以Dropbox、Google Drive、百度云等为代表。但是网盘仅仅是最接近公众的云存储的一种表现形式，它把用户的文件数据存储至网络，以实现对数据的存储、归档、备份，满足用户对数据存储、使用、共享和保护的目的。

有人认为云存储就是某种文档的网络存储方式，如Evernote的笔记存储服务等。

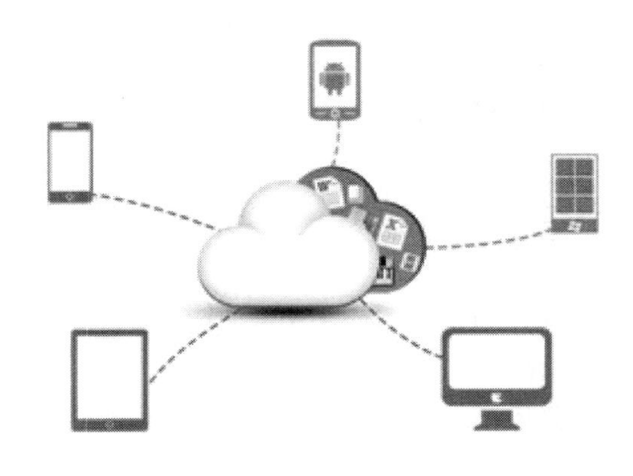

图 6-1　云存储

还有人觉得云存储就是通过集群应用、网格技术或分布式文件系统等功能，将网络中大量各种不同类型的存储设备通过应用软件集合起来协同工作，共同对外提供数据存储和业务访问功能的一套系统设备。

到目前为止，云存储其实并没有行业权威的定义，但是业界对云存储初步达成了一个基本共识：云存储不仅是存储技术或设备，更是一种服务的创新。云存储的定义应该由以下两部分构成：

第一，在面向用户的服务形态方面，它是提供按需服务的应用模式，用户可通过网络连接云端存储资源，实现用户数据在云端随时随地的存储。

第二，在云存储服务构建方面，它是通过分布式、虚拟化、智能配置等技术，实现海量、可弹性扩展、低成本、低能耗的共享存储资源。

云存储属于云计算的底层支撑，它通过多种云存储技术的融合，将大量普通 PC 服务器构成的存储集群虚拟化为易扩展、弹性、透明、具有伸缩性的存储资源池，并将存储资源池按需分配给授权用户，授权用户即可以通过网络对存储资源池进行任意的访问和管理，并按使用付费。云存储将存储资源集中起来，并通过专门的软件进行自动管理，无须人为参与。用户可以动态使用存储资源，无须考虑数据分布、扩展性、自动容错等复杂的大规模存储系统技术细节，从而可以更加专注于自己的业务，有利于提高效率，降低成本，技术创新。

因此，对用户而言，使用云存储获得以下好处：

①按需使用，按需付费，不必承担多余的开销，有效降低成本；

②无需增加额外的硬件设施或配备专人负责维护，减少管理难度；

③将常见的数据复制、备份、服务器扩容等工作交由第三方执行，从而将精力集中于自己的核心业务；

④快速部署配置，随时扩展增减，更加灵活可控。

而云存储的技术特点主要体现在：

①超大规模。云存储具有相当的规模，单个系统存储的数据可以到达千亿级别，甚至万亿级别。

②高可扩展性。第一,系统本身可以很容易地动态增加服务器资源以应对数据增长;第二,系统运维可扩展,意味着随着系统规模的增加,不需要增加太多运维人员。

③高可用性和可靠性。通过多副本复制以及节点故障自动容错等技术,云存储提供了很高的可用性和可靠性。

④安全。云存储内部通过用户鉴权、访问权限控制、安全通信(HTTPS,TLS 协议)等方式保障安全性。

⑤透明服务。云存储以统一的接口,比如 RESTFUL 接口的形式提供服务,后端存储节点的变化,比如增加节点,节点故障对用户是透明的。

⑥自动容错。云存储能够自动处理节点故障,从而实现运维可扩展,保证高可靠性和高可用性。

⑦低成本。低成本是云存储的重要目标。云存储的自动容错使得可以采用普通的 PC 服务端来构建;云存储的通用性使得资源利用率大幅提升;云存储的自动化管理使得运维成本大幅降低;云存储所在的数据中心可以建在电力资源丰富的地区,从而大幅降低能源成本。

## 6.2 云存储的分类与结构模型

云存储是在云计算概念上延伸和发展出来的一个新概念,专注于解决云计算中海量数据的存储挑战。它不但能够给云计算服务提供专业的存储解决方案,而且还可以独立发布存储服务。云存储是一个综合分布式文件系统、集群应用和网格技术等技术,通过应用软件让网络中存在的大量的、不同类型的存储设备协同工作,共同对外提供数据存储和业务访问功能的系统。

### 6.2.1 云存储的分类

根据存储的数据类型不同和应用需求不同,云存储可分为以下 3 种类型:

**1)公共云存储**

公共云存储(Public Cloud Storage),也叫作存储即服务(Storage as a Service)、在线存储(On-line Storage)或公有存储,是一个按次付费的数据存储服务模式。

作为云存储可选项之一,公共云存储服务供应商的数量增长迅速,包括阿里云、Amazon、微软、IBM、Google、Rackspace 托管服务提供商等众多公司。它们的存储基础设施通常包括直接附加驱动的低成本存储节点和负责管理跨节点内容分布的基于对象的存储体。公共云数据通常是通过互联网协议被访问,大多以表述性状态转移(REST),很少是通过简单对象访问协议(SOAP)。弹性和冗余性是通过一个对象在至少两个节点上存储来实现的。

公共云存储是专为大规模多租户(Multi-tenancy)而设计,能为每个客户提供数据隔离、访问与安全性的服务。公共云存储的内容类型范围包括从静态非核心应用数据、需要可用的归档内容到数据备份以及灾难性恢复数据。公共云存储不太适合一直存在变化的活动性内容。

公共云存储也可以划出一部分出来用作私有云存储。通过私有云存储,一个公司可以拥有或控制基础架构,以及应用的部署。私有云存储可以部署在企业数据中心或相同地点的设施上。私有云存储可以由公司自己的IT部门管理,也可以由服务供应商管理。

公共云存储的优势是提供商负责创建和维护存储基础架构和其相关的费用,包括电源、制冷和服务器维护。客户只为使用的资源付费,他可以按需扩展或缩小存储空间,在很多情况下只需要简单地点击鼠标即可。

公共云存储的劣势是客户将其数据的控制转交给了服务提供商。公共存储提供商随后负责维护和保护其多租户基础架构上的数据并确保在传输期间和从提供商设备上出去时是安全的。如果该提供商遇到运行中断,数据在一段时间内无法访问。如果提供商遇到严重故障,则有数据丢失的风险。

**2)内部云存储**

内部云存储,又称为私有云存储,是在数据中心的专用基础设施上运行。通过内部云存储,一个公司可以拥有或控制基础架构,以及应用的部署;私有云存储可以部署在企业数据中心或相同地点的设施上;私有云可以由公司自己的IT部门管理,也可以由服务供应商管理。因此,内部云存储能完全满足安全性和性能这两个主要关注点,并在其他方面提供了与公共云存储一样的好处。

虽然较大规模的企业可能会使用多租户装置来隔离部门之间或办公多地的访问,但内部存储云通常是针对单一租户的。不像公共云存储,内部云存储的可扩展性条件更普通一些,因此它的产品更有可能在后台设有传统的存储硬件设备。例如,惠普公司的CloudStart是把惠普刀片系统矩阵(Blade System Matrix),一种惠普StorageWorks企业虚拟阵列(EVA)家庭阵列和云服务自动化(CSA)软件结合成内部云存储基础设施。惠普CloudStart本身不是一个内部云存储产品,因为它缺乏服务为基础的关键要素。相反,它是有利的基础设施,被用于惠普、惠普合作伙伴乃至那些用它作为一个全面管理、即用即付云存储产品的企业。

日立数据系统私有文件分层云存储服务就是内部云存储产品的一个例子。日立内容平台(HCP)驻留在客户的数据中心,但由日立公司拥有和管理。除了最初的安装费,客户随用随付。同样,依靠这种技术,Nirvanix公司的hNode在数据中心内提供了一个全面管理、即用即付的内部云产品,这种技术为Nirvanix的存储分发网络(SDN)提供了动力。

**3)混合云存储**

这种云存储把公共云存储和内部云存储结合在一起。主要用于按客户要求的访问,特别是需要临时配置容量的时候。此方案从公共云存储上划出一部分容量配置一种内部云存储,可以帮助公司面对迅速增长的负载波动或高峰时。尽管如此,混合云存储带来了综合公共云存储和内部云存储分配应用的复杂性。

拥有混合云存储环境的用户可以管理内外部资源。因为混合云方案通常提供现场设备,它们还可提供本地高速缓存和内存,重复数据删除以及为IT设备数据加密。然而,混合云解决方案必须满足某些关键的要求来使混合云存储进行工作。它们必须表现得和同类存储一样几乎透明，并有适当维持活动的功能和现场使用频繁的数据，而且同时能将非活动数据移动到云。这些云的类型根据企业的实际情况来决定具体的数据何时被移动到云或何时从云中退出。

表 6-1 给出了对各类云存储的一个简要对比。

**表 6-1 各类云存储的对比**

| 特性 | 公共云存储 | 内部云存储 | 混合云存储 |
| --- | --- | --- | --- |
| 可扩展性 | 非常高 | 有限 | 非常高 |
| 安全性 | 良好，但取决于服务提供商所采取的安全措施 | 最安全，因为所有的存储都是内部部署 | 非常安全，因为集成选项添加了一个额外的安全层 |
| 性能 | 低等到中等 | 非常好 | 良好，活动内容在内部缓存 |
| 可靠性 | 中等，取决于互联网连接特性和服务提供商供应能力 | 高，因为所有的设备都是内部部署 | 中等到高等，因为缓存内容保存在内部，而且也取决于互联网连接特性和服务提供商供应能力 |
| 成本 | 非常好，即用即付模式，也没有对公司内部存储基础设施的要求 | 良好，需要内部资源，如数据中心的空间、电力和冷却 | 改良的，因为它允许移动部分存储资源到即用即付模式 |

### 6.2.2 云存储的结构模型

在存储的快速发展过程中，不同的厂商对云存储提供了不同的结构模型。本章介绍一个比较有代表性的云存储结构模型，如图 6-2 所示。

根据图 6-2，云存储的整体架构可划分为 4 个层次，自底向上依次是存储层、基础管理层、应用接口层以及访问层。

**1）存储层**

存储层是云存储最基础的部分。存储设备可以是 FC（Fiber Channel）光纤通道存储设备，可以是 NAS 和 iSCSI 等 IP 存储设备，也可以是 SCSI 或 SAS 等 DAS 存储设备①。云存储中的存储设备往往数量庞大且分布多不同地域，彼此之间通过广域网、互联网或者 FC 光纤通道网络连接在一起。

存储设备之上是一个统一存储设备管理系统，可以实现存储设备的逻辑虚拟化管理、多链路冗余管理，以及硬件设备的状态监控和故障维护。

---

① DAS（Direct Attached Storage，直接连接存储），是指将存储设备通过 SCSI 接口或光纤通道直接连接到服务器上。NAS（Network Attached Storage，网络附加存储），即将存储设备通过标准的网络拓扑结构（例如以太网）连接到一群计算机上。

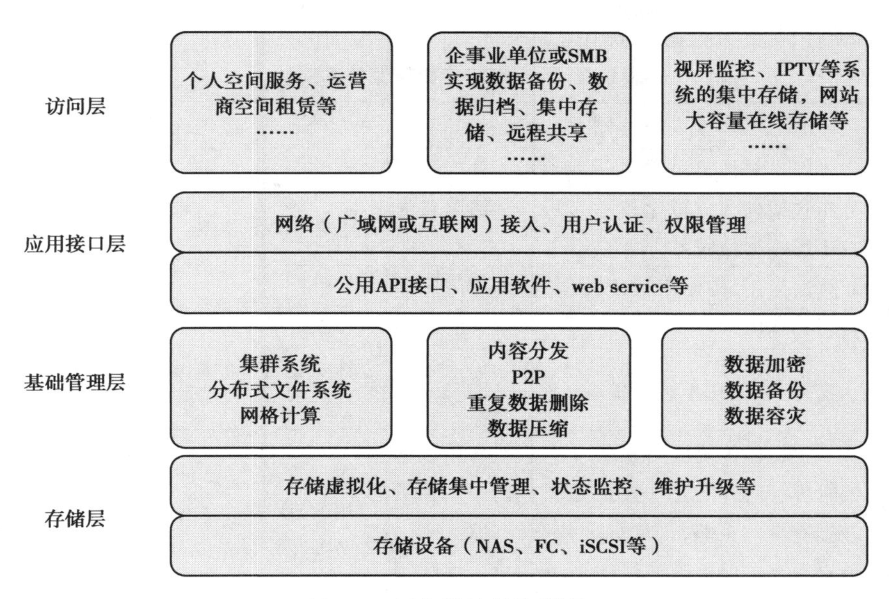


图6-2　云存储的结构模型

2）基础管理层

基础管理层是云存储最核心的部分，也是云存储中最难以实现的部分。基础管理层通过集群、分布式文件系统和网格计算等技术，实现云存储中多个存储设备之间的协同工作，使多个存储设备可以对外提供同一种服务，并提供更大、更强、更好的数据访问性能。

CDN内容分发系统、数据加密技术保证云存储中的数据不会被未授权的用户所访问，同时，通过各种数据备份、容灾技术和措施可以保证云存储中的数据不会丢失，保证云存储自身的安全和稳定。

3）应用接口层

应用接口层是云存储最灵活多变的部分。不同的云存储运营单位可以根据实际业务类型，开发不同的应用服务接口，提供不同的应用服务。比如视频监控应用平台、IPTV和视频点播应用平台、网络硬盘引用平台、远程数据备份应用平台等。

4）访问层

任何一个授权用户都可以通过标准的公用应用接口来登录云存储系统，享受云存储服务。云存储运营单位不同，云存储提供的访问类型和访问手段也不同。

所以云存储是一个以数据存储和管理为核心的云计算系统。简单来说，云存储就是将储存资源放到云上供人存取的一种新兴方案。使用者可以在任何时间、任何地方，通过任何可联网的装置连接到云上方便地存取数据。

## 6.3　云存储与传统存储技术的对比分析

云存储作为目前存储领域的一个新兴产物，难免会引起与传统存储技术之间的比较。

云存储与传统存储技术对比见表6-2。

表6-2　云存储与传统存储技术对比①

| 比较项 | 云存储 | 传统存储技术 |
| --- | --- | --- |
| 架构 | 不仅是一种架构，更是一种服务。底层采用分布式架构和虚拟化技术，易于扩展，单点失效不影响整体服务 | 针对某种特殊应用而采用的专用、特定的硬件组建构成的架构 |
| 服务模式 | 按需使用，按使用计费，服务提供商可迅速交付和响应 | 用户通过整机购买或租赁获取存储容量 |
| 容量 | 支持PB级以上无限扩展 | 针对某特定的应用存储，由应用需求决定容量，难于扩展 |
| 数据管理 | 不仅提供传统访问方式，而且提供海量数据的管理和对外的公众服务支撑，同时采用保护数据安全的策略，采取如分片存储、EC、ACL、证书等多重保护策略和技术，用户可灵活配置 | 用户数据管理员可见，信息不够安全。通过使用RAID提供数据保护。用户无法灵活配置个性化存储策略和保护策略 |

1）**架构**

云存储不能简单地被看作一种架构，更应该看作一种服务。其底层主要采用的是集群式的分布式架构，是通过软硬件虚拟化而提供的一种服务方式。

传统存储技术的架构主要是针对某个特殊领域应用而采用专门、特定的硬件组建，包括服务器、磁盘阵列、控制器、系统接口等构成的框架进行单一服务。传统的存储系统由于没有采用分布式的文件系统，无法将所有访问压力平均分配到多个存储节点，因而在存储系统与计算系统之间存在着明显的传输瓶颈，由此而带来单点故障等多种后续问题。

2）**服务模式**

按需使用、按需付费是云存储区别于传统存储技术的一大亮点。用户可以花更多的费用享受更多的资源和服务。

传统存储的商业模式是用户需要根据服务提供商所制定的某种规则购买相关的套餐或者整套的硬件和软件，甚至还需要额外的软件版权费用和硬件维护等相关费用。

3）**容量**

云存储具备海量存储的特点，同时拥有很好的可扩展性能，因此可根据需要提供线性扩展至PB级存储服务。

传统存储技术通过专用阵列也能达到PB级容量，但其管理和维护上将会存在瓶颈，而且成本也相当昂贵。

---

①　张继平，《云存储解析》。

4)数据管理

云存储在设计之初就考虑了如何对数据进行管理并且确保数据安全和可用,因此采用保护数据安全的策略,采取如可擦除代码(Erasure Code,EC)、安全套阶层(Secure Sockets Layer,SSL)、访问控制列表(Access Control List,ACL)等多重保护策略和技术。数据在云存储中是分布存放的,同时也采用相关的备份技术和算法,从而保证了数据可靠性、数据可恢复性和系统弹性可扩展等特点,同时确保硬件损坏、数据丢失等不可预知的条件下的数据可用性和完整性,并且服务不中断。

传统存储技术未采用更多的技术措施来确保数据可用性等,并且用户数据所归属的磁盘位置也是服务提供商所知晓的,因此信息安全上存在风险。另外,一般的存储在系统升级时,往往用户都被告知其数据暂停使用。

## 6.4　云存储的关键技术

云存储是一个多设备、多应用、多服务协同工作的集合体,它的实现要以多种技术的发展为前提。根据云存储的特点及其应用领域,主要的云存储技术涉及存储虚拟化技术、分布式存储技术、数据备份技术、数据缩减技术、内容分发网络技术等方面。

### 6.4.1　存储虚拟化技术

存储虚拟化技术是云存储的核心技术,通过它,可把不同厂商、不同型号、不同通信技术、不同类型的存储设备互联起来,将系统中各种异构的存储设备映射为一个统一的存储资源池。存储虚拟化技术能够对存储资源进行统一分配管理,又可以屏蔽存储实体间的物理位置以及异构特性,实现了资源对用户的透明性,降低了构建、管理和维护资源的成本,从而提升云存储系统的资源利用率。

存储虚拟化技术虽然在不同设备与厂商之间略有区别,但从总体来说,可概括为基于主机的虚拟存储、基于存储设备的虚拟化和基于网络的存储虚拟三种技术。

1)基于主机的虚拟存储

基于主机的虚拟存储的实现,其核心技术是通过增加一个运行在操作系统下的逻辑卷管理软件将磁盘上的物理块号映射成逻辑卷号,并以此实现把多个物理磁盘阵列映射成一个统一的虚拟的逻辑存储空间(逻辑块)实现存储虚拟化的控制和管理。从技术实施层面看,基于主机的虚拟化存储不需要额外的硬件支持,便于部署,只通过软件即可实现对不同存储资源的存储管理。因为不需要任何附加硬件,基于主机的虚拟化方法最容易实现,其设备成本最低。但是,虚拟化控制软件也导致了此项技术的主要缺点:首先,软件的部署和应用影响了主机性能;其次,各种与存储相关的应用通过同一个主机,存在越权访问的数据安全隐患;最后,通过软件控制不同厂家的存储设备存在额外的资源开销,进而降低系统的可操作性与灵活性。

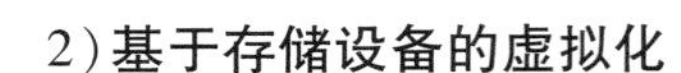

**2)基于存储设备的虚拟化**

基于存储设备的虚拟化技术依赖于提供相关功能的存储设备的阵列控制器模块，常见于高端存储设备，其主要应用针对异构的SAN存储构架。此类技术的主要优点是不占主机资源，技术成熟度高，容易实施；缺点是核心存储设备必须具有此类功能，且消耗存储控制器的资源，同时由于异构厂家磁盘阵列设备的控制功能被主控设备的存储控制器接管导致其高级存储功能将不能使用。

**3)基于网络的存储虚拟**

基于网络的存储虚拟技术的核心是在存储区域网中增加虚拟化引擎实现存储资源的集中管理，其具体实施一般有以下几种方式：

(1)基于互联设备的虚拟化

基于互联设备的虚拟化方法能够在专用服务器上运行，使用标准操作系统，例如Windows、SunSolaris、Linux或供应商提供的操作系统。这种方法运行在标准操作系统中，具有基于主机方法的诸多优势——易使用、设备便宜。许多基于设备的虚拟化提供商也提供附加的功能模块来改善系统的整体性能，能够获得比标准操作系统更好的性能和更完善的功能，但需要更高的硬件成本。

但是，基于设备的方法也继承了基于主机虚拟化方法的一些缺陷，因为它仍然需要一个运行在主机上的代理软件或基于主机的适配器，任何主机的故障或不适当的主机配置都可能导致访问到不被保护的数据。同时，在异构操作系统间的互操作性仍然是一个问题。

(2)基于路由器的虚拟化

基于路由器的方法是在路由器固件上实现存储虚拟化功能。供应商通常也提供运行在主机上的附加软件来进一步增强存储管理能力。在此方法中，路由器被放置于每个主机到存储网络的数据通道中，用来截取网络中任何一个从主机到存储系统的命令。由于路由器潜在地为每一台主机服务，大多数控制模块存在于路由器的固件中，相对于基于主机和大多数基于互联设备的方法，这种方法的性能更好、效果更佳。由于不依赖于在每个主机上运行的代理服务器，这种方法比基于主机或基于设备的方法具有更好的安全性。当连接主机到存储网络的路由器出现故障时，仍然可能导致主机上的数据不能被访问。但是只有连接故障路由器的主机才会受到影响，其他主机仍然可以通过其他路由器访问存储系统。路由器的冗余可以支持动态多路径，这也为上述故障问题提供了解决方法。由于路由器经常作为协议转换的桥梁，基于路由器的方法也可以在异构操作系统和多供应商存储环境之间提供互操作性。

### 6.4.2 分布式存储技术

分布式存储与传统的网络存储并不完全一样，传统的网络存储系统采用集中的存储服务器存放所有数据，存储服务器成为系统性能的瓶颈，不能满足大规模存储应用的需要。分布式网络存储系统采用可扩展的系统结构，通过网络使用企业中每台机器上的磁盘空间，并

将这些分散地存储资源构成一个虚拟的存储设备,数据分散地存储在企业的各个角落。

目前比较流行的分布式存储技术为:分布式块存储、分布式文件系统存储、分布式对象存储和分布式表存储。

1)分布式块存储

块存储就是服务器直接通过读写存储空间中的一个或一段地址来存取数据。由于采用直接读写磁盘空间来访问数据,相对于其他数据读取方式,块存储的读取效率最高,一些大型数据库应用只能运行在块存储设备上。分布式块存储系统目前以标准的 Intel/Linux 硬件组件作为基本存储单元,组件之间通过千兆以太网采用任意点对点拓扑技术相互连接,共同工作,构成大型网格存储,网格内采用分布式算法管理存储资源。此类技术比较典型的代表是 IBM XIV 存储系统,其核心数据组件为基于 Intel 内核的磁盘系统,卷数据分布到所有磁盘上,从而具有良好的并行处理能力;放弃 RAID 技术,采用冗余数据块方式进行数据保护,统一采用 SATA 盘,从而降低了存储成本。

2)分布式文件系统存储

文件存储系统可提供通用的文件访问接口,如 POSIX、NFS、CIFS、FTP 等,实现文件与目录操作、文件访问、文件访问控制等功能。目前的分布式文件系统存储的实现有软硬件一体和软硬件分离两种方式,主要通过 NAS 虚拟化,或者基于 x86 硬件集群和分布式文件系统集成在一起,以实现海量非结构化数据处理能力。

软硬件一体方式的实现基于 x86 硬件,利用专有的、定制设计的硬件组件,与分布式文件系统集成在一起,以实现目标设计的性能和可靠性目标。产品代表有 Isilon,IBM SONAS GPFS。

软硬件分离方式的实现基于开源分布式文件系统对外提供弹性存储资源,软硬件分离方式,可采用标准 PC 服务器硬件。典型开源分布式文件系统有 GFS、HDFS。

3)分布式对象存储

对象存储是为海量数据提供 Key-Value 这种通过键值查找数据文件的存储模式;对象存储引入对象元数据来描述对象特征,对象元数据具有丰富的语义;引入容器概念作为存储对象的集合。对象存储系统底层基于分布式存储系统来实现数据的存取,其存储方式对外部应用透明。这样的存储系统架构具有高可扩展性,支持数据的并发读写,一般不支持数据的随机写操作。最典型的应用实例就是 Amazon 的 S3(Amazon Simple Storage Service)。对象存储技术相对成熟,对底层硬件要求不高,存储系统可靠性和容错通过软件实现,同时其访问接口简单,适合处理海量、小数据的非结构化数据,如邮箱、网盘、相册、音频视频存储等。

4)分布式表存储

表结构存储是一种结构化数据存储,与传统数据库相比,它提供的表空间访问功能受限,但更强调系统的可扩展性。提供表存储的云存储系统的特征就是同时提供高并发的数据访问性能和可伸缩的存储和计算架构。

提供表存储的云存储系统有两类接口访问方式:一类是标准的 xDBC、SQL 数据库接口,

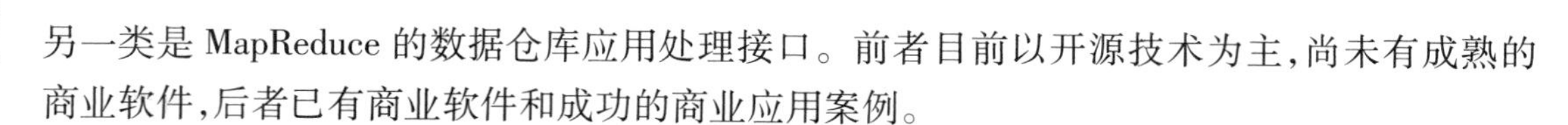
另一类是 MapReduce 的数据仓库应用处理接口。前者目前以开源技术为主,尚未有成熟的商业软件,后者已有商业软件和成功的商业应用案例。

### 6.4.3 数据备份技术

在以数据为中心的时代,数据的重要性无可置否,如何保护数据是一个永恒的话题,即便是现在的云存储发展时代,数据备份技术也非常重要。数据备份技术是将数据本身或者其中的部分在某一时间的状态以特定的格式保存下来,以备原数据出现错误、被误删除、恶意加密等各种原因不可用时,可快速准确地将数据进行恢复的技术。数据备份是容灾的基础,是为防止突发事故而采取的一种数据保护措施,根本目的是数据资源的重新利用和保护,核心工作是数据恢复。

不同的备份方法,其效果不同,主要表现在性能、自动化程度、对现有系统应用的影响程度、管理、可扩展性等方面。常见的数据备份系统主要有 Host-Based、LAN-Based 和基于 SAN 结构的 LAN-Free、Server-Free 等多种结构。

**1)主机备份**

基于主机(Host-Based)的备份是传统的数据备份技术。在这种备份架构中,磁带读写设备直接连接在某台需要备份数据的应用服务器上,为该服务器提供数据备份服务。这种备份大多是采用服务器上自带的磁带机或备份硬盘,而备份操作往往也是通过手工操作的方式进行的,比较适用于小型企业用户进行简单的文档备份。Host-Based 备份结构如图 6-3 所示,虚线表示数据流。

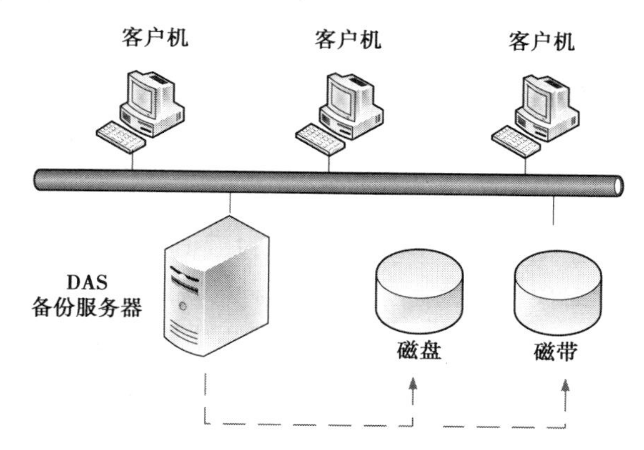


图 6-3　Host-Based 备份结构

Host-Based 备份的优点是备份管理简单,数据传输速度快;缺点是可管理的存储设备少,不利于备份系统的共享,不大适合于现在大型的数据备份要求,而且不能提供实时的备份需求。

**2)局域网备份**

基于局域网(LAN-Based)备份结构是小型办公环境最常使用的备份结构,如图 6-4 所示。该系统中数据的传输是以局域网络为基础的,首先要配置一台服务器作为备份管理服务器,它负责整个系统的备份操作。磁带库则接在某台服务器(称为介质服务器)上,多个需要备份数据的应用服务器将需要备份的数据通过局域网络传输到磁带库中实现备份。在局域网中,备份服务器、介质服务器和应用服务器可以是同一台服务器,介质服务器也可以是多台。

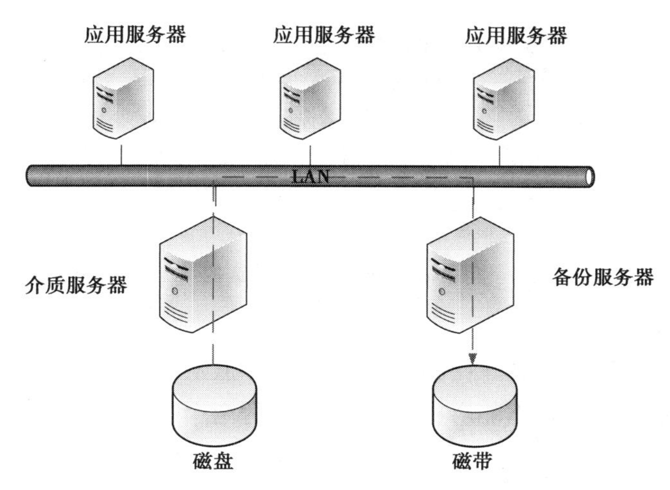


图 6-4　LAN-Based 备份结构

LAN-Based 备份结构的优点是可以共享磁带库以节省投资,同时可以实现集中的备份管理;它的缺点是网络传输压力大,当备份数据量大或备份频率高时,局域网的性能下降快,不适合重载荷的网络应用环境。

3)LAN-Free **备份**

为彻底解决传统备份方式需要占用 LAN 带宽问题,基于 SAN 的备份是一种很好的技术方案。LAN-Free 和 Server-Free 的备份系统是建立在 SAN(存储区域网)①基础上的两种具有代表性的解决方案。它们采用一种全新的体系结构,将磁带库和磁盘阵列各自作为独立的光纤结点,多台主机共享磁带库备份时,数据流不再经过网络而直接从磁盘阵列传到磁带库内,是一种无须占用网络带宽的解决方案。

如图 6-5 所示,所谓 LAN-Free,是指数据无须通过局域网而直接进行备份,即用户只需将磁带机或磁带库等备份设备连接到 SAN 中,各服务器就可把需要备份的数据直接发送到共享的备份设备上,不必再经过局域网链路。由于服务器到共享存储设备的大量数据传输是通过 SAN 网络进行的,局域网只承担各服务器之间的通信任务,而无须承担数据传输的任务,从而达到控制流和数据流分离的目的。

LAN-Free 优点是数据备份统一管理、备份速度快、网络传输压力小、磁带库资源共享;缺点是少量文件恢复操作烦琐,并且技术实施复杂,投资较高。

① SAN(Storage Area Network,存储区域网络)采用光纤通道(Fibre Channel ,简称 FC)技术,通过光纤通道交换机连接存储阵列和服务器主机,建立专用于数据存储的区域网络。

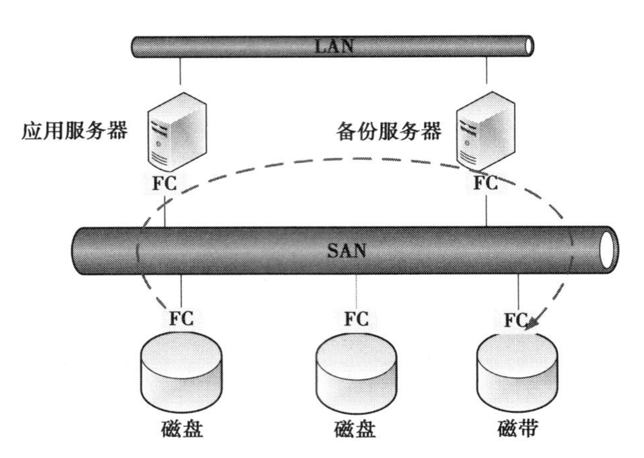


图 6-5　LAN-free 备份结构

4) Server-Free 备份

另外一种减少对系统资源消耗的办法是采用无服务器(Serverless)备份技术。它是LAN-Free 的一种延伸,可使数据能够在 SAN 结构中的两个存储设备之间直接传输,通常是在磁盘阵列和磁带库之间,如图 6-6 所示。这种方案的主要优点之一是不需要在服务器中缓存数据,显著减少对主机 CPU 的占用,提高操作系统工作效率,帮助企业完成更多的工作。

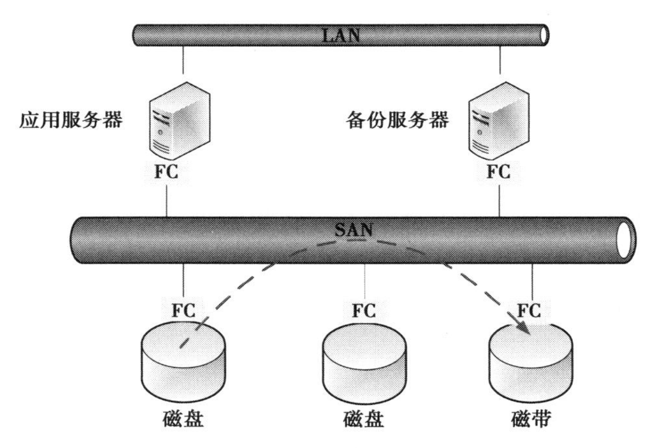


图 6-6　Server-Free 备份结构

因此,Server-Free 优点是数据备份和恢复时间短,网络传输压力小,便于统一管理和备份资源共享;其缺点是需要特定的备份应用软件进行管理,厂商的类型兼容性问题需要统一,并且实施起来与 LAN-Free 一样比较复杂,成本也较高,适用于大中型企业进行海量数据备份管理。

### 6.4.4　数据缩减技术

为应对数据存储的急剧膨胀,企业需要不断购置大量的存储设备来满足不断增长的存储需求。权威调查机构的研究发现,企业购买了大量的存储设备,但是利用率往往不足 50%,存储投资回报率水平较低。数据量的急剧增长为存储技术提出了新的问题和要求,怎

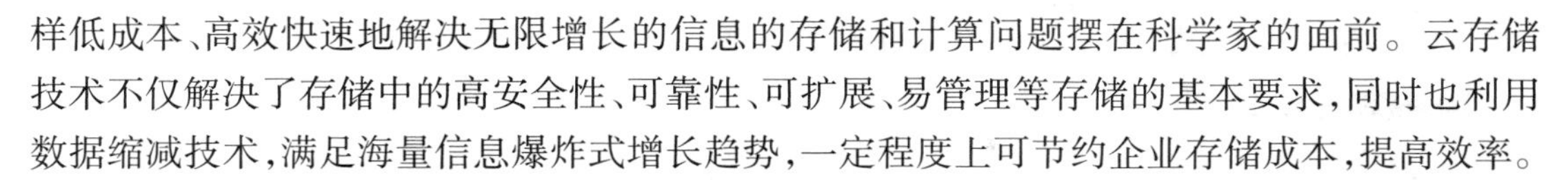

样低成本、高效快速地解决无限增长的信息的存储和计算问题摆在科学家的面前。云存储技术不仅解决了存储中的高安全性、可靠性、可扩展、易管理等存储的基本要求，同时也利用数据缩减技术，满足海量信息爆炸式增长趋势，一定程度上可节约企业存储成本，提高效率。

**1）自动精简配置**

自动精简配置是一种存储管理的特性，核心原理是“欺骗”操作系统，让操作系统认为存储设备中有很大的存储空间，而实际的物理存储空间则没有那么大。传统配置技术为了避免重新配置可能造成的业务中断，常常会过度配置容量，造成资源的极大浪费。而自动精简配置技术是利用虚拟化方法减少物理存储空间的分配，最大限度地提升了存储空间利用率。

自动精简配置技术优化了存储空间的利用率，扩展了存储管理功能，虽然实际分配的物理容量小，但可以为操作系统提供超大容量的虚拟存储空间。利用自动精简配置技术，用户不需要了解存储空间分配的细节，这种技术就能帮助用户在不降低性能的情况下，大幅度提高存储空间利用效率；需求变化时，无须更改存储容量设置，通过虚拟化技术集成存储，减少超量配置，降低总功耗。

**2）自动存储分层**

自动存储分层（AST）技术主要用来帮助数据中心最大限度地降低成本和复杂性。过去，进行数据移动主要依靠手工操作，由管理员来判断这个卷的数据访问压力或大或小，迁移的时候也只能整卷一起迁移。自动存储分层技术的特点则是其分层的自动化和智能化。

自动存储分层是存储上减少数据的另外一种机制。一个磁盘阵列能够把活动数据保留在快速、昂贵的存储上，把不活跃的数据迁移到廉价的低速层上，以限制存储的花费总量。自动存储分层的重要性随着固态存储在当前磁盘阵列中的采用而提升，并随着云存储的来临而补充内部部署的存储。自动存储分层使用户数据保留在合适的存储层级，因此减少了存储需求的总量并实质上减少了成本，提升了性能。

**3）重复数据删除**

重复数据的数据量不断增加，会导致重复数据占用更多的空间。重复数据删除技术（De-duplication）是一种非常高级的数据缩减技术，可以极大地减少备份数据的数量，可以将数据缩减到原来的 1/20 ~ 1/50。重复数据删除技术通常用于基于磁盘的备份系统，通过删除运算，消除冗余的文件、数据块或字节，以保证只有单一的数据存储在系统中。由于大幅度减少了对物理存储空间的信息量，进而减少了传输过程中的网络带宽、节约设备成本、降低能耗。

重复数据删除技术可以带来许多实际的利益，主要包括以下诸多方面：

- 满足投资回报率/TCO（总持有成本，Total Cost of Ownership）需求；
- 可以有效控制数据的急剧增长；
- 增加有效存储空间，提高存储效率；
- 节省存储总成本和管理成本；
- 节省数据传输的网络带宽；

- 节省空间、电力供应、冷却等运维成本。

4)数据压缩

数据压缩技术是提高数据存储效率最古老、最有效的方法之一。为了节省信息的存储空间和提高信息的传输效率,必须对大量的实际数据进行有效压缩。数据压缩作为对解决海量信息存储和传输的支持技术受到人们极大的重视。数据压缩就是将收到的数据通过存储算法存储到更小的空间中去。

数据压缩的方式有很多,一般来说可以分为无损压缩和有损压缩。无损压缩是指使用压缩后的数据进行解压缩,得到的数据与原来的数据完全相同。无损压缩用于要求重构的信号与原始信号完全一致的场合。根据目前的技术水平,无损压缩算法一般可以把普通文件的数据压缩到原来的1/2~1/4。有损压缩是指使用压缩后的数据进行解压缩,得到的数据与原来的数据有所不同,但不影响人对原始资料表达的信息的理解。有损压缩适用于重构信号不一定非要和原始信号完全相同的场合。

### 6.4.5 内容分发网络技术

云存储构建于互联网之上,如何降低网络延迟、提高数据传输率是关系到云存储性能的关键问题。尽管有一些通过本地高速缓存、广域网优化等技术来解决问题的研究工作,但离实际的应用需求还有一定的距离。内容分发网络(CDN,Content Delivery Network)是一种新型网络构建模式,主要是针对现有的 Internet 进行改造,其基本思想就是尽量避开互联网上由于网络带宽小、网点分布不均、用户访问量大等影响数据传输速度和稳定性的弊端,使数据传输得更快、更稳定。

CDN 是一种提高网络内容,特别是提高流媒体内容传输的服务质量、节省骨干网络带宽的技术。其目的是通过在现有的 Internet 中增加一层新的 CACHE(缓存)层,将网站的内容发布到最接近用户的网络“边缘”的节点,使用户可以就近取得所需的内容,解决 Internet 网络拥塞状况,提高用户访问网站的响应速度(图 6-7)。CDN 从技术上全面解决由于网络带宽小、用户访问量大、网点分布不均等原因,解决用户访问网站响应速度慢的根本原因。

狭义地讲,CDN 是一种新型的网络构建模式,它是为能在传统的 IP 网发布宽带丰富媒体而特别优化的网络覆盖层;从广义的角度看,CDN 代表了一种基于质量与秩序的网络服务模式。

简单地说,CDN 是一个经策略性部署的整体系统,包括分布式存储、负载均衡、网络请求的重定向和内容管理 4 个要件,而内容管理和全局的网络流量管理(Traffic Management)是 CDN 的核心所在。通过用户就近性和服务器负载的判断,CDN 确保内容以一种极为高效的方式为用户的请求提供服务。总的来说,内容服务基于缓存服务器,也称作代理缓存(Surrogate),它位于网络的边缘,距用户仅有“一跳”(Single Hop)之遥。同时,代理缓存是内容提供商源服务器(通常位于 CDN 服务提供商的数据中心)的一个透明镜像。这样的架构使得 CDN 服务提供商能够代表他们客户,即内容供应商,向最终用户提供尽可能好的体验,而这些用户是不能容忍请求响应时间有任何延迟的。据统计,采用 CDN 技术,能处理整个

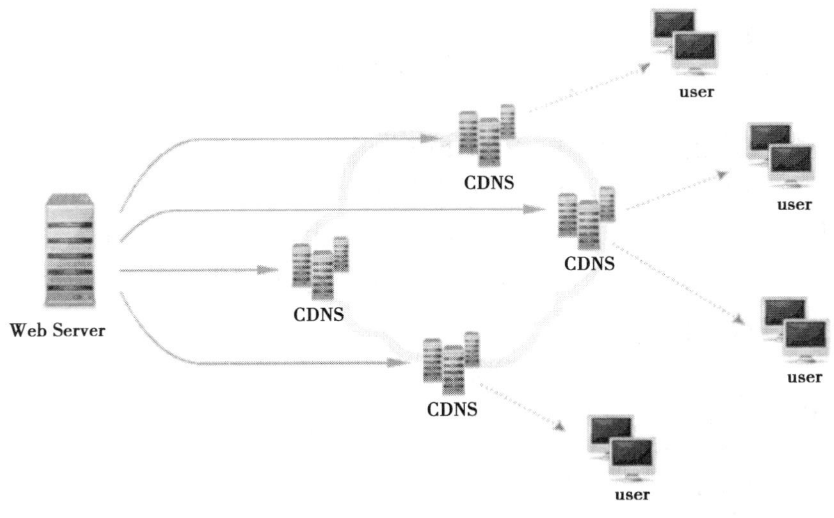


图 6-7　CDN 的示意图

网站页面的 70% ~95% 的内容访问量,减轻服务器的压力,提升了网站的性能和可扩展性。

与目前现有的内容发布模式相比较,CDN 强调了网络在内容发布中的重要性。通过引入主动的内容管理层的和全局负载均衡,CDN 从根本上区别于传统的内容发布模式。在传统的内容发布模式中,内容的发布由 ICP 的应用服务器完成,而网络只表现为一个透明的数据传输通道,这种透明性表现在网络的质量保证仅仅停留在数据包的层面,而不能根据内容对象的不同区分服务质量。此外,由于 IP 网的“尽力而为”的特性使得其质量保证是依靠在用户和应用服务器之间端到端地提供充分的、远大于实际所需的带宽通量来实现的。在这样的内容发布模式下,不仅大量宝贵的骨干带宽被占用,同时 ICP 的应用服务器的负载也变得非常重,而且不可预计。当发生一些热点事件和出现浪涌流量时,会产生局部热点效应,从而使应用服务器过载退出服务。这种基于中心的应用服务器的内容发布模式的另外一个缺陷在于个性化服务的缺失和对宽带服务价值链的扭曲,内容提供商承担了他们不该干也干不好的内容发布服务。

目前的 CDN 服务主要应用于证券、金融保险、ISP、ICP、网上交易、门户网站、大中型公司、网络教学等领域,另外,在行业专网、互联网中都可以用到,甚至可以对局域网进行网络优化。利用 CDN,这些网站无须投资昂贵的各类服务器、设立分站点,特别是流媒体信息的广泛应用、远程教学课件等消耗带宽资源多的媒体信息,应用 CDN 网络,把内容复制到网络的最边缘,使内容请求点和交付点之间的距离缩至最小,从而促进 Web 站点性能的提高,具有重要的意义。CDN 网络的建设主要有企业建设的 CDN 网络,为企业服务;IDC 的 CDN 网络,主要服务于 IDC 和增值服务;网络运营上主建的 CDN 网络,主要提供内容推送服务;CDN 网络服务商,专门建设的 CDN 用于做服务,用户通过与 CDN 机构进行合作,CDN 负责信息传递工作,保证信息正常传输,维护传送网络,而网站只需要内容维护,不再需要考虑流量问题。

# 6.5 典型的云存储系统介绍

目前,云计算系统中广泛使用的数据存储系统是 Google 的非开源的 GFS(Google File System)和 Hadoop 团队开发的 GFS 的开源实现 HDFS(Hadoop Distributed File System),大部分 IT 厂商(包括 Yahoo、Intel)的"云"计划采用的都是 HDFS 的数据存储技术。以上技术实质上是大型的分布式文件系统,在计算机组的支持下向客户提供所需要的服务。

## 6.5.1 Google 文件系统

GFS 是一个可扩展的分布式文件系统,用于大型的、分布式的、对大量数据进行访问的应用。它为 Google 云计算提供海量存储,并且与 Chubby、MapReduce 以及 Bigtable 等技术结合十分紧密,处于所有核心技术的底层。

GFS 的设计思想不同于传统的文件系统,是针对大规模数据处理和 Google 应用特性而设计的(表 6-3)。它运行于廉价的普通硬件上,但可以提供容错功能,它可以给大量的用户提供总体性能较高的服务。

表 6-3 GFS 与传统分布式文件系统的区别

| 文件系统 | 组件失败管理 | 文件大小 | 数据写方式 | 数据流与控制流 |
|---|---|---|---|---|
| GFS | 不作为异常处理 | 少量大文件 | 在文件末尾附加数据 | 分开 |
| 传统分布式文件系统 | 作为异常处理 | 大量小文件 | 修改现存数据 | 结合 |

### 1)GFS 的构成

GFS 采用主/从模式,一个 GFS 由一个主服务器(Master)和大量的块服务器(Chunk)构成,并被许多客户(Client)访问。GFS 的系统架构如图 6-8 所示。

GFS 将整个系统的节点分为三类角色:客户端(Client)、主服务器(Master)和数据块服务器(Chunk)。

①Client 是 GFS 提供给应用程序的访问接口。它是一组专用接口,不遵守 POSIX 规范,以库文件的形式提供。应用程序直接调用这些库函数,并与该库链接在一起。

②Master 是 GFS 的管理节点。在逻辑上只有一个,它存放文件系统的所有元数据,包括名字空间、存取控制、文件分块信息、文件块的位置信息等,是 GFS 文件系统中的"大脑"。

③Chunk 负责具体的存储工作。数据以文件的形式存储在 Chunk 上,Chunk 的个数可以有多个,它的数目直接决定了 GFS 的规模。GFS 将文件按照固定大小进行分块,默认是 64 MB,每一块称为一个 Chunk,每个 Chunk 都有一个对应的索引号(Index),并且每个 Chunk 都会在整个分布式系统被复制多次,默认为 3 次。

GFS 将写操作控制信号和数据流分开,如图 6-9 所示。Client 在获取 Master 的写授权后,将数据传输给所有的数据副本,在所有的数据副本都收到修改的数据后,Client 才发出写

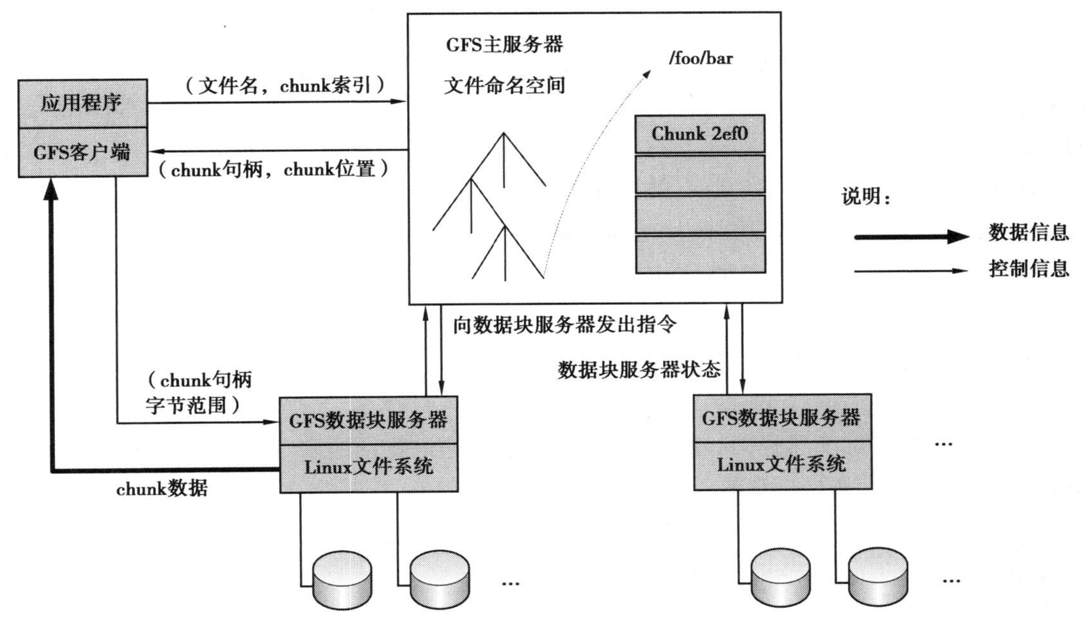


图 6-8　GFS 的架构图

请求控制信号。在所有的数据副本更新完数据后，由主副本向 Client 发出写操作完成控制信号。Client 不通过 Master 读取数据，可避免大量读操作使 Master 成为系统瓶颈。

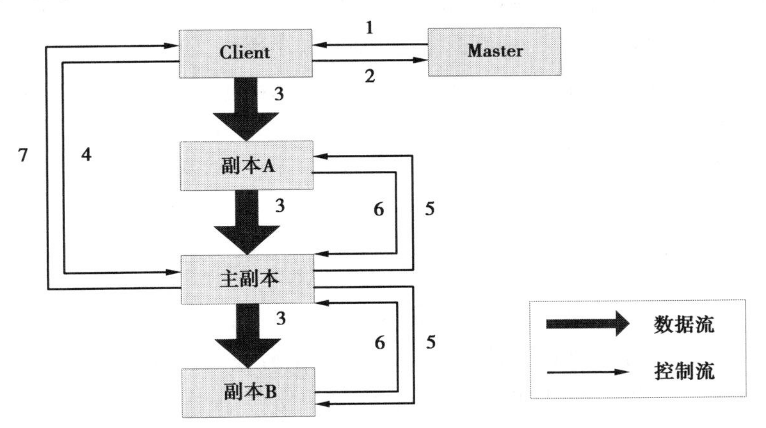


图 6-9　写操作控制信号和数据流

2）GFS 的特点

在设计上，GFS 主要有 8 个特点：

①大文件和大数据块。数据文件的大小普遍在 GB 级别，而且其每个数据块默认大小为 64 MB，这样做的好处是减少了元数据的大小，能使 Master 节点非常方便地将元数据放置在内存中以提升访问效率。

②操作以添加为主。因为文件很少被删减或者覆盖，通常只是进行添加或者读取操作，这样能充分考虑到硬盘现行吞吐量大和随机读写慢的特点。

③支持容错。首先,虽然当时为了设计方便,采用了单 Master 的方案,但是整个系统会保证每个 Master 都有其相对应的复制品,以便于在 Master 节点出现问题时进行切换。其次,在 Chunk 层,GFS 已经在设计上将节点失败视为常态,所以能非常好地处理 Chunk 节点失效的问题。

④高吞吐量。虽然其单个节点的性能无论是从吞吐量还是延迟都很普通,但因为其支持上千个节点,所以总的数据吞吐量是非常惊人的。

⑤保护数据。文件被分割成固定尺寸的数据块以便于保存,而且每个数据块都会被系统复制 3 份。

⑥扩展能力强。因为元数据偏小,使一个 Master 节点能控制上千个存储数据的 Chunk 节点。

⑦支持压缩。对于那些稍旧的文件,可以通过对它进行压缩来节省硬盘空间,并且压缩率非常惊人,有时甚至接近 90%。

⑧用户空间。虽然用户空间在运行效率方面稍差,但是更便于开发和测试,还能更好地利用 Linux 自带的一些 POSIC API。

### 6.5.2 Hadoop 分布式文件系统

HDFS(Hadoop Distributed File System)作为 Hadoop 项目的核心子项目,是分布式计算中数据存储管理的基础,是基于流数据模式访问和处理超大文件的需求而开发的。它和现有的分布式文件系统有很多共同点。同时,它和其他的分布式文件系统的区别也是很明显的:HDFS 是一个高度容错性的系统,适合部署在廉价的机器上;HDFS 能提供高吞吐量的数据访问,非常适合大规模数据集上的应用;HDFS 放宽了一部分 POSIX 约束来实现流式读取文件系统数据的目的。

**1)HDFS 的基本概念**

(1)数据块(block)

①HDFS 默认的最基本的存储单位是 64 MB 的数据块。

②和普通文件系统相同的是,HDFS 中的文件是被分成每块 64 MB 的数据块存储的。

③不同于普通文件系统的是,HDFS 中,如果一个文件小于一个数据块的大小,并不占用整个数据块存储空间。

(2)元数据节点(Namenode)和数据节点(Datanode)

①元数据节点用来管理文件系统的命名空间。其将所有的文件和文件夹的元数据保存在一个文件系统树中。这些信息也会在硬盘上保存成以下文件:命名空间镜像(namespace image)及修改日志(edit log)。其还保存了一个文件包括哪些数据块,分布在哪些数据节点上。然而这些信息并不存储在硬盘上,而是在系统启动的时候从数据节点收集而成。

②数据节点是文件系统中真正存储数据的地方。客户端或者元数据信息可以向数据节点请求写入或者读出数据块。其周期性地向元数据节点回报其存储的数据块信息。

③从元数据节点(Secondary namenode)。从元数据节点并不是元数据节点出现问题时

的备用节点,它和元数据节点负责不同的事情。其主要功能就是周期性地将元数据节点的命名空间镜像文件和修改日志合并,以防日志文件过大。这点在下面会详细叙述。合并过后的命名空间镜像文件也在从元数据节点保存了一份,以便在元数据节点失败的时候恢复。

2)HDFS **文件读操作流程**

客户端通过调用 FileSystem 对象的 open()函数来打开希望读取的文件。对于 HDFS 来说,这个对象是分布式文件系统的一个实例。Distributed FileSystem 通过 RPC 协议来调用元数据节点,以确定文件开头部分的块位置。对于每一个数据块,元数据节点返回具有该块副本的数据节点的地址。Distributed FileSystem 返回一个 FSData InputStream 对象给客户端,用来读取数据,FSData InputStream 转而包装成一个 DFS InputStream 对象。客户端调用 stream 的 read()函数开始读取数据。DFS InputStream 连接保存此文件第一个数据块的最近的数据节点。Data 从数据节点读到客户端,当此数据块读取完毕时,DFS InputStream 关闭和此数据节点的连接,然后连接此文件下一个数据块的最近的数据节点。当客户端读取完毕数据的时候,调用 FSData InputStream 的 close()函数。在读取数据的过程中,如果客户端在与数据节点通信出现错误,则尝试连接包含此数据块的下一个数据节点。失败的数据节点将被记录,以后不再连接。

HDFS 文件读操作流程如图 6-10 所示。

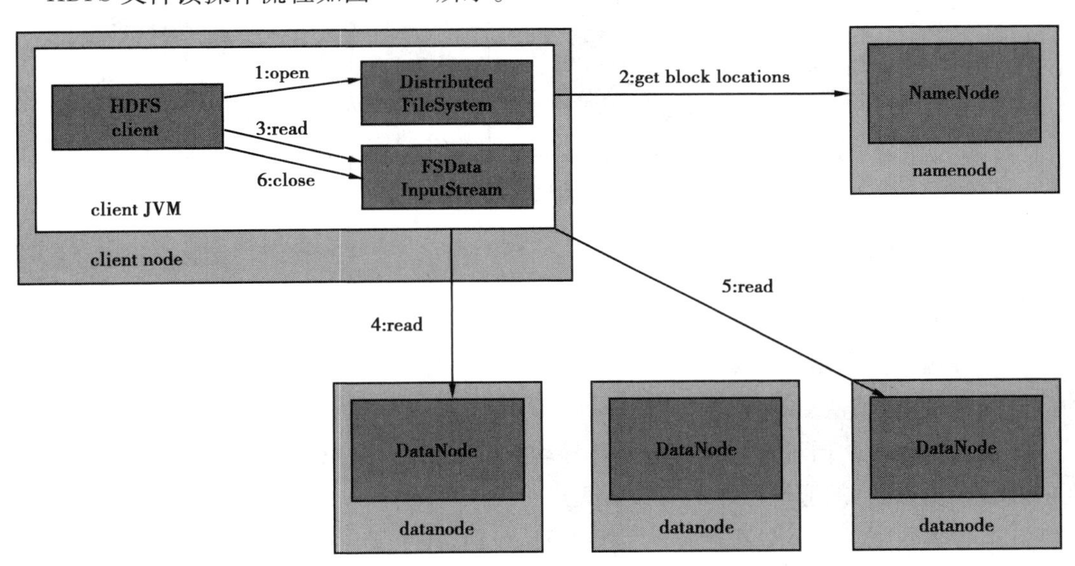


图 6-10　HDFS 文件读操作流程

3)HDFS **文件写操作流程**

客户端通过在 Distributed FileSystem 中调用 create()函数来创建文件。Distributed FileSystem 使用 RPC 去调用元数据节点,在 HDFS 命名空间创一个新的文件。HDFS 返回一个文件系统数据输出流 FSData OutputStream,让客户端开始写入数据。FSData OutputStream 控制一个 DFSOutputStream,负责处理数据节点和元数据节点之间的通信。客户端写入数据时,DFSOutputStream 将文件切分成一个个的 block,每个 block 又分成一个个数据包写入数据队列。数据队列在数据节点管线中流动。对于任意一个数据包,首先写入管线中第一个数据节点,第一个节点会存储包并且发送给管线中的第二个数据节点。同样地,第二个数据节点存储包并且传给管线中的第三个数据节点。与此同时,客户端会将当前 block 的下一个包发给第一个数据节点。DFSOutputStream 也有一个内部的包队列来等待数据节点收到确认。一个 Block 只有其所有的包在被管线中所有的节点确认后才会被移除出确认队列。客户端完成数据的写入后,就会在流中调用 close( ) 函数,向元数据节点发送写文件已经完成的消息。与此同时,数据节点主动向元数据节点汇报所存储文件块的位置信息。

HDFS 文件写操作流程如图 6-11 所示。

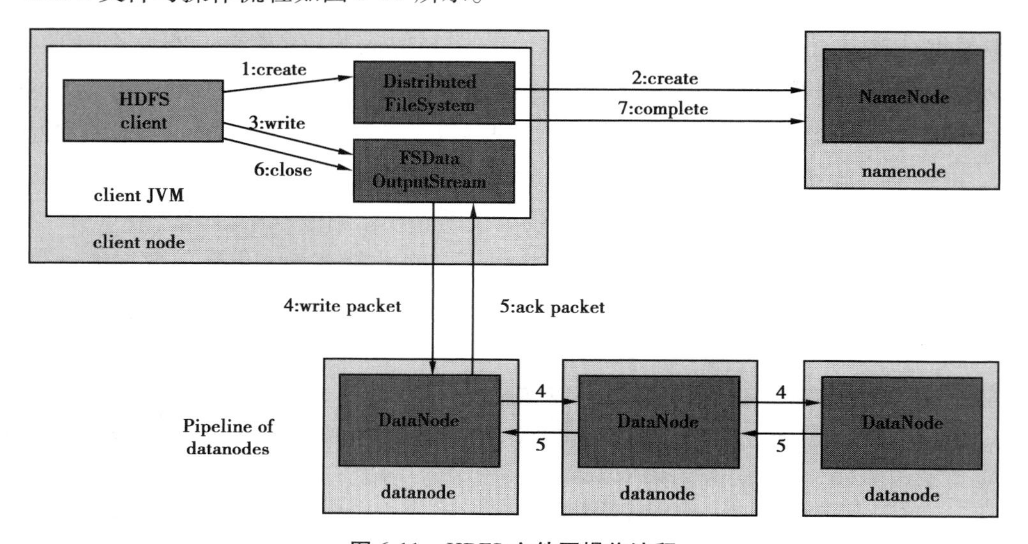


图 6-11　HDFS 文件写操作流程

### 4)HDFS 的优缺点

(1)优点

①高容错性。数据自动保存多个副本,通过增加副本的形式,提高容错性;副本丢失后检测故障快速,自动恢复。

②适合批处理。通过移动计算而不是移动数据;会把数据位置暴露给计算框架;数据访问的高吞吐量;运行的应用程序对其数据集进行流式访问。

③适合大数据处理。处理数据达到 GB、TB 级别,甚至 PB 级别;能够处理百万规模以上的文件数量;能够达到 10 000 节点的规模。

④可构建在廉价的机器上。通过多副本机制提高可靠性;提供了容错和恢复机制,比如某一个副本丢失,可以通过其他副本来恢复。

(2)缺点

HDFS 也有它的劣势,并不适合所有的场合:

①不适合低延迟的数据访问。HDFS 涉及更多的是批处理,而不是用户交互使用。重点在于数据访问的高吞吐量,即在某一时间内写入大量的数据,而不是数据访问的低延迟。

②不适合小文件存取。存储大量小文件会占用NameNode大量的内存来存储文件、目录和块信息[这里的小文件是指小于HDFS系统的Block大小的文件(默认64 MB)];小文件存储的寻址时间会超过读取时间,它违反了HDFS的设计目标。

③无法并发写入、文件随即修改。一个文件只能有一个写,不允许多个线程同时写;仅支持数据append(追加),不支持文件随机修改。

## 本章小结

本章详细介绍了云存储的概念、特点、类型以及结构模型,分析了云存储与传统存储技术在架构、服务模式、容量、数据管理等方面的区别,并在此基础上重点阐述了云存储的关键技术,包括存储虚拟化技术、分布式存储技术、数据备份技术、数据缩减技术以及内容分发网络技术等,最后介绍了云计算系统中广泛使用的数据存储系统,包括Google文件系统GFS和Hadoop分布式文件系统HDFS。通过学习本章,读者将对云存储技术有一个系统化的把握。

### 扩展阅读

#### 联想云存储携手中石化工程建设,引领移动办公潮流

中国石化工程建设有限公司(以下简称“中石化工程建设”)成立于1953年,隶属于中国石油化工集团公司,是我国首家石油炼制与石油化工工程设计单位。中石化工程建设以炼油和化工工程设计为主要业务,承接过数千个石化项目的工程设计、工程总承包和项目管理,积累了丰富的工程设计和建设经验。

随着公司业务飞速增长,中石化工程建设原有文件存储系统存在的问题日趋明显:运行环境分散造成运行成本居高不下;信息共享不及时导致整体工作效率低下;各类文档不支持浏览器以及各类移动设备访问,无法满足企业员工跨国协同办公和移动办公的需求。引入一个基于云的存储系统成为中石化工程建设的必然选择。

针对以上问题,联想云存储为中石化工程建设提供了一套企业级的数据管理、文件协同办公的云存储解决方案(图6-12),有效解决了原有文件存储系统在业务飞速发展中遇到的瓶颈,满足了其在日常办公中文档汇总、发布、邮件大附件管理、团队协作、跨平台文件同步(比如:PC与移动设备之间)等业务应用场景中的文档管理需求,提高了员工办公效率。

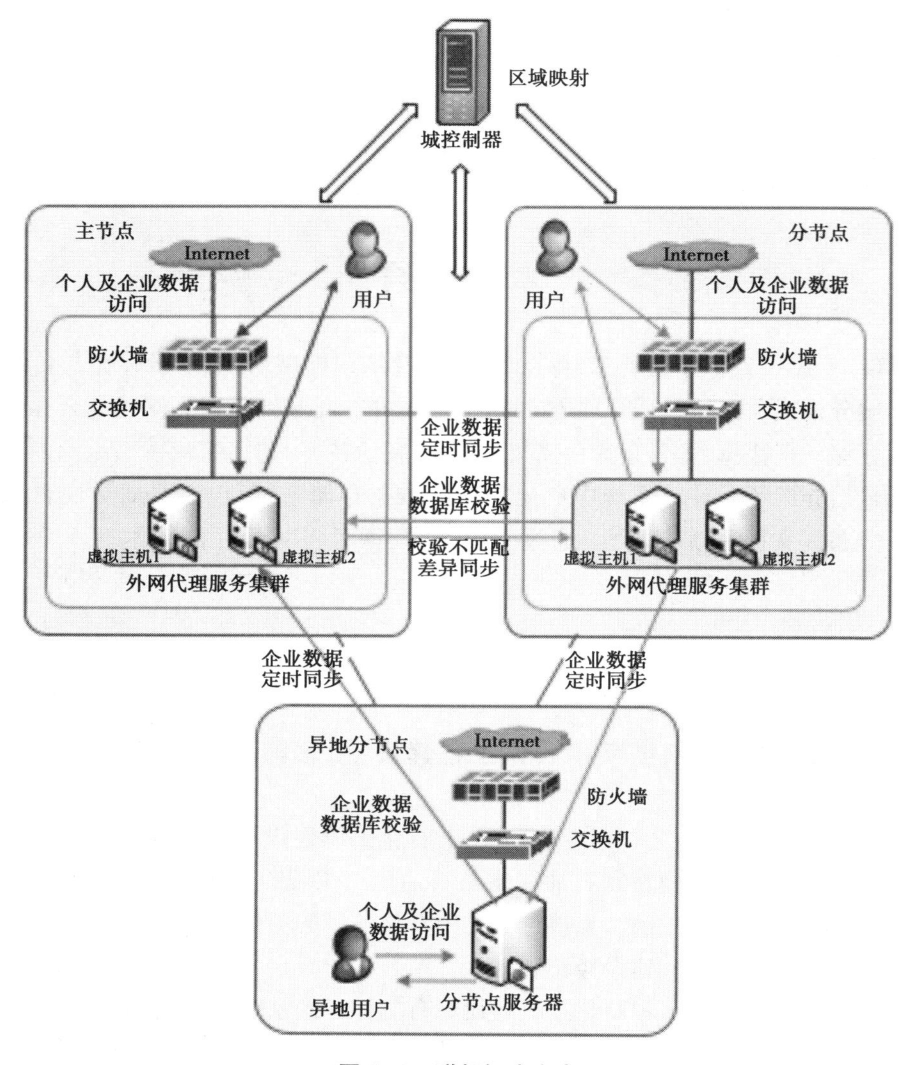


图 6-12 联想解决方案

- 数据存储和分发更快速

石化建设行业图纸大多是以 GB 为基本单位的大文件，而传统的 FTP 服务器因不具备外链、个人共享等功能，越来越难以满足其跨公司、跨地域和跨国界的快速分享文件的需求。联想云存储系统可分配共享空间，给个人分配独立空间，随时随地实现数据的存储、读取及共享，还可通过一键外链将文件快速分享给合作企业，有力解决了员工办公文件传输，特别是海外项目大文件传输及备份的问题。此外，当传输大附件时，附件会自动被系统保存至云端，并以链接形式发送，实现了大附件一键式云端分发与存储。

- 移动办公更轻松

石化建设行业的工作环境经常在室外，需要随时使用手机实地拍照、上传，或查看、编辑修改施工图纸，因此对移动办公有着强烈需求。而传统 FTP 服务器只能提供简单的数据存储功能(这种存储功能往往还受到地域限制),更不支持移动终端设备。联想云存储系统则通过 iOS、Android 等移动客户端,确保用户能随时随地在线预览多种格式图片、视频,实时编辑文档并将修改后文件保存至云,能满足石化建设员工外出移动办公的需求。

- 系统运维更高效

联想云存储系统通过对 AD 域账户系统的紧密集成,能够让公司域用户无须输入用户名和密码,直接启动客户端便可登录。而管理员则可按任意级别的部门域组为单位进行批量添加、删除、禁用、分配存储和实现其他各种策略控制。在基于域组管理的基础上,管理员可添加、禁用、删除特定个人账户,同时可对其进行动态分配存储、删除文件、移交文件等细化操作。此外,该系统还支持 OU 导入,方便管理员快速导入用户信息以及配置权限,大幅提高了 IT 运维效率。

- 数据安全有保障

信息安全和存储安全不仅关系到石油产业的健康发展,也关系到国家能源和国民经济安全。相比传统 FTP 服务器,联想云存储系统文件存储采用256 位 AES 加密存储,传输过程中全程 256 位 SSL 加密技术而详细的日记记录则能清晰显示每个用户在网盘中所作的任意操作,让文档变得有迹可循。值得一提的是,相比 FTP 服务器,联想云存储系统拥有更细致的权限划分,包括上传、下载、重命名、删除和外链等多个权限组合,让数据得到全方位保障。

此次合作,不仅为中国石化工程建设实现信息化部署和发展奠定了坚实基础,同时也为石化建设企业实现移动办公和云化树立了领先榜样。

资料来源:联想云存储携手中石化工程建设

(中关村在线)

## 思考题

1. 如何理解云存储的概念?
2. 简述云存储的结构模型。
3. 简述云存储与传统存储技术的异同点。
4. 云储存的关键技术包括哪些内容?
5. 当前广泛使用的数据存储系统有哪些? 各有什么优缺点?

# 云数据管理技术

## 本章导读

随着云计算、互联网等技术的发展,大数据广泛存在,同时也呈现出了许多云环境下的新型应用,如社交网络、移动服务、协作编辑等。这些新型应用对海量数据管理或称云数据管理技术也提出了新的需求,如事务的支持、系统的弹性等。因此,NoSQL 数据库(即非关系型数据库)得到了重要的应用以及迅速地发展。作为云数据管理技术的一个有效管理方案,NoSQL 数据库凭借高伸缩性、高可用性、支持海量数据等特点,且不适用关系模式来组织数据,被广泛地应用于云计算环境中,解决大数据应用难题。

本章将主要针对 NoSQL 数据库的概念、特征、原理以及分类等进行解释,并结合当前主流的 NoSQL 数据库系统进行介绍。

## 7.1　NoSQL 数据库的概念与原理

NoSQL 数据库是一项全新的数据库革命性运动,早期就有人提出,发展至当前,趋势越发高涨。NoSQL 的拥护者们提倡运用非关系型的数据存储,相对于铺天盖地的关系型数据库运用,这一概念无疑是一种全新思维的注入。

### 7.1.1　NoSQL 的概念

在了解 NoSQL 概念之前,先介绍下与其息息相关的关系型数据库。

关系型数据库是建立在关系模型基础上的数据库,借助于集合代数等数学概念和方法来处理数据库中的数据。所谓关系模型,就是把世界看作由实体(Entity)和联系(Relationship)组成的,其中实体是指在现实世界中客观存在并可相互区别的事物。1970年,关系型数据库之父埃德加·科德于发表《A Relational Model of Data for Large Shared Data Banks》一文,首次提出关系模型的概念。他指出现实世界中的各种实体以及实体之间的各种联系均可用关系模型来表示。

简单说来，关系型数据库就是由多张能互相联接的二维行列表格组成的数据库，可以用选择、投影、连接、并、交、差、除、增、删、查、改等方法来实现对数据的存储和查询（图 7-1）。标准数据查询语言 SQL（Structured Query Language）是一种基于关系数据库的语言，这种语言可以执行对关系型数据库中数据的检索和操作。如今虽然对关系型数据库有一些批评意见，但它还是数据存储的传统标准。

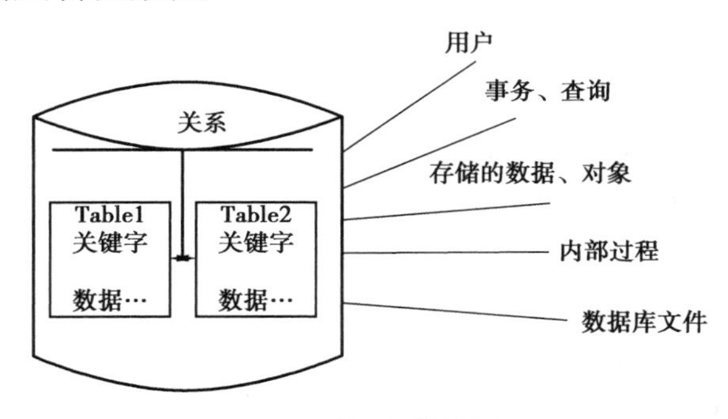


图 7-1 关系型数据库

关系型数据库严格遵循 ACID 理论。所谓 ACID 理论，是指数据库管理系统（DBMS）在写入或更新资料的过程中，为保证事务（transaction）是正确可靠的所必须具备的四个特性：原子性（Atomicity，或称不可分割性）、一致性（Consistency）、隔离性（Isolation，又称独立性）、持久性（Durability）。

（1）A-Atomicity-原子性

一个事务中的所有操作，要么全部完成，要么全部不完成，不会结束在中间某个环节。事务成功的条件是事务里的所有操作都成功，只要有一个操作失败，整个事务就失败，需要回滚（Rollback）到事务开始前的状态，就像这个事务从来没有被执行过一样。

（2）C-Consistency-一致性

在事务开始之前和事务结束以后，数据库的完整性没有被破坏。这表示写入的资料必须完全符合所有的预设规则，这包含资料的精确度、串联性以及后续数据库可以自发性地完成预定的工作。

（3）I-Isolation-隔离性

数据库允许多个并发事务同时对其数据进行读写和修改的能力，隔离性可以防止多个事务并发执行时由于交叉执行而导致数据的不一致。事务隔离分为不同级别，包括读未提交（Read uncommitted）、读提交（Read committed）、可重复读（Repeatable read）和串行化（Serializable）。

（4）D-Durability-持久性

事务处理结束后，对数据的修改就是永久的，即便系统出现故障也不会丢失数据。

现代计算系统每天在网络上都会产生庞大的数据量。这些数据有很大一部分是由关系型数据库来处理，其严谨成熟的数学理论基础使得数据建模和应用程序编程更加简单。当前主流的关系型数据库有 Oracle、DB2、Microsoft SQL Server、Microsoft Access、MySQL 等。

随着信息化的浪潮和互联网的兴起，传统的关系型数据库在一些业务上开始出现问题。首先，对数据库存储的容量要求越来越高，单机无法满足需求，很多时候需要用集群来解决问题，而关系型数据库由于要支持 JOIN，UNION 等操作，一般不支持分布式集群；其次，在大数据大行其道的今天，很多数据都“频繁读和增加，不频繁修改”，而关系型数据库对所有操作一视同仁；最后，互联网时代业务的不确定性导致数据库的存储模式也需要频繁变更，不自由的存储模式增大了运维的复杂性和扩展的难度。因此，以 CAP 理论①和 BASE 理论为基础的 NoSQL 数据库开始出现。

NoSQL（NoSQL = Not Only SQL），意为“不仅仅是 SQL”，也称为非关系型数据库，是一系列与关系型数据库这种典型模型有较大差异的数据管理系统的统称，其中最主要的差异在于它不使用 SQL 作为基本的查询语言。NoSQL 摆脱了传统的关系型数据库与 ACID 理论的限制。NoSQL 数据库对数据的存储大多数采用 Key-Value 的方式，没有固定的表结构（即数据再没有固定的长度、类型和固定的格式等），也没有烦琐的连接操作。NoSQL 数据库在存储海量数据上的性能优势，是传统关系型数据库所不具备的。

Infosys Technologies 的首席技术架构师 Sourav Mazumder 给出了非关系型数据库的一个比较严谨的描述：

①使用可扩展的松散耦合类型数据模型来对数据进行逻辑建模；

②为遵循 CAP 原理的跨多节点数据分布模型而设计，支持水平伸缩；

③拥有在磁盘和（或）内存中的数据持久化能力；

④支持多种“Non-SOL”接口来进行数据访问。

NOSQL 数据库通常满足 BASE 约束，即：

①Basic Availability（基本可用），是指分布式系统在出现故障的时候，允许损失部分可用性，即保证核心可用。

②Soft-state（软状态/柔性事物），是指允许系统存在中间状态，而该中间状态不会影响系统整体可用性。分布式存储中一般一份数据至少会有三个副本，允许不同节点间副本同步的延时就是软状态的体现。

③Eventual consistency（最终一致性），是指系统中的所有数据副本经过一定时间后，最终能够达到一致的状态。最终数据是一致的就可以了，而不是时时一致。

由此可见，与关系型数据库的 ACID 强约束相比，BASE 约束要松散一些，但灵活性有优势，因此在云计算环境下越来越依赖 NoSQL 系统也就不足为奇了。当然，一些对数据有 ACID 要求的系统还是应该首选关系型数据库。

### 7.1.2 NoSQL 的特征

NoSQL 系统舍弃了一些 SQL 标准中的功能，取而代之的是提供了一些简单灵活的功能。

---

① CAP 理论指的是在一个分布式系统中，Consistency（一致性）、Availability（可用性）、Partition tolerance（分区容错性），三者不可兼得。

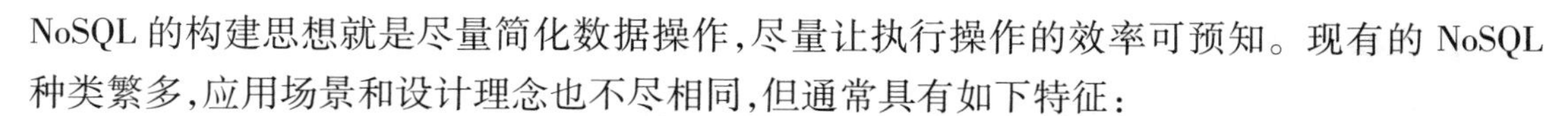

NoSQL 的构建思想就是尽量简化数据操作,尽量让执行操作的效率可预知。现有的 NoSQL 种类繁多,应用场景和设计理念也不尽相同,但通常具有如下特征:

1)弹性可扩展

NoSQL 具有很好的弹性可扩展能力,当数据增长到一定规模时,可以通过简单地添加硬件或服务节点的方式对系统进行扩展,这弥补了关系型数据库在扩展性上的不足。NoSQL 数据库可以在系统运行过程中动态地增删节点,数据自动平衡移动,不需要人工干预操作。

2)多分区存储

传统关系型数据库往往把数据都存储在一个节点上,通过增加内存和磁盘的方式来提高系统的性能,以实现数据的纵向扩展,这种方式不仅昂贵且不可持续。NoSQL 数据库会将数据分区存储在多个节点上,这是一种水平的扩展方式。这种方式不仅能够很好地满足大数据的存储要求,而且还可以提高数据的读写性能。

3)多副本异步复制

为了保证数据的安全性,NoSQL 数据库往往会保存数据的多个副本。在操作的时候往往都是将数据快速地写入一个节点,其余节点通过读取写入节点的读写日志来实现数据的异步复制。

4)较弱的事务模型

关系型数据库的事务机制必须满足 ACID 属性,关系型数据库的逻辑复杂并且需遵循事务一致性的要求,使得死锁等并发性问题时有发生,严重影响了系统的并发读写性能。与关系型数据库 ACID 事务属性相比,NoSQL 系统只支持较弱的事务,如事务只需满足最终一致性的要求,弱事务的使用能提高系统的并发读写能力。

5)模式自由

NoSQL 数据库不像传统的关系型数据库需要定义数据库、数据表等结构才可以存取数据,其在增删数据时不需要进行数据的完整性检查。数据表中的每一条记录都可能有不同的属性和格式。

6)逆范式化

为了减少数据冗余,增强数据一致性,在关系型数据库设计时,要遵循范式要求,数据表至少要满足第三范式。这样,多个表之间建立各种关联关系就不容易实现数据库的横向扩展,并且这些连接操作也会降低数据库的查询效率。而 NoSQL 数据库去除约束,放宽事务保障,更利于数据的分布式存储。

### 7.1.3　NoSQL 与 SQL 数据库的区别

NoSQL 数据库与传统的 SQL 数据库主要在以下几方面存在差异①:

① 博客园,SQL 和 NoSQL 的区别

1）存储方式

SQL 数据存在于特定结构的表中，而 NoSQL 数据则更加灵活和可扩展，存储方式可以是 JSON 文档、哈希表或者其他方式。

SQL 通常以数据库表形式存储数据。例如，记录员工入职数据，见表 7-1。

表 7-1　员工入职数据存储（SQL）

| 工号 | 姓名 | 部门 | 入职时间 |
| --- | --- | --- | --- |
| 1001 | 张三 | 财务处 | 2018-08-01 |
| 1002 | 李四 | 人事处 | 2018-08-01 |
| 1003 | 王五 | 市场部 | 2018-08-01 |

而 NoSQL 存储方式比较灵活。例如使用类 JSON 文件存储上表中张三的入职数据，如图 7-2 所示。

```
{
    工号:1001,
    姓名:“张三”,
    部门:“财务处”,
    入职时间:“2018-08-01”
    增加项目:[
    {审核人1:“李科长”,审核时间“2018-08-01”},
    {审核人2:“王主任”,审核时间“2018-08-01”},
    ]
}
```

图 7-2　员工入职数据存储（NoSQL）

2）表/数据集合的数据的关系

在 SQL 中，必须定义好表和字段结构后才能添加数据。例如，定义表的主键（Primary Key）、索引（Index）、触发器（Trigger）、存储过程（Stored Procedure）等。表结构可以在被定义之后更新，但是如果有比较大的结构变更的话就会变得比较复杂。

在 NoSQL 中，数据可以在任何时候任何地方添加，不需要先定义表。例如，图 7-3 中这段代码会自动创建一个新的“员工表”数据集合。

```
db.员工表.inset(
    工号：1001,
    姓名：“张三”,
    部门：“财务处”,
    入职时间：“2018-08-01”
)
```

图 7-3　数据添加（NoSQL）

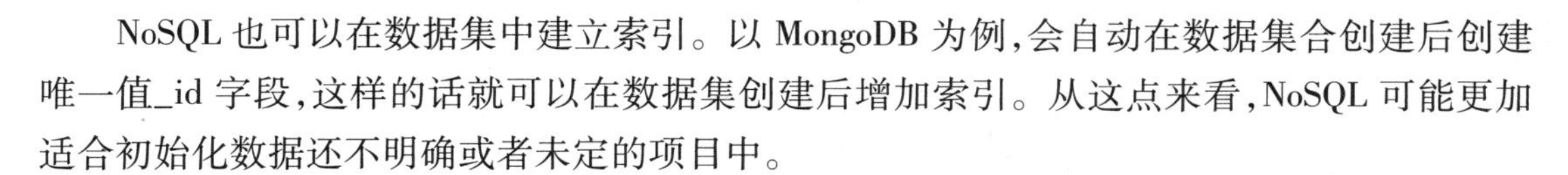

NoSQL 也可以在数据集中建立索引。以 MongoDB 为例,会自动在数据集合创建后创建唯一值_id 字段,这样的话就可以在数据集创建后增加索引。从这点来看,NoSQL 可能更加适合初始化数据还不明确或者未定的项目中。

**3)外部数据存储**

SQL 中,如果需要增加外部关联数据,规范化做法是在原表中增加一个外键,关联外部数据表。例如,需要在员工表中增加审核人信息,见表 7-2。

**表 7-2　增加审核人信息(SQL)**

| 工号 | 姓名 | 部门 | 入职时间 |
|---|---|---|---|
| 971 | 李科长 | 人事处 | 2009-08-01 |
| 590 | 王主任 | 人事处 | 2005-03-01 |

然后再在原来的入职员工表中增加审核人外键,具体见表 7-3。

**表 7-3　增加审核人外键(SQL)**

| 工号 | 姓名 | 部门 | 入职时间 | 审核人编号 |
|---|---|---|---|---|
| 1001 | 张三 | 财务处 | 2018-08-01 | 971 |
| 1002 | 李四 | 人事处 | 2018-08-01 | 971 |
| 1003 | 王五 | 市场部 | 2018-08-01 | 590 |

这样,如果需要更新审核人个人信息,只需要更新审核人表而不需要对借阅人表进行更新。

而在 NoSQL 中除了这种规范化的外部数据表做法以外,还能用图 7-4 的非规范化方式把外部数据直接放到原数据集中,以提高查询效率。其缺点也比较明显,更新审核人数据的时候会比较麻烦。

**4)SQL 中的 JOIN 查询**

SQL 中可以使用 JOIN 表链接方式将多个关系数据表中的数据用一条简单的查询语句查询出来。NoSQL 暂未提供类似 JOIN 的查询方式对多个数据集中的数据进行查询,所以大部分 NoSQL 使用非规范化的数据存储方式存储数据。

**5)数据耦合性**

SQL 中不允许删除已经被使用的外部数据。例如,审核人表中的"李科长"已经被分配给了入职员工"张三",那么在审核人表中不允许删除李科长这条数据,以保证数据完整性。而 NoSQL 中则没有这种强耦合的概念,可以随时删除任何数据。

**6)事务**

SQL 中,如果多张表数据需要同批次被更新,即如果其中一张表更新失败的话,其他表

```
db.员工表.inset(
    工号：1001，
    姓名："张三"，
    部门："财务处"，
    入职时间："2018-08-01"
    审核人：{
        工号：971，
        姓名：李科长，
        部门：人事处，
        入职时间："2009-08-01"
    }
)
```

图 7-4 增加外部数据存储（NoSQL）

也不能更新成功。这种场景可以通过事务来控制，可以在所有命令完成后再统一提交事务。而 NoSQL 中没有事务这个概念，每一个数据集的操作都是原子级的。

**7）查询性能**

在相同水平的系统设计的前提下，因为 NoSQL 中省略了 JOIN 查询的消耗，故在理论上其性能是优于 SQL 的。

**8）适用范围不同**

关系型数据库适合存储结构化数据，如用户的账号、地址：

- 这些数据通常需要做结构化查询，比如 JOIN，此时关系型数据库更胜一筹；
- 这些数据的规模、增长的速度通常是可以预期的；
- 事务性、一致性。

NoSQL 适合存储非结构化数据，如文章、评论：

- 这些数据通常用于模糊处理，如全文搜索、机器学习；
- 这些数据是海量的，而且增长的速度是难以预期的；
- 根据数据的特点，NoSQL 数据库通常具有无限（至少接近）伸缩性；
- 按 Key 获取数据效率很高，但是对 JOIN 或其他结构化查询的支持就比较差。

基于它们的适用范围不同，目前许多大型互联网项目都会选用关系型数据库加 NoSQL 的组合方案。目前为止，还没有出现一个能够通吃各种场景的数据库，而且根据 CAP 理论，这样的数据库是不存在的。

## 7.2 NoSQL 数据库的分类

目前，基本认同将 NoSQL 数据库分为四大类：键值数据库、列存储数据库、文档数据库、图形数据库，其中每一种类型的数据库都能够解决关系型数据不能解决的问题。在实际应用中，NoSQL 数据库的分类界限其实没有那么明显，往往会是多种类型的组合体。

### 7.2.1　键值数据库

键值数据库（Key-value Databases）是 NoSQL 数据库中最简单的，顾名思义，它的数据按照键值对的形式进行组织、索引和存储，能够存储大量数据。键值数据库的这种简单性也让它成为 NoSQL 中最具扩展性的数据库类型，如图 7-5 所示。

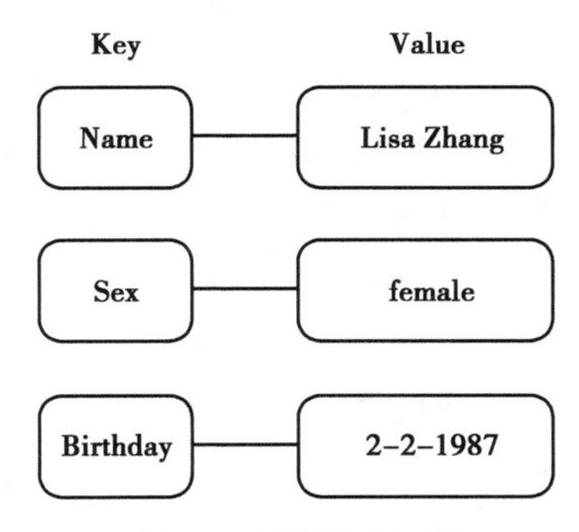


图 7-5　键值对示例

键值数据库中存储的值可以是简单的标量值，如整数或布尔值，也可以是结构化数据类型，比如列表和 JSON 结构。键值数据库通常也具有简单的查询功能，允许通过键来查找一个值。一般键值数据库都支持搜索功能，这提供了更高的灵活性。开发人员可以选择使用一些技巧，比如用枚举键来实现范围查询，但这些数据库通常缺乏对文档、列族、图形数据库的查询功能。

键值数据库适用于那些频繁读写、拥有简单数据模型的应用，因此被广泛应用于以下类型的应用：①从关系型数据库缓存数据来提高性能；②对 Web 应用暂时性数据的追踪，例如购物车数据等；③存储配置和用户数据信息的移动应用；④需要存储图片和音频文件等较大对象的应用。

优点：扩展性好，灵活性好，大量写操作时性能高。

缺点：无法存储结构化信息，条件查询效率较低。

相关产品：Memcached，Redis，Dynamo。

### 7.2.2　列存储数据库

传统的关系型数据库是行存储的，每行具有一个行 ID，并且行中的每个字段存储在表中。如果要查询一个人的兴趣爱好，这时需要将信息表和爱好表关联起来，见表 7-4。

表 7-4　关系型数据库数据存储示例

| ROWID | Name | Birthday | Hobbies |
|---|---|---|---|
| 1 | Lisa Zhang | 2-2-1987 | Archery，surfing |
| 2 | Grace Zhao | 11-12-1985 | swordpley |

续表

| ROWID | Name | Birthday | Hobbies |
|---|---|---|---|
| 3 | Tina Xu | 27-1-1978 | Archery,painting |
| 4 | Jack Ma | 16-9-1986 | Surfing,looygagging |

在基于行存储的数据库中查询时,无论需要哪一列都需要将每一行扫描完。假设想要在表7-4中的生日列表中查询9月份生日,数据库将会从上到下和从左到右扫描表,最终返回生日为9月的列表。如果给某些特定列建索引,那么可以显著提高查找速度,但是索引会带来额外的开销,数据库仍在扫描所有列。

而列存储数据库是将数据储存在列族(Column Family)中,一个列族存储经常被一起查询的相关数据。例如,如果我们有一个Person类,我们通常会一起查询他们的姓名和年龄而不是薪资。这种情况下,姓名和年龄就会被放入一个列族中,而薪资则在另一个列族中(图7-6)。由此可见,列存储查找速度快,可扩展性强,更容易进行分布式扩展,适用于分布式的文件系统。但由于面向列的数据库跟现行数据库存储的思维方式有很大不同,故应用起来十分困难。

Column Families

| Row key | Personal data | | Professional data | |
|---|---|---|---|---|
| empid | Name | Birthday | Designation | Salary |
| 1 | Lisa Zhang | 2-2-1987 | Manager | 50,0000 |
| 2 | Grace Zhao | 11-12-1985 | Sr.engineer | 30,0000 |
| 3 | Tina Xu | 27-1-1978 | Jr.engineer | 25,0000 |

**图7-6　列存储数据库数据存储示例**

列存储数据库被设计应用于大量数据的情况,以保证读取和写入的性能以及高可用性。因此,列存储数据库广泛适用于如下情况:①那些对数据库写操作能力有着特殊要求的应用程序;②数据在地理上分布于多个数据中心的应用程序;③可以容忍副本中存在短期不一致情况的应用程序;④拥有动态字段的应用程序;⑤拥有潜在大量数据的应用程序,大到几百TB的数据。

优点:查找速度快,可扩展性强,容易进行分布式扩展,复杂性低。

缺点:功能较少,大都不支持强事务一致性。

相关产品:BigTable,Cassandra,HBase。

### 7.2.3　文档数据库

文档数据库是NoSQL数据库类型中出现的最自然的类型,因为它们是按照日常文档的存储来设计的,并且允许对这些数据进行复杂的查询和计算(图7-7)。它支持读写一些标准格式的文档数据(典型如XML,YAML和JSON,甚至支持二进制的BSON格式)。

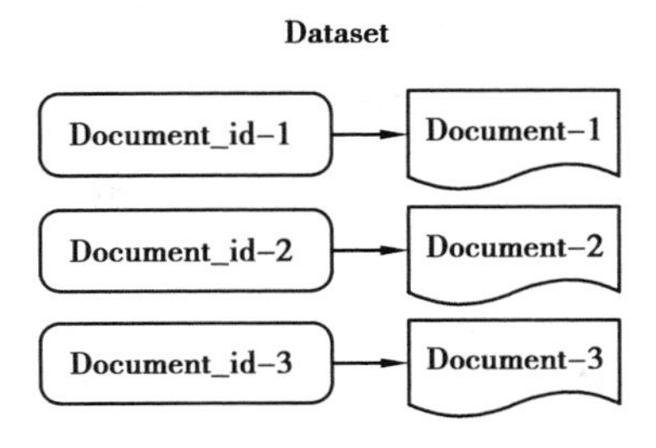


图 7-7　文档数据库数据存储示例

从关系数据库存储方式的角度来看,每一个事物都应该存储一次,并且通过外键连接,而文档型数据库则按照灵活性的标准设计。如果一个应用程序需要存储不同的属性以及大量的数据,那么文档数据库会是一个很好的选择。例如,如果要将报纸或杂志中的文章存储到关系型数据库中,首先要对存储的信息进行分类,文章放在一个表中,作者和相关信息放在一个表中,文章评论放在一个表中,读者信息放在一个表中,然后将这四个表连接起来进行查询;但是文档存储可以将文章存储为单个实体,这样就降低了用户对文章数据的认知负担。

在最简单的应用中,文档数据可以通过其 ID 进行读写操作,因此文档数据库可以看作键值数据库的升级版,允许之间嵌套键值,而且文档数据库比键值数据库的查询效率更高。

文档数据库更普遍的应用场合是根据文档的某个属性字段来获取整个文档。根据属性快速获取包含该属性的所有文档的操作是通过索引来实现的,即文档数据在写入时,系统会对某些文档属性建立索引,从而支持高效地反查操作。而维护索引是有代价的,因此,文档数据库适用于读多写少的场合。

需要注意的是,对于单个文档的读写,文档数据库可以保证原子操作,但批量写入的事物原子性目前还不能由系统保证,需要开发者在应用程序中显式处理。

目前,文档数据库适用的情况主要包括:①用于后台具有大量读写操作的网站;②管理数据类型和变量属性,比如产品;③跟踪元数据的变量类型;④使用 JSON 数据结构的应用;⑤使用类似结构套结构等非规范化数据的应用程序。

优点:性能好,灵活性高,复杂性低,数据结构灵活。

缺点:查询性能不高,而且缺乏统一的查询语言。

相关产品:MongoDB,Apache CouchDB。

### 7.2.4　图形数据库

上面介绍的键值数据库、列存储数据库及文档数据库可被统一称为聚合存储系统(Aggregate Stores),它们的共同点是不适合处理具有耦合关系的数据,即它们不适合用于需要理解数据关联关系的复杂查询,而这正是图形数据库的用武之地。图形数据库的一个指导思想是:数据并非对等,关系型的存储或者键值对的存储,可能都不是最好的存储方式。图形数据库是 NoSQL 数据库类型中最复杂的一个。

图形数据库是使用灵活的图形模型,以高效的方式存储实体之间的关系。图形模型有两个主要组成部分(图 7-8):

①节点:实体本身,如果是在社交网络中,那么代表的就是人。

②边:两个实体之间的关系,这种关系用线来表示,并具有自己的属性。另外,边还可以有方向,如果箭头指向谁,谁就是老板。

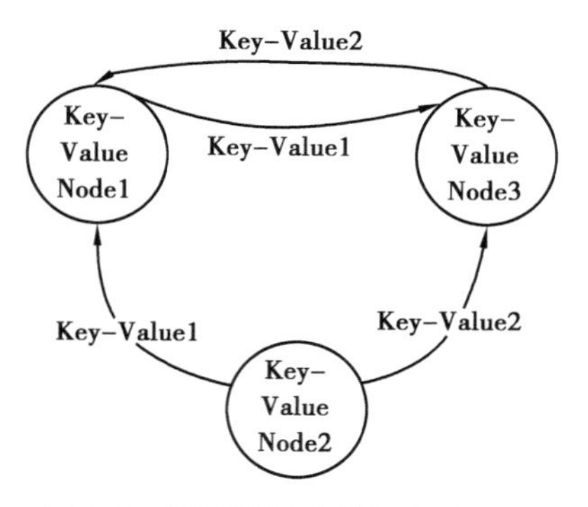


图 7-8　图形数据库数据存储示例

图形数据库在查找数据时并不会特别依赖索引(严格地说,只是在定位初始节点时会用到索引)。因为对于图来说,节点间的关系可以用有向边表达出来。基于图的查询会利用这种局部临接关系遍历图,而非根据全局索引对图中节点做遍历。因此,对于有关联关系的数据来说,利用图进行查询的性能会很高。

图形数据库非常适合表示网络实体连接等问题,评估图形数据库有效性的一种方法是确定实例和实例间是否存在关系。例如,一个电子商务应用程序中的两个订单可能没有相互连接。它们来自同一个客户,但这是一个共享的属性,而不是一个连接。这样的实体很容易使用键值型、文档型或者关系型数据库来进行建模。而如城市间的高速公路连接、蛋白质和蛋白质相互作用、员工与员工间的工作关系等,这些情况都存在着一些类型的连接或者实体包含的两个实例之间的关系等,适用于图形数据库。此外,图形数据库还适用于网络和 IT 基础设施管理、认证与访问权限管理、商业流程管理、产品和服务推荐、社交网络等。

优点:灵活性高,支持复杂的图形算法,可用于构建复杂的关系图谱。

缺点:复杂性高,只能支持一定的数据规模。

相关产品:Neo4j、HyperGraphDB。

## 7.3　典型 NoSQL 数据库系统介绍

NoSQL 数据库主要兴起于国内外各大互联网公司,随着业界的普遍关注,越来越多的 NoSQL 被开发和应用到实际生产环境中。当前,主流 NoSQL 主要有三种,即 BigTable、Dynamo、MongoDB。

### 7.3.1　BigTable

云计算的数据管理技术中最著名的是 Google 提出的 BigTable 数据管理技术。Google 的许多应用需要管理大量的结构化以及半结构化数据,需要对海量数据进行存储、处理与分析,且数据的读操作频率远大于数据的更新频率等,为此 Google 开发了弱一致性要求的大规

模数据库系统——BigTable。

设计 BigTable 的目标是建立一个可以广泛应用的、高度扩缩的、高可靠性和高可用性的分布式数据库系统。目前,Google 的很多项目使用 BigTable 来存储数据,包括网页查询、Google Earth 和 Google 金融等。这些应用程序对 BigTable 的要求各不相同:数据大小不同(从 URL 到网页到卫星图像),反应速度不同(从后端的大批处理到实时数据服务)。对于不同的要求,BigTable 都成功地提供了灵活高效的服务。

BigTable 建立在 GFS、Scheduler、Lock Service 和 MapReduce 之上。虽然 BigTable 采用了许多关系数据库的实现策略,但与传统的关系数据库不同,它把所有数据都作为对象来处理,形成一个巨大的表格,用来分布存储大规模结构化数据。BigTable 的设计目的是可靠地处理 PB 级别的数据,并且能够部署到上千台机器上。

BigTab1e 的本质是一个稀疏的、分布式的、长期存储的、多维度的和排序的 Map。Map 的 key 是行关键字(Row)、列关键字(Column)和时间戳(Timestamp)。Value 是一个普通的 bytes 数组。BigTab1e 管理的数据的存储结构为:

{row:string,column:string,time:int64}→string

图 7-9 是 BigTable 存储网页的底层数据结构示意图(webtable)。其中,每个网页的内容与相关信息作为一行,无论它有多少列。

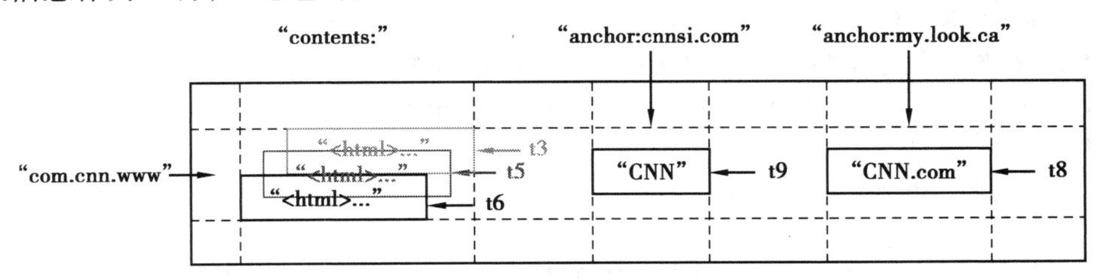


图 7-9　BigTab1e 存储示意图

如图 7-9 所示,以反转的 URL 作为行,列关键字是"contents:""anchor:my. look. ca"和"anchor:cnnsi. com",时间戳是 t3,t5,t6,t8,t9 等。如果要查询 t5 时间 URL 为 www. cnn. com 的页面内容,可以使用{com. cnn. www,contents,t5}作为 key 去 BigTab1e 中查询相应的 value。

下面对行关键字(Row)、列关键字(Column)和时间戳(Timestamp)进行简要介绍。

1)**行关键字**(Row)

表中的行可以是任意长度的字符串(目前最多支持 64 KB,多数情况下 10 ~ 100 个字节就足够了)。在同一行下的每一个读写操作都是原子操作(不管读写这一行里有多少个不同列),这使在对同一行进行并发操作时,用户对于系统行为更容易理解和掌控。

BigTab1e 通过行关键字在字典中的顺序来维护数据。一张表可以动态划分成多个连续"子表"(tablet)。这些"子表"由一些连续行组成,它是数据分布和负载均衡的单位。这使读取较少的连续行比较有效率,通常只需要少量机器之间的通信即可。用户可以利用这个属性来选择行关键字,从而达到较好的数据访问"局部性"。举例来说,在 webtable 中,通过反转 URL 中主机名的方式,可以把同一个域名下的网页组织成连续行。具体而言,可以把

站点 maps. google. com/index. html 中的数据存放在关键字 com. google. maps/index. html 所对应的数据中。这种存放方式可以让基于主机和基于域名的分析更加有效。

2) **列关键字**(Column)

一组列关键字组成了“列族”(column famliy),这是访问控制的基本单位。同一列族下存放的所有数据通常都是同一类型的。“列族”必须先创建,然后才能在其中的“列关键字”下存放数据。“列族”创建后,其中任何一个“列关键字”都可使用。

“列关键字”用如下语法命名:“列族”名必须是看得懂的字符串,而限定词可以是任意字符串。比如,webtable 可以有个“列族”,叫 language,存放撰写网页的语言。在 language“列族”中只用一个“列关键字”来存放网页的语言标识符。该表的另一个有用的“列族”是 anchor。“列族”每一个“列关键字”代表一个锚链接,访问控制、磁盘使用统计和内存使用统计,均可在“列族”这个层面进行。在图 7-9 的例子中,可以使用这些功能来管理不同应用:有的应用添加新的基本数据,有的读取基本数据并创建引申的“列族”,有的则只能浏览数据(甚至可能因为隐私权的原因不能浏览所有数据)。

3) **时间戳**(Timestamp)

BigTable 表中的每一个表项都可以包含同一数据的多个版本,由时间戳来索引。BigTable 的时间戳是 64 位整型,表示准确到毫秒的“实时”。需要避免冲突的应用程序必须自己产生具有唯一性的时间戳。不同版本的表项内容按时间戳倒序排列,即最新的排在前面。在图 7-9 中,“contents:”列存放一个网页被抓取的时间戳。

### 7.3.2 Dynamo

Dynamo 是 Amazon 提供的一款高可用的分布式 Key-Value 存储系统,其最大特点是去中心化。整个 Dynamo 存储平台由多个物理异构的机器组成(可以是廉价的普通机器),每台机器角色一样,可以随意添加或去除,并且不需要太多人为的干预。每台机器存放一部分数据,这些数据的备份同步完全由系统自己完成,单台机器故障甚至一个数据中心的断电故障都不会影响系统的可用性。因此,Dynamo 是一个具有高可用性和高扩展性的分布式数据存储系统。

作为一类分布式系统的典型代表,Dynamo 所使用的众多关键技术也给其带来一系列的优势,具体参看表 7-5。

**表 7-5 Dynamo 使用的技术和优势**

| 问题 | 技术 | 优势 |
| --- | --- | --- |
| 数据分区 | 一致性哈希 | 增量可伸缩性 |
| 数据冲突处理 | 向量时钟(Vector Clocks) | 版本与更新速度无关 |
| 临时故障处理 | 数据回传机制 | 当一些副本不可用时,可以提供高可用性和持久性 |

续表

| 问题 | 技术 | 优势 |
| --- | --- | --- |
| 永久故障恢复 | Merkle 哈希树 | 后台副本恢复 |
| 成员资格及错误检测 | 基于 Gossip 的成员资格和错误检测协议 | 避免用中心节点管理节点成员关系 |

1)数据分区

为了达到增量可伸缩性的目的,Dynamo 采用一致性哈希(Consistent Hashing)来完成数据分区,将数据分布到多个存储节点中。概括来说,就是给系统中的每个节点分配一个随机 token,这些 token 构成一个哈希环(图 7-10)。执行数据存放操作时,先计算主键 Key 的哈希值①,然后存放到顺时针方向的第一个大于或者等于该哈希值的 token 所在的节点。

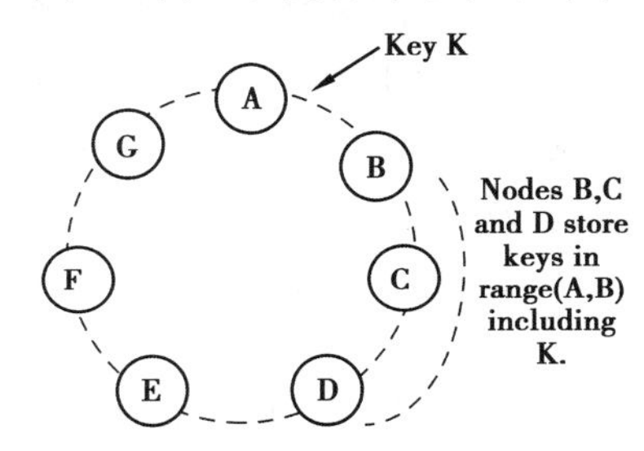


图 7-10　Dynamo 的分区与 Key 复制

一致性哈希最大的优点在于节点的扩容/缩容(加入/删除)只影响其直接的邻居节点,而对其他节点没有影响。这样看似很完美,但其实还存在两个问题:节点数据分布不均匀以及无视节点性能的异质性。为了解决这两个问题,Dynamo 对一致性哈希进行了改进:每个物理节点根据其性能的差异分配多个 token,每个 token 对应一个虚拟节点,每个虚拟节点的处理能力基本相当,并随机分布在哈希空间中。存储时,数据按照哈希值落到某个虚拟节点负责的区域,然后被存储到该虚拟节点所对应的物理节点。

2)数据复制

每个数据对象有 N 个副本,分别存放在 N 个不同的节点上面(N 的建议值为 3)。某个数据对象在地址环上顺时针找到 N 个不同的节点,这 N 个节点被称为这个数据的首选节点列表(Preference List)。如图 7-10 所示,Key 为 K 的数据对象,它的首选节点列表为节点 B、C、D。

Dynamo 保证最终一致性而非强一致性。主要思路是对于一个写操作,系统将这个写请求发给所有 N 个副本,只要 W 个写请求返回成功,就认为写成功;对于一个读操作,系统将这个读请求发给 N 个副本,只要 R 个请求返回成功,就认为读成功。为了保证最终一致性,必须保证 $R + W > N$。可以简单理解为读操作至少能读到一个最新的数据副本。不同的应

① Hash 算法是指使用 MD5 消息摘要算法对 Key 进行 Hash 以产生一个 128 位的标示符,以此来确定 Key 的存储节点。

用可以根据自己的需求设置不同的 R、W、N。因为读写操作的延迟取决于 R( or W) 个副本中最慢的一个,所以通常将 R 和 W 设置为小于 N 的数来达到提高性能的效果。R、W、N 是 Dynamo 的一个亮点。

**3) 数据版本和冲突处理**

由前文可知,一个写操作只要成功写了 W 个副本就被认为写成功,且通常 W < N,所以接下来的读操作可能读到没有及时更新的数据,也可能由于网络问题,有些节点上的节点根本就没有收到写请求,这个时候读操作会读到几个版本不同的数据副本。通常来说,系统能区分数据的新版本和老版本并自动地合并它们,但是节点失效时的写操作可能会造成多个版本分支,即版本冲突。这种冲突只有应用层才能解决。总的来说,Dynamo 保证所有的写操作都写到了某 W 个副本,应用层负责版本冲突的合并。

Dynamo 用向量时钟( Vector Clocks) 来确定数据版本。向量时钟实际上就是一个列表,列表的每个节点是一个对( node, counter)。其中,node 是发送写请求的节点,即首选节点列表的第一个节点;counter 代表写操作的时间,即 clocks。数据版本之间的关系要么是因果关系,要么是平行关系,关系判断依赖于 counter 值大小。如果数据对象的一个版本中的所有向量时钟的 counter 值都小于或等于另一个版本中的,则是因果关系,那么因是果的祖先,可以认为是旧版数据而直接忽略;否则是平行关系,那么就认为数据版本产生了冲突,需要协调并合并。

图 7-11 是一个向量时钟应用的例子,D1 是 D2 的祖先,D3 和 D4 是两个分支版本,形成版本冲突,在下次写操作时,应用层将它们合并。目前 Amazon 的购物车应用采用了这种合并方式。

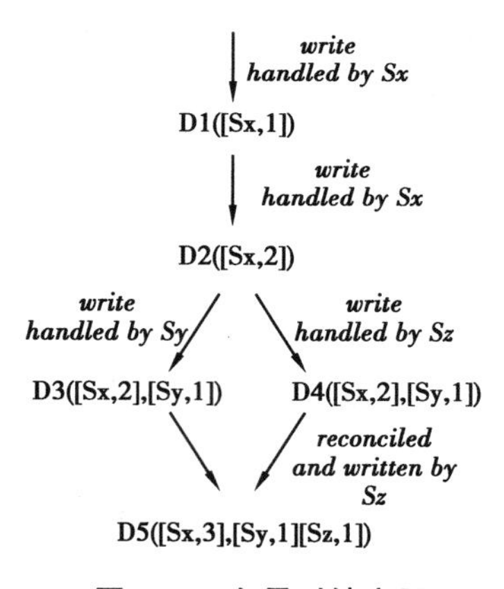


**图 7-11　向量时钟应用**

**4) 故障容错**

Dynamo 把故障分为两种类型:临时故障和永久故障。有一些故障是临时性的,比如偶然性的宕机、网络不通;其他故障,如硬盘保修或机器报废,由于其持续时间太长,称为永久性的。针对这两种故障类型,其容错机制如下:

(1) 临时故障处理

为了保证每次都能写到 W 个副本,读到 R 个副本,每次读和写都是发送给 N 个节点。

如果这N个节点有节点失效,那么往后继续找一个不同的节点,暂时代替失效的节点。例如N=3,某个数据的首选节点列表是节点A、B、C。这时A节点失效,那么对于该数据的写请求将发送到节点B、C、D上。D暂时取代了A的角色,那些原本应该写到A上的数据存放在D中的一个特定的文件夹中,放在这个特定文件夹中意味着这些数据不是D本该拥有的,而是别的节点的。D上会启动一个线程,定期检查A的状态,当发现A恢复后,就将D上存放的那些A上的数据写回到A。这个技术被称为Hinted Handoff(数据回传)。这种策略,保证了节点失效时系统的高可用性和数据持久性。

(2)永久故障恢复

在节点永久故障时,需要进行副本同步。为了快速检测副本间的差异并最小化数据传输量,Dynamo使用Merkle哈希树技术,每个虚拟节点保存三棵Merkle树,即每个键值区间建立一个Merkle树。Dynamo中Merkle哈希树的叶子节点是存储每个数据分区内所有数据对应的哈希值,父节点是其所有子节点的哈希值。图7-12是两棵不同的Merkle哈希树A和B。

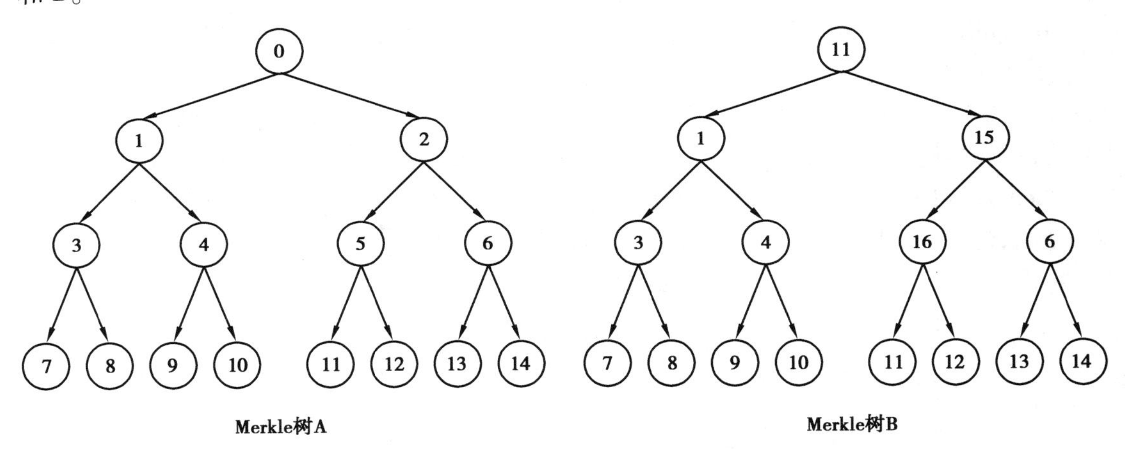


图7-12 Merkle哈希树

系统比较两棵同一键值区的Merkle哈希树时,首先查看根节点,如果相同则说明数据一致,不需要进行数据同步,否则需要继续比较,直到出现哈希值不同的叶子节点为止,快速定位差异。例如,图7-12中A和B的根节点不同,说明需要进行数据同步。紧接着比较A和B的子节点,发现右子树的根节点2≠15,继续比较右子树根节点的子节点,按同样的步骤一直进行下去,发现需要同步的数据位置。Merkle树最大特点是只要比较某个子树就可以完成数据同步检测和定位,进而进行同步,大大减少了同步过程中所需传输数据量,提高了系统效率。

**5)成员资格及错误检测**

(1)成员资格

Dynamo中的每个节点就是Dynamo的一个成员,Amazon为了使系统间数据的转发更加迅速(减少数据传送时延、增加响应速度),规定每个成员节点都要保存其他节点的路由信息。由机器或人为的因素,系统中成员的加入或撤离时常发生。为了保证每个节点保存的都是 Dynamo 中最新的成员信息,Dynamo 使用一个基于 Gossip 的协议传播成员变动,每个节点每间隔一秒随机选择另一个节点,两个节点协调它们保存的成员变动历史。

(2)错误检测

在节点之间交换信息的过程中,如果节点失效,则会产生无效的传送信息,加重系统的传输负担,因此引入错误检测机制是很有必要的。Dynamo 采用的错误检测机制非常简单、实用,一旦发现对方没有回应,就认为该节点失效,立刻选择别的节点进行通信。同时定期向失效节点发出消息,如果对方有回应则可以重新建立通信。去中心化的故障检测协议使用简单的 Gossip 式协议,使系统中的每个节点可以了解其他节点到达或离开。

### 7.3.3 MongoDB

MongoDB 是一个基于文档(而非表)的存储的数据库,由 C++语言编写,主要解决的是海量数据的访问效率问题,为 Web 应用提供可扩展的高性能数据存储解决方案。当数据量达到 50 GB 以上的时候,MongoDB 的数据库访问速度是 MySQL 的 10 倍以上。

MongoDB 是一个介于关系数据库和非关系数据库之间的产品,是非关系数据库中功能最丰富、最像关系数据库的。MongoDB 的数据模型对于开发者十分友好。作为面向文档的数据库,它将关系数据库中“行”的概念换成更加灵活的“文档”模型。这种独特的数据存储结构可以将文档或者数组内嵌进来,所以用一条记录就可以表示非常复杂的层次关系。

MongoDB 提出的是文档、集合的概念。MongoDB 中多个文档组成集合,同样多个集合可以组成数据库。文档、集合、数据库的层次结构如图 7-13 所示。

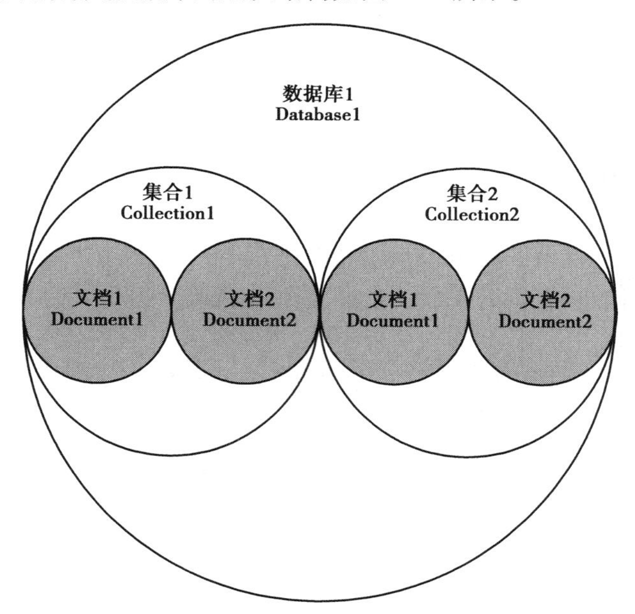


图 7-13　MongoDB 数据库层次结构

**1)文档**

文档是 MongoDB 的核心概念。文档就是键值对的有序集,其中键是一个字符串(除了少数例外），值可以是任意的类型，包括数组和文档。每种编程语言表示文档的方法不一样，但是大多数编程语言都有相通的一种数据结构，比如映射、散列或字典。下面是以 JavaScript 语言表现的一份文档：

```
{
    "greeting" : "Hello, world!" ,//字符串
}
```

其中，键是 greeting，值为 hello world。

文档中的键/值对必须是有序的。下面两个就是不同的键值对：

```
{
    "greeting" : "Hello, world!" ,//字符串
    "foo" : "2" //整型
}

//另外的一个键值对
{
    "foo" : "2" ,
    "greeting" : "Hello, world!"
}
```

此外，MongoDB 不但区分类型，也区分大小写；MongoDB 的文档中不能有重复的键。

**2）集合**

集合就是一组文档。如果说 MongoDB 中的文档类似于关系型数据库中的行，那么集合就如同表。但集合是无模式的，这意味着一个集合里面的文档可以是各式各样的。

**3）数据库**

数据库是一个集合的物理容器。一个 MongoDB 实例可以承载多个数据库，它们之间可视为完全独立的。每个数据库都有独立的权限控制，即便是在磁盘上，不同的数据库也放置在不同的文件中。将一个应用的所有数据都存储在同一个数据库中的做法就很好。要想在同一个 MongoDB 服务器上存放多个应用或者用户的数据，就要使用不同的数据库了。

MongoDB 为了对数据库的管理工作进行简化，采用服务器自治的方式来实现。在管理操作上，仅仅有一个会在开始的时候启动服务器的操作。在主服务器出现问题的情况下，MongoDB 会启动备份的服务器来完成主服务器的工作，这些都是在 MongoDB 内部机制下自动完成的，同时，会将备份服务器升为当前服务支持服务器。分布式环境下，集群服务器①在知道有新增节点的情况下，就会自动配置新的节点。MongoDB 服务集群由以下 3 个服务器组成：

- Shards Server：数据存储服务器，存储了地理空间信息的分片数据。在分片下可以有一个或者多个 Mongod 服务（Mongod 是 MongoDB 数据的核心进程）。
- Config Server：用于存储集群的元数据信息，包含了存储的分片和块的信息。
- Route Server：路由服务器，负责数据在有 Client 访问时候的路由分发机制。

MongoDB 的特点是高性能、易部署、易使用，存储数据非常方便，其主要功能特性包括：

① 集群服务器是指很多台服务器把它们集中在一起来进行同一种服务。集群服务器也可以由很多个的计算机并行去计算，这样可以获得非常高的计算速度，提升服务器整体的工作效率。

①面向集合存储,易存储对象类型的数据。"面向集合"(Collenction-Orented),意思是数据被分组存储在数据集中,被称为一个集合(Collenction)。每个集合在数据库中都有一个唯一的标识名,并且可以包含无限数目的文档。集合的概念类似于关系型数据库(RDBMS)里的表(Table),不同的是它不需要定义任何模式(Schema)。

②模式自由。模式自由(Schema-free),意味着对于存储在 MongoDB 数据库中的文件,用户不需要知道它的任何结构定义。如果需要的话,完全可以把不同结构的文件存储在同一个数据库里。

③支持查询。MongoDB 保留了关系型数据库即时查询的能力,保留了索引(底层是基于 B + Tree)的能力。这一点汲取了关系型数据库的优点,同类型的 NoSQL redis 并没有上述的能力。

④支持动态查询。MongoDB 支持丰富的查询表达式。查询指令使用 JSON 形式的标记,可轻易查询文档中内嵌的对象及数组。

⑤支持完全索引,包含内部对象。通过 MongoDB 的查询优化器自动地分析查询表达式,生成一种高效、快捷的查询策略。

⑥支持复制和故障恢复。Mongo 数据库支持服务器之间的数据复制,支持主-从模式及服务器之间的相互复制。复制的主要目标是提供冗余及自动故障转移。

⑦使用高效的二进制数据存储,包括大型对象(如视频等)。传统的二进制存储方式为其提供了高效的数据存取效率。

⑧自动处理碎片,以支持云计算层次的扩展性。自动分片功能支持水平的数据库集群,可动态添加额外的机器,便于云计算层面的扩展性。

⑨支持 Python,PHP,Ruby,Java,C++等多种语言。支持 Python,PHP,Ruby,Java,C,C#,Javascript,Perl 及 C++语言的驱动程序,社区中也提供了对 Erlang 及. NET 等平台的驱动程序。

⑩文件存储格式为 BSON(一种 JSON 的扩展)。BSON(Binary Serialized document Format)存储形式是指存储在集合中的文档被存储为键值对的形式。

⑪可通过网络访问。MongoDB 服务端可运行在 Linux、Windows 或 OS X 平台,支持 32 位和 64 位应用,默认端口为 27017。推荐运行在 64 位平台,因为 MongoDB 在 32 位模式运行时支持的最大文件尺寸为 2 GB。MongoDB 把数据存储在文件中(默认路径为:/data/db),为提高效率使用内存映射文件进行管理。

作为 NoSQL 数据库中的领导者,MongoDB 得益于其自由灵活的文档模型,也被越来越多的相关领域的企业投入实际的生产环境里,成为创业团队的首选数据库,创造了许多互联网、移动应用。

MongoDB 的主要适用场景如下:

①网站实时数据处理。它非常适合实时的插入、更新与查询,并具备网站实时数据存储所需的复制及高度伸缩性。

②缓存。由于性能很高,它适合作为信息基础设施的缓存层。在系统重启之后,由它搭

建的持久化缓存层可以避免下层的数据源过载。

③高伸缩性的场景。它非常适合由数十或数百台服务器组成的数据库。

④大尺寸、低价值的数据。使用传统的关系数据库存储一些数据时可能会比较贵，在此之前，很多程序员往往会选择传统的文件进行存储。

⑤用于对象及 JSON 数据的存储。MongoDB 的 BSON 数据格式非常适合文档格式化的存储及查询。

## 本章小结

各类型网站蓬勃发展，NoSQL 应运而生。本章首先对 NoSQL 进行介绍，包括 NoSQL 的产生、含义以及特征，并从与传统数据库比较的角度帮助读者理解；接着介绍了四类主流 NoSQL 数据库的基本工作方式、优缺点、应用场景和主要产品；最后介绍了三种典型的 NoSQL 数据库系统，即 BigTable、Dynamo、MongoDB。

### 扩展阅读

#### 2018 中国企业 CIO 最关注的云数据管理问题

数字经济时代，数据已经成为企业的核心资产和核心竞争力。企业若能做好数据管理，充分挖掘数据价值，实现以数据驱动的数字化转型，就能在新生态、新竞争中更胜一筹。

过去，数据多集中在本地，而未来的数据都在云端。思科最新报告显示，到 2021 年，全球 95% 的数据流量将来自云端。因此，企业在数字化转型过程中就绕不开云数据管理，那么，云数据管理方面所面临的痛点是什么？该如何解决？

2018 年初，全球企业级云数据管理领导者 Informatica 联合国内领先的企业级专家服务平台锦囊专家，共同开展了《2018 中国企业 CIO 最关注的云数据管理问题》调研项目，通过调研分析收集到 CIO 们在云数据管理领域最关注的问题，并通过对这些问题的解读，为企业数字化转型和云数据管理提供决策参考。

此次调研主要在北京、上海、广州、深圳等多个城市及其辐射区域展开，涵盖了制造、零售、金融、医疗、电信、交通物流等多个行业，共有 700 余位 CIO 参与。

随着越来越多的企业开始向云上迁移，云中数据高效、安全地存储、保护、调度、管理成了当务之急。Informatica 的调查显示，企业在向云端扩展时，主要面临以下三方面的数据管理困扰，按重要性排序，依次为数据安全与政策合规（69.8%）、混合架构带来的复杂性（60.5%）、节约部署成本却增加了集成难度（50%）。

调查研究显示，企业用户希望通过云数据管理实现“提效（80.2%）、节支（52.3%）、增收（50%）”的业务目标，而为了达到这一目标，就必须迈过以下几道坎，即企业在数据应用时亟待解决的技术痛点，包括更难统一的数据标准（73.3%）、更复杂的数据接口（67.4%）

以及更难把握的数据安全(64%)。

同时,Informatica 通过调查还发现,当前超过一半的企业对于云数据管理还处于了解阶段,期望未来出现更恰当的契机时再付诸行动。这一调查结果也说明,目前云数据管理市场还是一个新兴市场,有待培育和开发,像 Informatica 这样的云数据管理专家重任在肩。

此外,调查显示了 CIO 们最关注的九大云数据管理问题,包括运行的稳定性(性能可靠性)、数据整合能力(统一性)、数据处理的效率(敏捷性)、数据操作的可视化能力(易用性)、数据存储的安全性、数据采集的可信性(准确性)、购买成本、部署的便捷性、方案的成熟性(比如是否有成功案例)。其中,在云数据管理方面最迫切需要解决的问题是,保证系统运行的稳定性(75.53%)、增强数据整合的能力(70.77%)、提升数据处理的效率(66.01%)。只有打赢这"三大战役",企业的云数据管理才算迈出了坚实的一步。

从上述调查结果可以看出,无论数据来自哪里、存储在哪里、应用在哪里,数据管理都是必须认真对待的一个关键问题。或许因为数据所处的地点不同,数据管理的复杂性、成本等可能会有变化,但是数据管理的核心思想不会变,那就是以更低的成本、更高效和灵活的方式对数据进行处理、调度、分析和应用,为企业决策提供支撑,为业务创新和发展提供动力和保障。

当前正处于数字经济时代变革最激烈的阶段,数据成了企业的战略资产和核心竞争力,释放数据潜能将成为未来商业实现颠覆性变革的重要因素。如果企业能够充分挖掘数据的价值,释放数据的潜能,深耕数据红利,就能在新的竞争中脱颖而出。

(资料来源:2018 企业 CIO 最关注的九大云数据管理问题)
(IDC 圈)

## 思考题

1. 简述 NoSQL 数据库的由来。
2. 关系型数据库和非关系型数据库的主要区别是什么?
3. 常见的 NoSQL 数据库有哪几类?它们的优缺点分别是什么?
4. 什么是 NoSQL 数据库?列举两种常见的 NoSQL 数据库及其特点。

# 第 8 章 云计算的安全技术

## 本章导读

近几年来,随着云计算的不断普及,安全问题的重要性呈现逐步上升趋势,并已成为制约其发展的重要因素。Google、Microsoft、Amazon 等公司的云计算服务均出现过重大故障。例如,2009 年 3 月,Google 发生大批用户文件外泄事件;2009 年 2 月和 7 月,Amazon 的简单存储服务(Simple Storage Service,S3)两次中断,导致依赖于网络单一存储服务的网站被迫瘫痪等。

不断爆出的各种安全事故导致用户的信息服务受到影响,进一步加剧了业界对云计算安全的担忧。因此,要让企业和组织大规模应用云计算技术与平台,放心地将自己的数据交付于云服务提供商管理,就必须全面地分析并着手研究云计算所涉及的安全技术。因此,本章将从传统网络安全内容出发,落脚于云计算所面临的安全挑战,介绍云计算的安全体系架构、关键技术以及解决方案等。

## 8.1　传统网络安全内容

在云计算之前,网络安全就是互联网时代一个潜在的巨大问题。随着网络的开放性、共享性及互联程度的扩大,网络的重要性和对社会的影响也越来越大。网络上各种新业务的兴起以及各种专用网(比如金融网等)的建设,使得安全问题显得越来越重要。因此,网络安全成为计算机和通信界的关注热点。

### 8.1.1　网络安全基本概念

20 世纪 40 年代,随着计算机的出现,计算机安全问题也随之产生。计算机在社会各个领域的广泛应用和迅速普及,使人类社会步入信息时代,以计算机为核心的安全、保密问题越来越突出。

20 世纪 70 年代以来,在应用和普及的基础上,以计算机网络为主体的信息处理系统迅

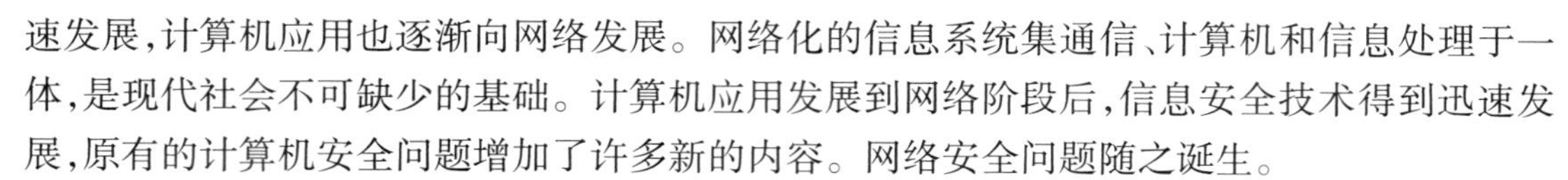

速发展,计算机应用也逐渐向网络发展。网络化的信息系统集通信、计算机和信息处理于一体,是现代社会不可缺少的基础。计算机应用发展到网络阶段后,信息安全技术得到迅速发展,原有的计算机安全问题增加了许多新的内容。网络安全问题随之诞生。

所谓网络安全,是指网络系统的硬件、软件及其系统中的数据受到保护,不因偶然或者恶意的原因而遭受到破坏、更改、泄露,系统连续可靠正常地运行,网络服务不中断。

从广义上说,网络安全包括网络硬件资源和信息资源的安全性。硬件资源包括通信线路、通信设备(交换机、路由器等)、主机等,要实现信息快速、安全地交换,一个可靠的物理网络是必不可少的。信息资源包括维持网络服务运行的系统软件和应用软件,以及在网络中存储和传输的用户信息数据等。

因此,同以前的计算机安全保密相比,计算机网络安全技术的问题要多得多,也复杂得多,涉及物理环境、硬件、软件、数据、传输、体系结构等各个方面。除了传统的安全保密理论、技术及单机的安全问题以外,计算机网络安全技术包括了计算机安全、通信安全、访问控制的安全,以及安全管理和法律制裁等诸多内容,并逐渐形成独立的学科体系。

计算机网络安全之所以重要,其主要原因在于:

①某些计算机存储和处理的是有关国家安全的政治、经济、军事、国防的情况及一些部门、机构、组织的机密信息或是个人的敏感信息、隐私,因此成为敌对势力、不法分子的攻击目标。

②随着计算机系统功能的日益完善和速度的不断提高,系统组成越来越复杂、系统规模越来越大,特别是 Internet 的迅速发展,存取控制、逻辑连接数量不断增加,软件规模空前膨胀,任何隐含的缺陷、失误都能带来巨大损失。

③人们对计算机系统的需求在不断扩大,这类需求在许多方面都是不可逆转、不可替代的。

④随着计算机系统的广泛应用,各类应用人员队伍迅速发展壮大,教育和培训却往往跟不上知识更新的需要,操作人员、编程人员和系统分析人员的失误和缺乏经验都会使得系统的安全功能不足。

⑤计算机网络安全问题涉及许多学科领域,既包括自然科学领域,又包括社会科学领域。就计算机系统的应用而言,安全技术涉及计算机技术、通信技术、存取控制技术、检验认证技术、容错技术、加密技术、防病毒技术、抗干扰技术、防泄漏技术等,因此是一个非常复杂的综合问题,并且其技术、方法和措施都要随着系统应用环境的变化而不断变化。

⑥从认识论的高度看,人们往往首先关注对系统的需要、功能,然后才被动地从现象注意系统应用的安全问题,因此广泛存在着重应用轻安全、质量法律意识淡薄、计算机应用素质不高的普遍现象。计算机系统的安全是相对不安全而言的,许多危险、隐患和攻击都是隐藏的、潜在的、难以明确却又广泛存在的。

同以前的计算机安全保密相比,网络安全也具有其显著的特征:

**1)保密性**

保密性是指信息不泄露给非授权的用户、实体或过程,或供其利用的特性。数据保密性

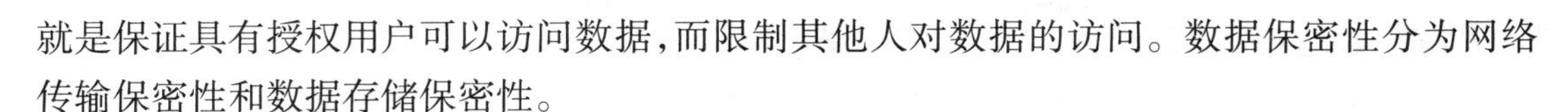

就是保证具有授权用户可以访问数据，而限制其他人对数据的访问。数据保密性分为网络传输保密性和数据存储保密性。

**2）完整性**

完整性是指数据未经授权不能进行改变的特性，即信息在存储或传输过程中保持不被修改、不被破坏和丢失的特性。数据完整性的目的就是保证计算机系统上的数据和信息处于一种完整和未受损害的状态，这就是说，数据不会因有意或无意的事件而被改变或丢失。数据完整性的丧失直接影响数据的可用性。

**3）可用性**

可用性是指被授权实体访问并按需求使用的特性，即当需要时能否存取和访问所需的信息。

**4）可控性**

可控性是指确保合法机构按所获授权能够对网络及其中的信息流动与行为进行监控的性能。

**5）抗抵赖性**

抗抵赖性又称不可否认性，是指确保接收到的信息不是假冒的，而发信方无法否认所发信息的性能。

### 8.1.2　网络安全漏洞与威胁

由于互联网络的发展，计算机网络在政治、经济和生活的各个领域正在迅速普及，全社会对网络的依赖程度也变得越来越高。但伴随着网络技术的发展和进步，网络信息安全问题已变得日益突出和重要。因此，了解网络面临的各种威胁，采取有力措施，防范和消除这些隐患，已成为保证网络信息安全的重点。

计算机网络所面临的威胁大体可分为两种：一是对网络中信息的威胁；二是对网络中设备的威胁。影响计算机网络的因素很多，有些因素可能是有意的，也可能是无意的；可能是人为的，也可能是非人为的；也有可能是外来黑客对网络系统资源的非法使用。

归纳起来，网络安全的主要潜在威胁有以下几方面：自然和人为灾害，系统物理的故障，人为的无意失误，人为的恶意攻击，网络软件的缺陷，计算机病毒，法规与管理不健全。

**1）自然和人为灾害**

自然灾害包括水灾、火灾、地震、雷击、台风及其他自然现象造成的灾害；人为灾害包括战争、纵火、盗窃设备及其他影响网络物理设备的行为等。以上这些情况虽然发生的概率很小，但也不容忽视。

**2）系统物理故障**

系统物理故障包括硬件故障、软件故障、网络故障和设备环境故障等。电子技术的发展使电子设备出故障的概率在几十年里一降再降，许多设备在它们的使用期内根本不会出错。

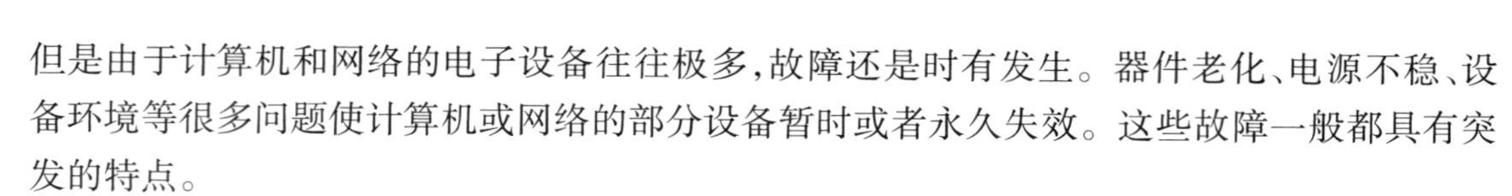

但是由于计算机和网络的电子设备往往极多,故障还是时有发生。器件老化、电源不稳、设备环境等很多问题使计算机或网络的部分设备暂时或者永久失效。这些故障一般都具有突发的特点。

解决电子设备故障的方法是及时更换老化的设备,保证设备工作的环境,不要把计算机和网络的安全与稳定联系在某一台或几台设备上。另外还可以采用较为智能的方案,例如现在智能网络的发展,能使网络上出故障的设备及时退出网络,其他设备或备份设备能及时弥补空缺,使用户感觉不到网络出现了问题。软件故障一般要寻求软件供应商来解决,或者更换、升级软件。

3)**人为的无意失误**

人为的无意失误包括程序设计错误、误操作、无意中损坏和无意中泄密等。如操作员安全配置不当造成的安全漏洞、用户安全意识不强、用户口令选择不慎、用户将自己的账号随意转借他人或与别人共享等都会对网络安全带来威胁。这些失误有的可以靠加强管理来解决,有的则无法预测,甚至永远无法避免。限制个人对网络和信息的权限,防止权力的滥用,采取适当的监督措施有助于部分解决人为无意失误的问题。出现失误之后及时发现、及时补救也能大大减少损失。

4)**人为的恶意攻击**

网络安全面临的最大问题就是人为的恶意攻击。人为的恶意攻击包括主动攻击、被动攻击。

被动攻击是指攻击者不影响网络和计算机系统的正常工作,从而窃听、截获正常的网络通信和系统服务过程,并对截获的数据信息进行分析,获得有用的数据,以达到其攻击目的。被动攻击的特点是难于发觉。一般来说,在网络和系统没有出现任何异常的情况下,没有人会关心发生过什么被动攻击。

主动攻击是指攻击者主动侵入网络和计算机系统,参与正常的网络通信和系统服务过程,并在其中发挥破坏作用,以达到其攻击目的。主动攻击的种类极多,新的主动攻击手段也在不断涌现。例如,身份假冒攻击,即攻击者冒充正常用户,欺骗网络和系统服务的提供者,从而获得非法权限和敏感数据的目的;身份窃取攻击,即取得用户的真正身份,以便为进一步攻击作准备;错误路由,即攻击者修改路由器中的路由表,将数据引到错误的网络或安全性较差的机器上来;重放攻击,即在监听到正常用户的一次有效操作后,将其记录下来,之后对这次操作进行重复,以期获得与正常用户同样的对待。

5)**网络软件的缺陷**

随着软件系统规模的不断增大,新的软件产品不断开发,系统中的安全漏洞或“后门”也不可避免地存在,比如人们常用的操作系统,无论是 Windows 还是 UNIX 几乎都存在或多或少的安全漏洞,众多的各类服务器、浏览器、一些桌面软件等都被发现存在着安全隐患。大家熟悉的一些病毒都是利用微软系统的漏洞给用户造成巨大损失,可以说任何一个软件系统都可能会因程序员的一个疏忽、设计中的一个缺陷等因素而存在漏洞,不可能完美无缺。

这也是网络安全的主要威胁之一。

6)计算机病毒

计算机病毒是一段能够进行自我复制的程序。计算机病毒攻击的手段出现得较早,其种类繁多,影响范围广。早期的病毒多是毁坏计算机内部数据,使计算机系统瘫痪,造成各种难以预料的后果。现在某些病毒已经与黑客程序结合起来,被黑客利用来窃取用户的敏感信息,危害更大。

7)法规与管理不健全

为了维护网络与信息系统的安全,单纯凭技术力量解决是不够的,还必须依靠政府和立法机构制定出完善的法律法规进行制约,给非法攻击者以威慑。只有全社会行动起来共同努力,才能从根本上治理高科技领域的犯罪行为,确保网络与信息的应用和发展。

在网络安全系统的法规和管理方面,我国起步较晚,目前还有很多不完善、不周全的地方,这给了某些不法分子可乘之机。但是政府和立法机构已经注意到了这个问题,立法工作正在迅速进行,而且打击力度是相当大的。各个公司、部门的管理者也逐步关心这个问题。随着安全意识的进一步提高,法规和管理不健全导致的安全威胁将逐渐减少。

### 8.1.3　网络安全体系结构

为了适应网络技术的发展,国际标准化组织 ISO 的计算机专业委员会根据开放系统互连参考模型(Open System Interconnect,OSI)制定了一个网络安全体系结构模型(图 8-1)。图中所示空间的三维分别代表安全机制、安全服务以及 OSI 网络结构层。这个三维模型从比较全面的角度来考虑网络与信息的安全问题。

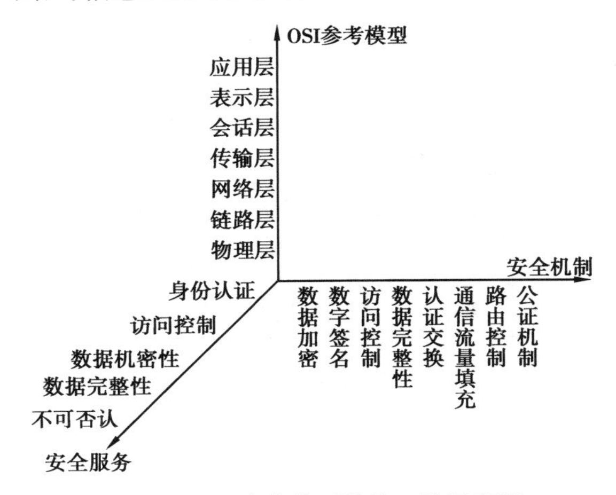


图 8-1　OSI 安全体系结构三维示意图

ISO 7498-2 开放系统互联安全体系结构标准规定了 OSI 安全体系结构的核心内容:以实现完备的网络安全功能为目标,描述五类安全服务,以及提供这些服务的八类安全机制和相应的 OSI 安全管理,并且尽可能地将上述安全服务配置于开放系统互联/参考模型(OSI/RM)七层结构的相应层。

针对网络系统受到的威胁,OSI 安全体系结构提出以下五类安全服务:

1)**身份认证服务**

身份认证服务也称为身份鉴别服务,这是一个向其他人证明身份的过程,这种服务可防止实体假冒或重放以前的连接,即伪造连接初始化攻击。身份认证是其他安全服务,如授权、访问控制和审计的前提,它对通信中的对等实体提供鉴别和数据源点鉴别两种服务。

2)**访问控制服务**

在网络安全中,访问控制是一种限制,控制那些通过通信连接对主机和应用系统进行访问的能力。访问控制服务的基本任务是防止非法用户进入系统及防止合法用户对系统资源的非法访问使用。访问控制和身份认证是紧密结合在一起的,在一个应用进程被授予权限访问资源之前,它必须首先通过身份认证。

3)**数据机密性服务**

数据机密性服务是指对数据提供安全保护,防止数据被未授权用户获知。

4)**数据完整性服务**

数据完整性服务通过验证或维护信息的一致性,防止非法实体对用户的主动攻击(对正在交换的数据进行修改、插入、使数据延时以及丢失数据等),确保收到的数据在传输过程中没有被修改、插入、删除、延迟等。

5)**不可否认服务**

不可否认服务主要是防止通信参与者事后否认参与。OSI 安全体系结构定义了两种不可否认服务:①发送的不可否认服务,即防止数据的发送者否认曾发送过数据;②接收的不可否认服务,即防止数据的接收者否认曾接收到数据。

以上所述 OSI 安全体系结构提供的五类安全服务,是配置在 OSI/RM 七层结构的相应层中来实现的。表 8-1 列举了 OSI 安全体系结构中安全服务按网络层次的配置。表中有符号"√"处,表示在该层能提供该项服务。

**表 8-1　OSI 安全体系结构中安全服务按网络层次的配置**

| 安全服务 | 网络层次 | | | | | | |
|---|---|---|---|---|---|---|---|
| | 物理层 | 链路层 | 网络层 | 传输层 | 会话层 | 表示层 | 应用层 |
| 身份认证 | | | √ | √ | | √ | √ |
| 访问控制 | | | √ | √ | | √ | √ |
| 数据机密性 | √ | √ | √ | √ | | √ | √ |
| 数据完整性 | | | √ | √ | | √ | |
| 不可否认性 | | | | | | √ | √ |

安全服务依赖于安全机制的支持。网络安全机制可分为两类:一类与安全服务有关,另一类与管理功能有关。按照 OSI 安全体系结构,为了提供上述五类安全服务,采用下列八类

安全机制来实现：

1）**数据加密机制**

加密机制（Encryption Mechanisms）指通过对数据进行编码来保证数据的机密性，以防数据在存储或传输过程中被窃取。

2）**数字签名机制**

数字签名机制（Digital Signature Mechanisms）指发信人用自己的私钥通过签名算法对原始数据进行数字签名运算，并将运算结果（即数字签名）一同发给收信人。收信人可以用发信人的公钥及收到的数字签名来校验收到的数据是否由发信人发出，是否被其他人修改过。数字签名是确保数据真实性的基本方法。

3）**访问控制机制**

访问控制机制（Access Control Mechanisms）是网络安全防护的核心策略，主要任务是按事先确定的规则决定主体对客体的访问是否合法，以保护网络系统资源不被非法访问和使用。

4）**数据完整性机制**

数据完整性机制（Data Integrity Mechanisms）是指通过数字加密（利用加密算法将明文转换为难以理解的密文和反过来将密文转换为可理解形式的明文），保证数据不被篡改。数据完整性用以阻止非法实体对交换数据的修改、插入、删除以及在数据交换过程中的数据丢失。

5）**认证交换机制**

认证交换机制（Authentication Mechanisms）是指通过信息交换来确保实体身份的机制，即通信的数据接收方能够确认数据发送方的真实身份，以及认证数据在传送过程中是否被篡改。主要有站点认证、报文认证、用户和进程的认证等方式。

6）**通信流量填充机制**

通信流量填充机制（Traffic Padding Mechanisms）是指由保密装置在无数据传输时，连续发出伪随机序列，使得非法攻击者不知哪些是有用数据、哪些是无用数据，从而挫败攻击者在线路上监听数据并对其进行数据流分析攻击。

7）**路由控制机制**

路由控制机制（Routing Control Mechanisms）用于引导发送者选择代价小且安全的特殊路径，保证数据由源节点出发，经最佳路由，安全到达目的节点。

8）**公证机制**

公证机制（Notarization Mechanisms）是指第三方（公证方）参与的签名机制，主要用来对通信的矛盾双方因事故和信用危机导致的责任纠纷进行公证仲裁。公证机制一般要通过设立公证机构（各方都信任的实体）来实现。公证机构有适用的数字签名、加密或完整性公证机制，当实体相互通信时，公证机构就使用这些机制进行公证。

安全机制是用来实现和提供安全服务的，但给定一种安全服务，往往需要多种安全机制联合发挥作用来提供；而某一种安全机制，往往又为提供多种安全服务所必需。表 8-2 指明了 OSI 安全体系结构中安全机制与安全服务的对应关系。表中有符号“√”处，表示该安全机制支持该安全服务。

表 8-2　OSI 安全体系结构中安全机制与安全服务的对应关系

| 安全服务 | 安全机制 | | | | | | | |
|---|---|---|---|---|---|---|---|---|
| | 数据加密 | 数据签名 | 访问控制 | 数据完整性 | 认证交换 | 信息流量填充 | 路由控制 | 公证机制 |
| 身份认证 | √ | √ | | | √ | | | √ |
| 访问控制 | | | √ | | | | | |
| 数据机密性 | √ | | | | | √ | √ | |
| 数据完整性 | √ | √ | | √ | | | | |
| 不可否认性 | | √ | | √ | | | | √ |

### 8.1.4　网络安全关键技术

网络所带来的诸多不安全因素使得网络使用者不得不采取相应的网络安全对策。为了堵塞安全漏洞和提供安全的通信服务，必须运用一定的技术来对网络进行安全建设。网络安全技术涉及的技术面非常广，主要的技术包括认证技术、防火墙技术、加密技术及入侵检测技术等，这些都是网络安全的重要防线。

**1）认证技术**

网络安全认证技术是网络安全技术的重要组成部分之一。认证指的是证实被认证对象是否属实和是否有效的一个过程。其基本思想是通过验证被认证对象的属性来达到确认被认证对象是否真实有效的目的。被认证对象的属性可以是口令、数字签名或者像指纹、声音、视网膜这样的生理特征。认证常常被用于通信双方相互确认身份，以保证通信的安全。认证技术一般可以分为两种：身份认证技术和消息认证技术。

（1）身份认证技术

身份认证技术是在计算机网络中确认操作者身份的过程而产生的有效解决方法。计算机网络世界中一切信息（包括用户的身份信息）都是用一组特定的数据来表示的，计算机只能识别用户的数字身份，所有对用户的授权也是针对用户数字身份的授权。如何保证以数字身份进行操作的操作者就是这个数字身份合法拥有者，即保证操作者的物理身份与数字身份相对应，这就要用到身份认证技术。作为防护网络资产的第一道关口，身份认证有着举足轻重的作用。目前，常用的身份认证方法包括基于口令的认证方法、双因素认证、一次口令机制、生物特征认证以及 USB Key 认证等。

(2)消息认证技术

消息认证技术用于保证信息的完整性和抗否认性。在很多情况下,用户要确认网上信息是不是假的,信息是否被第三方修改或伪造,这就需要消息认证。消息认证实际上是对消息本身产生一个冗余的信息——MAC(消息认证码),消息认证码是利用密钥对要认证的消息产生新的数据块并对数据块加密生成的。它对于要保护的信息来说是唯一的,因此可以有效地保护消息的完整性,以及实现发送方消息的不可抵赖和不能伪造。

消息认证技术可以防止数据的伪造和被篡改,以及证实消息来源的有效性,已广泛应用于信息网络。随着密码技术与计算机计算能力的提高,消息认证码的实现方法也在不断改进和更新之中,多种实现方式会为更安全的消息认证码提供保障。

**2)防火墙技术**

“防火墙”是一种形象的说法,其实它是计算机硬件和软件的组合,使互联网与内部网之间建立起一个安全网关(Security Gateway),保护内部网免受非法用户的侵入(图8-2)。

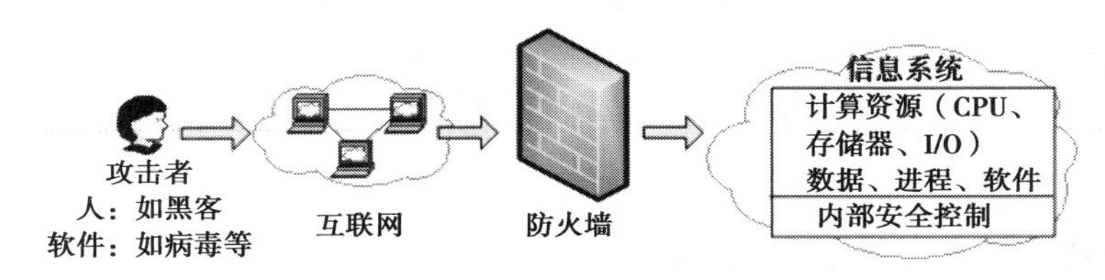


图8-2　防火墙的功能

防火墙是网络访问控制设备,用于拒绝除了明确允许通过之外的所有通信数据,不同于只会确定网络信息传输方向的简单路由器,而是在网络传输通过相关的访问站点时对其实施一整套访问策略的一个或一组系统。大多数防火墙都采用几种功能相结合的形式来保护自己的网络不受恶意传输的攻击,其中最流行的技术有静态分组过滤、动态分组过滤、状态过滤和代理服务器技术,它们的安全级别依次升高,但具体实践中既要考虑体系的性价比,又要考虑安全兼顾网络连接能力。此外,现今良好的防火墙还采用了VPN、检视和入侵检测技术。

防火墙的安全控制主要是基于IP地址的,难以为用户在防火墙内外提供一致的安全策略;而且防火墙只实现了粗粒度的访问控制,也不能与企业内部使用的其他安全机制(如访问控制)集成使用;另外,防火墙难于管理和配置,由多个系统(路由器、过滤器、代理服务器、网关、堡垒主机)组成的防火墙,管理上难免有所疏忽。

**3)数据加密技术**

与防火墙配合使用的安全技术还有数据加密技术。数据加密技术是为提高信息系统及数据的安全性和保密性,防止秘密数据被外部破析所采用的主要技术手段之一。按作用不同,数据加密技术主要分为数据传输、数据存储、数据完整性的鉴别以及密钥管理技术四种。

(1)数据传输加密技术

其目的是对传输中的数据流加密,常用的方法有线路加密和端-端加密两种。前者侧重在线路上而不考虑信源与信宿,是对保密信息通过各线路采用不同的加密密钥提供安全保

护。后者则指信息由发送者端自动加密,并进入 TCP/IP 数据包回封,然后作为不可阅读和不可识别的数据穿过互联网,当这些信息一旦到达目的地,被将自动重组、解密,成为可读数据。

(2)数据存储加密技术

其目的是防止在存储环节上的数据失密,可分为密文存储和存取控制两种。前者一般是通过加密算法转换、附加密码、加密模块等方法实现;后者则是对用户资格、格限加以审查和限制,防止非法用户存取数据或合法用户越权存取数据。

(3)数据完整性鉴别技术

其目的是对介入信息的传送、存取、处理的人的身份和相关数据内容进行验证,达到保密的要求,一般包括口令、密钥、身份、数据等项的鉴别,系统通过对比验证对象输入的特征值是否符合预先设定的参数,实现对数据的安全保护。

(4)密钥管理技术

为了数据使用的方便,数据加密在许多场合集中表现为密钥的应用,因此密钥往往是保密与窃密的主要对象。密钥的媒体有磁卡、磁带、磁盘、半导体存储器等。密钥的管理技术包括密钥的产生、分配保存、更换与销毁等各环节上的保密措施。

**4)入侵检测技术**

入侵检测技术是为保证计算机系统的安全而设计与配置的一种能够及时发现并报告系统中未授权或异常现象的技术,是一种用于检测计算机网络中违反安全策略行为的技术。在入侵检测系统中利用审计记录,入侵检测系统能够识别出任何不希望有的活动,从而限制这些活动,以保护系统的安全。校园网络采用入侵检测技术,最好采用混合入侵检测,即同时采用基于网络和基于主机的入侵检测系统,构架成一套完整立体的主动防御体系。

## 8.2 云计算的安全问题

近几年来,云计算在 IT 技术领域大放异彩,成为引领技术潮流的新技术。然而云计算的发展并不是一帆风顺,也面临着不少严峻问题,尤其是安全问题,安全问题已经严重影响了云计算的普及。云计算的到来,给传统的网络安全带来了新的挑战,在不同层面都要面临新的安全问题。那么,云时代面临的主要安全威胁有哪些呢?

### 8.2.1 云时代的主要安全威胁

2016 年,云计算安全联盟(Cloud Security Alliance,CSA)列出了云计算领域的十二大安全威胁[①]。

**1)数据泄露**

云环境其实面临着许多与传统企业网络相同的安全威胁,大量的数据存储在云服务器,

① 慧聪网,企业组织面临的 12 大云计算安全威胁。

使云服务供应商成为一个更具吸引力的攻击目标。个人财务信息、健康信息、商业秘密以及知识产权等敏感数据的泄露会带来巨大的破坏性。当发生数据泄露事故时,企业组织不仅可能被罚款甚至会面临诉讼或刑事指控,而且还会带来间接的恶性影响,如企业品牌损失和业务损失,甚至可能会影响企业组织多年的时间而无法翻身。

**2)凭据或身份验证遭到攻击或破坏**

数据泄露和其他攻击通常都是身份验证不严格、弱密码横行、密钥或凭证管理松散的结果。公司组织在试图根据用户角色分配恰当权限的时候,通常都会陷入身份管理的泥潭。更重要的是,他们有时候还会在用户工作职能改变或离职时忘了撤销该用户的权限。如一次性密码、手机认证和智能卡认证这样的多因素认证系统能够保护云服务,因为这些手段可以让攻击者很难利用其盗取的密码来登录企业系统。

**3)接口和 API 被黑客攻击**

基本上,现在每个云服务和云应用都提供 API(应用编程接口),IT 团队使用界面和 API 进行云服务管理和互动。从身份验证和访问控制到加密和行为监测,云服务的安全和可用性依赖于 API 的安全性。弱界面和有漏洞的 API 将使企业面临很多安全问题,机密性、完整性、可用性和可靠性都会受到考验。

**4)利用系统漏洞**

系统漏洞,或程序中可供利用的漏洞,已不是什么新鲜事物。但随着云计算中多租户的出现,这些漏洞的问题越发凸显。公司企业共享内存、数据库和其他资源,催生出了新的攻击方式。幸运的是,针对系统漏洞的攻击可以通过“基本的 IT 流程”来减轻。最佳实践方案包括定期漏洞扫描、及时补丁管理和紧跟系统威胁报告。

**5)账户劫持**

网络钓鱼、欺诈和软件漏洞仍然能够成功攻击企业,而云服务则增加了一个新的层面的威胁。因为攻击者可以利用云服务窃听用户活动、操纵交易、修改数据,也可以使用云应用程序发动其他攻击。

**6)企业内部的恶意人员**

企业内部的恶意人员可能来自现任或前任员工、系统管理员、承包商或商业伙伴等,其破坏的范围从窃取企业机密数据信息到报复行为,甚至包括员工的拙劣日常操作所带来的数据泄露,如管理员不小心把敏感客户数据库复制到可公开访问的服务器上等。在云环境下,一个来自企业内部的具有恶意的人员可能会摧毁企业组织的整个基础设施,或者操作篡改数据。

**7)APT 寄生虫**

CSA 将“寄生”形式的攻击恰当地称为高级持续性威胁(APT)。APT 通过网络进行典型的横向移动,以融入正常的数据传输流量,所以它们很难被检测到。主要的云服务提供商利用先进的技术来防止 APT 渗入他们的基础设施,但客户也必须像在内部系统里进行的一样,勤于检测云账户中的 APT 活动。

8)**永久性的数据丢失**

随着云服务的日趋成熟,由云服务供应商失误导致的永久性数据丢失已极其少见,但恶意黑客能够永久删除云端数据以对企业造成危害。同时,云数据中心跟其他任何设施一样对自然灾害无能为力。

9)**调查不足**

那些尚未充分理解云环境及其相关的风险就采用了云服务的企业组织可能会遭遇到“无数的商业、金融、技术、法律及合规风险”。尽职调查,能够分析一家企业组织是否迁移到云中或与另一家公司在云中合并(或工作)。没能仔细审查合同的公司,可能就不会注意到提供商在数据丢失或泄露时的责任条款。

10)**云服务滥用**

云服务可能被用于支持违法活动,如利用云计算资源破解密钥、发起分布式拒绝服务(DDoS)攻击、发送垃圾邮件和钓鱼邮件、托管恶意内容等。

11)DoS **攻击**

DoS 攻击已经存在多年了,由于云计算的兴起,它们所引发的问题再一次变得突出,因为它们往往会影响云服务的可用性,系统运行可能会变得缓慢。

12)**共享技术,共享危险**

共享技术中的漏洞给云计算带来了相当大的威胁。云服务供应商共享基础设施、平台和应用,一旦其中任何一个层级出现漏洞,每个用户都会受到影响。一个漏洞或错误配置,就能导致整个供应商的云环境遭到破坏。

### 8.2.2 云计算安全体系架构

现实中的各种云产品在服务模型、部署模型、资源物理位置、管理和所有者属性等方面呈现出不同的形态和消费模式,从而具有不同的安全风险特征和安全控制职责和范围。从服务模型的角度来看,CSA 提出了基于 3 种基本云服务的层次性及其依赖关系的安全参考模型,并实现了从云服务模型到安全控制模型的映射(图 8-3)。

在图 8-3 的模型中,云模型分为 IaaS、PaaS、SaaS 三层。IaaS 包括硬件底层设备、虚拟中间层和接口;PasS 包括中间层、可编程开发接口等;SaaS 包括程序、数据、应用平台等。安全控制模型中,需要针对物理硬件、计算和存储、可信计算的软硬件平台、计算机网络通信、信息处理以及应用程序做好应有的安全防范措施。针对特定的设施和具体的环节,可实施的安全防范措施在合规模型中被一一列出。

由此可见,CSA 是基于云计算的三种服务模式提出了一种云计算安全架构,然而 IaaS、PaaS、SaaS 三种模式具有一定的层次关系,服务模式不同,要解决的安全问题也不一样。

1)IaaS **层安全**

IaaS 即“基础设施即服务”,位于云服务的最底层,是云计算体系安全的基础,为上层云

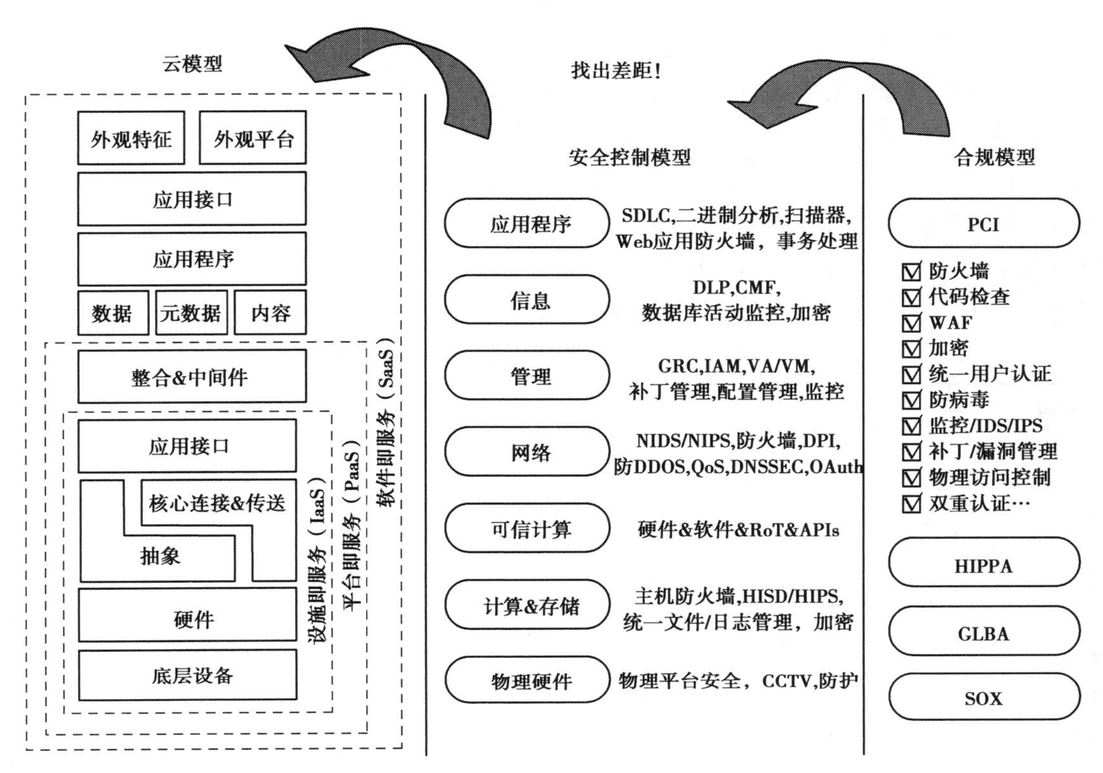


图 8-3　将云模型与安全控制和合规性进行映射

(来源:数字化企业网)

应用提供包括计算机网络基础设施、主机、网络设备、服务器等 IT 资源服务。IaaS 首先将硬件资源抽象起来,然后将这些硬件资源纳入整个基础设施的逻辑节点中,然后向用户提供一个可统一编程调用的应用程序接口 API,让用户通过应用程序对应用程序编程接口 API 进行调用,以完成物理设备的交互使用。在 IaaS 层中,主要关注的安全问题主要包括网络基础设施的物理安全、环境安全、主机安全、主要网络连接设备安全、系统的虚拟化安全等。IaaS 的服务提供商需要对 IaaS 环境提供一些基础的公共安全保障,服务商需要对用户的数据安全或应用安全提供一定程度的安全保证等。对于只提供 IaaS 服务的云计算服务来说,上层的平台安全和应用安全也应考虑进来。

2)PaaS **层安全**

PaaS 即“平台即服务”,主要提供一个可安全运行的平台以及可以和用户交互的编程接口。它是在 IaaS 基础上增加了一个可以用以开发的 API 层面,来完成将数据库、堆栈数据等集成在一起完成设备间信息传递和进程间通信的一个平台。PaaS 位于云服务的中间,自然起到承上启下的作用,既依靠 IaaS 平台提供的资源,同时又为上层 SaaS 提供应用平台。PaaS 面临的主要安全风险是分布式文件和数据库安全,用户接口和应用安全。在 PaaS 中,服务提供商负责平台自身的安全保护,而平台应用和应用开发的安全性则由用户负责。

3)SaaS 层安全

按照安全模型的层次来分,SaaS 位于最顶层。SaaS 层中主要是为用户提供应用程序的运行环境。在这个运行环境中,用户能够充分利用云服务所提供的资源和软件服务,体验到云服务便捷高效的服务乐趣,并可与他人进行充分的信息交流而不必关心应用程序的运行过程和底层硬件的工作原理。这一层次的安全问题主要表现为软件的应用环境安全,包括信息保密、数据加密方法、密钥管理机制、身份验证、安全审计、访问控制、安全事件处理、业务连续性等。在云计算的安全事件中,多数的安全事件都发生在 SaaS 层。

表 8-3　云安全参考模型中安全问题与对策

<table>
<tr><th>服务层</th><th>安全问题</th><th>对应措施</th></tr>
<tr><td rowspan="4">IaaS</td><td>物理安全</td><td rowspan="4">加强公共基础设施保护能力、服务商对云服务的基础设施包提供一定的质量保证</td></tr>
<tr><td>存储安全</td></tr>
<tr><td>网络安全</td></tr>
<tr><td>虚拟化安全</td></tr>
<tr><td rowspan="2">PaaS</td><td>接口安全</td><td>统一的用户编程接口</td></tr>
<tr><td>运行安全</td><td>加强硬件系统和软件系统运行的稳定性</td></tr>
<tr><td rowspan="5">SaaS</td><td>数据安全</td><td>加强人员管理和安全行为审计</td></tr>
<tr><td>密钥管理</td><td>先进的加密机制和严格的密钥管理体系</td></tr>
<tr><td>身份认证</td><td>访问控制策略</td></tr>
<tr><td>安全事件管理</td><td>安全跟踪技术和安全审计策略</td></tr>
<tr><td>业务连续性</td><td>链路负载均衡、自动灾难恢复机制</td></tr>
</table>

总的来说,三种模式中的安全问题具有向上包含关系。最低层次的 IaaS 服务模式基本包括 PaaS 和 SaaS 模式中的基本所有安全问题。具体三个层次对应的信息保护措施见表 8-3。

为更有效地保障云计算服务的安全性,除了上述提到的一些措施外,还应该结合云计算的特点,在数据的完整性、可用性和高可靠性方面进一步做好信息的安全保密工作,在网络身份认证、加密算法研究、入侵检测、VPN 远程安全接入、数据存储等方面加大研究和投入,构建全面的安全防范体系。

## 8.2.3　云计算安全关键技术

云计算是当前发展十分迅速的新兴产业,具有广阔的发展前景,同时其面临的安全技术挑战也是前所未有的。目前,云计算所涉及的安全技术包括用户身份管理与访问控制、网络

安全、数据安全、管理安全、虚拟化安全五个方面①。

**1）用户身份管理与访问控制**

身份管理和访问企业应用程序的控制仍然是当今 IT 行业面临的最大挑战之一。虽然企业可以在没有良好的身份和访问管理策略的前提下利用若干云计算服务，但从长远来看，延伸企业身份管理服务到云计算是实现按需计算服务战略的先导。对于认证云计算中的用户和服务，除了基于风险的认证方法外，还需要注意简单性和易用性。

（1）用户身份管理

用户身份管理就是要对用户的身份采用相应的技术进行管理，这样用户每次要求访问资源的时候都要进行认证，可以增强安全性。典型的身份认证技术如下：

- 口令认证

这是一种最为简单的认证技术。它的缺陷也很明显，一般情况下，用户所设计的口令都比较简单，容易被猜测。

- Kerberos 认证协议。

Kerberos 是基于可信赖第三方（Trusted Third Party，TTP）的认证协议。该协议实现集中的身份认证和密钥分配，通信保密性、完整性。但是该协议对时钟同步的要求挺高，并且它是针对对称密钥的设计，不适合大规模的应用环境。

- 公开密钥体系结构 PKI

PKI 技术采用证书管理公钥，通过第三方的可信任机构 CA 把用户的公钥和用户的其他标识信息（如名称、E-mail、身份证号等）捆绑在一起，在 Internet 网上验证用户的身份。

- 基于生物特征的身份认证

由于每个人具有唯一的生理特征，根据这些生理特征进行身份认证，典型的技术有指纹识别、虹膜识别、语音识别。

（2）访问控制

访问控制（Access Control）指系统对用户身份及其所属的预先定义的策略组限制其使用数据资源能力的手段。典型的访问控制技术如下：

- 自主访问控制

自主访问控制（Discretionary Access Control，DAC）是一种接入控制服务，通过执行基于系统实体身份及其到系统资源的接入授权，包括在文件、文件夹和共享资源中设置许可。用户有权对自身所创建的文件、数据表等访问对象进行访问，并可将其访问权授予其他用户或收回其访问权限。允许访问对象的属主制定针对该对象访问的控制策略，通常可通过访问控制列表来限定针对客体可执行的操作。

- 强制访问控制

强制访问控制（Mandatory Access Control，MAC）是系统强制主体服从访问控制策略，是由系统对用户所创建的对象，按照规定的规则控制用户权限及操作对象的访问。

---

① CSDN，云计算及其安全技术分析。

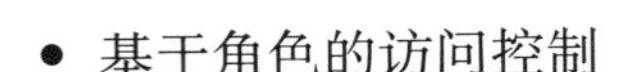

- 基于角色的访问控制

通过对角色的访问所进行的控制，是目前应用最为广泛的访问控制技术。它使权限与角色相关联，用户通过成为适当角色的成员而得到其角色的权限。它减小了授权管理的复杂性，降低管理开销，提高企业安全策略的灵活性。

2）**网络安全**

这里的网络安全技术是指在网络环境下识别和消除不安全因素的能力。云计算环境中存着在多种网络安全威胁问题，主要是拒绝服务攻击和中间人攻击两种攻击方式。正是因为存在这些网络问题，因此需要划分安全域①，保证网络安全。如今市场上主要有以下两种划分安全域的技术：

（1）利用 Hypervisor 实现安全域划分

以 VMware 为代表的虚拟化厂家，在 Hypervisor 层或主机服务器的特定虚拟机部署和执行 VLAN（Virtual Local Area Network，虚拟局域网）划分策略（图 8-4）。该模式用 VM 将每个安全域划分成几个模块，然后存在逻辑关系的模块寄宿在物理主机上面，通过虚拟交换控制模块进行监控保障安全。

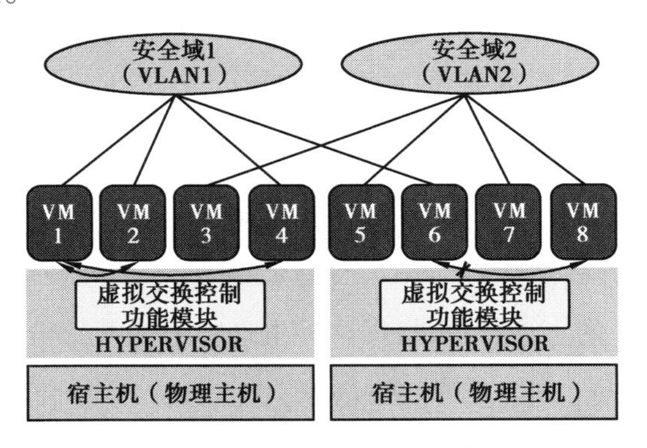


**图 8-4　利用 Hypervisor 实现安全域划分**

（2）借助物理交换机实现虚拟安全域划分

Cisco、HP 等交换机厂家将虚拟机的网络流量引出到传统网络设备（防火墙、交换机等），由物理交换机进行 VLAN 的划分（图 8-5）。

Cisco 利用 VN-TAG 标记来唯一标识虚拟机，物理交换机根据这一标识来区分不同的虚拟机流量，并进行虚拟机安全策略的配置、管理。HP 则通过修改“生成树协议”，并定义新的 VLAN 标记来标识虚拟机，进而使物理交换机通过这一标记实现对虚拟机的监控、管理。

3）**数据安全**

如云计算安全联盟白皮书所述，存储在云服务端的数据很可能被非可信的云计算服务提供商或非法用户窃取。因此，针对当前云计算中数据资源所面临的威胁，如何利用有效的

---

① 安全域是指同一环境内有相同的安全保护需求、相互信任并具有相同的安全访问控制盒边界控制策略的网络或系统。

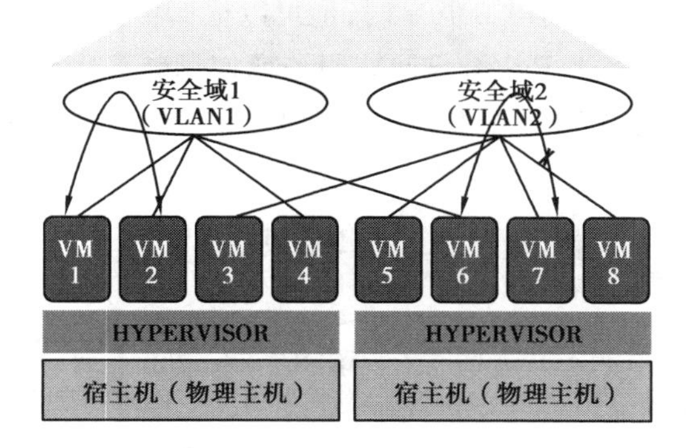


图 8-5　借助物理交换机实现虚拟安全域划分

安全加密机制来加强数据的安全性、防止数据泄露和加强隐私保护是云计算安全的一个关键问题。

（1）数据加密机制

相比于基于身份的加密体制，基于属性的加密体制从原理上较适合云计算环境下的针对多用户的数据共享问题，在很多应用场景下不再需要认证中心来管理和分发密钥，而且针对多访问用户，可以用他们的共有属性集来设计加密方案，实现了对用户解密密文的细粒度控制。

基于属性加密（Attribute based Encryption, ABE），又称模糊的基于身份的加密（Fuzzy Identity based Encryption），被看作最具前景的支持细粒度访问的加密原语。与以前的公钥加密方案，如 RSA 和基于身份的加密体制最大的不同点就是，ABE 实现了一对多的加解密。不需要像身份加密一样，每次加密都必须知道接收者的身份信息，在 ABE 中它把身份标识看作一系列属性。当用户拥有的属性超过加密者所描述的预设门槛时，用户是可以解密的。但这种基于预设门槛的方案不具有通用性，因为在语义上无法表述一个普遍通用的情景。

目前基于属性的加密主要分为两大类：密文策略的属性加密（Ciphertext CP-ABE, Policy Attribute based Encryption）和密钥策略的属性加密（KP-ABE, Key Policy Attribute based Encryption）。

（2）基于代理重加密

代理重加密是密文间的一种密钥转换机制。在代理重加密中，一个半可信[①]代理人通过代理授权人产生的转换密钥 Rk 把用授权人 Alice 的公钥 Pa 加密的密文转化为用被授权人 Bob 的公钥 Pb 加密的密文，在这个过程中，代理人得不到数据的明文信息，从而降低了数据泄露风险。而这两个密文所对应的明文是一样的，使 Alice 和 Bob 之间实现了数据共享。

① 半可信是指只需相信这个代理者 Proxy 一定会按方案来进行密文的转换。

在云计算中，云计算服务提供商作为代理人，用户 A 不能完全相信云计算服务提供商，因此将自己需要存储的数据在本地用自己的公钥 Pa 加密后再传送至云中存储，这样，云计算服务商就无法得到其数据的明文信息，而该数据只有用户 A 使用自己的私钥 Sa 才能解密。当用户 A 需要把该数据与用户 B 共享时，他可以根据自己的一些信息（如私钥）及用户 B 的公钥 Pb 计算一个转换密钥 Rk，由云计算服务商使用转换密钥 Rk，将针对用户 A 的密文重加密得到针对用户 B 的密文。这样，用户 B 可以很容易地从云中下载该密文数据，使用自己的私钥 Sb 即可解密，过程如图 8-6 所示。

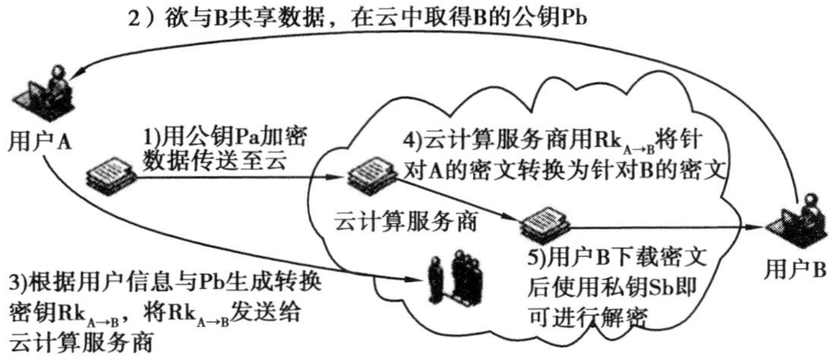

图 8-6　云计算中代理重加密的应用模式

这样，数据在云中的整个生命周期完全以密文形式存储，而云计算服务商也无法得知用户 A 和用户 B 的私钥，因此，云计算服务商无法获得数据明文。用户 A 无须对云计算服务商有很大程度的信任，就可以放心地将自己的数据存储在云中。

#### 4）管理安全

（1）安全管理模型

不同的云计算服务提供模式创建了不同的安全管理边界，以及由运营商和用户共享责任的安全管理模型。比如对 SaaS，主要由运营商担负安全管理责任；对 PaaS，由运营商和用户共同分担安全管理责任；对 IaaS，运营商仅负责网络、云平台等基础设备安全管理，而用户负责业务系统安全管理。面对不同的数据、应用、平台以及网络，用户和运营商各自承担的管理责任不同，从而得到更好的安全管理模型。

（2）安全管理标准

安全管理标准规定了安全管理边界的界定条件，运营商和用户联动方式等，从而实现云服务的可用性管理、漏洞管理、补丁管理、配置管理以及时间应急响应等。

#### 5）虚拟化安全

虚拟化技术是实现云计算的关键核心技术，使用虚拟化技术的云计算平台上的云架构提供者可以向其客户提供安全性和隔离保证。虚拟化技术是将各种计算及存储资源充分整合和高效利用的关键技术。虚拟化是为某些对象创造的虚拟化（相对于真实）版本，比如操作系统、计算机系统、存储设备和网络资源等。

（1）安全运行

虚拟化技术是表示计算机资源的抽象方法，通过虚拟化可以用与访问抽象前资源一致

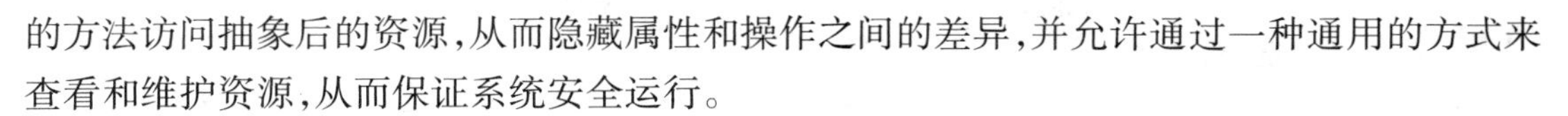

的方法访问抽象后的资源,从而隐藏属性和操作之间的差异,并允许通过一种通用的方式来查看和维护资源,从而保证系统安全运行。

(2)安全隔离

虚拟化技术将应用程序以及数据,在不同的层次以不同的面貌加以展现,从而使得不同层次的使用者、开发及维持人员,能够方便地使用开发及维护存储的数据、应用于计算和管理的程序。采用云存储数据隔离加固技术和虚拟机隔离加固技术,可以使数据和服务端分别隔离,确保安全。

(3)安全监控

基于虚拟化技术,可以进行安全监控。虚拟机管理器自身具有更小的可信基和更好的隔离性的优势,基于虚拟机的安全监控都是利用虚拟机管理器隔离和保护特定的安全工具。从安全监控实现技术的角度来看,基于虚拟化的安全监控可以分为两类:内部监控和外部监控。

### 8.2.4 云计算安全的解决方案

云计算安全研究目前还处于起步阶段,业界尚未形成相关标准。目前,主要的研究组织主要包括 CSA(Cloud Security Alliance,云安全联盟)、CAM(Common Assurance Metric-Beyond the Cloud)等相关论坛,而许多云服务提供商,如 Amazon、Google、Microsoft 等也纷纷提出并部署了相应的云计算安全解决方案,主要通过采用身份认证、安全审查、数据加密、系统冗余等技术及管理手段来提高云计算业务平台的健壮性、服务连续性和用户数据的安全性。

1)Microsoft

Microsoft 的云计算平台叫作 Windows Azure。在 Azure 上,Microsoft 通过采用强化底层安全技术性能、使用所提出的 Sydney 安全机制,以及在硬件层面上提升访问权限安全等系列技术措施为用户提供一个可信任的云,从私密性、数据删除、完整性、可用性和可靠性五个方面保证云安全。

(1)私密性

Windows Azure 通过身份和访问管理、SMAPI 身份验证、最少特权用户软件、内部控制通信量的 SSL 双向认证、证书和私有密钥管理、Windows Azure Storage 的访问控制机制保证用户数据的私密性。

(2)数据删除

Windows Azure 的所有存储操作,包括删除操作被设计成即时一致的。一个成功执行的删除操作将删除所有相关数据项的引用,使得它无法再通过存储 API 访问。之后所有被删除的数据项被垃圾回收。正如一般的计算机物理设备一样,物理二进制数据在相应的存储数据块为了存储其他数据而被重用的时候会被覆盖掉。

(3)完整性

Microsoft 的云操作系统以多种方式来提供这一保证。对客户数据的完整性保护的首要机制是通过 Fabric VM 设计本身提供的。每个 VM 被连接到三个本地虚拟硬盘驱动

(VHDs):D 驱动器包含了多个版本的 Guest OS 中的一个,保证了最新的相关补丁,并能由用户自己选择;E 驱动器包含了一个被 FC(Fabric Controller)创建的映像,该映像是基于用户提供的程序包的;C 驱动器包含了配置信息,分页文件和其他存储。另外,存储在读/写 C 驱动中的配置文件是另一个主要的完整性控制器。至于 Windows Azure 存储,完整性是通过使用简单的访问控制模型来实现的。每个存储账户有两个存储账户密钥来控制所有对在存储账户中数据的访问,因此对存储密钥的访问提供了完全的对相应数据的控制。Fabric 自身的完整性在从引导程序到操作中都被精心管理。

(4)可用性

Windows Azure 提供了大量的冗余级别来提升最大化的用户数据可用性。数据在 Windows Azure 中被复制备份到 Fabric 中的三个不同的节点来最小化硬件故障带来的影响。用户可以通过创建第二个存储账户来利用 Windows Azure 基础设施的地理分布特性达到热失效备援功能。

(5)可靠性

Windows Azure 通过记录和报告来让用户了解这一点。监视代理(MA)从包括 FC 和 Root OS 在内的许多地方获取监视和诊断日志信息并写到日志文件中,最终将这些信息的子集推送到一个预先配置好的 Windows Azure 存储账户中。此外,监视数据分析服务(MDS)是一个独立的服务,能够读取多种监视和诊断日志数据并总结信息,将其写到集成化日志中。

2)Google

在 2010 年,为使其安全措施、政策及涉及 Google 应用程序套件的技术更透明,Google 发布了一份白皮书,向当前和潜在的云计算用户保证强大而广泛的安全基础。此外,Google 在云计算平台上还创建了一个特殊门户,供使用应用程序的用户了解其隐私政策和安全问题。

目前,Google 的云计算平台上主要从三个部分着手保障云安全。

(1)人员保证

Google 雇用一个全天候的顶级信息安全团队,负责公司周围的防御系统并编写文件,实现 Google 的安全策略和标准。

(2)流程保证

作为安全代码开发过程,应用开发环境是严格控制并认真调整到最大的安全性能。外部的安全审计也有规则的实施来提供额外的保障。

(3)技术保证

为降低开发风险,每个 Google 服务器只根据定制安装必需的软件组件,而且在需要的时候,均匀的服务器架构能够实现全网的快速升级和配置改变。数据被复制到多个数据中心,以获得冗余的和一致的可用性。在安全上,实现可信云安全产品管理、可信云安全合作伙伴管理、云计算合作伙伴自管理、可信云安全的接入服务管理、可信云安全企业自管理。在可信云安全系统技术动态 IDC 解决方案中,采取面向服务的接口设计、虚拟化服务、系统监控服务、配置管理服务、数据保护服务等方法,实现按需服务、资源池、高可扩展性、弹性服务、自服务、自动化和虚拟化、便捷网络访问、服务可度量等特点。

3) Amazon

Amazon 是互联网上最大的在线零售商,但是同时也为独立开发人员以及开发商提供云计算服务平台。Amazon 是最早提供远程云计算平台服务的公司,他们的云计算平台称为弹性计算云(Elastic Compute Cloud,EC2)。Amazon 从主机系统的操作系统、虚拟实例操作系统/客户操作系统、防火墙以及 API 呼叫多个层次为 EC2 提供安全,目的就是防止 Amazon EC2 中的数据被未经认可的系统或用户拦截,并在不牺牲用户要求的配置灵活性的基础上提供最大限度的安全保障。EC2 系统主要包括以下组成部分:

(1)主机操作系统

具有进入管理面业务需要的管理员被要求使用多因子的认证以获得目标主机的接入。这些管理主机都被专门设计、建立、配置和加固,以保证云的管理面,所有的接入都被记录并审计。当一个员工不再具有这种进入管理面的业务需要时,对这些主机和相关系统的接入和优先权被取消。

(2)虚拟实例操作系统/客户操作系统

虚拟实例由用户完全控制,对账户、服务和应用具有完全的根访问和管理控制。AWS 对用户实例没有任何的接入权,并不能登录用户的操作系统。AWS 建议一个最佳实践的安全基本集,包括不再允许只用密码访问他们的主机,而是利用一些多因子认证获得访问他们的例子。另外,用户需要采用一个能登录每个用户平台的特权升级机制。例如,如果用户的操作系统是 Linux,在加固他们的实例后,他们应当采用基于认证的 SSHv2 来接入虚拟实例,不允许远程登录,使用命令行日志,并使用"sudo"进行特权升级。用户应生成他们的关键对,以保证他们独特性,不与其他用户或 AWS 共享。

(3)防火墙

Amazon EC2 提供了一个完整的防火墙解决方案。这个归本地的强制防火墙配置在一个默认的 deny-all 模式中,Amazon EC2 的顾客必须明确地打开允许对内通信的端口。通信可能受协议、服务端口以及附近的源设定接口的网络逻辑地址的限制。防火墙可以配置在组中,允许不同等级的实例有不同的规则。

(4)实例隔离

运行在相同物理机器上的不同实例通过 Xen 程序相互隔离。另外,AWS 防火墙位于管理层,在物理网络接口和实例虚拟接口之间。所有的包必须经过这个层,故一个实例附近的实例与网上的其他主机相比,没有任何多余的接入方式,并可认为他们在单独的物理主机上。物理 RAM 也使用相同的机制进行隔离。客户实例不能得到原始磁盘设备,但可提供虚拟磁盘。AWS 所有的圆盘虚拟化层自动复位用户使用的每个存储块,以便用户的数据不会无意地暴露给另一用户。AWS 还建议用户在虚拟圆盘之上使用一个加密的文件系统,以进一步保护用户数据。

4) 中国电信

作为拥有全球最大固话网络和中文信息网络的基础电信运营商,中国电信一直高度关

注云计算的发展。对于云安全,中国电信认为,云计算应用作为一项信息服务模式,其安全与 ASP(应用托管服务)等传统 IT 信息服务并无本质上的区别,只是云计算的应用模式及底层架构的特性,使得在具体安全技术及防护策略实现上会有所不同。为有效保障云计算应用的安全,需在采取基本的 IT 系统安全防护技术的基础上,结合云计算应用特点,进一步集成数据加密、VPN、身份认证、安全存储等综合安全技术手段,构建面向云计算应用的纵深安全防御体系,并重点解决如下问题:

①云计算底层技术架构安全,如虚拟化安全、分布式计算安全等。

②云计算基础设施安全,保障云计算系统稳定性及服务连续性。

③用户信息安全,保护用户信息的可用性、保密性和完整性。

④运营管理安全,加强运营管理,完善安全审计及溯源机制。

## 8.3 云安全与安全云

在研究云计算的安全技术时,经常会出现两个概念——"云安全"和"安全云"。这两个概念到底有什么区别?又分别包含了哪些内容?本节中将展开对它们的一一介绍。

### 8.3.1 云安全

"云安全(Cloud Security)"技术是网络时代信息安全的最新体现,融合了并行处理、网格计算、未知病毒行为判断等新兴技术和概念,通过网状的大量客户端对网络中软件行为的异常监测,获取互联网中木马、恶意程序的最新信息,推送到服务端进行自动分析和处理,再把病毒和木马的解决方案分发到每一个客户端。

云安全主要包含两个方面的含义。第一是云自身的安全保护,也称为云计算安全,包括云计算应用系统安全、云计算应用服务安全、云计算用户信息安全等,云计算安全是云计算技术健康可持续发展的基础。第二是使用云的形式提供和交付安全,也即云计算技术在安全领域的具体应用,也称为安全云计算,就是基于云计算的、通过采用云计算技术来提升安全系统的服务效能的安全解决方案,如基于云计算的防病毒技术、挂马检测技术等。

云安全为我们提供了足够广阔的视野,这些看似简单的内容,其中涵盖核心技术包括:

**1)Web 信誉服务**

借助全信誉数据库,云安全可以按照恶意软件行为分析所发现的网站页面、历史位置变化和可疑活动迹象等因素来指定信誉分数,从而追踪网页的可信度,然后将通过该技术继续扫描网站并防止用户访问被感染的网站。为了提高准确性、降低误报率,安全厂商还为网站的特定网页或链接指定了信誉分值,而不是对整个网站进行分类或拦截,因为通常合法网站只有一部分受到攻击,而信誉可以随时间而不断变化。

通过信誉分值的比对,就可以知道某个网站潜在的风险级别。当用户访问具有潜在风险的网站时,就可以及时获得系统提醒或阻止,从而帮助用户快速地确认目标网站的安全性。通过 Web 信誉服务,可以防范恶意程序源头。由于对零日攻击的防范是基于网站的可

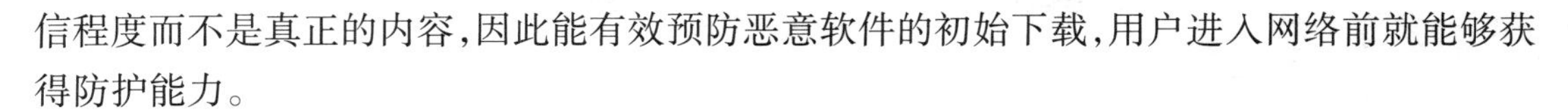

信程度而不是真正的内容，因此能有效预防恶意软件的初始下载，用户进入网络前就能够获得防护能力。

2）**电子邮件信誉服务**

电子邮件信誉服务按照已知垃圾邮件来源的信誉数据库检查 IP 地址，同时利用可以实时评估电子邮件发送者信誉的动态服务对 IP 地址进行验证。信誉评分通过对 IP 地址的“行为”“活动范围”以及以前的历史进行不断分析而加以细化。按照发送者的 IP 地址，恶意电子邮件在云中即被拦截，从而防止僵尸或僵尸网络等 Web 威胁到达网络或用户的计算机。

3）**文件信誉服务**

文件信誉服务技术，可以检查位于端点、服务器或网关处的每个文件的信誉。检查的依据包括已知的良性文件清单和已知的恶性文件清单，即现在所谓的防病毒特征码。高性能的内容分发网络和本地缓冲服务器将确保在检查过程中使延迟时间降到最低。由于恶意信息被保存在云中，因此可以立即到达网络中的所有用户。与占用端点空间的传统防病毒特征码文件下载相比，这种方法降低了端点内存和系统消耗。

4）**行为关联分析技术**

通过行为分析的“相关性技术”可以把威胁活动综合联系起来，确定其是否属于恶意行为。Web 威胁的单一活动似乎没有什么害处，但是如果同时进行多项活动，那么就可能会导致恶意结果。因此需要按照启发式观点来判断是否实际存在威胁，可以检查潜在威胁不同组件之间的相互关系。通过把威胁的不同部分关联起来并不断更新其威胁数据库，即能够实时做出响应，针对电子邮件和 Web 威胁提供及时、自动的保护。

5）**自动反馈机制**

云安全的另一个重要组件就是自动反馈机制，以双向更新流方式在威胁研究中心和技术人员之间实现不间断通信，通过检查单个客户的路由信誉来确定各种新型威胁。由于威胁资料将按照通信源的信誉而非具体的通信内容收集，因此不存在延迟的问题，而客户的个人或商业信息的私密性也得到了保护。

6）**威胁信息汇总**

安全公司综合应用各种技术和数据收集方式，包括蜜罐技术、网络爬行器、客户和合作伙伴内容提交、反馈回路，通过云安全中的恶意软件数据库、服务和支持中心对威胁数据进行分析。

7）**白名单技术**

作为一种核心技术，白名单与黑名单（病毒特征码技术实际上采用的是黑名单技术思路）并无多大区别，区别仅在于规模不同。现在的白名单主要被用于降低误报率，如黑名单中也许存在着实际上并无恶意的特征码。因此，防病毒特征数据库将会按照内部或商用白名单进行定期检查。

### 8.3.2 安全云

随着信息技术发展,近几年各种类型的云计算和云服务平台越来越多地出现在人们的视野中,比如邮件、搜索、地图、在线交易、社交网站等。但与此同时,这些“云”也开始成为黑客或各种恶意组织和个人为某种利益而攻击的目标。比如利用大规模僵尸网络进行的拒绝服务攻击(DDoS)、利用操作系统或者应用服务协议漏洞进行的漏洞攻击,或者针对存放在云中的用户隐私信息的恶意攻击、窃取、非法利用等,手段繁多。因此,云服务提供商纷纷推出基于云安全技术的各类“安全云”服务,为各种云计算平台、企业数据中心、应用服务系统提供全面保护。本节将以趋势科技为例,介绍其所提供的安全云服务。

作为网络安全软件及服务领域的全球领导者,趋势科技以卓越的前瞻和技术革新能力引领了从桌面防毒到网络服务器和网关防毒的潮流,以独特的服务理念向业界证明了趋势科技的前瞻性和领导地位。

目前,趋势科技主要从两个方面来对“云”进行保护。一方面,用“云的防护盾”技术来保护各种企业数据中心/应用系统或者云平台本身免受病毒、攻击、系统漏洞等威胁侵害;另一方面,通过“云中保险箱”技术来保护用户存放于云端的隐私和数据不被非法窃取和利用。

**1)云的防护盾**

这是指通过整合防火墙、入侵防护、应用服务保护、系统完整性保护、虚拟补丁、防恶意软件等重要功能,并和虚拟环境(VMware,Ctrix,Hyper-V 等)动态集成,从而全面地保护从单台物理服务器或虚拟服务器构成的简单系统,到企业的服务器集群、数据中心或者各种应用服务系统(如 Web、数据库、邮件服务器等),再到由多系统、多平台、多应用、物理虚拟混合环境所构成的各种云应用/云服务平台。

云的防护盾技术的核心优势主要体现在以下几个方面:

①混合平台统一管理,全面保护超过 22 种平台和环境,包括传统的操作系统(如 Windows,Unix,Linux 等),也包括各种虚拟环境,如 VMware、Hyper-V 等,全面地保护从物理机、虚拟机,到数据中心、云中心等各种环境,为企业 IT 建设的逐步发展的每一个阶段提供全面防护的同时,极大降低了由于为不同阶段采用不同防护管理措施而带来的高昂的管理成本。

②服务应用保护管理,通过智能的主动深度包过滤、系统完整性保护、入侵防护等技术保护超过 56 种服务和应用程序,如 Web、数据库、邮件服务器等服务程序,以及浏览器、各种媒体播放器、邮件客户端等应用程序,免受病毒、木马、僵尸网络、黑客攻击等各种威胁,为企业从各种内网应用到组成数据中心的各种服务系统提供立体、全面的保护。

③虚拟补丁技术,通过先进的网络层虚拟补丁技术从网络层去阻断和防范针对漏洞的攻击,为各种操作系统、服务系统和应用程序漏洞提供统一的先于补丁发布的即时防护,为企业防范各种由于没有相应补丁或者不能及时实施补丁而产生的安全风险,从而在使企业免受各种攻击和威胁危害的同时,有效降低补丁管理和实施的成本和风险。

④虚拟平台动态集成,通过和虚拟平台(如 VMware vSphere/VMsafe)的动态集成,可以

动态地感知虚拟平台中各虚拟环境的变化，如新增、休眠、迁移等，从而有效防范因为虚拟环境的变化而出现的防护空当和由于外围防护条件变化而产生的防护薄弱点。同时采用了优化的资源调度方法，有效避免了采用传统的防护方式给虚拟环境带来的资源过度占用的状况，从而最大限度地发挥出虚拟环境的投入产出比。

⑤便利的合规性管理平台，通过完善的整合，云的防护盾技术有机地将智能防火墙、入侵防护、主动深度包检测、系统完整性保护等功能整合在一起，配合趋势科技产品（如 Deep Security）中提供的灵活的策略管理以及丰富的日志和报表功能，可以方便地为客户实现各种合规性（Compliance）的管理。

2）云中保险箱

通过先进的趋势科技云中密钥管理机制，对企业存放于云端的数据进行加密保护，使得企业可以随时随地、安全地使用云平台存放或者交换数据。使用趋势科技云中保险箱服务的企业，将不会被任何云服务供应商所绑定，可以很自由地对数据进行迁移，不需要担心他们的数据在传输过程中被窃取，并拥有数据存取的唯一权限。

# 本章小结

虽然云计算服务与传统的 IT 网络服务有区别，但传统网络安全的各种威胁都适用于云计算。因此，本章首先介绍了传统网络安全所面临的漏洞与威胁，阐述了 OSI 安全体系结构以及网络安全所涉及的技术，主要包括认证技术、防火墙技术、加密技术及入侵检测技术等；在此基础上，重点介绍了云时代所面临的新挑战，即云计算领域的十二大安全威胁，并阐述了基于 3 种基本云服务的层次性及其依赖关系的安全参考模型以及云计算所涉及的安全技术，包括用户身份管理与访问控制、网络安全、数据安全、管理安全、虚拟化安全五个方面；最后，向读者区分了“云安全”和“安全云”两个概念，并介绍了相关技术。

## 扩展阅读

### 云计算落地医疗五大痛点，安全性首当其冲

从概念提出至今，云计算在历经 10 余年的发展后，正以一骑绝尘的速度进驻每一个垂直领域，引领行业的革新与发展。《中国“互联网 +”指数报告（2018）》显示，2017 年云计算在 2016 爆发的基础上保持高速增长，全年全国用云量指数达 146.04 点，比 2016 年的 102.44 点上升 43.60 点，同比增幅达 42.58%，云计算市场规模不断扩大。

即便在对业务连续性和信息安全要求极为严苛的医疗领域，云计算也没有缺席。据报道，当前已有高达 35.6% 的三级医院部署了云计算，二级医院已经部署云计算的占比也已达 21.7%，还有大部分医院表示未来两年会陆续部署云计算。从预约挂号到支付结算到医联体等，云计算已经逐步覆盖了医疗服务的全场景，发展态势一片大好。

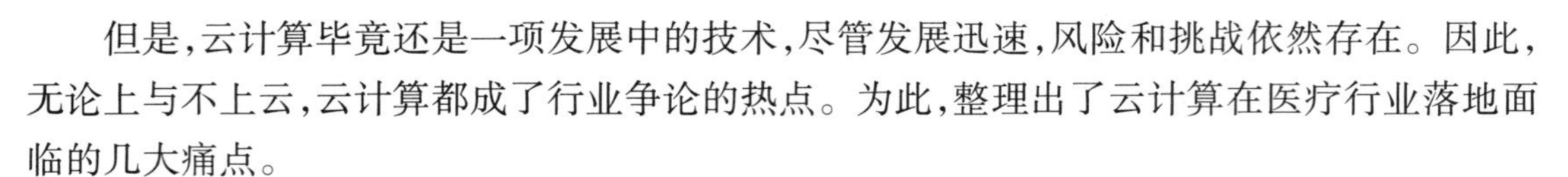

但是,云计算毕竟还是一项发展中的技术,尽管发展迅速,风险和挑战依然存在。因此,无论上与不上云,云计算都成了行业争论的热点。为此,整理出了云计算在医疗行业落地面临的几大痛点。

1. 安全性:运行稳定与数据安全

对于医院来说,其庞大的数据库涵盖了大量的患者身份信息、医疗记录等高私密、高价值数据,极易成为网络攻击的重点目标。同时,医疗行业由于特殊性,往往需要业务 7 × 24 小时不间断运行,一旦出现系统宕机,后果将难以设想。因此,无论是对云计算保持观望的未上云医院,或是已经试水的医院,安全是考虑最多的问题。

系统上云后由于主机不在监控范围内,数据安全隐患必然会加大。因此,为保障业务的稳定和安全,医院上云均在安全保障上下了大工夫:厦门三院上云设置了多条光纤,以确保业务的不中断和通信安全;广州妇儿医院则是先把一些流量不大的系统迁移到云端,试运行稳定后再迁移其他重要系统,同时采用公有云、私有云混合共用的模式,对信息进行分级保护。另外,几乎所有医院都要通过与供应商签订保密协议以保护数据的安全。

安全性俨然成为云计算落地的第一大痛点。

2. 互操性差

由于许多公用云网络被配置成封闭系统,且缺乏统一的技术标准,不同厂商在产品和服务开发过程中各自为政,导致这些网络之间缺少集成,使得各机构很难在云计算中联合 IT 系统,这给希望合并云中一系列 IT 系统的机构带来了挑战,也容易导致信息的互联互通受阻。

3. 价格与服务

当医疗机构关注点从“要不要上云”转移到“上哪家的云”时,云的价格就成了一大决定性因素。华山医院在公有云采购方面有很多选择。其最先使用的是微软 Azure,后来又把工具迁到亚马逊 AWS,其中一大原因便是亚马逊的价格更实惠一些。

在服务方面,医疗机构也往往期望云服务提供商能提供除了计算资源和安全防护外更完善的服务,比如数据隐私的保护等。

4. 规章制度不健全

当前,尽管云计算技术已经在各行各业大面积铺展开来,在政府政策上也得到了一定程度的支持,但与之相关的法规、制度等尚未得到配套建设,云计算发展没有法律层面的规范,这也导致医院在运用云计算技术上无法做到更从容。因此,需要尽快制定相关的制度和法规对医疗云进行规范,对云计算各个环节的安全风险进行评估,进而采取必要的技术措施和手段。

5. 认知不足

尽管在各类相关政策的支持下,医疗云近几年成为行业热议的话题,但仍存在对云计算及其在改进医疗服务流程方面潜力的认知不足问题。一些行业负责人对云技术发展仍抱有谨慎观望的态度,所表现出的兴趣远不及国外同仁。

以上云后的效益为例。有的医院认为上云后面临的租赁服用费与本地服务器价格相当，且链路的费用非常大，从成本上来说非常不合适。但也有践行者表示，上云后医院的整体运维费用能有很大比例的下降，是一笔可观的成本节约。同时，节约下的费用可以用在临床软件研发上，更好地服务临床人员及患者。

由此可见，虽然安全隐患、互操性差等问题在一定程度上制约了云计算在医疗领域的落地，但随着试水医院成效的逐步显现、各项政策措施的持续完善、云计算技术的不断提高，云计算技术在医疗行业应用的前景仍是备受期待的。据 Persistence Market Research（PMR）发布的市场研究报告表明，医疗云计算市场到 2025 年将有望突破 7 791.4 亿美元。

（资料来源：云计算落地医疗五大痛点，安全性首当其冲）
（亿欧网）

## 思考题

1. 传统的网络安全威胁包括哪些？
2. 我们可以借助哪些技术来对网络进行安全建设？
3. CSA 所列出的 2016 年云计算领域的十二大安全危险包括哪些？
4. 请从服务模型的角度简要描述云计算安全体系的架构。
5. 云计算所涉及的安全技术包括哪些？
6. 请概括云安全与安全云的区别。

第 3 编

# 应用服务

# 第 9 章 云计算数据中心

## 本章导读

随着云计算服务的日趋成熟及市场应用的日益广泛,IT 架构全面步入云时代,数据中心也在发生相应的变革。对于传统 IDC(Internet Data Center,互联网数据中心)企业而言,“先订单,再建设,后运营”的经营模式,已经被公有云模式颠覆,数据中心云化是当前数据中心发展的典型趋势之一,传统 IDC 企业转型迫在眉睫,“向云看齐”成了它们不谋而合的一致选择。

因此,本章将围绕云计算数据中心展开,主要介绍其概念、特征、与传统 IDC 的差异,以及如何科学化地建设云计算数据中心,并阐述 Amazon、微软、Google、阿里巴巴、腾讯等领先的互联网公司在全球的云计算数据中心布局。

## 9.1 云计算数据中心的概念和特征

以云计算、大数据、移动互联为代表的新一代创新技术在全球范围内迅速普及,越来越多的企业采用新技术来完成构建自己新一代的 IT 基础架构。万物互联、云、管、端的创新技术发展,无疑成为促进云计算数据中心建设的驱动力。那到底什么是云计算数据中心呢?它又具有什么样的特征?

### 9.1.1 什么是云计算数据中心

数据中心(Data Center)是全球协作的特定设备网络,用来在 Internet 网络基础设施上传递、加速、展示、计算、存储数据信息。数据中心是一整套复杂的设施,不仅包括计算机系统和其他与之配套的设备(例如通信和存储系统),还包含冗余的数据通信连接、环境控制设备、监控设备以及各种安全装置。数据中心是上世界 IT 界的一大发明,标志着 IT 应用的规范化和组织化。

随着数据中心的发展,尤其是云计算技术的出现,数据中心已经不只是一个简单的服务器统一托管、维护的场所,它已经衍变成一个集大数据量运算和存储为一体的高性能计算机的集中地。各 IT 厂商将之前以单台为单位的服务器通过各种方式变成多台为群体的模式,在此基础上开发诸如虚拟化、云计算、云存储等一系列的功能,以提高单位数量内服务器的使用效率。云计算数据中心的概念也随之诞生。

云计算数据中心是一种基于云计算架构,计算、存储及网络资源松耦合,完全虚拟化各种 IT 设备、模块化程度较高、自动化程度较高、具备较高绿色节能程度的新型数据中心,如图 9-1 所示。

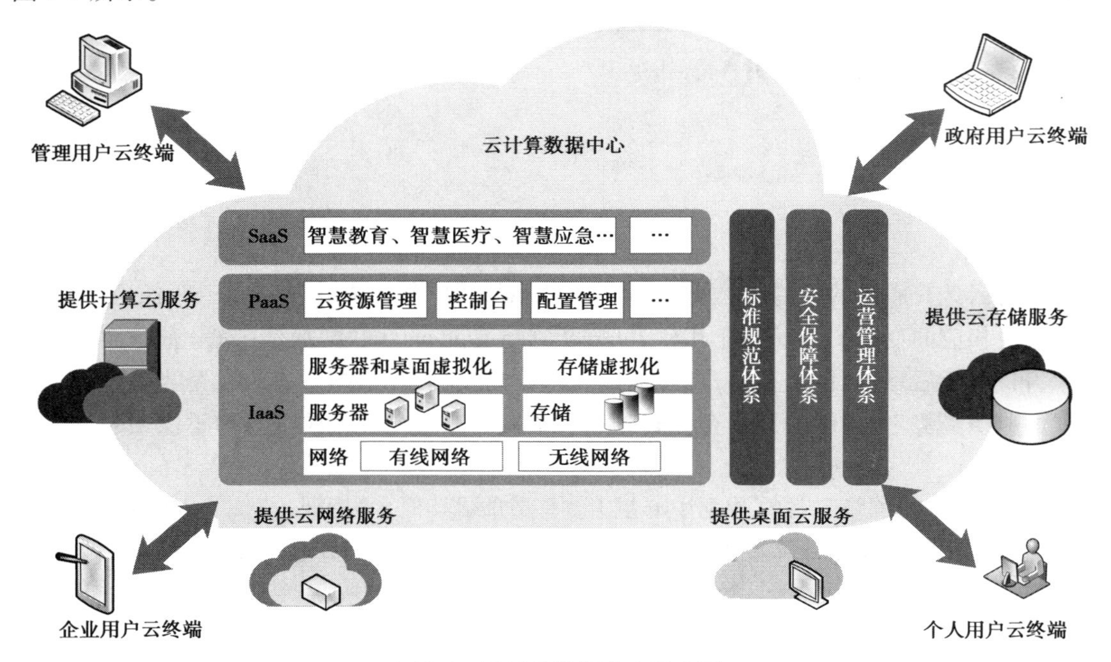


图 9-1　云计算数据中心示意图

从上面的定义当中,可以得出云计算数据中心的要素有以下几点:

首先是虚拟化程度。这其中包括服务器、存储、网络、应用等虚拟化,使用户可以按需调用各种资源。

其次是计算、存储及网络资源的松耦合程度。用户可以单独使用其中任意一、二项资源而不拘泥于运营商的类似套餐打包服务等。

复次,模块化程度,即数据中心内的软硬件分离程度,机房区域模块化程度。

再次,自动化管理程度,即机房内对物理服务器、虚拟服务器的管理,对相关业务的自动化流程管理、对客户服务的收费等服务自动化管理等。

最后是绿色节能程度。真正的云计算数据中心在各方面符合绿色节能标准,一般 PUE (Power Usage Effectiveness,PUE = 数据中心总设备能耗/IT 设备能耗)值不超过 1.5。

云计算数据中心提供虚拟化的基础资源和集成公共信息服务。云计算数据中心的服务方式是利用分布式计算机系统,整合高速互联网、无线通信网的传输能力,把数据的计算、存储移到网络上的计算机集群中。大型的云计算数据中心，主要功能是管理分布式计算机，对基础资源进行虚拟化，对数据进行自动化管理，按照客户的所需分配各种 IT 资源，动态地负责资源的分配、负载的均衡。云计算数据中心的管理员实现对软件的部署、安全的控制等，在数据层实现数据的管理，在平台层实现面向数据管理为辅、面向信息服务为主的服务方式。

在这种服务模式下，用户不需要考虑存储容量、计算资源的调度、数据的存储位置、系统的安全策略等，只需要按照需求付费，就能获取相应的服务响应。云计算数据中心的重要价值就在于软硬件的按需扩展能力，为数据的存储提供无限的空间，为数据提供自动化的管理，为数据的处理提供无限的计算能力。

### 9.1.2　云计算数据中心的特征

云计算数据中心应具备以下几个特征：

(1)快速扩展按需调拨

云计算数据中心应能够实现资源的按需扩展。在云计算数据中心，所有的服务器、存储设备、网络均可通过虚拟化技术形成虚拟共享资源池。根据已确定的业务应用需求和服务级别并通过监控服务质量，实现动态配置、定购、供应、调整虚拟资源，实现虚拟资源供应的自动化，获得基础设施资源利用的快速扩展和按需调拨能力。

(2)自动化远程管理

云计算数据中心应该是 7×24 小时无人值守，可以进行远程管理的。这种管理涉及整个数据中心的自动化运营，它不仅仅包括监测与修复设备的硬件故障，还包括实现从服务器、存储到应用的端到端的系统设施的统一管理。甚至，数据中心的门禁、通风、温度、湿度、电力都能够远程调度与控制。

(3)模块化设计

模块化设计在大型云计算数据中心和高性能计算(HPC)中已变得很常见。模块化数据中心的优势主要体现在快速部署、扩展性强、更高的空间利用率、降低投资成本、灵活性高、可移动等方面，解决了传统数据中心建设周期长、一次性投入大、能源消耗高、不易扩展等问题。

(4)绿色低碳运营

云计算数据中心将大量使用节能服务器、节能存储设备和刀片服务器，并通过先进的供电和散热技术，解决传统数据中心的过量制冷和空间不足的问题，并实现供电、散热和计算资源的无缝集成和管理，从而降低运营维护成本，实现低 PUE 值的绿色低碳运营。

## 9.2　云计算数据中心与传统 IDC 的对比分析

当前，云计算数据中心的发展势头迅猛，百度、腾讯、阿里以及中国电信等大型企业，都有已建、在建和筹建规划。一段时间内，云计算数据中心和传统 IDC 将并存；据预测，在 5 年

之内,云计算中心每年将以50%的增速发展。那么,云计算数据中心与传统IDC的差异到底在哪里?

### 9.2.1 服务优化层面

传统IDC常规可以分为实体服务器托管和租用两种服务类型。实体服务器托管是由用户自行购买服务器发往机房托管,期间设备的监控和管理工作均由用户单方独立完成,IDC数据中心提供IP接入、带宽接入、电力供应和网络维护等。租用是由IDC数据中心租用实体设备给客户使用,同时负责环境的稳定,用户无须购买硬件设备。

云计算的引入,使数据中心突破服务类型,更注重数据的存储和计算能力的虚拟化、设备维护管理的综合化。云计算数据中心的服务分为三个板块:IaaS、PaaS和SaaS,所提供的服务是从基础设施到业务基础平台再到应用层的连续的整体的全套服务。

对比传统IDC,云计算数据中心增值服务是对传统IDC增值服务的升级,是云计算数据中心下对传统IDC服务的升级版。IDC数据中心将规模化的硬件服务器整合虚拟到云端,为用户提供的是服务能力和IT效能。用户无须担心任何硬件设备的性能限制问题,可获得具备高扩展性和高可用的计算能力。

### 9.2.2 资源调度层面

传统IDC是烟囱式的架构,如图9-2所示,使得各个应用系统相互孤立,不能共享计算资源,而应用系统与运行平台、系统、物理资源间的紧耦合,可使物理资源在重新配置时将影响应用系统的运行与稳定。这带来了新应用系统难以快速上马、资源利用率低、管理运维难度大、能耗高等难题。而云计算数据中心的所有计算、存储及网络资源都是松耦合的,可以根据数据中心内各种资源的消耗比例而适当增加或减少某种资源的配置。这样能使数据中心的管理具有较大的灵活性,使得资源配置优化,按照客户需求进行配置。

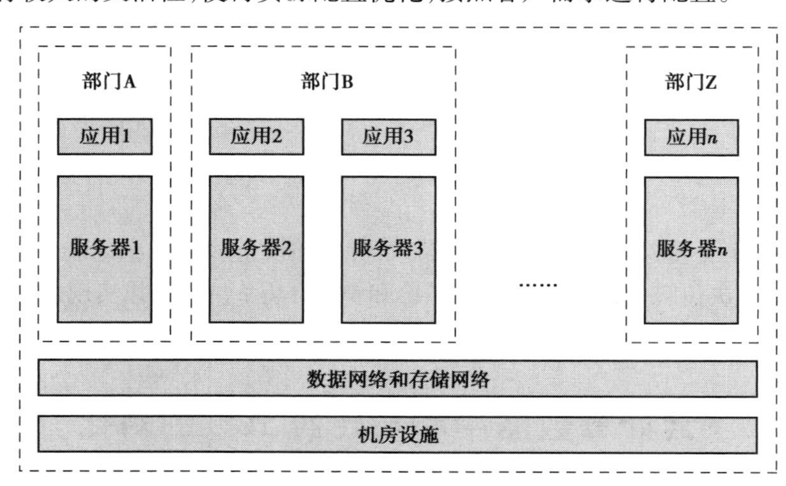


图9-2 传统IDC逻辑架构

传统IDC在扩展上受到系统设计、机房设计及网络设计的影响,对于机房扩容来说是一个系统性的工程，特别是在空间和电力能源有限的情况下，要实现扩容是无法完成的事情。然而，云计算数据中心的模块化扩展能力解决了传统 IDC 扩容难的问题。云计算数据中心可以在总体空间和电力提供不变的情况通过提高单机架的容纳能力及降低 PUE 等方式实现“扩容”。此种能力具有很强的优势，特别是在土地紧张和电力紧张的城市。

传统 IDC 可以在硬件服务器的基础进行有限的整合，例如多台虚拟机共享一台实体服务器性能。但这种简单的集约化受限于单台实体服务器的资源规模，远远不如云计算数据中心那样可以跨实体服务器，甚至实现跨数据中心的大规模有效整合。两者在资源整合速度和规模上有着很大区别，云计算数据中心通过更新的技术实现资源的快速再分配，可以在数分钟甚至几十秒内分配资源实现快速可用，还可以有效地规避资源闲置的风险。

### 9.2.3　效率提高层面

传统 IDC 通常片面强调机房的可靠、安全、高标准，但与 IT 系统相互割裂，成本高昂。①人力成本高。当服务需要在服务器间重分配时，传统数据中心网络的地址空间分片会导致巨大的人工配置成本，且人工操作出错的概率很高。②硬件成本高。传统数据中心网络使用专用的交换机，位于上层的交换机成本较高。此外，负载均衡器扩容时需要成对更新，成本较高。

相较于传统 IDC 服务，云计算数据中心更加强调与 IT 系统协同优化，在满足需求的前提下实现整个数据中心的最高效率和最低成本。云计算数据中心采取更加灵活的资源应用方式、更高的技术提升，使云服务商拥有集合优势创新资源利用方式，促进整个平台运作效率提升。并且与传统 IDC 服务不同，云计算数据中心使用户从硬件设备的管理和运维工作中解脱出来，专注内部业务的开发和创新，由云服务商负责云平台本身的稳定。这种责任分担模式使整个平台的运行效率获得提升。

此外，传统数据中心基本没有实现虚拟化，而云计算数据中心最基本的是其所有服务器、存储都是经过虚拟化的，此举比同规格传统数据中心机房内 IT 设备利用效率提高 60% 以上（满负荷情况）。

传统数据中心也没有自动化管理功能。云计算数据中心的自动化管理使得在规模较大的情况下实现较少工作人员对数据中心的高度智能管理。此特性一方面能降低数据中心的人工维护成本，另一方面能提高管理效率，提升客户体验。

### 9.2.4　收费模式层面

传统数据中心一般按照月或者年收费，计算的标准就是机柜数量、带宽大小、用电量这些数据。这些数据是粗放型的，统计不够精确，往往造成很多资源的浪费。比如，一个用户租下 10 个机柜，但实际上只用了 5 个，另外 5 个可能要日后慢慢上线，但必须要提前支付这 10 个机柜的费用，让用户多花了不少钱。而云计算数据中心就不同，甚至可以按照小时或者分钟收费，而用户使用的就是计算、带宽和存储数据，就像家里用的燃气那样，用户用了多

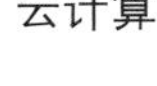



少，就收多少费用，这个费用可以精确到分钟，为用户节省了开支。

综上可知，云计算数据中心采用了虚拟化、自动化、并行计算、安全策略以及能源管理等新技术，解决传统数据中心存在的成本增加过快和能源消耗过度等问题，并且通过标准化、模块化、动态弹性部署和自助服务的架构方式实现对业务服务的敏捷响应和服务的按需获取，其基础物理设施与传统数据中心差异并不会很大。

## 9.3 云计算数据中心的规划与建设

对企业而言，如何让数据中心变得更加灵活，同时降低能耗与运营成本，已经变成了发展过程中面临的重大难题。为了解决这一问题，云计算数据中心应运而生。云计算环境下的数据中心基础设施各部分的架构应该是什么样的呢？又该如何进行科学化的系统建设呢？打造云计算数据中心都需要具备哪些技术呢？本节将进行一一介绍。

### 9.3.1 云计算数据中心的体系框架

对于云计算而言，应着重从高端服务器、高密度低成本服务器、海量存储设备和高性能计算设备等基础设施领域提高云计算数据中心的数据处理能力。云计算要求基础设施具有良好的弹性、扩展性、自动化、数据移动、多租户、空间效率和对虚拟化的支持。那么，云计算环境下的数据中心基础设施各部分的架构应该是什么样的呢？

**1）云计算数据中心总体架构**

云计算数据中心本质上由云计算平台和云计算服务构成。

云计算平台是云计算数据中心的内部支撑，处于云计算技术体系的核心。它以数据为中心，以虚拟化和调度技术为手段，通过建立物理的、可缩放的、可调配的、可绑定的计算资源池，整合分布在网络上的服务器集群、存储群等，结合可动态分配和平滑扩展资源的能力，提供安全可靠的各种应用数据服务。

云计算服务是云计算数据中心的外在实现，包括通过各种通信手段提供给用户的应用软件（SaaS）、系统平台（PaaS）和计算资源（IaaS）等服务。其特点是无需前期投资、按需租用服务、获取方式简单以及使用安全可靠等，可以满足不同规模的用户根据需要动态地扩展其服务内容。

云计算数据中心总体架构如图 9-3 所示。

**2）云计算机房架构**

为了应对云计算、虚拟化、集中化、高密化等服务器发展的趋势，云计算机房采用标准化、模块化设计理念，最大限度地降低基础设施对机房环境的耦合。模块化机房集成了供配电、制冷、机柜、气流遏制、综合布线、动环监控等子系统，提高了数据中心的整体运营效率，能实现快速部署、弹性扩展和绿色节能。

模块化机房能满足 IT 业务部门对未来数据中心基础设施建设的迫切需求，如标准化设

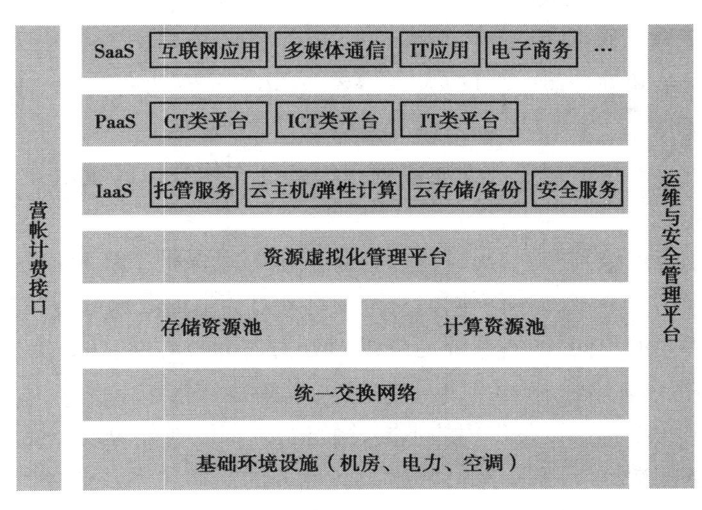


图 9-3　云计算数据中心总体架构

计、组件工厂预制、快速上线部署、有效降低初期投资、模块内能源池化管理、动态 IT 基础设施资源高利用率、智能化运维管理、保障重要业务连续性，提供共享 IT 服务（如跨业务的基础设施、信息、应用共享等），快速响应业务需求变化，绿色节能型数据中心等（图 9-4）。

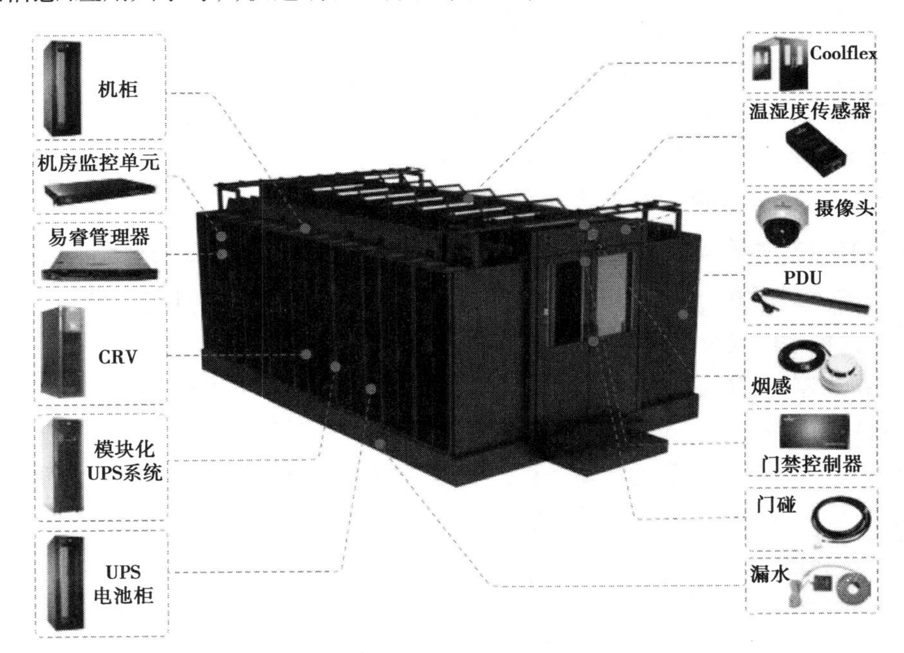


图 9-4　模块化机房示意图

模块化机房包括集装箱模块化机房和楼宇模块化机房。集装箱模块化机房可以在室外无机房场景下应用，减轻了建设方在机房选址方面的压力，帮助建设方将原来半年的建设周期缩短到两个月，而能耗仅为传统机房的 50%，可适应沙漠炎热干旱地区和极地严寒地区的极端恶劣环境。楼宇模块化机房采用冷热风道隔离、精确送风、室外冷源等领先制冷技术，适用于大中型数据中心的积木化建设和扩展。

3）云计算网络系统架构

网络系统总体结构规划应坚持区域化、层次化、模块化的设计理念，使网络层次更加清楚、功能更加明确。

云计算数据中心网络根据业务性质或网络设备的作用进行区域划分，可从以下几方面内容进行规划：

①按照数据的等保级别来划分。比如，信息安全等级保护二级和信息安全等级保护三级应划分不同的网络安全域，使用不同的安全策略来对传送的数据进行保护。

②按照面向用户的不同，网络系统还可以划分为内部核心网、业务专网、VPN 安全接入域、公众服务网等区域。

③按照网络层次结构中设备作用的不同，网络系统可以划分为核心层、汇聚层、接入层。

④从网络服务的数据应用业务的独立性、各业务的互访关系及业务的安全隔离需求综合考虑，网络系统在逻辑上可以划分为存储区、应用业务区、前置区、系统管理区、托管区、外联网络接入区、内部网络接入区等。

此外，还有一种 Fabric 的网络架构。在数据中心部署云计算之后，传统的网络结构有可能使网络延时问题成为一大瓶颈，使得低延迟的服务器间通信和更高的双向带宽需要变得更加迫切。这就需要网络架构向扁平化方向发展，最终的目标是在任意两点之间尽量减少网络架构的数目。Fabric 网络结构的关键之一就是消除网络层级的概念，Fabric 网络架构可以利用阵列技术来扁平化网络，可以将传统的三层结构压缩为二层，并最终转变为一层，通过实现任意点之间的连接来消除复杂性和网络延迟。不过，Fabric 这个新技术目前仍未有统一的标准，其推广应用还有待更多的实践。

4）云计算主机系统架构

云计算核心是计算力的集中和规模性突破，云计算数据中心对外提供的计算类型决定了云计算数据中心的硬件基础架构。

从云端客户需求看，云计算数据中心通常需要规模化地提供以下几种类型的计算力，其服务器系统可采用三(多)层架构：

一是高性能的、稳定可靠的高端计算，主要处理紧耦合计算任务。这类计算不仅包括对外的数据库、商务智能数据挖掘等关键服务，也包括自身账户、计费等核心系统，通常由企业级大型服务器提供。

二是面向众多普通应用的通用型计算，用于提供低成本计算解决方案。这种计算对硬件要求较低，一般采用高密度、低成本的超密度集成服务器，以有效降低数据中心的运营成本和终端用户的使用成本

三是面向科学计算、生物工程等业务，提供百万亿、千万亿次计算能力的高性能计算，其硬件基础是高性能集群。

5）云计算存储系统架构

云计算采用数据统一集中存储的模式。在云计算平台中，数据如何存储是一个非常重

要的问题，在实际使用的过程中，需要将数据分配到多个节点的多个磁盘当中。而能够达到这一目的存储技术，当前主要有两种方式，一种是使用类似于GFS（Google File System，Google文件系统）的集群文件系统，另外一种是基于块设备的存储区域网络SAN系统。

GFS是由Google公司设计并实现的一种分布式文件系统，基于大量安装有Linux操作系统的普通PC构成的集群系统，整个集群系统由一台Master（主机）和若干台Chunk Server（块服务器）构成。具体内容可见6.5.1。

在SAN连接方式上，可以有多种选择。一种选择是使用光纤网络，能够操作快速的光纤磁盘，适合对性能与可靠性要求比较高的场所。另外一种选择是使用以太网，采取iSCSI协议，能够运行在普通的局域网环境下，从而降低成本。采用SAN结构，大量的数据传输通过SAN网络进行，局域网只承担各服务器之间的通信任务。这种分工使得存储设备、服务器和局域网资源得到更有效的利用，使存储系统的速度更快，扩展性和可靠性更好。

**6）云计算应用平台架构**

云计算应用平台采用面向服务架构SOA的方式，应用平台为部署和运行应用系统提供所需的基础设施资源、应用基础设施，所以应用开发人员无须关心应用的底层硬件和应用基础设施，并且可以根据应用需求动态扩展应用系统所需的资源。完整的应用平台提供如下功能架构：

①应用运行环境：底层网络环境、WEB前端、中间件平台、分布式运行环境、多种类型的数据存储、动态资源伸缩。

②应用全生命周期支持：提供JAVA开发、SDK、IOS等流程化环境，加快应用的开发、测试和部署。

③公共服务：以API形式提供公共服务，如队列服务、存储服务和缓存服务等。

④监控、管理和计量：提供资源池、应用系统的管理和监控功能，精确计量应用使用所消耗的计算资源。

⑤集成、复合应用构建能力：除了提供应用运行环境外，还需要提供连通性的服务、整合服务、消息服务和流程重组服务等，来实现用于构建SOA架构风格的复合应用。

以上是对云计算数据中心架构的一些剖析。云计算之所以称为"云"，是因为它在某些方面具有现实中云的特征：云一般都较大；云的规模可以动态伸缩，它的边界是模糊的。云计算的商业模式给用户提供的是一种IT服务，其内容也是随时间变化、动态弹性的。因此，云计算数据中心的架构也会随着社会的进步不断调整和优化。

### 9.3.2　云计算数据中心的关键技术

云计算数据中心的建设融合了很多新的技术，主要包括以下几个方面：

**1）虚拟化技术**

虚拟化技术的应用领域涉及服务器、存储、网络、应用和桌面等多个方面，不同类型的虚拟化技术从不同角度解决不同的系统性能问题。

服务器虚拟化对服务器资源进行快速划分和动态部署，从而降低了系统的复杂度，消除了设备无序蔓延，并达到减少运营成本、提高资产利用率的目的。

存储虚拟化将存储资源集中到一个大容量的资源池并进行统一管理，无须中断应用即可改变存储系统和数据迁移，提高了整个系统的动态适应能力。

网络虚拟化通过将一个物理网络节点虚拟成多个节点以及将多台交换机整合成一台虚拟的交换机来增加连接数量并降低网络复杂度，实现网络的容量优化。

应用虚拟化通过将资源动态分配到最需要的地方来帮助改进服务交付能力，并提高了应用的可用性和性能。

云计算数据中心基于上述虚拟化技术实现了跨越 IT 架构的全系统虚拟化，对所有资源进行统一管理、调配和监控，在无须扩展重要物理资源的前提下，简单而有效地将大量分散的、没有得到充分利用的物理资源整合成单一的大型虚拟资源，并使其能长时间高效运行，从而使能源效率和资源利用率达到最大化。

**2）弹性伸缩和动态调配**

弹性伸缩（Auto Scaling），是根据用户的业务需求和策略，经济地自动调整弹性计算资源的管理服务。弹性伸缩不仅适合业务量不断波动的应用程序，同时也适合业务量稳定的应用程序。

弹性伸缩可以从纵向和横向两个方面考虑。纵向伸缩性是指在同一个逻辑单元内增加资源来提高处理能力。例如，在现有服务器上增加 CPU 或在现有的 RAID/SAN 存储中增加硬盘等。这种纵向可伸缩性仅强调硬件的方式。横向伸缩性是指增加更多逻辑单元的资源，并整合成如同一个单元在工作。比如，集群、分布式、负载平衡等方式。这种横向可伸缩性强调软件和硬件结合的方式。

动态调配是根据需求的变化，对计算资源自动地进行分配和管理，实现高度“弹性”的缩放和优化使用，而使用者不介入具体操作流程。

**3）高效、可靠的数据传输交换和事件处理**

数据传输交换和事件处理系统是云计算数据中心的消息和数据传输交换枢纽，不能仅采用组播协议来追求速度，也不能仅采用 TCP 来追求可靠性，而需要结合多种协议的优势，有效控制分布在网络上的众多组件之间的数据流向，保证数据通道的畅通性、信息交换的可靠性和安全性。同时，为了满足系统应用的多样性和业务实时性要求，设计中也要考虑点对点、点对多点、多点对多点等多种连接方式。

**4）海量数据的存储、处理和访问**

分布式海量数据存储系统包括分别用来处理结构化和非结构化数据的分布式数据库和分布式文件存储两个子系统，以及一系列兼容传统数据库和存储产品的适配工具，保证在不同环境下实现海量数据的存储、访问、同步以及实时迁移、复制、备份等功能。

**5）智能化管理监控和“即插即用”式的部署应用**

智能管理监控系统结合事件驱动及协同合作机制，实现对大规模计算机集群进行自动

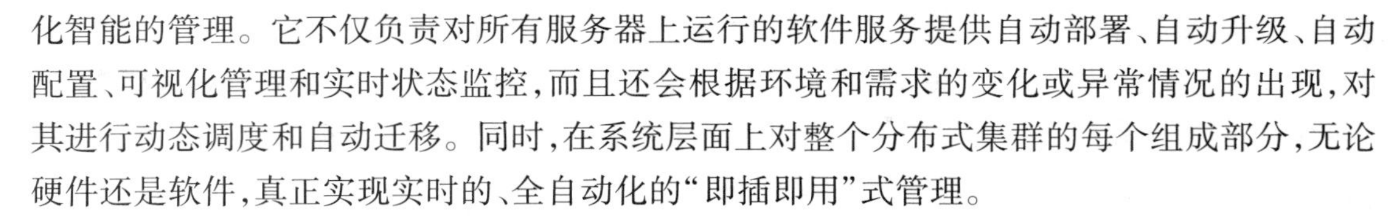

化智能的管理。它不仅负责对所有服务器上运行的软件服务提供自动部署、自动升级、自动配置、可视化管理和实时状态监控，而且还会根据环境和需求的变化或异常情况的出现，对其进行动态调度和自动迁移。同时，在系统层面上对整个分布式集群的每个组成部分，无论硬件还是软件，真正实现实时的、全自动化的“即插即用”式管理。

6）并行计算框架

并行计算框架就是在整合大规模服务器集群的基础上，结合设计完整的网格计算框架，保证不同节点及单个节点不同进程间的协同工作能力，从而把分散的IT基础设施用结构化的方式整合在一起，实现高可靠、高性能的强大数据处理和计算分析能力。系统根据计算任务需求和相关的数据，自动安排和处理支撑分布式计算所需的复杂工作，解决诸如商业智能、经营分析、日志分析等各种需要强大计算能力的复杂IT问题。

7）多租赁与按需计费

多租赁就是采用SLA设置手段，根据实际业务特点和需求，通过自定义策略对整个系统的性能和安全性进行优化配置，从而在不同的粒度上对系统所提供的资源进行处理，形成面向不同用户、不同使用目的、表现形态各异的特性服务。

按需计费是在资源统一调配基础上，通过监控管理机制保持对用户资源使用情况的跟踪和记录并实时反馈，以此实现用户资源使用的计量和服务的付费，节省大量的建设费用和运维管理成本。

### 9.3.3　云计算数据中心的实施过程

云计算数据中心的实施不是一个简单的软硬件集成项目，在实施之前需要谨慎评估和整体规划，充分考虑云计算数据中心的管理模式，并将未来的运营模式纳入整体规划中，这样才可以充分发挥云计算数据中心的作用。

结合对云计算数据中心用户需求的调研和国外的实施经验，目前云计算数据中心基础架构实施主要分为以下5个阶段：

①规划阶段：要将云计算中心建设作为战略问题来对待，管理高层要给予极大的重视和支持，并明确每一阶段所要实现的目标，从业务创新和IT服务转型的高度进行规划和部署。

②准备阶段：根据本行业特性，充分了解用户采用云计算数据中心想要获得的服务与应用需求，并对云计算平台进行充分评估，选择合适的技术架构；同时充分考虑系统扩展和迁移的可操作性，保证基础设施平台技术的连续性和核心业务的连续性。

③实施阶段：资源虚拟化是云计算数据中心的基础，通过构建支持异构平台的虚拟化平台，可以满足安全性、可靠性、扩展性和灵活性等各方面的服务要求。

④深化阶段：在实现平台架构虚拟化的基础上，还要实现各种资源调度和分配的自动化，为全面管理和自助服务打好基础。

⑤应用和管理阶段：云计算的基本特征是开放性，云计算平台应能提供标准的API实现与现有应用兼容。所有的应用移植是渐进过程，云计算基础架构要很好地支撑核心应用，而

并不仅仅满足新增的需求。同时,云计算平台建设是个闭环过程,需要进行不断改进。

总之,建立新一代云计算基础设施,应以实现云计算数据中心的高效率、低运行成本,灵活的业务适应性和服务可用性为目标,分阶段的建设与实施。当然,随着社会的进步和技术的发展,云计算数据中心的架构也会不断调整和优化。

### 9.3.4 云计算数据中心建设的成本要素

前面分析了云计算数据中心与传统 IDC 的区别要素,事实上,要建设一个云计算数据中心的成本其实与建设一个传统 IDC 也是有一定区别的。

传统 IDC 的建设成本包括以下几个方面:

①土地成本:购置土地相关成本,其中要考虑数据中心的位置、交通及周边环境、未来发展等方面。

②土建成本:一般数据中心的机房建设标准都是较高等级的,特别是对抗震、防火、防水、防风等方面的等级要求是很高的。

③电力电源设施:电力引入是数据中心需要考虑的重大因素,也是其位置选择的一个重要参考指标。电力电源设施的购置、建设成本在整个数据中心建设当中占有相当大的比例。

④基础网络、网络安全设施建设:网络引入是数据中心(特别是 IDC)建设需考虑的非常重要的因素。很多数据中心建设地点一般都选在能最接近各电信运营商的骨干节点附近,这对运营性数据中心来说是其未来市场的一个重要保证。网络安全设施也是机房安全的重要保证。

⑤空调及消防设施建设:空调及消防对数据中心的持续运营有着重要作用,其效能也影响着数据中心的运营成本。

⑥机房内饰、网络布线及机架建设:一个高标准的数据中心对这一块的要求会非常关注,因为机房内饰、网络布线及机架建设都是会影响机房整体能耗的重要因素。

⑦客户专区、监控专区及外围设施建设:这些区域的建设其实与整个数据中心的安全有着密切关系,也是机房建设必不可少的要素。

以上七大要素是建设一个数据中心必须具备的要素,无论是传统 IDC 或者是云计算数据中心都需要具备。但是,如果建设云计算数据中心,除了上面七大要素以外,还需具备以下几个要素:

①IT 设备采购及建设:云计算数据中心所有 IT 设备(含网络设备)应该一体化、定制化,这与客户托管数据中心不太一样。相对来说,这一部分的成本会较高。

②虚拟化软件、云计算管理系统及相关系统的建设:此要素主要是系统层面的建设,建设周期与采用的软件及集成商有非常大的关系。因为是系统层面的关系,这中间有一段时间的调测期,也有一定的时间成本。

当然,对于云计算中心,仍然有些其他要素需要关注,这里暂不一一列举。不过,云计算数据中心建设成本不是在传统数据中心建设成本的基础上简单加上最后两项成本即可。事

实上,建设同等规模(相同能力)的数据中心,云计算数据中心能力建设成本并不比传统数据中心高。

## 9.4 国内外互联网巨头的云计算数据中心布局

当前,随着云计算产业的发展,数据中心建设的主角已经从传统的基础网络运营商过渡到互联网服务提供商和IT软硬件产品提供商。Amazon、微软、Google、阿里巴巴、腾讯等领先的互联网公司都在大力发展云计算数据中心并在全球布局。

### 9.4.1 Amazon

谈到数据中心这个话题,所有企业避不开的一个对手恐怕就是电商起家的Amazon。有数据显示,目前中国BAT(百度、阿里巴巴、腾讯)三家互联网巨头所拥有的数据中心服务器数量之和,甚至还不及Amazon一家公司的一半。

从Amazon数据中心的布局来看,美国仍然是重中之重。目前,Amazon在美国西海岸波特兰和旧金山分别有两个重要的数据中心,美国东岸有IAD这个最早也是最有规模的数据中心。在欧洲,Amazon数据中心分别建立在爱尔兰和卢森堡,以爱尔兰为主,同时支撑零售和AWS云服务。

除了美国和欧洲,Amazon数据中心还拓展到了南美洲、大洋洲和东南亚,分别在巴西(圣保罗)、澳大利亚(悉尼)和新加坡。虽然这些地区AWS的业务量暂时还无法和美国相比,但增长相当迅速,而且极为符合Amazon AWS全球化、全功能的路线。

在潜力巨大的中国市场,Amazon目前仅在北京和宁夏中卫建立了两个独立云计算数据中心,即技术基础设施区域,这些区域承载了数据存储、计算和网络传输等云服务设施。

与传统的单一数据中心基础设施和多数据中心基础设施相比,Amazon AWS云基础设施是围绕区域和可用区("AZ")构建。AWS区域提供多个在物理上独立且隔离的可用区,这些可用区通过延迟低、吞吐量高且冗余性高的网络连接在一起。通过这些可用区,AWS客户可以更加轻松且更有效地设计和操作应用程序和数据库。这些应用程序和数据库具有高可用性、容错能力和可扩展性。对于特别需要跨较远的地理距离复制数据或应用程序的客户,拥有AWS当地地区。AWS当地地区是一个单一数据中心,旨在与已有AWS区域进行互补。与所有AWS区域类似,AWS本地区域与其他AWS区域完全隔离。

截至2018年3月,Amazon AWS在全球18个地理区域和1个本地区域运营着53个可用区(AZ),分别位于美国、澳大利亚、巴西、加拿大、中国、法国、德国、印度、爱尔兰、日本、韩国、新加坡和英国,如图9-5所示。

### 9.4.2 微软

微软自1989年开始就运营自己的数据中心,已经具有超过20多年的数据中心建设、管理和运营经验。

图 9-5 Amazon 全球数据中心布局

时至今日，微软 Azure 已经在全球 54 个区域建立了数据中心，可覆盖 140 个国家和地区，其中包括美国、加拿大、巴西、法国、英国、澳大利亚、中国、印度、日本、韩国等国家和地区（图 9-6），向全球 10 亿多用户提供 200 多项在线服务，包括 Xbox，O365，Bing，Azure，Outlook，Skype 等，是真正的超大规模数据中心（Hyper-scale Datacenter）。微软在超规模数据中心上的投入目前公布的数字是 150 亿美金，这些资金用来持续不断地为数据中心创新，为用户提供更好的服务。

当然，庞大的数量并不是超大规模数据中心需要解决的唯一问题。每天全球大约会有 10 万新用户使用微软的云服务，并且微软为企业级用户提供具有财务保障的 SLA 云端服务。如何保证超大规模数据中心服务稳定可靠、可高度扩展、安全合规，并且能源消耗需要满足微软对生态可持续的企业责任并降低成本等，这些问题才是关键，需要在设计之初就考虑进去。因此，微软在建规模数据中心之初，就制定了一些最基本准则：灵活可扩展、低成本、运营标准化、通用性基础架构、软件容错性、软件定义的高可用性，并依照这些准则在全球建立统一标准的数据中心。

目前，微软开始建设和部署海底数据中心，旨在满足世界人口密集区域对云计算基础设施的大量需求。通过这种策略，不仅可以降低昂贵的冷却成本，还可以减少建造成本。

### 9.4.3 Google

Google 是全球最大的互联网公司，同时也是互联网行业的引领者、创新者。不论是其搜索业务，还是视频业务 Youtube、邮箱业务 Gmail 等，都需要存储大量数据、实时应对大量网络请求，以及进行大规模计算。因此，Google 在过去十几年里一直坚持建立自己的数据中

图 9-6　微软全球数据中心布局

（来源:微软官网）

心。自 2006 年建立自己的数据中心以来,Google 在互联网基础设施方面的投资已经超过 210 亿美元;2006 年,Google 大约有 45 万台服务器,2010 年增加到了 100 万台,而今天已经达到上千万台,并且还在不断增长中。

Google 数据中心的基础架构设计走在行业前列,包括可再生能源利用、低功耗制冷、新能源利用,以及数据中心机房设计等方面。

Google 致力于投资建设可再生能源,但不认为可再生能源适合数据中心。因此,让电网变得更环保成为其投资可再生能源的主要特点。即通过投资可再生能源,并将绿色电能卖给电网,然后从电网购电支持数据中心的运行。

Google 数据中心的制冷大多采用了冷冻水系统,运行以冷却塔为主,机房采用热通道封闭,类似顶置盘管的空调。通道和空调均为定制,27 ℃进风,48 ℃回风。因此,没有传统的 CRAC(精密空调)。例如,都柏林的数据中心采用了风侧自由冷却;芬兰的数据中心采用了海水冷却;比利时则是工业废水的利用。

Google 数据中心的选址更多考虑了运行成本,有很多是旧厂改造,包括造纸厂家具厂、半导体厂等。同时,会选择偏远地区,以获取价格低廉的电力设施,而借助于其强大的网络和软件技术支持,克服偏僻地区带来的其他挑战。IT 软硬件技术保持领先、产品不断创新一直都是 Google 数据中心最强大的核心竞争力。

根据最新报告,Google是仅次于Amazon和微软的云计算服务提供商,在全球建立起了世界上最快、最强大、最高质量的数据中心,其中9个在美洲地区,2个在亚洲地区,4个在欧洲地区(表9-1),现在其主要业务涵盖搜索、广告、云计算,以及新兴技术等各方面。

**表9-1 Google全球数据中心位置**

| 地区 | 位置 |
| --- | --- |
| 美洲地区 | 南卡罗来纳州伯克利县 |
| | 爱荷华州康瑟尔布拉夫斯 |
| | 佐治亚州道格拉斯县 |
| | 亚拉巴马州杰克逊县 |
| | 北卡罗来纳州勒努瓦 |
| | 俄克拉荷马州梅斯县 |
| | 田纳西州蒙哥马利县 |
| | 智利基利库拉 |
| | 俄勒冈州达尔斯 |
| 亚洲 | 中国台湾彰化县 |
| | 新加坡 |
| 欧洲 | 爱尔兰都柏林 |
| | 荷兰埃姆斯港 |
| | 芬兰哈米纳 |
| | 比利时圣吉斯兰 |

### 9.4.4 阿里巴巴

作为国内最大的公共云计算服务商,阿里云正在全球范围内积极布局数据中心。在国内,阿里云的数据中心主要分布在浙江等地,杭州的数据中心最密集。虽然阿里在北京上海也有分公司,但拥有的都是本地公司的小数据中心。2014年12月,阿里云在香港的数据中心建成落地。通过香港数据中心,阿里云可为香港、东南亚乃至全球用户提供云计算服务。而后阿里云的数据中心建设逐步拓展至美国西部、新加坡、美国东部、中东、欧洲、日本和澳大利亚等。2017年6月10日,阿里云更是宣布将在印度和印度尼西亚建立数据中心。至此,阿里云已经在全球14个地域部署了200多个数据中心(图9-7),通过自主研发的飞天操作系统,为全球数十亿用户提供计算支持。

在全球建立数据中心基础设施布局的同时,阿里云也在全球区域内建立本地化的市场、服务和生态伙伴体系,真正服务于本地市场,用阿里云的技术为当地创造价值。例如,在日本、中东等较为封闭的市场,阿里云与本地合作伙伴建立合资公司,阿里云负责技术和产品,本地合作伙伴负责市场服务。这样既能让技术落地区域市场,也能让用户获得本地化的服

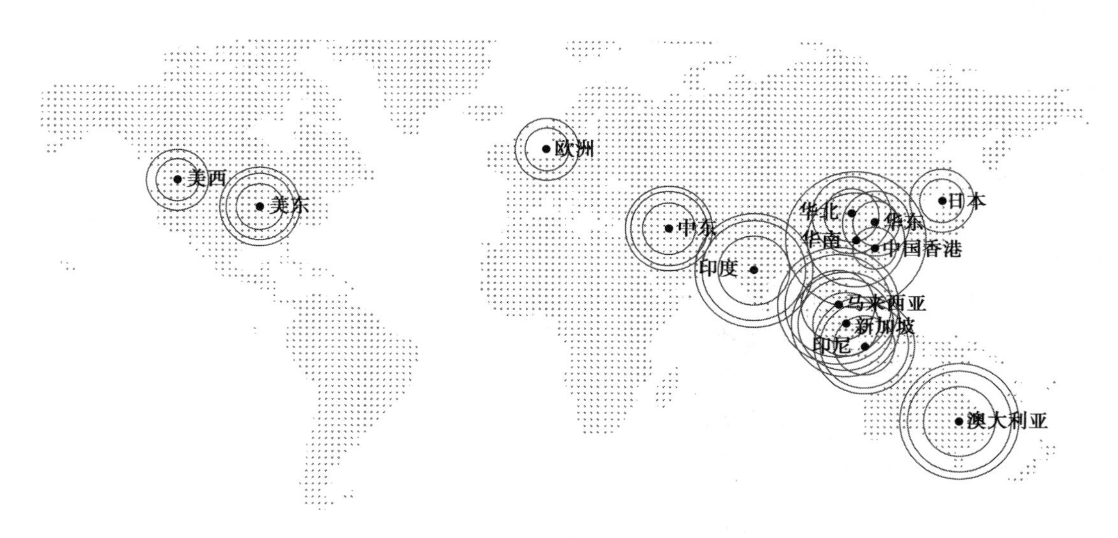


图 9-7　阿里云全球数据中心布局

（来源：阿里云官网）

务和支持。欧美市场更为开放，基础设施完善，IT 市场发展成熟，当地正在经历从传统 IT 到云计算的转型，市场需求旺盛。阿里云的市场团队，联合如沃达丰、英特尔等合作伙伴，共同推进企业对云计算的使用。

作为中国唯一实现全球主要互联网市场覆盖的云服务商，阿里云提供了全面、不断增长的多种整合云服务，带来了覆盖计算、数据库、联网、安全、管理与监控、存储以及分析等各个方面的尖端技术。凭借遍布世界各地的全球数据中心，阿里云在全球主要经济市场形成基础设施覆盖，让用户不论身在世界何处，都能用“一张网”的云来支撑全球业务的发展。

### 9.4.5　腾讯

作为国内知名的互联网企业，腾讯伴随着数据中心的不断建设而发展壮大。从 2006 年开始在深圳租赁楼房自行建设数据中心，到 2007 年在天津自建超大规模数据中心，腾讯开始在全国乃至世界各地快速布局。

涉足数据中心领域至今，腾讯已经历四代数据中心的发展。

腾讯第一代数据中心于 2006 年前后起步，采用的是传统的电信解决方案，数据中心 PUE（能效比）在 1.6 左右。

第二代数据中心以天津数据中心为代表，全面转向超大规模数据中心的建设。该代数据中心为 UPS 架构，采用了当时国际上最为先进的自然冷却等节能技术，PUE 降至 1.4。

从 2012 年开始，腾讯开始自主研发以“微模块”为核心技术的第三代数据中心技术 TMDC，并应用在腾讯自建的宝安、天津数据中心等。TMDC 的技术架构中，每个微模块都包含自身的配电、空调、消防和监测系统等，可以认为一个微模块就是一个微型的数据中心。

同时,微模块也是一个完整的产品,像服务器一样,微模块的所有组件都在工厂预制和测试完成,到数据中心现场拼装完成即可投入使用,部署时间最短仅需要两个星期。

在 TMDC 技术上,腾讯攻克了在建设成本、高压直流供电对 IT 设备的风险、与行业规范兼容、租电分离计费模式等一系列的难点,采用了通道封闭、高压直流、列间空调、简化的配电结构、气流组织优化等一系列节能环保关键技术。

另外,相对于第二代数据中心,TMDC 还实现了去 UPS。作为一种体型庞大、操作复杂的供电设备,UPS 在数据中心内使用存有恶性事故隐患,通过“去 UPS”,TMDC 解决方案有效提升了数据中心运营整体的安全性。在 TMDC 解决方案中,服务器供电变成了市电直供加直流系统备份。

2015 年底,第四代腾讯数据中心 T-Block 技术正式推出。目前,该技术仅处于试验阶段——不同环境下(如:南方湿热环境,西部凉爽环境)的小批量部署,验证间接蒸发冷却技术在不同环境下的节能效果。该技术带来的直接好处就是让数据中心标准化、模块化,效率更高,PUE 更低,快速地满足市场的需求。

截至目前,腾讯云在全球 25 个地理区域内运营着 48 个可用区,为众多企业和创业者提供集云计算、云数据、云运营于一体的全球云端服务体验(图 9-8)。

**图 9-8　腾讯云全球数据中心布局**

**(来源:腾讯云官网)**

## 本章小结

本章首先对云计算数据中心的概念进行梳理,并通过与传统 IDC 的对比,分析了云计算数据中心的特征;之后,循着科学化系统化建设云计算数据中心的思路,对云计算数据中心的建设思路、总体构架、关键技术以及建设成本等内容进行了详细介绍;最后,介绍了国内外互联网巨头的云计算数据中心全球布局。

通过对本章的学习,读者对云计算数据中心的概念能够有一个清楚的认识,同时,对云

计算数据中心的规划与建设能够有所了解。

## 扩展阅读

### 微软的海底数据中心

现代数据中心的不断发展演变导致了其能源消耗需求的不断增加，这反过来又需要更好的冷却技术和方案。而数据中心运营商们对冷却成本的控制也至关重要，故而他们需要选择恰当的方法来平衡冷却效率和冷却支出。像亚马逊 AWS、阿里云、360 等大型数据中心所在地宁夏中卫，就是利用了自然风制冷（该地冬冷夏凉，年平均气温 8.8 ℃；当然还有全国最低的光伏上网电价）。

而微软则选择水制冷（图 9-9）。

图 9-9　微软海底数据中心

（来源：Amazing Zone）

2014 年，微软启动了研究项目 Natick，旨在确定水下数据中心的可行性。它利用海洋的自然冷却能力打造节能数据中心，同时向附近人口密集的沿海社区提供高速计算服务。

Natick 项目的第一阶段在加州海岸 10 m 附近深水下测试了概念验证数据中心舱室。Natick 项目的第一阶段是一个概念证明，意在表明这个想法是否可行，在水下运行了 105 天。目前项目来到了第二阶段：在苏格兰奥克尼岛（Orkney Islands）的海岸附近安装成熟的水下数据中心原型，深度为 35.6 m，固定在海底的压载三角基座上。数据中心与潜艇类似，长约12 m，里面架设了 12 个机架，864 台服务器，包括所有必要的冷却设施。第二阶段是要验证它在经济、物流和环境可持续性方面是否实用，预计会留在海底运转多年。

水下数据中心是如何驱动的，以及如何将数据发送到地面的？

数据中心连接到奥克尼岛电网，主要从可再生能源（风能和太阳能）获得所需的能源；而数据则通过微软的光纤网络传输出去。

它是否使用海水冷却？

是的。微软聘请了法国军用舰艇和潜艇制造商 Naval Group 设计了这一水下数据中心，

采用与潜艇相同的冷却技术,通过将海水泵入每个服务器机架背面的散热器管道,然后又返回海洋中进行循环冷却。

如果里面的设备坏了怎么办?

维修是整个测试最难的部分之一。如果出现问题的话,数据中心可能会被提前取出,修理好之后再放回或者直接结束测试。但 Natick 模块的初始设计目标是在无需维护的情况下运转长达 5 年。

位于地面的数据中心是否更便宜,风险更小?

一般来说是的,但是水下数据中心也有诸多优点。微软表示,在水下部署数据中心的许可比在人口稠密的地区建设一个大型设施要容易得多,还有能源成本的降低。由于水下数据中心可以通过海水进行冷却,因此不需要机械冷却器,这是传统数据中心中最大的能源消耗之一。

会影响海洋环境吗?

像这样的系统,最大的环境问题是它可能影响海水的温度。Natick 项目第一阶段的结果显示,吊舱的热量随着海水流动迅速消散。研究人员在为 IEEE Spectrum 撰写的一篇文章中写道:"Natick 船周围数米的水最多提升了几千分之一的温度。"因此,它对环境影响非常有限。

事实上,在第一阶段的测试当中,研究人员观察到了海底数据中心周围吸引了不少螃蟹和鱼群。因此微软也提出了一项海底数据中心设计专利,希望把它变成一个"人造珊瑚礁"。然而,生物的聚集会给水下数据中心带来一些设计问题,因为它会阻碍水进出冷却系统。目前这个问题还处于研究当中。

未来的计划是什么?

据估计,"世界上一半以上的人口生活在距离海岸约 200 km 的地方"。而要在这些人口密集区建立数据中心,将面临巨大的土地、人力、能源成本挑战(这也是为什么国内的数据中心现在大多位于西北或西南贵州的原因)。但建立在偏远地区又会产生一个关键问题:云平台产生的网络延迟,这对下一代应用程序来说非常重要。例如,VR 头戴式设备模仿世界的能力很大程度上取决于闪电般的图像渲染;更重要的,无人驾驶汽车做出瞬间决策的能力可能是生死攸关的问题。因此,通过将数据中心放置在沿海城市附近的水域中,数据可以在短距离内到达沿海社区,从而实现快速流畅的网页浏览、视频流和游戏,以及其他由 AI 驱动的技术。

如果试验成功,这将是水下数据中心一个巨大的优势。

资料来源:又一项黑科技:微软建立水下数据中心,利用海水冷却

(凤凰网)

## 思考题

1. 什么是云计算数据中心？其包含哪些要素？
2. 与传统 IDC 相比，云计算数据中心具有哪些优势？
3. 什么是模块化机房？其具有什么特点？
4. 请简述云计算数据中心建设实施的步骤。

# 第 10 章 开源云计算系统介绍

## 本章导读

云计算是当今 IT 界最火热和突出的词汇概念,开源云计算更是被认为是 IT 的趋势。全球已经有成百家大公司推出了各自的云计算系统,如亚马逊 EC2、IBM 的 BlueCloud、微软的 Azure、Google 的 GFS、甲骨文的 Sun Cloud 等。然而为了实现商业云系统能够为普通的个人用户所用,出现了各种基于 Java 和 Erlang 的开源系统,以此对应实现商业云系统功能。那么开源云计算系统具体有哪些? 本章将主要围绕开源云计算系统 Hadoop、开源云计算软件 Eucalyptus 以及开源虚拟化云计算平台 OpenStack 向读者展开介绍。

## 10.1 开源云计算系统 Hadoop

作为开源云计算系统的代表,Hadoop 已被众多大型软件提供商,如 IBM、Oracle、SAP、Microsoft 等采用。且在处理大数据上,Hadoop 已经成为事实上的标准。那 Hadoop 到底是什么? 本节将重点介绍 Hadoop 生态系统、分布式计算框架 MapReduce 以及 Hadoop 应用案例等。

### 10.1.1 Hadoop 背景介绍

Hadoop 是 Apache 软件基金会下的一个开源分布式计算平台。Hadoop 以分布式文件系统 HDFS 和 MapReduce(Google MapReduce 的开源实现)为核心,为用户提供了系统底层细节透明的分布式基础架构。HDFS 的高容错性、高伸缩性等优点允许用户将 Hadoop 部署在低廉的硬件上,形成分布式系统;MapReduce 分布式编程模型允许用户在不了解分布式系统底层细节的情况下开发并行应用程序。所以,用户可以利用 Hadoop 轻松地组织计算机资源,从而搭建自己的分布式计算平台,并且可以充分利用集群的计算和存储能力完成海量数据的处理。

Apache Hadoop 目前版本(2. X 版)包含以下模块:

- Hadoop 通用模块，支持其他 Hadoop 模块的通用工具集；
- Hadoop 分布式文件系统（HDFS），支持对应用数据高吞吐量访问的分布式文件系统；
- Hadoop YARN，用于作业调度和集群资源管理的框架；
- Hadoop MapReduce，基于 YARN 的大数据并行处理系统。

Hadoop 目前除了社区版，还有众多厂商的发行版本，如华为发行版、Intel 发行版、Cloudera 发行版（CDH）、Hortonworks 发行版（HDP）、MapR 等，所有这些发行版均是基于 Apache Hadoop 衍生出来的。现将各个主流的发行版本介绍如下：

- Cloudera：最成型的发行版本，拥有最多的部署案例；能提供强大的部署、管理和监控工具。Cloudera 开发并贡献了可实时处理大数据的 Impala 项目。

- Hortonworks：不拥有任何私有（非开源）修改地使用了 100% 开源 Apache Hadoop 的唯一提供商。Hortonworks 是第一家使用了 Apache HCatalog 的元数据服务特性的提供商，并且它的 Stinger 开创性地极大地优化了 Hive 项目。Hortonworks 提供了一个非常好的、易于使用的沙盒。Hortonworks 开发了很多增强特性并提交至核心主干，这使得 Apache Hadoop 能够在包括 Windows Server 和 Windows Azure 在内的 Microsft Windows 平台上本地运行。

- MapR：与竞争者相比，它使用了一些不同的概念，特别是为了获取更好的性能和易用性而支持本地 UNIX 文件系统而不是 HDFS（使用非开源的组件），可以使用本地 UNIX 命令来代替 Hadoop 命令。除此之外，MapR 还凭借诸如快照、镜像或有状态的故障恢复之类的高可用性特性来与其他竞争者相区别。该公司也领导着 Apache Drill 项目，本项目是 Google 的 Dremel 的开源项目的重新实现，目的是在 Hadoop 数据上执行类似 SQL 的查询以提供实时处理。

- Amazon Elastic Map Reduce（EMR）：这是一个托管的解决方案，其运行在由 Amazon Elastic Compute Cloud（Amazon EC2）和 Amazon Simple Strorage Service（Amazon S3）组成的网络规模的基础设施之上。除了 Amazon 的发行版本之外，也可以在 EMR 上使用 MapR。临时集群是主要的使用情形。如果用户需要一次性地或不常见地大数据处理，EMR 可能会为用户节省大笔开支。然而，这也存在不利之处。其只包含了 Hadoop 生态系统中 Pig 和 Hive 项目，在默认情况下不包含其他很多项目。EMR 是高度优化成与 S3 中的数据一起工作的，这种方式会有较高的延时并且不会定位于用户计算节点上的数据。所以，处于 EMR 上的文件 IO 相比于用户自己的 Hadoop 集群或用户的私有 EC2 集群来说会慢很多，并有更大的延时。

如今，Hadoop 已被公认为目前最流行的大数据处理平台，Forrester Research 的分析师 Mike Gualtieri 最近预测，在未来几年，“100% 的大公司”会采用 Hadoop。Markets and Markets 的一份报告也预测，2021 年 Hadoop 市场产值会达到 406.9 亿美元。未来，Hadoop 必将会随着大数据的深入人心而获得更大的发展空间。

### 10.1.2　Hadoop 生态系统

Hadoop 是一个能够对大量数据进行分布式处理的软件框架，具有可靠、高效、可伸缩的特点。Hadoop 的核心是 HDFS 和 MapReduce，在 Hadoop2. X 中还包括 YARN。图 10-1 为

Hadoop2. X 的生态系统。

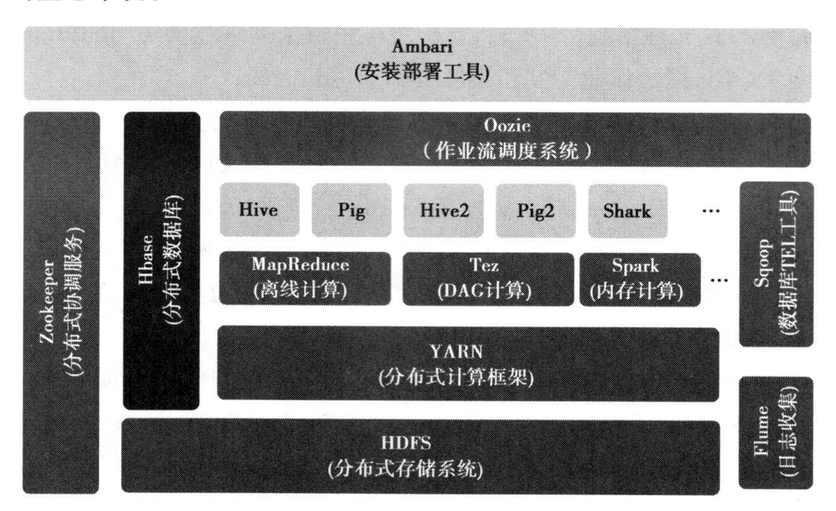


**图 10-1　Hadoop2. X 的生态系统**

Hadoop2. X 的生态系统主要包括 Hive、HBase、Pig、Sqoop、Flume、Zookeeper、Mahout、Spark、Storm、Shark、Phoenix、Tez、Ambari、YARN 等。

- Hive(基于 Hadoop 的数据仓库):用于 Hadoop 的一个数据仓库系统,它提供了类似于 SQL 的查询语言,通过使用该语言可以方便地进行数据汇总、特定查询以及分析存放在 Hadoop 兼容文件系统中的大数据。
- Hbase(分布式列存数据库):一种分布的、可伸缩的、大数据存储库,支持随机、实时读/写访问。
- Pig(基于 Hadoop 的数据流系统):分析大数据集的一个平台,该平台由一种表达数据分析程序的高级语言和对这些程序进行评估的基础设施一起组成。
- Sqoop(数据同步工具):为高效传输批量数据而设计的一种工具,用于 Apache Hadoop 和结构化数据存储库(如关系型数据库)之间的数据传输。
- Flume(日志收集工具):一种分布式的、可靠的、可用的服务,用于高效搜集、汇总、移动大量日志数据。
- Zookeeper(分布式协作服务):一种集中服务,用于维护配置信息、命名、提供分布式同步以及提供分组服务。
- Mahout(数据挖掘算法库):一种基于 Hadoop 的机器学习和数据挖掘的分布式计算框架算法集,实现了多种 MapReduce 模式的数据挖掘算法。
- Spark:一个开源数据分析集群计算框架,最初由加州大学伯克利分校 AMPLab 开发,建立于 HDFS 之上。Spark 与 Hadoop 一样用于构建大规模、低延时的数据分析应用。采用 Scala 语言实现,使用 Scala 作为应用框架。
- Storm:一个分布式的、容错的实时计算系统,由 BackType 开发,后被 Twitter 收购。Storm 属于流处理平台,多用于实时计算并更新数据库。Storm 也可以用于"连续计算"

(Continuous Computation),对数据流做连续查询,在计算时就将结果以流的形式输出给用户。它还可以用于“分布式 RPC(远程过程调用,Remote Procedure Call Protocol)”,以并行的方式运行大型的运算。

- Shark:即 Hive on Spark,一个专门为 Spark 打造的大规模数据仓库系统,兼容 Apache Hive。无须修改现有的数据或者查询,就可以用 100 倍的速度执行 HiveQL。Shark 支持 Hive 查询语言、元存储、序列化格式及自定义函数,与现有 Hive 部署无缝集成,是一个更快、更强大的替代方案。
- Phoenix:一个构建在 Apache HBase 之上的 SQL 中间层,完全使用 Java 编写,提供了一个客户端可嵌入的 JDBC 驱动。Phoenix 查询引擎会将 SQL 查询转换为一个或多个 HBase Scan,并编排执行以生成标准的 JDBC 结果集。直接使用 HBase API、协同处理器与自定义过滤器,对于简单查询来说,其性能量级是毫秒;对于百万级别的行数来说,其性能量级是秒。
- Tez:一个基于 Hadoop YARN 之上的 DAG(有向无环图,Directed Acyclic Graph)计算框架。它把 MapReduce 过程拆分为若干个子过程,同时可以把多个 MapReduce 任务组合成一个较大的 DAG 任务,减少了 MapReduce 之间的文件存储。同时合理组合其子过程,减少任务的运行时间。
- Ambari:一个供应、管理和监视 Apache Hadoop 集群的开源框架,它提供了一个直观的操作工具和一个健壮的 Hadoop API,可以隐藏复杂的 Hadoop 操作,使集群操作大大简化。
- YARN(Yet Another Resource Negotiator,另一种资源协调者):YARN 是一种新的 Hadoop 资源管理器,它是一个通用资源管理系统,可为上层应用提供统一的资源管理和调度。它的引入为集群在利用率、资源统一管理和数据共享等方面带来了巨大好处。

### 10.1.3　Hadoop 分布式计算框架

Hadoop 的核心分为两部分,第一部分是分布式文件系统 HDFS,在 6.5 节已经介绍;第二部分是 Hadoop 的分布式计算框架 MapReduce。

**1)MapReduce 的含义**

MapReduce 是 Google 开发的 Java、Python、C++编程模型,它是一种简化的分布式编程模型和高效的任务调度模型,用于大规模数据集(大于 1 TB)的并行计算。严格的编程模型使云计算环境下的编程十分简单。MapReduce 借鉴了 Lisp 等函数编程语言的思想,将要执行的问题分解成 Map(映射)和 Reduce(归约)的方式,先通过 Map 程序将数据切割成不相关的区块,分配(调度)给大量计算机处理,达到分布式运算的效果,再通过 Reduce 程序将结果汇总输出。

MapReduce 模型简单,并能满足绝大多数网络数据分析工作,因此被 Google、Hadoop 等云计算平台广泛采用。实际上,MapReduce 是一种简化的并行计算编程模型,这对开发人员而言具有重要的意义。随着互联网数据的急剧增长,开发人员面临越来越多的大数据量计算问题,处理这类问题的主要方法是并行计算,然而并行计算是一个相对复杂的技术,不易掌握。MapReduce 的出现降低了并行应用开发的入门门槛,隐藏了并行化、容错、数据分布、负载均衡等复杂的分布式处理细节,使得开发人员可以专注于程序逻辑的编写。MapReduce使并行计算得以广泛应用,是云计算的一项重要技术。

**2)MapReduce 的原理**

MapReduce 提供了泛函编程的一个简化版本,与传统编程模型中函数参数只能代表明确的一个数或数的集合不同,泛函编程模型中函数参数能够代表一个函数,这使得泛函编程模型的表达能力和抽象能力更高。在 MapReduce 模型中,输入数据和输出结果都被视作有一系列(key,value)对组成的集合,对数据的处理过程就是 Map 和 Reduce 过程。

Map 过程:①读取输入文件内容,解析成(key,value)对。对输入文件的每一行,解析成(key,value)对,每一个键值对调用一次 Map 函数。②根据不同的业务需要由用户提供,处理作为输入的一组(key,value)对,生成另外一组(key,value)对作为中间结果。③对中间结果(key,value)对进行分区。④对不同分区的数据,按照 key 进行排序、分组,相同 key 的 value 放到一个集合中。

每个 Map 函数都各自针对一部分原始数据进行指定的操作,不同 Map 之间互相独立,从而使得它们能够很方便地并行执行。

Reduce 过程:①对多个 Map 任务的输出,按照不同的分区,通过网络复制到不同的 Reduce 节点。②对多个 Map 任务的输出进行合并、排序。根据不同的业务由用户自定义,对输入的(key,value)进行处理,再转换成新的(key,value)输出。③把 Reduce 的输出保存到文件中。

每个 Reduce 函数所处理的 Map 中间结果是互不交叉的,所有 Reduce 函数产生的最终结果经过简单连接后形成最终的结果集,因此 Reduce 任务也可以并行执行。

具体 Map 和 Reduce 过程的键值对格式如表 10-1 所示。

**表 10-1　Map、Reduce 键值对格式**

| 函数 | 输入键值对 | 输出键值对 |
|---|---|---|
| Map( ) | <k1,v1> | <k2,v2> |
| Reduce( ) | <k2,{v2}> | <k3,v3> |

因此,使用 MapReduce 模型编程时,程序员主要工作是编写以下两个函数:

Map:(k1,v1)-->list(k2,v2)

Reduce:(k2,list(v2))-->list(k3,v3)

Map 的输出恰好作为 Reduce 的输入。

**3)MapReduce 的执行**

MapReduce 是一种处理和产生大规模数据集的编程模型,程序员在 Map 函数中指定对各分块数据的处理过程,在 Reduce 函数中指定如何对分块数据处理的中间结果进行归约。用户只需要指定 Map 和 Reduce 函数来编写分布式的并行程序。当在集群上运行 MapReduce 程序时,程序员不需要关心如何将输入的数据分块、分配和调度,同时系统还将处理集群内节点失败以及节点间通信的管理等。图 10-2 给出了一个 MapReduce 程序的具体执行过程。

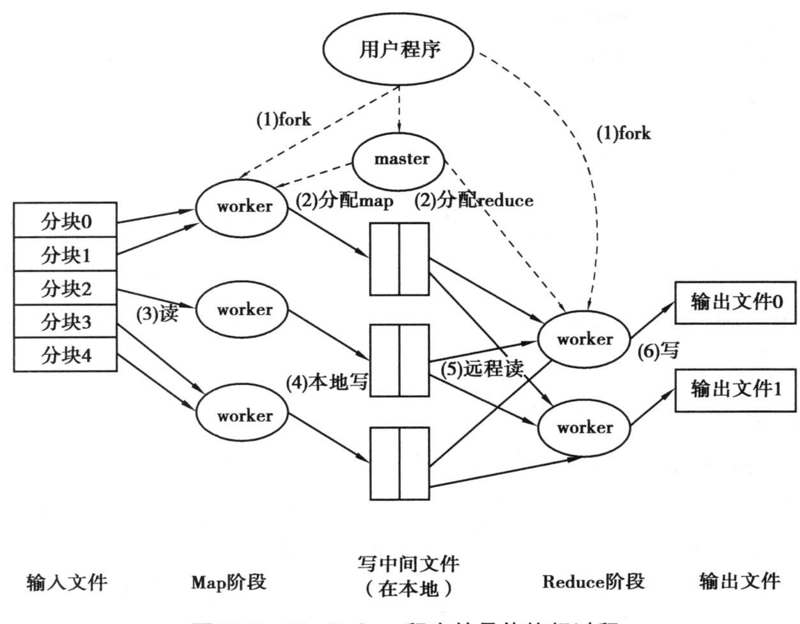


图 10-2　MapReduce 程序的具体执行过程

用户程序调用 MapReduce 函数后,会引起下面的操作过程:

①用户程序调用 MapReduce 库函数将输入文件分成 M 个数据文件块,每个数据文件块大小为 16 ~64 MB(可通过系统可选参数来控制每个数据文件块的大小)。然后使用 Fork(可以理解为是一个创建子进程的函数)将用户程序在机群中创建特定数据的程序副本。这些程序副本中包含一个 Master 程序,若干个 Worker 程序(Worker 的数量可以由用户指定)。

②Master 会根据 Worker 的空闲情况,将 Map 任务和 Reduce 任务分配给空闲的 Worker。Map 任务的数量取决于输入文件被分成的数据文件块 M 的个数。Reduce 任务的数量主要取决于步骤④中的分区数据 R。

③被分配了 Map 任务的 Worker 读取相关的输入数据块。它处理输入的数据,并且将分析出的(key,value)对传递给用户自定义的 Map 函数。Map 函数产生的中间结果(key,value)对暂时缓冲到内存。

④这些缓冲到内存的中间结果将被定时写到本地硬盘,这些数据通过分区函数分成 R 个不同分区(分区数据 R 和分区函数由用户指定)。中间结果在本地硬盘上的存储位置将被发送给 Master,Master 负责把这些位置信息转发给运行 Reduce 的 Worker。

⑤当运行 Reduce 的 Worker 程序接收到 Master 发来的关于中间结果(key,value)对的存储位置信息后,它调用远程过程,从执行 Map 的 Worker 所在本地硬盘上读取缓冲区中的中间结果,其后对 key 进行排序,使得具有相同 key 值的数据聚合在一起。由于不同 key 值会映射到相同 Reduce 任务上,因此必须进行归并排序,最终形成一个 Reduce 的输入文件。如果中间数据太大无法在内存中完成排序时,需要使用外排序算法。

⑥Reduce Worker 根据每一个唯一中间 key 来遍历所有排序后的中间数据，并把 key 值和它相关的中间 value 值的集合传递给用户自定义的 Reduce 函数。Reduce 函数对输入进行处理后，将得到的最终结果写入所属分区的输出文件。

⑦当所有 Map 任务和 Reduce 任务都完成之后，Master 唤醒用户程序，此时 MapReduce 程序返回用户程序的调用点。

### 10.1.4 Hadoop 应用案例

在大数据背景下，Apache Hadoop 已经逐渐成为一种标签性。随着业界对这一开源分布式技术不断加深了解，Hadoop 被广泛应用于在线旅游、移动数据、电子商务、能源发现、能源节省、基础设施管理、图像处理、欺诈检测、IT 安全、医疗保健等不同领域。下面将介绍几个国内外 Hadoop 的实际使用案例。

**1）应用案例 1——全球最大超市业者 Wal-Mart**

Wal-Mart 分析顾客商品搜索行为，找出超越竞争对手的商机。作为全球最大连锁超市，Wal-Mart 在 10 年前就投入在线电子商务，但效果并不理想，在线销售的收益远远落后于 Amazon。因此，Wal-Mart 决定采用 Hadoop 来分析顾客搜寻商品的行为以及用户透过搜索引擎寻找到 Wal-Mart 网站的关键词，利用这些关键词的分析结果发掘顾客需求，以规划下一季商品的促销策略。此外，Wal-Mart 还尝试分析顾客在 Facebook、Twitter 等社交网站上对商品的讨论，期望能比竞争对手提前一步发现顾客需求。

**2）应用案例 2——全球最大拍卖网站 eBay**

eBay 用 Hadoop 拆解非结构性巨量数据，降低数据仓储负载。eBay 是全球最大的拍卖网站，8 千万名用户每天产生的数据量就达到 50 TB，相当于 5 天就增加了 1 座美国国会图书馆的数据量。这些数据囊括了结构化的数据和非结构化的数据，如照片、影片、电子邮件、用户的网站浏览 Log 记录等。eBay 正是利用 Hadoop 来解决同时要分析大量结构化数据和非结构化的难题。eBay 通过 Hadoop 进行数据预先处理，将大块结构的非结构化数据拆解成小型数据，再放入数据仓储系统的数据模型中分析，以加快分析速度，也减轻对数据仓储系统的分析负载。

**3）应用案例 3——全球最大信用卡公司 Visa**

Visa 能快速发现可疑交易，分析时间由原来的 1 个月缩短成 13 分钟。Visa 公司拥有一个全球最大的付费网络系统 VisaNet，作为信用卡付款验证之用。为了降低信用卡各种诈骗、盗领事件的损失，Visa 公司得分析每一笔事务数据，以找出可疑的交易。虽然每笔交易的数据记录只有短短 200 位，但每天 VisaNet 要处理全球上亿笔交易，2 年累积的资料多达 36 TB，过去光是要分析 5 亿个用户账号之间的关联，得等 1 个月才能得到结果。所以，Visa 在 2009 年时导入了 Hadoop，建置了 2 套 Hadoop 丛集（每套不到 50 个节点），让分析时间从 1 个月缩短到 13 分钟，更快速地找出了可疑交易，也能更快对银行提出预警，甚至能及时阻止诈骗交易。

**4)应用案例4——全球最大的中文搜索引擎百度**

百度于2006年就开始关注Hadoop并开始调研和使用,2012年其总的集群规模达到近十个,单集群超过2800台机器节点,Hadoop机器总数有上万台机器,总的存储容量超过100 PB,已经使用的超过74 PB,每天提交的作业数目有数千个之多,每天的输入数据量已经超过7 500 TB,输出超过1 700 TB。

百度的Hadoop集群为整个公司的数据团队、大搜索团队、社区产品团队、广告团队,以及LBS团体提供统一的计算和存储服务,主要应用包括数据挖掘与分析、日志分析平台、数据仓库系统、推荐引擎系统、用户行为分析系统等。同时百度在Hadoop的基础上还开发了自己的日志分析平台、数据仓库系统,以及统一的C++编程接口,并对Hadoop进行深度改造,开发了Hadoop C++扩展HCE系统。

**5)应用案例5——全球领先的互联网公司阿里巴巴**

截至2012年,阿里巴巴的Hadoop集群大约有3 200台服务器,大约30 000个物理CPU核心,总内存100 TB,总的存储容量超过60 PB,每天的作业数目超过150 000个,每天hive query查询大于6 000个,每天扫描数据量约为7.5 PB,每天扫描文件数约为4亿,存储利用率大约为80%,CPU利用率平均为65%,峰值可以达到80%。阿里巴巴的Hadoop集群拥有150个用户组、4 500个集群用户,为淘宝、天猫、一淘、聚划算、CBU、支付宝提供底层基础计算和存储服务,主要应用包括数据平台系统、搜索支撑、广告系统、数据魔方、量子统计、淘数据、推荐引擎系统、搜索排行榜等。为了便于开发,阿里巴巴还开发了Web IDE继承开发环境,使用的相关系统包括Hive、Pig、Mahout、Hbase等。

## 10.2　开源云计算软件Eucalyptus

Eucalyptus是Amazon EC2的一个开源实现,它与EC2的商业服务接口兼容。Eucalyptus是一个面向研究社区的软件框架。不同于其他的IaaS云计算系统,Eucalyptus能够在已有的常用资源上进行部署。Eucalyptus采用模块化设计,它的组件可以进行替换和升级,为研究人员提供了一个进行云计算研究的很好的平台。目前,Eucalyptus系统已经提供下载并且可以在集群和各种个人计算环境中进行安装使用。相信随着研究的深入,Eucalyptus将引起更多人的关注。本节将重点介绍Eucalyptus的体系结构、组件功能、配置以及优势等。

### 10.2.1　Eucalyptus产品概述

在开源IaaS平台世界里,目前流行的主要有OpenStack、CloudStack、Eucalyptus和OpenNebula等,其中Eucalyptus是商业化开始得比较早的开源平台。

Eucalyptus直译为“桉树”,实际上是语句“Elastic Utility Computing Architecture for Linking Your Programs To Useful Systems(将程序连接到有用系统的弹性效能计算体系结构)”的缩写。Eucalyptus是一种开源的软件基础结构,用来通过计算集群或工作站群实现

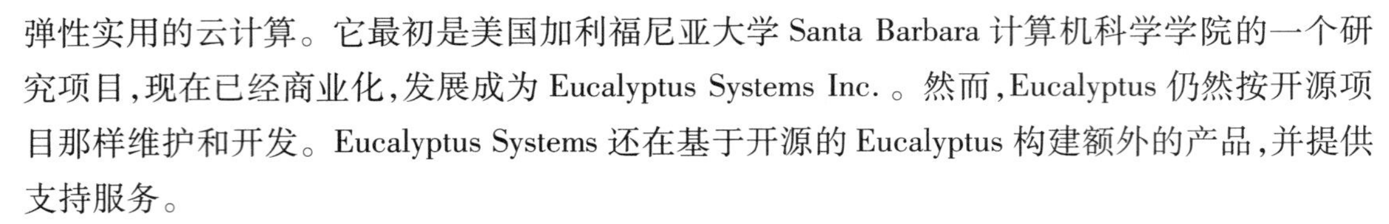

弹性实用的云计算。它最初是美国加利福尼亚大学 Santa Barbara 计算机科学学院的一个研究项目,现在已经商业化,发展成为 Eucalyptus Systems Inc. 。然而,Eucalyptus 仍然按开源项目那样维护和开发。Eucalyptus Systems 还在基于开源的 Eucalyptus 构建额外的产品,并提供支持服务。

Eualyptus 专门用于支持云计算研究和基础设施的开发。它基于基础设施即服务(IaaS)的思想,不同于 Google、Amazon、Salesforce、3Tera 等云计算提供商,它所使用的计算和存储基础设施如集群和工作站可为学术研究组织所用,为他们提供了一个模块化的开放的研究和试验平台。该平台为用户提供了运行和控制部署在各种虚拟物理资源上的整个虚拟机实例的能力。Eucalyptus 的设计强调模块化,以允许研究者对云计算的安全性、可扩展性、资源调度及接口实现进行测试,有利于广大研究社区对云计算的研究探索。

在四大开源 IaaS 平台中,Eucalyptus 一直与 AWS 的 IaaS 平台保持高度兼容而与众不同。从诞生开始,Eucalyptus 就专注于和 AWS 的高度兼容性,瞄准 AWS Hybrid 这个市场。Eucalyptus 也是 AWS 承认的唯一与 AWS 高度兼容的私有云和混合云平台。目前,Eucalyptus 的很多用户或者商业化用户也是 AWS 用户,他们使用 Eucalyptus 来构建混合云平台。Eucalyptus 的 AWS 兼容性主要体现在以下几个方面:

- 广泛 AWS 服务支持。除了 EC2 服务,Eucalyptus 提供 AWS 主流的服务,包括 S3、EBS、IAM、Auto Scaling Group、ELB、CloudWatch 等,而且 Eucalyptus 在未来的版本里,还会增减更多的 AWS 服务。
- 高度 API 兼容。在 Eucalyptus 提供的服务里,其 API 和 AWS 服务 API 完全兼容,Eucalyptus 的所有用户服务(管理服务除外)都没有自己的 SDK,Eucalyptus 用户以使用 AWS CLI 或者 AWS SDK 来访问 Eucalyptus 的服务。Eucalyptus 提供的 euca2ool 工具可以同时管理访问 Eucalyptus 和 AWS 的资源。
- 应用迁移。在 Eucalyptus 和 AWS 之间可非常容易地进行应用的迁移,Eucalyptus 的虚拟机镜像 EMI 和 AWS 的 AMI 的转换非常容易。
- 应用设计,工具和生态系统。运行在 AWS 的工具或者生态系统完全可以在 Eucalyptus 上使用,例如 Netflix 的 OSS。Eucalyptus 是唯一可以运行 Netflix OSS 的开源 IaaS 平台,Netflix 是 AWS 力推的 AWS 生态系统榜样,Netflix OSS 提供 AWS 上 Application 服务框架和 Cloudg 管理工具。

### 10.2.2 Eucalyptus 体系结构

可扩展性和非侵入性是 Eucalyptus 的两个主要设计目标。Eucalyptus 具有简单的组织结构和模块化的设计,所以扩展起来很方便,且 Eucalyptus 使用开源的 Web 服务技术,其内部结构一目了然。Eucalyptus 的每个组件由若干个 Web 服务组成,且使用 WS-Security 策略支持安全通信。Eucalyptus 依靠符合行业标准的软件包,如 Axis2、Apache 和 Rampart 等。这些实现技术的选择还支持设计的第二个目标,即非侵入(non-intrusive)或覆盖部署。

Eucalyptus 并不要求其使用者将他所有的机器都用于 Eucalyptus，也不要求以一种潜在的破坏性的方式来修改本地软件配置。它只要求使用 Eucalyptus 的节点通过 Xen 支持虚拟化执行和部署 Web 服务。只要满足了上述要求，Eucalyptus 就可在不修改基本基础设施的情况下进行安装和执行。

Eucalyptus 采用了分层的体系结构，如图 10-3 所示。

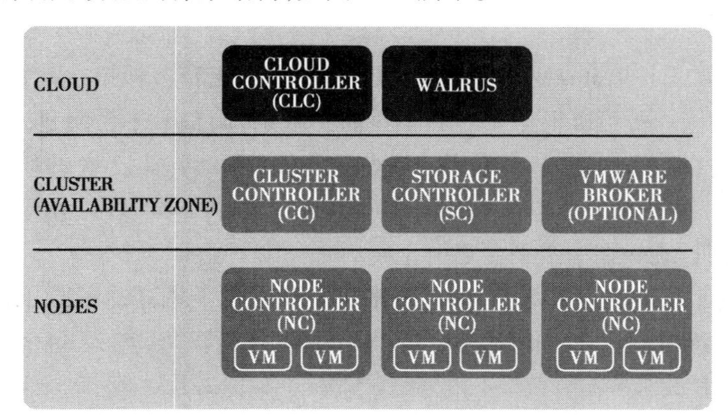


图 10-3 Eucalyptus 体系结构

Eucalyptus 包含 5 个主要组件：Eucalyptus 包括云控制器（CLC）、持续性数据存储（Walrus）、集群控制器（CC）、存储控制器（SC）和节点控制器（NC）。它们能相互协作共同提供所需的云服务。这些组件使用具有 WS-Security 的 SOAP 消息传递安全地相互通信。

（1）Cloud Controller（CLC）

在 Eucalyptus 云内，这是主要的控制器组件，负责管理整个系统。它是所有用户和管理员进入 Eucalyptus 云的主要入口。所有客户机通过基于 SOAP 或 REST 的 API 只与 CLC 通信，由 CLC 负责将请求传递给正确的组件、收集它们并将来自这些组件的响应发送回至该客户机。这是 Eucalyptus 云的对外“窗口”。

（2）Walrus（W）

Walrus 是一个与 Amazon S3 类似的存储服务。这个控制器组件管理对 Eucalyptus 内的存储服务的访问。请求通过基于 SOAP 或 REST 的接口传递至 Walrus。

（3）Cluster Controller（CC）

Eucalyptus 内的这个控制器组件负责管理整个虚拟实例网络。请求通过基于 SOAP 或 REST 的接口被送至 CC。CC 维护有关运行在系统内的 Node Controller 的全部信息，并负责控制这些实例的生命周期。它将开启虚拟实例的请求路由到具有可用资源的 Node Controller。

（4）Storage Controller（SC）

Eucalyptus 内的这个存储服务实现 Amazon 的 S3 接口。SC 与 Walrus 联合工作，用于存储和访问虚拟机映像、内核映像、RAM 磁盘映像和用户数据。其中，VM 映像可以是公共的，也可以是私有的，并最初以压缩和加密的格式存储。这些映像只有在某个节点需要启动一

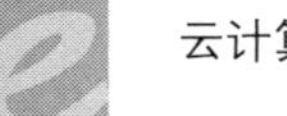


个新的实例并请求访问此映像时才会被解密。

(5)Node Controller(NC)

它控制主机操作系统及相应的 Hypervisor(Xen 或 KVM),必须在托管了实际的虚拟实例(根据来自 CC 的请求实例化)的每个机器上运行 NC 的一个实例。

### 10.2.3 Eucalyptus 配置

通过各类组件,Eucalyptus 可以配置多种基础设施功能和多种拓扑结构。例如,对 4 种不同的网络模式,管理员可以根据相应的安全防护级别,调整云平台配置,以满足本地安全策略和管理需要;也可以在一个包含不同管理程序和虚拟技术的统一平台中部署 Eucalyptus,并制订统一 API。这样,Eucalyptus 云可以把各种不同技术(用于数据中心可能需要的各个生命周期)统一在一个平台之中。

一个 Eucalyptus 云安装可以聚合和管理来自一个或多个集群的资源。一个集群是连接到相同 LAN 的一组机器。在一个集群中,可以有一个或多个 NC 实例,每个实例管理虚拟实例的实例化和终止。

在一个单一集群的安装中,如图 10-4 所示,将至少包含两个机器:一个机器运行 CC、SC 和 CLC,另一个机器运行 NC。这种配置主要适合于试验的目的以及快速配置的目的。通过将所有东西都组合到一个机器内,还可以进一步简化,但这个机器需要非常健壮才能这样做。

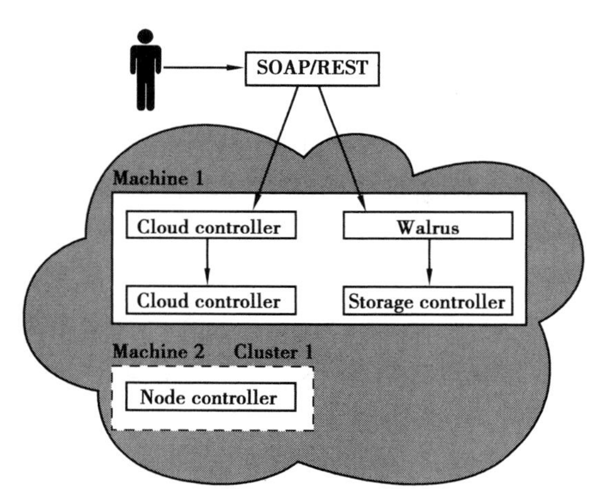


图 10-4 一个单集群 Eucalyptus 安装的拓扑

在多集群安装中,可以将各个组件(CC、SC、NC 和 CLC)放置在单独的机器上,如图 10-5 所示。如果想要用它来执行重大的任务,这么做就是一种配置 Eucalyptus 云的理想方式。多集群安装还能通过选择与其上运行的控制器类型相适应的机器来显著提高性能。例如,可以选择一个具有超快 CPU 的机器来运行 CLC。多集群的结果是可用性的提高、负载和资源的跨集群分布。集群的概念类似于 Amazon EC2 内的可用性区域的概念,资源可以跨多个可用性区域分配,这样一来,一个区域内的故障不会影响到整个应用程序。

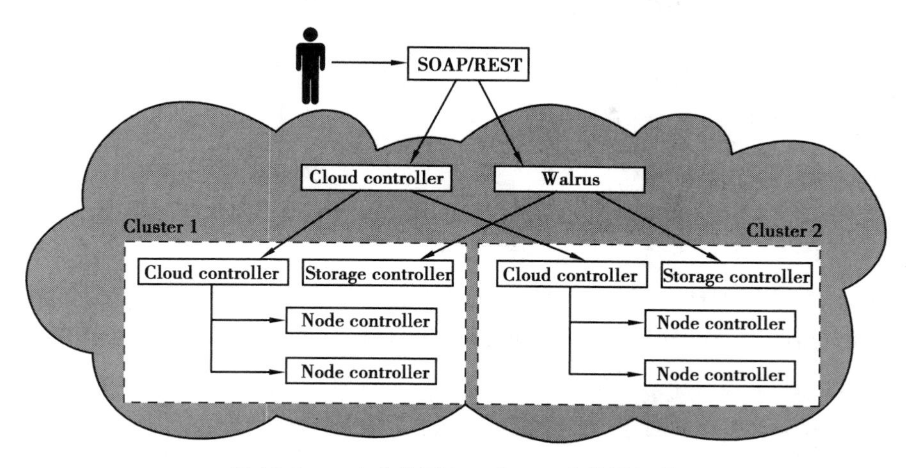


图 10-5　一个多集群 Eucalyptus 安装的拓扑

### 10.2.4　Eucalyptus 优势

Eucalyptus 对企业数据中心和没有特殊硬件要求的需求，可以进行混合云和私有云部署。在当今的 IT 基础架构之上，利用 Linux 和 Web Services 技术，Eucalyptus 允许客户快速、轻松地创建适合他们特定应用需要的云计算。同时，支持流行的 AWS 云接口（Amazon Web Services），通过使用通用的编程接口，允许这些私有云与公共云交互。伴随虚拟机技术的发展，已支持云环境中存储和网络的安全虚拟化。

Eucalyptus 可以安全地虚拟化服务器、网络和储存，从而降低成本，提高维护便利性，并提供用户自助服务。

Eucalyptus 的模块化设计为广泛的用户（管理员、开发人员、管理人员、托管客户）提供不同的用户界面。虚拟化技术带来了好处，并且为服务供应商提供了一个基于消费定价模式的运营平台。

VM 和云快照功能极大地提升了集群的可靠性、模板操作和自动化。这使得云易于使用，可降低用户的平均学习时间，并降低项目周期。

充分利用现有的虚拟化技术，支持基于 Linux 的操作系统，并支持多种管理程序。

便捷的集群、可用性区管理，使得管理员、用户可以为每个项目、用户设计不同的逻辑服务器、存储和网络。

Eucalyptus 的核心架构，将继续保持开放源代码。它将利用全球开发社区的智慧。

目前正在努力发展的公共云兼容接口是一个独特的优势，将来用户将接入自己的私有云，从而形成公共—私有混合云的模式。

围绕亚马逊 AWS，正在形成一个快速发展的技术体系。例如，RightScale、CohesiveFT、Zmanda、rpath 等合作伙伴，为基于 Eucalyptus 工作的亚马逊 AWS 提供解决方案。

Eucalyptus 兼容多个 Linux 发行版，包括 Ubuntu、红帽、openSUSE、Debian、Fedora、CentOS，而且正在发展管理程序和虚拟化的各种技术。使用 FreeBSD License，意味着可以直接使用在商业软件应用中，当前支持的商业服务只是亚马逊的 EC2，今后会增加多种客户端

接口。

该系统使用和维护十分方便,使用SOAP安全的内部通信,且把可伸缩型作为主要的设计目标,具有简单易用、扩展方便的特点。

## 10.3 开源虚拟化云计算平台OpenStack

OpenStack既是一个社区,也是一个项目和一个开源软件。它提供了一个部署云的操作平台或工具集。其宗旨在于帮助组织运行为虚拟计算或存储服务的云,为公有云、私有云,也为大云、小云提供可扩展的、灵活的云计算。本节将重点介绍OpenStack的3个核心开源项目,即Nova(计算)、Swift(对象存储)和Glance(镜像)。

### 10.3.1 OpenStack背景介绍

OpenStack是一个由Rackspace公司和美国国家航空航天局(NASA)共同开发的云计算平台项目,可以为公有云和私有云服务提供云计算基础架构平台。OpenStack使用的开发语言是Python,采用Apache许可证发布该项目源代码。OpenStack支持多种不同的Hypervisor(如QEMU/KVM、Xen、VMware、Hyper-V、LXC等),通过调用各个底层Hypervisor的API来实现对客户机的创建和关闭等操作,使用libvirt API来管理QEMU/KVM和LXC、使用XenAPI来管理XenServer/XCP、使用VMware API来管理VMware,等等。

OpenStack项目发展迅猛,目前有超过150家公司和成千上万的个人开发者已经宣布加入该项目的开发。支持OpenStack开发的一些大公司,包括AT&T、Canonical、IBM、HP、Redhat、Suse、Intel、Cisco、WMware、Yahoo!、新浪、华为等一批在IT业界非常知名的公司。

OpenStack的使命是为大规模的公有云和小规模的私有云都提供一个易于扩展的、弹性云计算服务,从而让云计算的实现更加简单和云计算架构具有更好的扩展性。OpenStack的作用是整合各种底层硬件资源,为系统管理员提供Web界面的控制面板以方便资源管理,为开发者的应用程序提供统一管理接口,为终端用户提供无缝的透明的云计算服务。OpenStack在云计算软硬件架构的主要作用与一个操作系统类似,具体如图10-6所示。

由图10-6可见,OpenStack作为IaaS层的云操作系统,主要管理计算、网络和存储三大类资源。

(1)计算资源管理

OpenStack可以规划并管理大量虚拟机,从而允许企业或服务提供商按需提供计算资源;开发者可以通过API访问计算资源从而创建云应用,管理员与用户则可以通过Web访问这些资源。

(2)存储资源管理

OpenStack可以为云服务或云应用提供所需的对象及块存储资源;因对性能及价格有需求,很多组织已经不能满足传统的企业级存储技术,因此OpenStack可以根据用户需要提供可配置的对象存储或块存储功能。

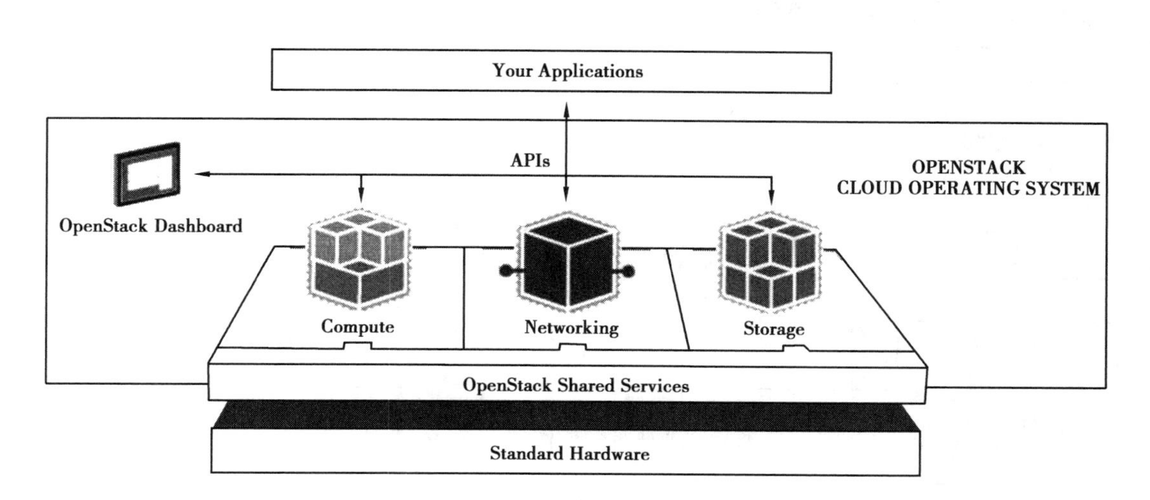


图 10-6　OpenStack 架构

（来源：OpenStack 官网）

（3）网络资源管理

如今的数据中心存在大量的设置，如服务器、网络设备、存储设备、安全设备，而它们还将被划分成更多的虚拟设备或虚拟网络，这会导致 IP 地址的数量、路由配置、安全规则将爆炸式增长。传统的网络管理技术无法真正实现高扩展、高自动化地管理下一代网络，因此 OpenStack 提供了插件式、可扩展、API 驱动型的网络及 IP 管理。

作为 Amazon 的追随者，OpenStack 在技术架构上也与 AWS 有很多相似之处。OpenStack 也是由几个独立的核心功能组件所构成，如图 10-7 所示。

（1）计算服务 Nova

Nova 是 OpenStack 云计算架构控制器，OpenStack 云内实例的生命周期所需的所有活动由 Nova 处理。Nova 作为管理平台管理着 OpenStack 云里的计算资源、网络、授权和扩展需求。但是，Nova 不能提供本身的虚拟化功能，相反，它使用 Libvirt 的 API 来支持虚拟机管理程序交互。Nova 通过 Web 服务接口开放所有功能并兼容亚马逊 Web 服务的 EC2 接口。

（2）对象存储服务 Swift

Swift 为 OpenStack 提供了分布式的、最终一致的虚拟对象存储。和亚马逊的 Web 服务——简单存储服务（S3）类似，通过分布式的穿过节点，Swift 有能力存储数十亿计的对象，并具有内置冗余、容错管理、存档、流媒体的功能。Swift 是高度扩展的，不论大小（多个 PB 级别）和能力（对象的数量）。

（3）镜像服务 Glance

Glance 提供了一个虚拟磁盘镜像的目录和存储仓库，可以提供对虚拟机镜像的存储和检索。这些磁盘镜像常常广泛应用于 OpenStack Compute 组件之中。虽然这种服务在技术上是属于可选的，但任何规模的云都可能对该服务有需求。

（4）身份认证服务 Keystone

它为 OpenStack 上所有服务提供身份验证和授权。它还提供了在特定 OpenStack 云服

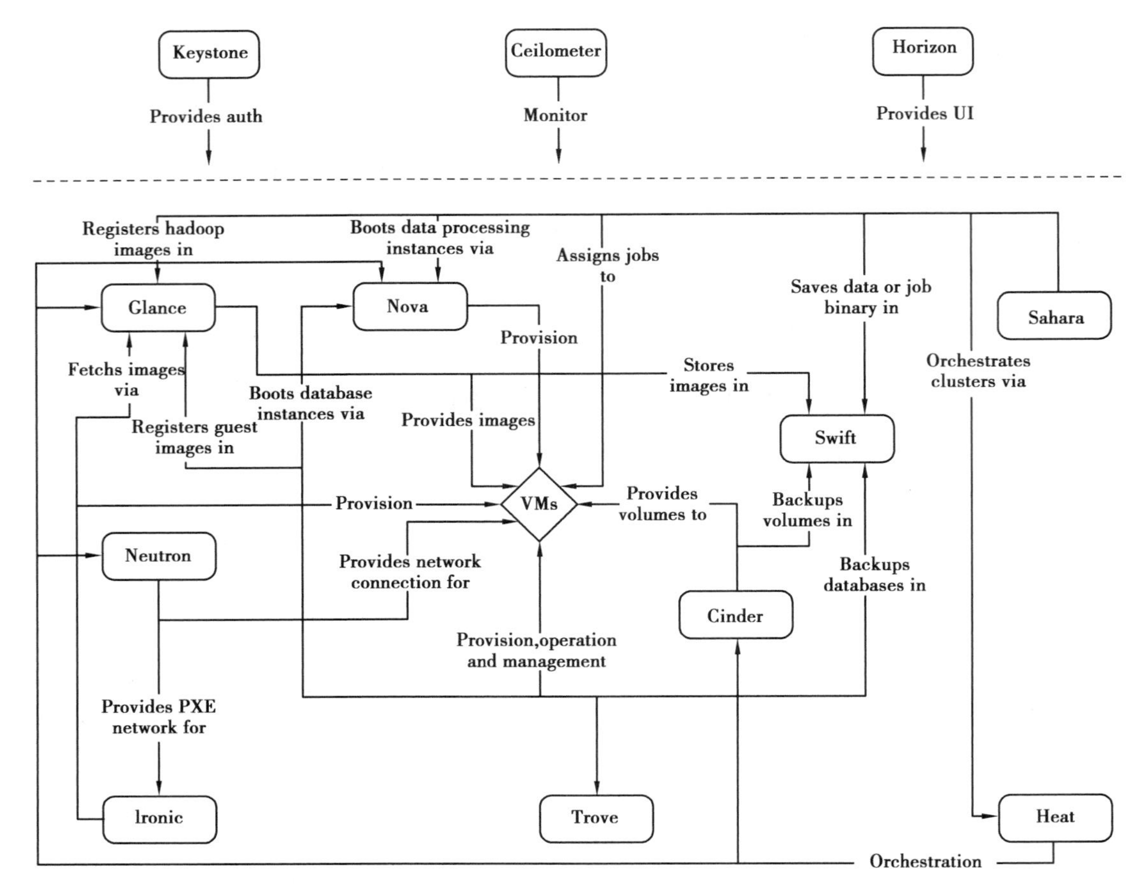


图 10-7　OpenStack 核心功能

（来源：51CTO 博客）

务上运行服务的一个目录。

(5)网络服务 Neutron

Neutron 的发展经历了 Nova-Network→Quantum→Neutron 3 个阶段，从最初的只提供 IP 地址管理、网络管理和安全管理功能发展到现在可以提供多租户隔离、多2 层代理支持、3 层转发、负载均衡、隧道支持等功能。Neutron 提供了一个灵活的框架，通过配置，无论是开源还是商业软件都可以被用来实现这些功能。

(6)块存储服务 Cinder

Cinder 为虚拟化的客户机提供持久化的块存储服务。该组件项目的很多代码最初是来自 Nova 之中（就是 the nova-volume service）。不过请注意，这是块存储（或者 Volumes），而不是类似于 NFS 或者 CIFS 文件系统。Cinder 是 Folsom 版本 OpenStack 中加入的一个全新的项目。

(7)控制面板 Horizon

Horizon 为 OpenStack 的所有服务提供一个模块化的基于 Web 的用户界面。使用这个

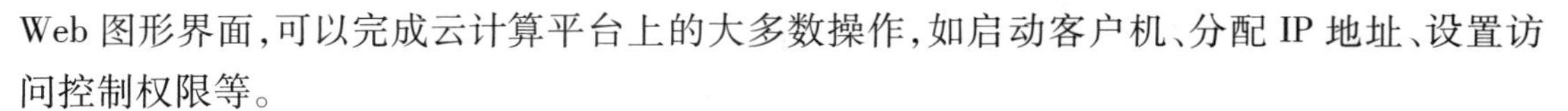

Web 图形界面,可以完成云计算平台上的大多数操作,如启动客户机、分配 IP 地址、设置访问控制权限等。

(8)计量服务 Ceilometer

Ceilometer 用于对用户实际使用资源的进行比较细粒度的度量,可以为计费系统提供非常详细的资源监控数据(包括 CPU、内存、网络、磁盘等)。

(9)编排服务 Heat

Heat 使用 Amazon 的 AWS 云格式(CloudFormation)模板来编排和描述 OpenStack 中的各种资源(包括客户机、动态 IP、存储卷等),它提供了一套 OpenStack 故有的 RESTful 的 API,以及一套与 AWS CloudFormation 兼容的查询 API。

(10)Hadoop 集群服务 Sahara

Sahara 是基于 OpenStack 提供快速部署和管理 Hadoop 集群的工具,随着版本的演进,如今 Sahara 已经可以提供分析及服务层面的大数据业务应用能力(EDP),并且也突破了单一的 Hadoop 部署工具范畴,可以独立部署 Spark、Storm 集群,以更加便捷地处理流数据。

(11)裸金属服务 Ironic

OpenStack Ironic 就是一个进行裸机部署安装的项目。所谓裸机,就是指没有配置操作系统的计算机。从裸机到应用还需要进行以下操作:硬盘 RAID、分区和格式化;安装操作系统、驱动程序;安装应用程序。Ironic 实现的功能,就是可以很方便地对指定的一台或多台裸机执行以上一系列的操作。例如,部署大数据群集需要同时部署多台物理机,就可以使用 Ironic 来实现。Ironic 可以实现硬件基础设施资源的快速交付。

(12)数据库服务 Trove

Trove 是 OpenStack 数据服务组件,允许用户对关系型数据库进行管理,实现了 MySQL 实例的异步复制和提供 PostgreSQL 数据库的实例。

后面几节将重点介绍 OpenStack 的 3 个核心开源项目,即 Nova(计算)、Swift(对象存储)和 Glance(镜像)。

### 10.3.2　计算服务 Nova

Nova 是 OpenStack 最早的两块模块之一,另一个是对象存储 Swift。作为 OpenStack 云中的计算组织控制器,Nova 处理 OpenStack 云中实例(Instances)生命周期的所有活动。这样使得 Nova 成为一个负责管理计算资源、网络、认证、所需可扩展性的平台。但是,Nova 并不具备虚拟化能力,相反它使用 Libvirt API 来与被支持的 Hypervisors 交互。Nova 通过一个与 Amazon Web Services(AWS)EC2 API 兼容的 Web Services API 来对外提供服务。

1)Nova 主要组件

Nova 在组成架构上是由 Nova-Api、Nova-Sheduler、Nova-Compute 等一些关键组件构成,这些组件都各司其职,具体关系如图 10-8 所示。

(1)API Server(Nova-API)

API Server 对外提供一个与云基础设施交互的接口,也是外部可用于管理基础设施的唯

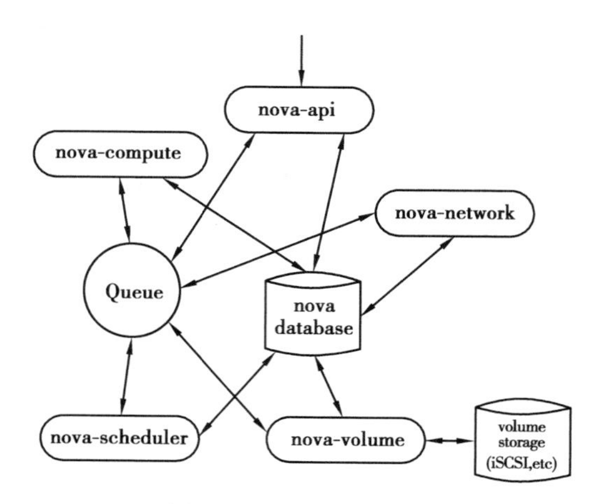


图 10-8　Nova 主要组件

一组件。管理使用 EC2 API,通过 Web Services 调用实现。然后 API Server 通过消息队列(Message Queue)轮流与云基础设施的相关组件通信。作为 EC2 API 的另外一种选择,OpenStack 也提供一个内部使用的 OpenStack API。

(2)Message Queue(Rabbit MQ Server)

OpenStack 节点之间通过消息队列使用 AMQP(Advanced Message Queue Protocol)完成通信。Nova 通过异步调用请求响应,使用回调函数在收到响应时触发。因为使用了异步通信,不会有用户长时间卡在等待状态。这是有效的,因为许多 API 调用预期的行为都非常耗时,例如加载一个实例,或者上传一个镜像。

(3)Compute Worker(Nova-Compute)

Compute Worker 处理管理实例生命周期,通过 Message Queue 接收实例生命周期管理的请求,并承担操作工作。一个典型生产环境的云部署中有一些 Compute Worker,一个实例部署在哪个可用的 Compute Worke 上取决于调度算法。

(4)Network Controller(Nova-Network)

Network Controller 处理主机地网络配置,它包括 IP 地址分配、为项目配置 VLAN、实现安全组、配置计算节点网络。

(5)Volume Workers(Nova-Volume)

Volume Workers 用来管理基于 LVM(Logical Volume Manager)的实例卷。Volume Workers 有卷的相关功能,例如新建卷、删除卷、为实例附加卷、为实例分离卷等。卷为实例提供一个持久化存储,因为根分区是非持久化的,当实例终止时对它所作的任何改变都会丢失。当一个卷从实例分离或者实例终止(这个卷附加在该终止的实例上)时,这个卷保留着存储在其上的数据。当把这个卷重附加载相同实例或者附加到不同实例上时,这些数据依旧能被访问。

一个实例的重要数据几乎总是要写在卷上,这样可以确保能在以后访问。这个对存储的典型应用需要数据库等服务的支持。

(6) Scheduler(Nova-Scheduler)

调度器 Scheduler 把 Nova-API 调用映射为 OpenStack 组件。调度器以名为 Nova-Schedule 的守护进程运行，通过恰当的调度算法从可用资源池获得一个计算服务。Scheduler 会根据诸如负载、内存、可用域的物理距离、CPU 构架等作出调度决定。Nova Scheduler 实现了一个可插入式的结构。

当前 Nova-Scheduler 实现了一些基本的调度算法。

- 随机算法：计算主机在所有可用域内随机选择。
- 可用域算法：跟随机算法相仿，但是计算主机在指定的可用域内随机选择。
- 简单算法：这种方法选择负载最小的主机运行实例。负载信息可通过负载均衡器获得。

2) Nova **工作流程**

Nova-API 对外统一提供标准化接口，各子模块，如计算资源、存储资源和网络资源子模块，通过相应的 API 接口服务对外提供服务，如图 10-9 所示。

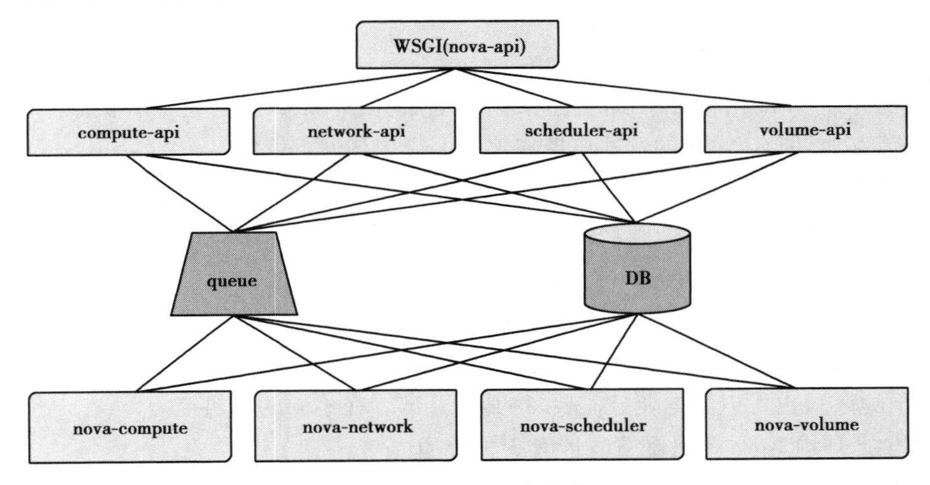


**图 10-9　Nova 运行架构**

图 10-9 中的 WSGI 就是 Nova-API。API 接口操作 DB 实现资源数据模型的维护，通过消息中间件，通知相应的守护进程(如 Nova-Compute 等)实现服务接口。API 与守护进程共享 DB 数据库，但守护进程侧重维护状态信息、网络资源状态等。守护进程之间不能直接调用，需要通过 API 调用，如 Nova-Compute 为虚拟机分配网络，需要调用 Network-API，而不是直接调用 Nova-Network，这样易于解耦合。

下面以创建虚拟机为例，分析 Nova 的不同关键子模块之间的调用关系。因为启动一个新的实例(Instance)，涉及 OpenStack Nova 里很多组件共同协作。

①通过调用 Nova-API 创建虚拟机接口，Nova-API 对参数进行解析以及初步合法性校验。调用 Compute-API 创建虚拟机 VM 接口，Compute-API 根据虚拟机参数(CPU、内存、磁盘、网络、安全组等)信息，访问数据库创建数据模型虚拟机实例记录(创建 1 个虚拟机实例)。

②接下来需要调用具体的物理机实现虚拟机部署，在这里就会涉及调度模块 Nova-Scheduler。Compute-API 通过 RPC 的方式将创建虚拟机的基础信息封装成消息发送至消息中间件指定消息队列"Scheduler"。

③Nova-Scheduler 订阅了消息队列"Scheduler"的内容，接收到创建虚拟机的消息后进行过滤。根据请求的虚拟资源，即 flavor 的信息，选择一台物理主机部署，如物理主机 A，Nova-Scheduler 将虚拟机的基本信息、所属物理主机信息发送至消息中间件指定消息队列"Compute. 物理机 A"。

④物理机 A 上 Nova-Compute 守护进程订阅消息队列"Compute. 物理机 A"，接到消息后，根据虚拟机基本信息开始创建虚拟机。

⑤Nova-Compute 调用 Network-API 分配网络 IP。

⑥Nova-Network 接收到消息后，从 fixedIP 表（数据库）里拿出一个可用 IP，Nova-Network 根据私网资源池，结合 DHCP，实现 IP 分配和 IP 地址绑定。

⑦Nova-Compute 通过调用 Volume-API 实现存储划分，最后调用底层虚拟化 Hypervisor 技术，部署虚拟机。

3）Nova **物理部署方案**

前面已介绍 Nova 由很多子服务组成，同时也知道 OpenStack 是一个分布式系统，可以部署到若干节点上，那么 Nova 的这些服务在物理上应该如何部署呢？

从功能上看，Nova 平台有两类节点：控制节点和计算节点，其角色由安装的服务决定。控制节点包括网络控制 Network、调度管理 Scheduler、API 服务、存储卷管理 Nova-Volume 等，计算节点主要提供 Nova-Compute 服务。节点之间使用 AMQP 作为通信总线，只要将 AMQP 消息写入特定的消息队列中，相关的服务就可以获取该消息进行处理。由于使用了消息总线，因此服务之间是位置透明的，可以将所有服务可以部署在同一台主机上，即 All-in-One（一般用于测试），也可以根据业务需要，将其分开部署在不同的主机上。

用在生产环境 Nova 平台配置一般有 3 种类型：

（1）最简配置

最简配置至少需要两个节点，除了 Nova-Compute 外所有服务都部署在一台主机里，这台主机进行各种控制管理，即控制节点，如图 10-10 所示。

（2）标准配置

控制节点的服务可以分开在多个节点，标准的生产环境推荐使用至少 4 台主机来进一步细化职责。控制器、网络、卷和计算职责分别由一台主机担任，如图 10-11 所示。

（3）高级配置

很多情况下（比如为了高可用性），需要把各种管理服务分别部署在不同主机（比如分别提供数据库集群服务、消息队列、镜像管理、网络控制等），形成更复杂的架构，如图 10-12 所示。

这种配置上的弹性得益于 Nova 选用 AMQP 作为消息传递技术，更准确地说，Nova 服务使用远程过程调用（RPC）彼此进行沟通。AMQP 代理（可以是 RabbitMQ 或 Qpid）位于任两

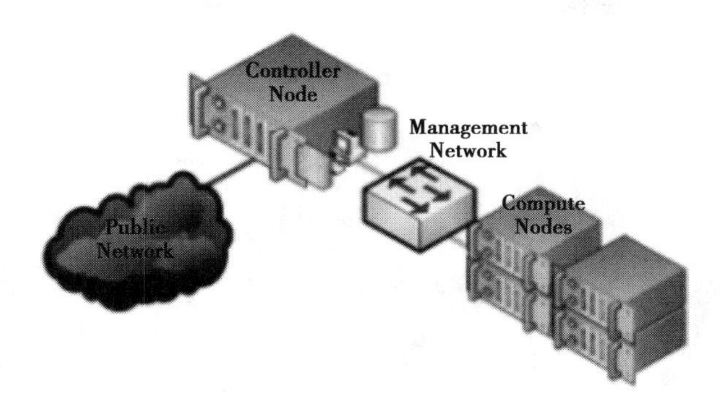


图 10-10　OpenStack 双节点架构

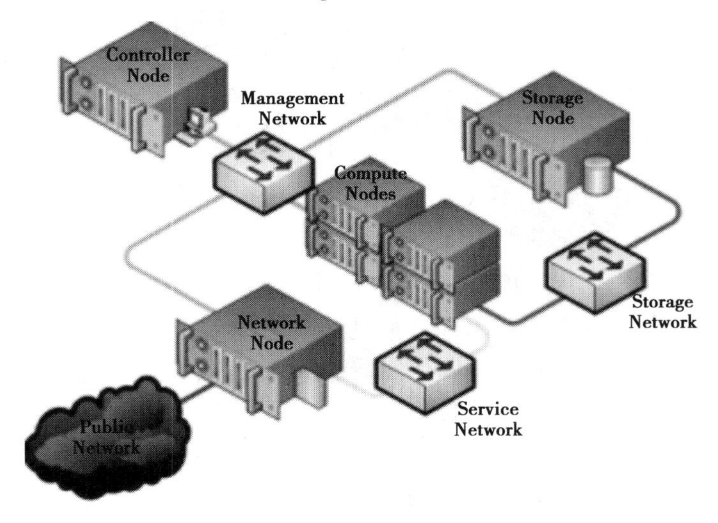


图 10-11　OpenStack 多节点架构

个 Nova 服务之间,使它们以松耦合的方式进行通信。因此不单 API 服务器可以和服务进行通信,服务之间也可以相互通信,如计算服务和网络服务、卷服务进行通信以获得必要的资源。每一个 Nova 服务(Compute、Scheduler 等)在初始化时会创建两个消息队列,其路由选择关键字分别为"NODE-TYPE. NODE-ID"(如 Compute. )和"NODE-TYPE"(如 Compute)。后者则接收一般性消息,而前者则只接收发给特定节点的命令,例如执行"euca-terminate - instance"。很明显,该命令只应发送给运行该实例的某个计算节点。无论是哪一种生产配置模式,都允许用户根据需要添加更多的计算节点,由 $N$ 台服务器执行计算任务。

### 10.3.3　对象存储服务 Swift

Swift 是 OpenStack 开源云计算项目的子项目之一,是一个可扩展的对象存储系统,具有强大的扩展性、冗余性和持久性。对象存储,用于永久类型的静态数据的长期存储。

Swift 最初是由 Rackspace 公司开发的高可用分布式对象存储服务,并于 2010 年贡献给 OpenStack 开源社区,作为其最初的核心子项目之一,为其 Nova 子项目提供虚机镜像存储服务。Swift 构筑在比较便宜的标准硬件存储基础设施之上,无须采用 RAID(磁盘冗余阵列),

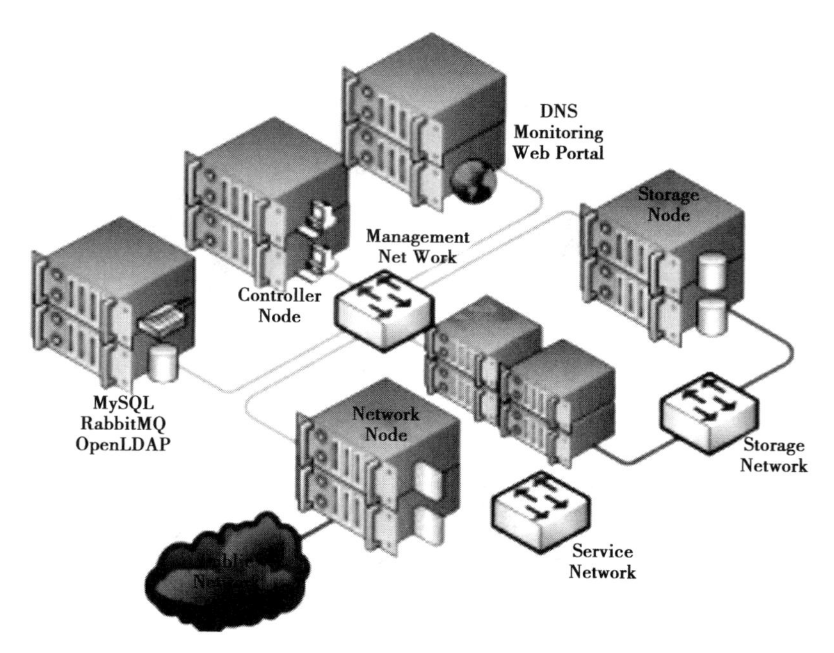


图 10-12　OpenStack 高级架构

通过在软件层面引入一致性散列技术和数据冗余性，牺牲一定程度的数据一致性来达到高可用性和可伸缩性，支持多租户模式、容器和对象读写操作，适合解决互联网的应用场景下非结构化数据存储问题。

1)Swift 特性

OpenStack 官网，列举了 Swift 的 20 多个特性，其中最引人关注的是以下几点：

(1)极高的数据持久性

很多人经常将数据持久性(Durability)与系统可用性(Availability)两个概念混淆。前者也理解为数据的可靠性，是指数据存储到系统后，到某一天数据丢失的可能性。例如，Amazon S3 的数据持久性是 11 个 9(99.999999999%)，即假设存储 1 万(4 个 0)个文件到 S3 中，1 千万(7 个 0)年之后，可能会丢失当中 1 个文件。那么 Swift 能提供多少个 9 的 SLA 呢？针对 Swift 在 5 个 Zone、5 × 10 个存储节点的环境下，数据复制份为 3，数据持久性的 SLA 能达到 10 个 9。

(2)完全对称的系统架构

"对称"意味着 Swift 中各节点可以完全对等，能极大地降低系统维护成本。

(3)无限的可扩展性

这里的扩展性分为两个方面，一是数据存储容量无限可扩展，二是 Swift 性能(如 QPS、吞吐量等)可线性提升。由于 Swift 是全然对称的架构，扩容只需简单地新增机器，系统会自己主动完成数据迁移等工作，使各存储节点重新达到平衡状态。

(4)无单点故障

在互联网业务大规模应用的场景中,存储的单点一直是个难题。例如数据库,一般的HA方法仅仅能做主从,而且"主"一般仅仅有一个;还有在一些其他开源存储系统的实现中,元数据信息的存储一直以来是个头痛的地方,一般仅仅能单点存储,而这个单点非常容易成为瓶颈,一旦这个点出现差异,往往能影响到整个集群。典型的如HDFS。而Swift的元数据存储是全然均匀随机分布的,并且与对象文件存储一样,元数据也会存储多份。整个Swift集群中,也没有一个角色是单点的,并且在架构和设计上保证无单点业务是有效的。

(5)简单、可依赖

简单体现在架构优美、代码整洁、实现易懂,没将高深的分布式存储理论用进去,而是采用简单的原理。可依赖是指Swift经测试、分析之后,能够放心大胆地将Swift用于最核心的存储业务上,而不用担心Swift出问题,因为不管出现什么问题,都能通过日志、阅读代码迅速解决。

2)Swift **主要组件**

Swift采用完全对称、面向资源的分布式系统架构设计,所有组件都可扩展,避免因单点失效而扩散并影响整个系统运转;通信方式采用非阻塞式I/O模式,提高了系统吞吐和响应能力。

Swift系统架构如图10-13所示。

由此可见,Swift组件如下:

①代理服务(Proxy Server):对外提供对象服务API,根据环(Ring)的信息来查找服务地址并转发用户请求至相应的账户、容器或者对象服务;由于采用无状态的REST请求协议,可以进行横向扩展来均衡负载。

②认证服务(Authentication Server):验证访问用户的身份信息,并获得一个对象访问令牌(Token),在一定的时间内会一直有效;验证访问令牌的有效性并缓存下来直至过期时间。

③缓存服务(Cache Server):缓存的内容包括对象服务令牌,账户和容器的存在信息,但不会缓存对象本身的数据;缓存服务可采用Memcached集群,Swift会使用一致性散列算法(Consistent Hashing)来分配缓存地址。

④账户服务(Account Server):提供账户元数据和统计信息,并维护所含容器列表的服务,每个账户的信息被存储在一个SQLite数据库中。

⑤容器服务(Container Server):提供容器元数据和统计信息,并维护所含对象列表的服务,每个容器的信息也存储在一个SQLite数据库中。

⑥对象服务(Object Server):提供对象元数据和内容服务,每个对象的内容会以文件的形式存储在文件系统中,元数据会作为文件属性来存储,建议采用支持扩展属性的XFS文件系统。

⑦复制服务(Replicator):会检测本地分区副本和远程副本是否一致,具体通过对比散列文件和高级水印来完成,发现不一致时会采用推式(Push)更新远程副本,例如对象复制服务会使用远程文件拷贝工具rsync来同步;另外一个任务是确保被标记删除的对象从文件系统中移除。

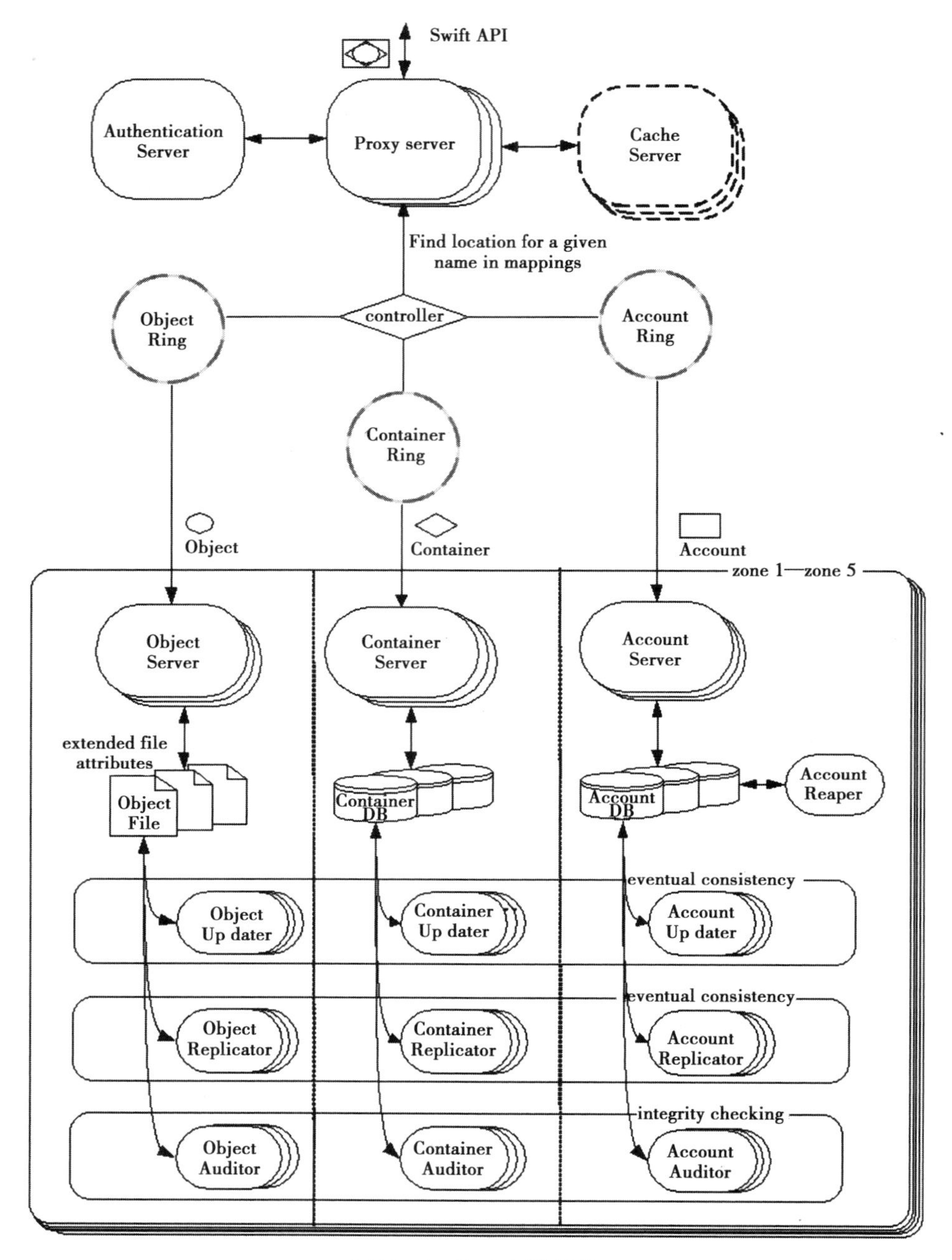


图 10-13　Swift 系统架构

⑧更新服务(Updater):当对象由于高负载的原因而无法立即更新时,任务将会被序列化到在本地文件系统中进行排队,以便服务恢复后进行异步更新;例如成功创建对象后容器服务器没有及时更新对象列表,这个时候容器的更新操作就会进入排队中,更新服务会在系统恢复正常后扫描队列并进行相应的更新处理。

⑨审计服务(Auditor):检查对象、容器和账户的完整性,如果发现比特级的错误,文件将被隔离,并复制其他副本以覆盖本地损坏的副本;其他类型的错误会被记录到日志中。

⑩账户清理服务(Account Reaper):移除被标记为删除的账户,删除其所包含的所有容器和对象。

⑪索引环(Ring):Swift 中最重要的组件,用于记录存储对象与物理位置之间的映射关系。当用户需要对 Account(账户)、Container(容器)、Object(对象)操作时,就需要查询对应的 Ring 文件(Account、Container、Object 都有自己对应的 Ring)。Ring 使用 Zone、Device、Partition 和 Replica 来维护这些映射信息。Ring 中每个 Partition 在集群中都(默认)有 3 个 Replica。每个 Partition 的位置由 Ring 来维护,并存储在映射中。Ring 文件在系统初始化时创建,之后每次增减存储节点时,需要重新平衡一下 Ring 文件中的项目,以保证增减节点时,系统因此而发生迁移的文件数量最少。(Zone:物理位置分区;Device:物理设备;Partition:虚拟出的物理设备;Replica:冗余副本)

3)Swift **应用场景**

Swift 提供的服务与 Amazon S3 相同,适用于许多应用场景。最典型的应用是作为网盘类产品的存储引擎,比如 Dropbox 背后使用的就是 Amazon S3 作为支持。Swift 在 OpenStack 中还可以与镜像服务 Glance 结合,为其存储镜像文件。另外,由于 Swift 的无限扩展能力,非常适合用于存储日志文件和数据备份仓库。

Swift 主要有 3 个组成部分:Proxy Server、Storage Server 和 Consistency Server。其部署架构如图 10-14 所示,其中 Storage 和 Consistency 服务均允许在 Storage Node 上。Auth 认证服务目前已从 Swift 中剥离出来,使用 OpenStack 的认证服务 Keystone,目的在于实现统一 OpenStack 各个项目间的认证管理。

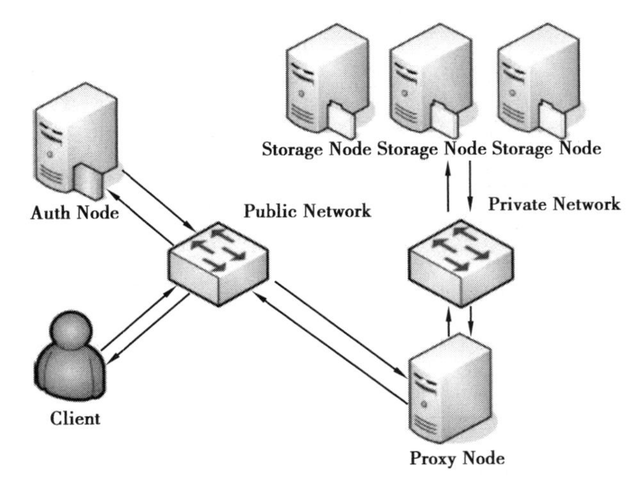


图 10-14　Swift 系统架构

### 10.3.4　镜像服务 Glance

OpenStack 镜像服务 Glance 是一套虚拟机镜像查找及检索系统。它能够以 3 种形式加以配置:利用 OpenStack 对象存储机制来存储镜像;利用 Amazon 的简单存储解决方案(简称 S3)直接存储信息;将 S3 存储与对象存储结合起来,作为 S3 访问的连接器。OpenStack 镜像

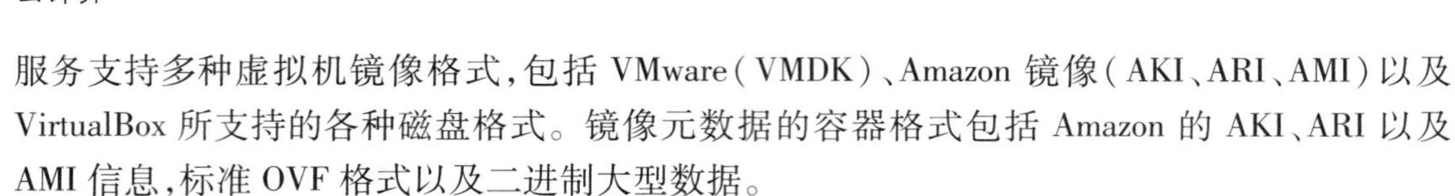

服务支持多种虚拟机镜像格式，包括 VMware（VMDK）、Amazon 镜像（AKI、ARI、AMI）以及 VirtualBox 所支持的各种磁盘格式。镜像元数据的容器格式包括 Amazon 的 AKI、ARI 以及 AMI 信息，标准 OVF 格式以及二进制大型数据。

1）Glance 作用

Glance 是 OpenStack 镜像服务，用来注册、登录和检索虚拟机镜像。Glance 服务提供了一个 REST API，使用户能够查询虚拟机镜像元数据和检索的实际镜像。通过镜像服务提供的虚拟机镜像可以存储在不同的位置，从简单的文件系统对象存储到类似 OpenStack 对象存储系统。

通过 Glance，OpenStack 的 3 个模块被连接成一个整体，如图 10-15 所示。Glance 为 Nova 提供镜像的查找等操作，而 Swift 又为 Glance 提供了实际的存储服务，Swift 可以看成 Glance 存储接口的一个具体实现。此外，Glance 的存储接口还能支持 S3 等第三方商业组件。

图 10-15　Glance 与 Nova、Swift 的关系

2）Glance 基本架构

Glance 的设计模式采用 C/S 架构模式，Client 通过 Glance 提供的 REST API 与 Glance 的服务器（Server）程序进行通信，Glance 的服务器程序通过网络端口监听，接收 Client 发送来的镜像操作请求。Glance 的基本架构如图 10-16 所示。

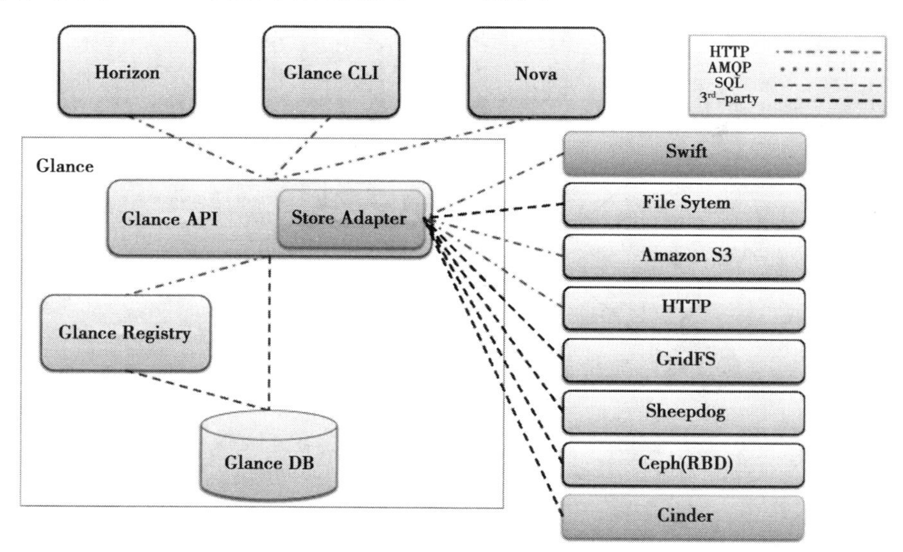


图 10-16　Glance 基本架构

Glance-API：接收 REST API 的请求，然后通过其他模块（Glance-Registry 及 Image Store）来完成诸如镜像的查找、获取、上传、删除等操作，默认监听端口 9292。

Glance-Registry：用于与 MySQL 数据库进行交互，存储或获取镜像的元数据（metadata）；

通过 Glance-Registry，可以向数据库中写入或获取镜像的各种数据，Glance-Registry 监听端口 9191。

Store Adapter：是一个存储的接口层，通过这个接口，Glance 可以获取镜像。Image Store 支持的存储有 Amazon 的 S3、OpenStack 本身的 Swift，本地文件存储和其他分布式存储。

# 本章小结

本章主要针对目前流行的开源云计算系统进行介绍，包括开源云计算系统 Hadoop、开源云计算软件 Eucalyptus 以及开源虚拟化云计算平台 OpenStack。

首先，本章介绍了开源云计算系统 Hadoop 的诞生背景、组成模块以及生态体系（均基于 2. X 版），并在此基础上重点介绍了 Hadoop 的分布式计算框架 MapReduce 的含义、原理与执行过程。

然后，本章围绕 Amazon EC2 的开源实现 Eucalyptus，分别介绍其产生背景、体系结构、安装配置以及优势。

最后，本章针对目前广受关注的开源虚拟化云计算平台 OpenStack，介绍了其诞生背景、架构、核心功能等内容，并重点介绍了 OpenStack 的 3 个核心开源项目：Nova（计算）、Swift（对象存储）以及 Glance（镜像）。

通过本章的内容，读者可以了解到目前最广泛应用的开源云计算系统，为其选择使用相关系统和技术提供参考。

## 扩展阅读

### 开源云计算的五大发展趋势

过去几年，开发者几乎都会用到开源。开源现象日益普遍，有赖于业内人士的智慧和努力。不过，更重要的还是开源本身的优势：能够轻易整合多种多样的开源解决方案。在业内，有了 API（Application Programming Interface，应用程序编程接口），开发者就能够将各种工具整合到 API 系统。许多企业都开始使用开源软件，人们再也不会说开源侵犯了知识产权。

国际化软件公司 INTERSOG 在其文章《No More an IP Destroyer：Five Trends in Open Source Cloud Computing》（《不再是 IP 破坏者：开源云计算的五大趋势》）介绍了开源云计算的五大发展趋势。

1. Container（容器）技术越发普及

以前，Container 技术[①]尚未发展到可以大范围应用的程度，人们认为 Container 技术不过

① Container 技术是直接将一个应用程序所需的相关程序代码、函式库、环境配置文件都打包起来建立沙盒执行环境，Container 技术产生的环境就称为 Container。

是一时的风潮,不过现在人们在慢慢改观。

有了 Container 技术,企业就可以运用各种资源或高度便携的资产,轻轻松松地进入微服务领域。同时,这一技术正在被越来越多的人采用。这样,企业还可以用合理的成本提高 APP 的稳定性和可拓展性(Scalability)。

2. 两大基金会仍将保持主导地位

只有得到基金会的稳定支持,开源技术才能易于为人所接受。在未来,Apache 软件基金会和 Linux 基金会将继续保持领导地位。

Apache 如今仍在延续"FOSS"的传统,即"自由及开放源代码软件(Free and Open Source Software)",致力于活跃社区委员会,并实行严格的认证体系。Apache 旗下有 CloudStack、Hadoop 和 Maven 等 180 多个项目,在未来会继续主导开源云计算领域。

Linux 基金会也不断发展壮大。如今,除了旗下的 Linux 系统,Linux 基金会还致力于发展以下项目:

- Cloud Foundry,推进开源 PaaS 云服务;
- 超级账本(Hyperledger),推进区块链数字技术和交易验证的开源项目;
- JS Foundation(致力于发展 JavaScript);
- Open Connectivity Foundation(致力于发展物联网,现与物联网联盟 AllSeen 合并)。

3. 开源软件架构有同质化的趋势

开源软件架构有标准化的趋势,云基础架构也因此趋于同质化。这一趋势不可避免。如今,云基础架构模式从网络拓扑结构向服务导向转型。结果,企业就可以更为关注服务,而不是基础架构本身。

4. 努力解决开源项目的固有弱点

企业大多会利用开源技术来发展企业级别的"云就绪(Cloud-ready)"解决方案。但问题是,大家都能看到其中的源代码,所以大家不如以前那么信任开源项目了。

最近有报道称开源的开放性有诸多弱点,因此负责网络安全的公司会加大力度解决这一问题,并有望借此加快补丁的开发速度,以减少人们对开源项目的疑虑。

5. OpenStack 不会取代 AWS

目前,在北美,还没有哪家 OpenStack 平台的公共云服务供应商足以对 AWS 构成威胁。而且,人们对私有云的期望也在下降。不过,在美国范围外,情况有所不同。有些公司正尝试利用 OpenStack 平台,其中包括中国移动、华为、日本电报电话公司和 UK Cloud 等。

美国公共云市场大势已定,但全球市场仍在变幻当中。OpenStack 最大的应用地区是中国,最大的用户是各大电信公司。

目前,世界各地公共云业务频繁的公司都趋于把部分业务转移到公司内部,方法就是利用 OpenStack 的私有云,因为这样性价比极高。

资料来源:开源要"开"得安全高效:开源云计算的五大发展趋势

(36 氪网)

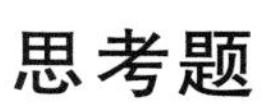

## 思考题

1. 简述 Hadoop 生态系统的各组成部分。
2. MapReduce 是什么？请简述其工作原理。
3. Eucalyptus 是什么？其具有哪些优点？
4. 总结 OpenStack 的主要组件及其功能。

# 第 11 章 云计算的应用案例

## 本章导读

云计算利用高速互联网的传输能力,将数据的处理过程从个人计算机或服务器转移到一个大型的计算中心,并将计算能力、存储能力当作服务来提供。用户不再需要了解“云”中基础设施的细节,不必具有相应的专业知识,也不需直接进行控制,就如同电力、自来水一样按需使用和按量计费。这便是云计算——“让地球更平”的运作方式。

与以往所有的互联网产品相比,云计算是一个包罗万象的技术平台,内含数以百计的、可独立使用也可联合使用的产品。本章将选择部分应用案例作介绍,供读者在云计算应用时参考。

## 11.1 阿里云

作为国内最大的云计算平台,阿里云为全球超过 200 个国家和地区的创新企业、政府机构等提供服务。2017 年,阿里云的收入达到 112 亿元,连续 6 年保持 106% 以上的增长幅度。

### 11.1.1 基本介绍

阿里云,阿里巴巴集团旗下云计算品牌,创立于 2009 年,致力于以在线公共服务的方式提供安全、可靠的计算和数据处理能力,让计算和人工智能成为普惠科技。阿里云在杭州、北京、硅谷等地均设有研发中心和运营机构。

2010 年,阿里云正式对外开放其在云计算领域的技术服务能力。用户通过阿里云,用互联网的方式即可远程获取海量计算、存储资源和大数据处理能力。2012 年,阿里云首家获得 ISO 27001 信息安全管理体系国际认证;2013 年,阿里云获得全球第一张云安全 CSA STAR 国际认证;2014 年,阿里云香港区开服,成为中国第一家提供海外云计算服务的公司;同年,阿里云发布云合计划,招募 1 万家云服务商,构建云生态系统;2016 年,阿里云又拿到全球首张 ISO 22301 国际认证，成为亚太合规资质最全的云服务提供商；2017 年，阿里云成为全球唯一同时满足德国 C5 数据保护认证基础 + 附加要求的云服务提供商。经过多年的发展，阿里云已成为全球卓越的云计算技术和服务提供商。

与腾讯云主要面向游戏类群体用户不同，阿里云服务于制造、金融、政务、交通、医疗、电信、能源等众多领域的领军企业，包括中国联通、12306、中石化、中石油、飞利浦、华大基因等大型企业客户，以及微博、知乎、锤子科技等明星互联网公司。在天猫“双 11”全球狂欢节、12306 春运购票等极富挑战的应用场景中，阿里云保持着良好的运行纪录。

同时，阿里云在全球各地部署高效节能的绿色数据中心，利用清洁计算为万物互联的新世界提供源源不断的能源动力，目前开服的区域包括中国（华北、华东、华南、香港）、新加坡、美国（美东、美西）、欧洲、中东、澳大利亚、日本。

阿里巴巴财报显示，2018 财年第四季度（2018 年 1 月至 3 月底）阿里云营收达 43.85 亿元，同比增长 103%。过去三年，阿里云每个季度都以三位数左右的增速在不断扩大自己的市场领先优势。研究机构 IDC 的报告显示，目前阿里云在中国云计算 IaaS 市场份额为 47.6%，几乎为市场所有追随者的总和，也是市场第二名的 5 倍。到 2019 财年年底，阿里云在中国市场份额将有望达到 58%，成为继电商、支付之后的第三个增长极。

在全球范围内，阿里云市场规模仅次于 Amazon AWS 和微软 Azure，排在市场前三位，被合称为全球云计算“3A”。虽然目前阿里云的国际市场份额只有 6%，不及 Amazon AWS，但已经具备超越微软 Azure 的增长实力，且阿里云在亚太地区拥有的数据中心数量已超过 Amazon AWS。据摩根士丹利推算，到 2024 年（也就是 2025 财年）阿里云营收规模将达到 285.83 亿美元，约合人民币 1 800 亿元人民币。

### 11.1.2　产品与服务

阿里云在云服务市场有着明确优势，一直处于领军定位。从服务市场层面看，阿里云市场涵盖了服务于中小企业客户群和新兴产业的公共云服务市场；服务于大型政企企业客户的专有云服务；以及面对各类中大型企业提供的混合云服务①。

**1）面向各类企业提供的公共云服务**

公共云服务作为整个云计算产业的关键组成部分，市场近年来发展迅猛，正处于高速增长期，来自互联网公司等中小企业的需求旺盛。伴随着技术的进一步完善，公共云服务安全性、可靠性进一步为各类企业所认可；同时其特有的灵活配置、低成本、无需一次性大额投资等优势将吸引更多对中小企业采用公共云服务，这都将使得其渗透率不断提高。阿里云作为全球领先的云计算服务平台，面向中小企业客户提供最完整公共云服务体系，包括弹性计算服务、数据服务、存储服务和安全服务等，具体如图 11-1 所示。

**2）面向大中型企业客户提供的混合云服务**

多数中大型传统企业在企业内部都存在遗留的 IT 系统，有些已经部署了第三方的私有

① 阿里云，《阿里云生态路线图》

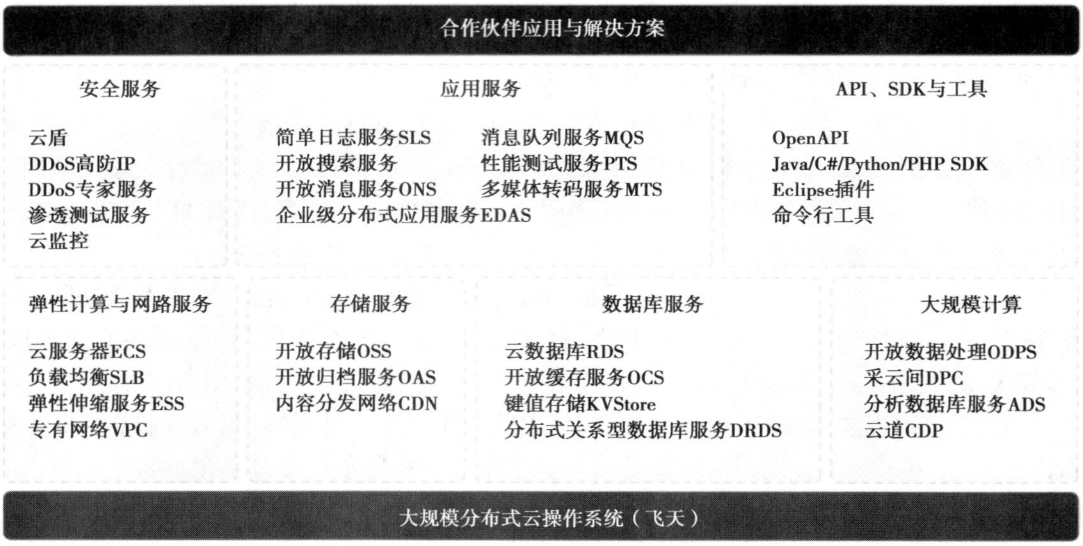

合作伙伴应用与解决方案

安全服务
云盾
DDoS高防IP
DDoS专家服务
渗透测试服务
云监控

应用服务
简单日志服务SLS
开放搜索服务
开放消息服务ONS
企业级分布式应用服务EDAS
消息队列服务MQS
性能测试服务PTS
多媒体转码服务MTS

API、SDK与工具
OpenAPI
Java/C#/Python/PHP SDK
Eclipse插件
命令行工具

弹性计算与网路服务
云服务器ECS
负载均衡SLB
弹性伸缩服务ESS
专有网络VPC

存储服务
开放存储OSS
开放归档服务OAS
内容分发网络CDN

数据库服务
云数据库RDS
开放缓存服务OCS
键值存储KVStore
分布式关系型数据库服务DRDS

大规模计算
开放数据处理ODPS
采云间DPC
分析数据库服务ADS
云道CDP

大规模分布式云操作系统（飞天）

图 11-1　阿里云的公共云服务体系

（来源：阿里云）

云平台。这一类企业，在上云过程中通常由于本身 IT 拓扑复杂，分支机构及内部子网众多，云上系统和云下系统无法有效融合、打通，实施混合云环境配置又过于复杂，专线接入实施周期太长（通常为 1～2 月），遗留 IT 资产无法有效复用等问题，阻碍了企业上云的进程。阿里云推出了混合云的部署方式，通过在阿里云公共云的 VPC 中部署混合云，通过专线或 VPN 的方式连通企业内部资源，实现企业内部和云上资源的统一管理，如图 11-2 所示。混合云实现了企业的多云连通性。企业内部与混合云资源的统一管理，能有效地满足企业对于容灾备份、高可用、高安全的企业级 IT 需求。

3）面向大型政企客户提供的专有云服务

全球 IT 市场中，大型政企客户约占 70% 的市场份额，大型政企客户的愿望是希望用互联网行业的“云 + 大数据”的水平扩展架构来重构其基于传统的垂直扩展架构，实现 IT 架构水平扩展、按需获得 IT 资源的要求，同时满足行业安全合规和自主可控的要求。这时就需要在客户机房或者托管的数据中心独立建设一套“云计算 + 大数据”的基础平台，满足客户“云计算平台 + 行业应用”的要求。阿里云专有云产品正是为了满足大型政企客户的这类需求应运而生的。根据数据中心位置的不同，阿里专有云又可分为自建专有云、第三方托管专有云和阿里云托管专有云，如图 11-3 所示。

目前，阿里云依托自主掌控的核心技术，拥有了业界最为完善的云产品体系，并且经历了大规模客户案例的实证。比如，2015 年阿里云帮助阿里巴巴搭建了全球最大的混合云实践，以公共云与专有云的形式成功运行了淘宝、天猫、支付宝的核心交易，“双 11”系统交易创建峰值达到每秒 14 万笔，支付峰值达到每秒钟 8.59 万笔。此外，阿里云还帮助中国最大的电视台和中国最大的铁路售票系统 12306 成功处理非常棘手的挑战。2017 年 1 月，阿里

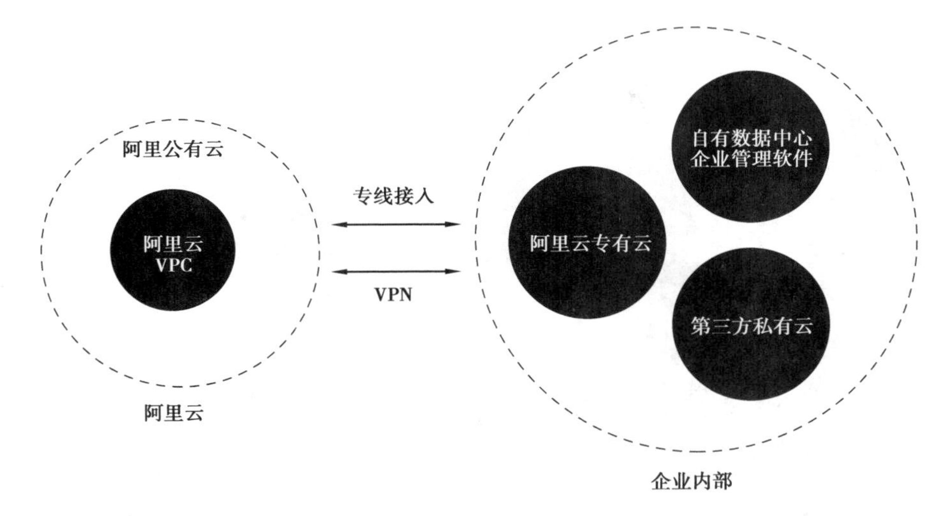


图 11-2　阿里云的混合云服务

（来源：阿里云）

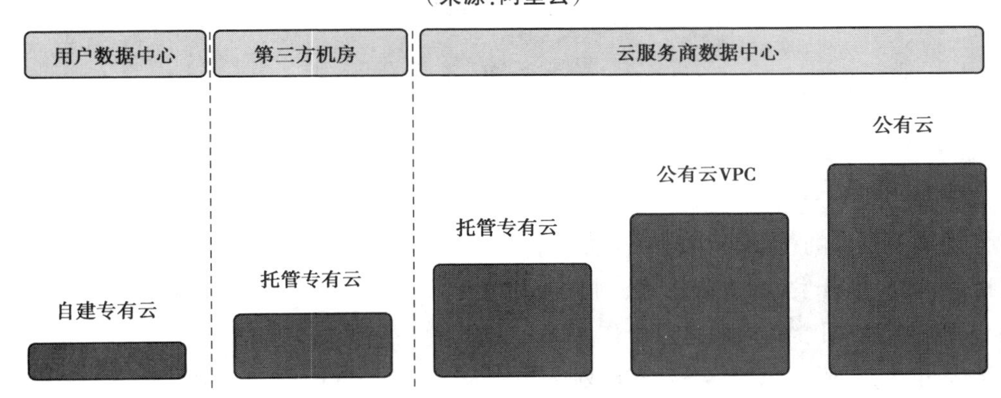


图 11-3　阿里云的专有云服务

（来源：阿里云）

云更是成为奥运会的全球指定云服务商。

### 11.1.3　阿里云的生态体系

作为国内云生态的领导者，阿里云的云生态建设稍早于腾讯与百度。自 2011 年开始，云生态就被定为阿里云的核心战略。在阿里云的生态战略中，所有用户（包括政府、企业以及个人）通过技术架构连接，所有服务商的资源被整合到开放平台，而由云运营商、服务商、企业客户所组成的多边市场则由特定的生态自治规则管理。即通过制定云计算技术标准、服务资源整合平台、多边市场网络管理来构建和谐健康的阿里云生态体系，如图 11-4 所示。

2014 年 8 月，阿里云的“云合计划”开始启动，计划招募包括 100 家大型服务商、1 000 家中型服务商等在内的 1 万家云服务商，为其提供资金扶持、客户共享、技术和培训支持等，共同打造适应 DT 时代的云生态体系。加入“云合计划”的合作伙伴一方面可以基于阿里云

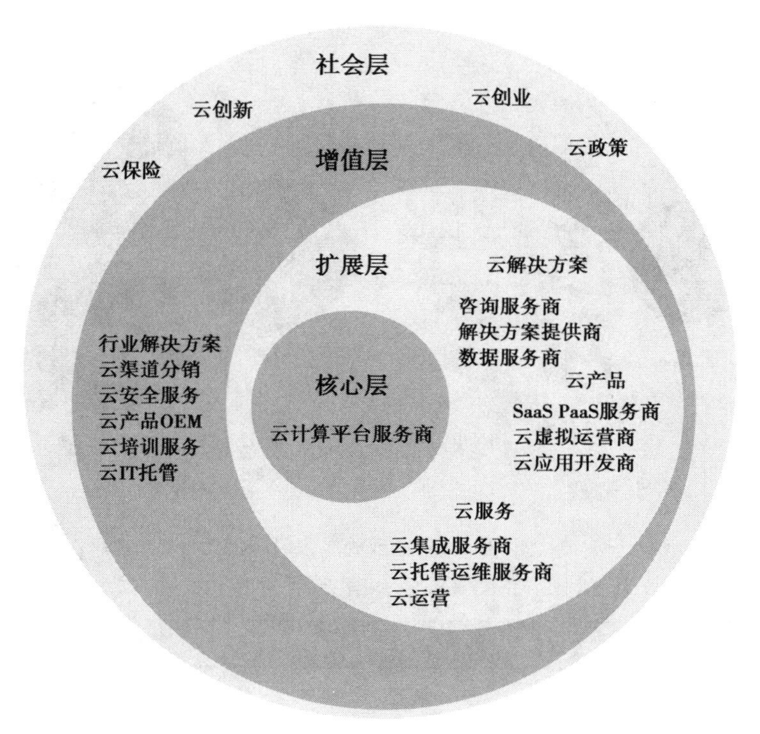


图 11-4　阿里云生态战略

（来源：阿里云）

计算打造属于自身的行业云计算解决方案，另一方面可以为用户提供包括咨询、架构设计、云迁移、工具应用开发、数据分析等云服务。目前，东软、浪潮、用友、万国数据等国内主流的大型 IT 服务商均相继成为阿里云合作伙伴。

2017 年 5 月，阿里云升级“云合计划”，与用友畅捷通、Informatica、中标软件、思科、SAP、NetApp 等展开合作，推出面向中小企业的商业软件 15 天免费试用计划，以带动中小企业的智能化转型。

2018 年 7 月，阿里云与英特尔、埃森哲、Hashicorp、Ecritel、Altran、Micropole、Linkbynet 等行业龙头企业合作，推出欧洲、中东、非洲生态系统伙伴计划（EMEA Ecosystem Partner Program），进一步加强与生态伙伴的合作。该计划将重点关注 4 个关键领域，包括发展目标垂直行业的数字化转型、促进当地人才发展，推进技术创新和加强市场。

经过多年的发展，目前阿里云已推出了产品生态、行业生态、区域生态、教育生态等多项生态体系，实现了用户共享、数据共享、技术服务、全球服务。

产品生态方面，阿里云与 SAP、用友等合作伙伴展开深入合作，在阿里云基础上共同开发和集成形成相应的产品。

行业生态方面，阿里云与合作伙伴共建 20 多个涉及大数据、金融、安全等方面的行业解决方案。

区域生态方面，阿里云形成超过 5 000 家的合作伙伴体系，已覆盖全国所有一、二线城市

以及部分三、四线地区。

教育生态方面,阿里云与高校展开多方位的产学研合作,积极培养云计算、大数据、物联网、云安全和人工智能五大专业方向人才,共同构建教育生态体系。

## 11.2　京东云

作为国内最大的自营式电商企业,京东依托于其在云计算、大数据、物联网和移动互联应用等多方面的长期业务实践和技术积淀,2016 年正式上线京东云(JD Cloud),进军中国云计算市场。2018 年第三季度,京东云获评 Forrester Research 的中国全栈公有云开发平台厂商卓越表现者。

### 11.2.1　基本介绍

京东云,京东集团旗下的全平台云计算综合服务提供商,拥有全球领先的云计算技术和丰富的云计算解决方案经验。2016 年 4 月,京东云正式商用,进军中国云计算市场。目前,京东云已在华北、华东以及华南建有数据中心,在香港布有节点,并逐渐进行全球布局。

京东云是基于京东商城、京东金融以及京东到家等多项京东主营业务的 IT 技术支撑体系,并将技术能力云化输出,如图 11-5 所示,向整个电商行业及全社会提供从 IaaS、PaaS 到 SaaS 的全栈式服务(Full Stack),从 IDC 业务、云计算业务到综合业务的全频道服务(Full Spectrum),以及包含公有云、私有云、混合云、专有云在内的全场景服务(Full Services)。同时,京东云依托京东集团在云计算、大数据、物联网和移动互联网应用等多方面的长期业务实践和技术积淀,形成了从基础平台搭建、业务咨询规划到业务平台建设及运营等全产业链的云生态格局,为用户提供一站式全方位的云计算解决方案。

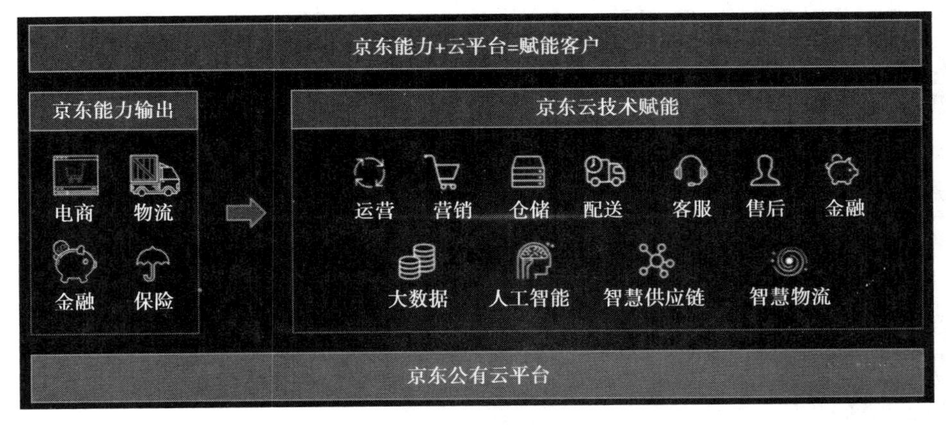


图 11-5　京东云的技术能力云化输出

(来源:京东云)

2016 年 4 月,京东云上线了两大产品,包括基础云、数据云,并提供四大解决方案——电商云、产业云、物流云、智能云,将计算/存储能力、电商/物流平台构建能力、大数据管理挖掘

能力在内的资源完整对外开放。

京东基础云依托京东技术与数据中心，拥有容器数量超过15万的全球最大规模Docker集群，支撑了京东每年“618”及“双11”电商大促的突发交易需求；同时通过快速积累经验、整合数据资源，为京东云产业发展提供充足的营养。

京东数据云的上线，意味着国内数据云服务商的寡头局面被打破了。京东数据云拥有PB级数据计算处理及上万节点计算集群运营技术和经验；具有高级别的安全性、技术领先性，以及经过了京东商城验证过的数据处理和分析能力；另外，针对企业客户的应用门槛，还建立了简单易用的可视化数据分析工具和完善的大数据应用产品。

京东是国内率先将自身验证过的云计算服务全面开放给社会的互联网公司，电商云解决方案则是京东最独有的经验和能力输出。京东电商云提供的不止技术，还包括业务层面的电商运营经验输出，通过安全可信的用户体系、先进的商品结构及商品库、高效率订单转化促成方式和高效的仓配系统，促进企业客户运营经验、流量和品牌的增值。

京东的物流在业界首屈一指，而开放的物流云解决方案能为政企物流建设规划提供帮助，快速实现物流建设落地。企业用户可通过京东全国400万平方米仓库、“亚洲一号”信息化仓库、5 367个配送站自提点和10万多仓储配送员工的物流资源有效降低自建物流成本，大力提升效率。

此外，京东还同时发布了面向政府政务产业信息化转型与升级的产业云解决方案和为智能行业创业团队提供全面支持的智能云解决方案。

### 11.2.2 产品与服务

京东云所提供的基础能力主要表现为以下6个方面：

(1)基础资源能力

与行业竞争对手类似，京东云提供高性能及可靠的基础虚拟化资源(网络、计算和存储)，以及监控和使用情况计量。

(2)IT资源托管能力

基于基础资源能力，京东云提供基础的IT托管服务，将多项通用的IT流程及能力组件云化，提供完整的IT托管服务，帮助用户将传统的内部企业IT云化，统一标准化管理。

京东云的IT托管能力包括以下3个方面的场景：

①用户私有环境与京东公有云的混合云，通过VPN服务打通彼此的连接；

②在京东云中的用户私有云环境由京东云统一管理，用户彼此安全隔离；

③用户环境使用统一的京东云管理方式，但是所有软硬件都在用户数据中心。

(3)云服务能力

与传统软件服务可预测的固定模式不同，标准的云场景需要软硬分离，以及可弹性扩展。面对此种云应用的特性，京东云将基础的云服务能力抽象出来，提供给特定的云应用场景。

(4)云应用的编排能力

对于新型云应用的开发测试及发布,京东云提供了一套完整的方案,将内部云应用的各种工具开放出来,以协助开发者开放上线自己的云服务。

(5)大数据服务的能力

京东云平台基于京东商场的精准推送能力提供强大的在线和离线数据分析能力,并开放给有此需求的数据使用商。与此同时,京东云的万象平台提供了一个数据交易的平台,提供了跨数据集的跨行业分析能力。在数字营销的新兴业务场景下,万象的交叉数据能力将是提升服务水平的核心环节。

(6)电商的能力

电商是京东商城的核心价值。京东云基于多年对自己业务的抽象,将电商流程提供出来,供给客户使用。在京东云基础平台之上,京东云提供了 B2B 和 O2O 的基础 SaaS 能力,用户可使用基本模块,并在其上进行定制化开发。同时,京东开放平台在业务层面提供了使用京东各种服务接口。

### 11.2.3　京东云的生态体系

京东云用开放、合作和共赢的姿态,致力于以生态资源为合作伙伴与客户赋能,布局云矩阵生态战略,将京东沉淀多年的技术能力和优势以模块化、平台化、生态化的形式全面对外输出,向社会提供"零售即服务"的解决方案,打造高价值的云生态服务体系。

京东云已经瞄准了针对企业用户的多项服务领域,包括业务顶层规划、战略咨询、培训等内容在内的开放运营。京东邀请众多合作伙伴参与京东云的技术生态和业务生态的建设,借助生态的力量满足纷繁复杂的客户需求;通过运用自身技术和产品经验,以及融合合作伙伴多元化业务和产品、各行业应用的解决方案,京东云将聚拢力量向行业纵深领域发展,与合作伙伴共享生态平台的成果,为全球各类商户提供云计算的解决方案,降低企业的创新成本。

2017 年 4 月,京东云正式发布"蜂巢计划",提出从业务支持、市场推广、培训服务、技术保障和合作政策等多维度,联手合作伙伴打造高价值云生态服务体系,为云市场中取得共赢。"蜂巢计划",实质是京东云携手合作伙伴基于能力、资源和生态等方面的一种共享模式,打造新经济下的云生态,如图 11-6 所示。

与传统的渠道分销模式不同,"蜂巢计划"以京东云平台为统一输出窗口,聚合生态服务商、行业方案商、软件服务商、转售服务商等,凝聚生态能力优势,创新更优解决方案。对于生态系统内部的企业客户,京东云实行金牌服务战略,尤其是对重点客户,实行 VIP 服务,针对用户需求,组建由技术人员、营销人员、客户人员、运维人员构成的专属服务团队;帮助企业客户进行一站式采购,并协助客户进行品质把关和议价协调。

在构建云生态方面,京东云还提出"三不碰,四共享"合作原则。

- 三不碰:不碰合作伙伴的客户,而是为合作伙伴提供客户资源;不碰用户存放在云端的信息,以及在使用云服务过程中上传到云端的数据;不碰应用,京东云提供基础服务,具体

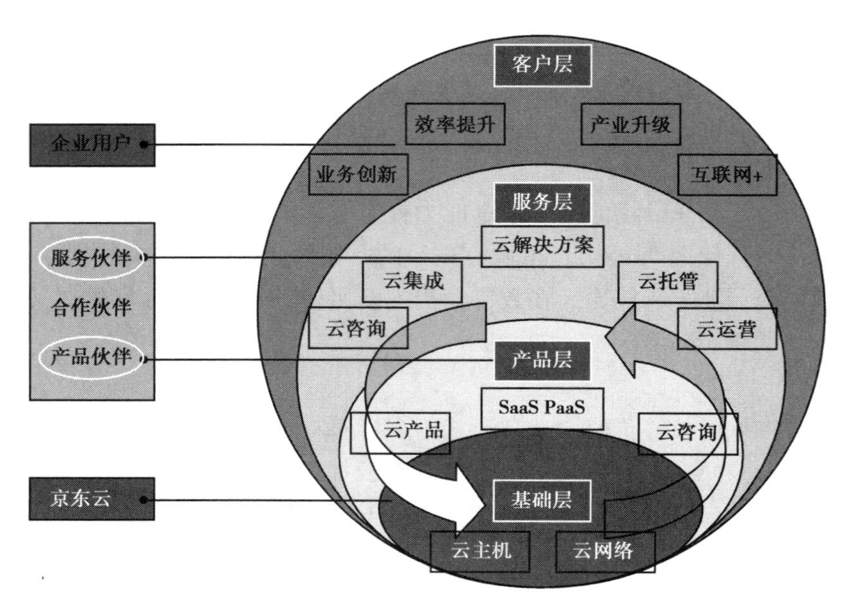


图 11-6　京东云生态战略

的企业应用由合作伙伴提供。

- 四共享：能力共享，结合京东云的技术和产品，向合作伙伴进行能力输出，包括无人机、无人车、无人仓库等技术能力，金融风控、大数据服务、电商供应链服务、互联网营销等方面的业务能力；资源共享，京东云将产品资源、市场资源、客户资源等方面向合作伙伴共享；生态共享，京东云将生态资源、渠道资源及京东集团在电商、物流、供应链、金融方面深厚的资源积累共享给合作伙伴，推动合作伙伴之间的合作；利润共享，在进行利益分配方面，京东云给予合作伙伴最具竞争力的渠道政策，让合作伙伴的付出获得丰厚的回报。

## 11.3　华为云

一直以来，云计算都是华为公司的核心战略之一。华为大力投入云计算与大数据的研发，已在深圳、西安、北京、杭州、成都等地设立研发交付中心，并在美国（硅谷、西雅图、波士顿）、加拿大（多伦多）、欧洲（德国、法国、俄罗斯）、印度等全球 IT 能力聚集地设立了研发创新中心。同时，华为还与业界顶尖的科研院校积极展开合作，不断增强在云、大数据、AI、算法、架构等领域的创新能力和核心竞争力。

### 11.3.1　基本介绍

华为云成立于 2011 年，隶属于华为公司，在国内北京、深圳、南京，以及美国多地设有研发和运营机构，专注于云计算中公有云领域的技术研究与生态拓展，致力于为用户提供一站式云计算基础设施服务，目标是成为中国最大的公有云服务与解决方案供应商。

2015 年 7 月，华为正式对外发布了企业云战略，贯彻华为公司“云、管、端”的战略方针，重点聚焦 I 层、使能 P 层、聚合 S 层。华为企业云专注于提供最底层的 IaaS，巩固基础设施的核心竞争力；IaaS 层的提升带动 PaaS 的建设；同时通过 IaaS 层的技术突破和在 PaaS 层的赋能，对更上一层的 SaaS 层进行聚合，从而打造 IaaS、PaaS 和 SaaS 相辅相成的关系结构，如图 11-7 所示。

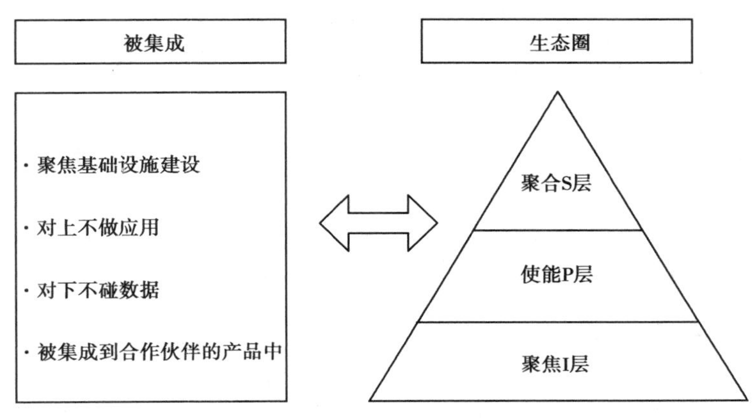


图 11-7　华为企业云战略

（来源：易观）

2017 年 3 月，华为宣布成立新的 Cloud BU，全力构建并提供可信、开放、全球线上线下服务能力的公有云。2017 年 9 月，华为云正式发布 EI（Enterprise Intelligence）企业智能，将华为多年来在人工智能领域的技术积累、最佳实践与企业应用场景相结合，为企业客户提供一站式的人工智能平台型服务。

经过多年的发展，华为云汇集了八大优势[①]：

①全栈技术优势与持续投入。华为对技术持续巨资战略投入，在全球布有众多研发中心与联合创新中心，集结了大量合作伙伴。华为的软硬件技术在全球范围来说是最全面、最领先的，包括网络、服务器、芯片、虚拟化、私有云/公有云/混合云、物联网、大数据、人工智能等其他各种平台、软件和解决方案。

②技术开放。华为把自身积累的 30 年技术能力全面开放出来，如开放软件开发云、大数据、物联网、人工智能等技术。

③安全可靠。软硬件一体化的安全（如硬件安全加固，芯片定制化安全保护，企业级的 WAF 防火墙与百万级的并发实时监测与防护）；面向全球安全合规（已获得 20 多项认证，包括欧美国家最苛刻的安全认证要求）；企业级安全服务（120 款安全产品与服务，DDoS 高防能做到 1T + 的防护能力，顶级的云数据库防火墙）。

④灵活的服务模式：混合云模式（私有云/公有云/专属云）。

⑤全球一张云网，就近服务。

⑥本地化服务。全球 170 国家线下本地化服务团队，可以提供从咨询、实施与运维运营

① 华为云社区，《华为云简介与优势》。

等端到端全流程本地化服务。

⑦开放互通,不锁定客户。私有云公有云统一架构,统一 API,一致体验,华为是开放的云,中立的云,支持客户业务云间迁移,不锁定客户,从底层、平台和工具三层全面能力开放,构建生态基础。

⑧丰富生态、共享共赢。华为只做"链接 + 平台"这些基础设施,上不做应用,下不碰数据,应用和解决方案让合作伙伴来提供,华为只做合作伙伴和客户的黑土地,为合作伙伴和客户的商业成功提供帮助。

凭借这八大优势,华为云面向互联网增值服务运营商、大中小型企业、政府、科研院所等广大企事业用户提供立体创新的云计算产品、解决方案和服务,以满足全球客户对云计算日益增长的需求。截至 2018 年 9 月,华为云已上线 17 大类 120 多项云服务,以及包括制造、电商、游戏、金融、车联网、SAP、HPC、IoT、安全、DevOps 等 60 多项解决方案。

### 11.3.2 产品与服务

截至目前,华为云产品体系包括计算、存储、网络、数据库、安全、应用服务、管理与部署、EI 企业智能、边缘云服务、软件开发服务、企业应用、迁移、视频、云通信、物联网、专属云、企业网络共计 17 大类。本书将主要介绍华为云的主打产品与服务,如弹性计算云、集群计算服务、专属云、云桌面、软件开发服务(DevCloud)、EI 企业智能以及云托管等。

(1)弹性计算云(ECC,Elastic Computing Cloud)

弹性计算云是整合了计算、存储与网络资源,按需使用、按需付费的一站式 IT 计算资源租用服务,以帮助开发者和 IT 管理员在不需要一次性投资的情况下,快速部署和管理大规模可扩展的 IT 基础设施资源。主要适用于创新应用、门户网站、业务测试等场景。

该产品主要特点包括:节约成本;弹性供应,快速部署;灵活配置;高可靠性;完全控制;高效灵活;高易用性。

(2)集群计算服务

集群计算服务是企业的高性能计算平台,简化复杂计算的调度和管理。主要适用于 DNA 测序分析、科学分析、CAE 仿真、石油勘探分析、气象预报等场景。

该产品主要特点包括一键开通高性能计算平台;批量安装维护应用软件;可视化任务编排、调度和监控;丰富的资源调度策略。

(3)专属云(Dedicated Cloud)

专属云是在公有云上隔离出来的专属虚拟化资源池。在专属云内,用户可申请独占物理设备,独享计算和网络资源,并使用可靠的分布式存储。用户可在管理控制台统一管理资源,就像自建私有云一样灵活地使用公有云,主要适用于对数据安全和可靠性有特殊要求的金融、国企、大企业和政府部门等。

该产品主要特点包括物理隔离,高安全、性能保障;自定义云资源,满足企业定制化 IT 需求;分布式存储,有数据高可用性;快照备份及恢复,有高可靠性。

(4)云桌面(Workspace)

云桌面是由华为云所提供的云上虚拟 Windows 桌面服务,为用户提供随时随地接入高效办公的便利。云桌面帮助用户打造更精简、更安全、更低维护成本、更高服务效率的 IT 办公系统,主要适用于研发、安全办公、公用终端、分支机构、呼叫中心等场景。

该产品主要特点包括:数据上移,信息安全;高效维护,自动管控;应用上移,业务可靠;无缝切换,移动办公;降温去噪,绿色办公。

(5)软件开发服务

华为云软件开发服务是集华为近 30 年研发实践、前沿研发理念、先进研发工具为一体的一站式云端 DevOps 平台,面向开发者提供包括项目管理、代码托管、流水线、代码检查、编译构建、云测、移动应用测试、部署、发布、CloudIDE、研发协同等基础功能的研发工具服务,覆盖软件开发全生命周期,支持多种主流研发场景,让软件开发更高效。

该产品主要特点包括:多场景;全集成;全云化;高性能;高安全;高智能。

(6)EI 企业智能

华为云的 EI(Enterprise Intelligence)企业智能包括三类企业智能云服务以及异构计算平台。

- 基础平台服务:包括机器学习、深度学习、图计算,以及 AI 训练、推理、检索平台等。
- 通用服务:包括视觉、语音、自然语言等领域 API 服务。
- 场景解决方案:面向行业,与合作伙伴共同打造基于 AI 和云计算、物联网等技术的场景解决方案。
- 异构计算平台:华为凭借积累多年的系统工程、芯片、硬件、基础软件等基础研发能力使能上述三类智能服务,让算力释放算法之美。

(7)云托管(Cloud Hosting)

云托管是以应用为中心的公有云托管,以应用为单位整合计算、存储与网络资源,按需使用、按需付费的一站式 IT 计算资源租用服务,能够帮助企业在不需要一次性投资的情况下,快速部署和管理大规模可扩展的 IT 基础设施资源。云托管主要面向用户部署复杂应用,需要使用多台机器一起组网才能支撑一个应用的场景。

该产品主要特点包括:以应用为单位,整合资源;快速解决组网困难;弹性供应,快速部署;独立 VLAN,安全隔离;动态调整,节省带宽支出。

### 11.3.3　华为云的生态体系

华为云依托华为公司雄厚的资本和强大的云计算研发实力,一直持续进行基础设施的布局和合作伙伴生态的建设,希望与合作伙伴一起共同丰富云生态系统。

2015 年 9 月,华为于云计算大会(HCC)上宣布将其云服务战略升级为构建“云生态”,希望以商业合作为核心,以技术合作及人才合作为支撑,打造开放、协作、共赢的云生态。华为的目标就是成为云生态公司。

为了吸引和鼓励合作伙伴共同加入云生态的建设,华为云推出了许多举措。2016 年初,华为发布企业云渠道政策，任何满足条件并认证成为华为云的合作伙伴能够享受包括业绩返点以及免费测试资源等多种支持；2016 年 3 月，面向 ISV、SaaS、PaaS 等服务提供商推出"华为企业云合作伙伴招募计划"，通过申请的入驻合作伙伴可以获得专属的云资源扶持和联合营销推广的鼓励。

2017 年 5 月，华为重磅推出的"云伙伴计划 1.0"，不仅包含"3 类合作伙伴发展计划"（转售类合作伙伴计划、云解决方案提供商计划和云服务合作伙伴计划），同时还加上了"2 亿元专项激励"的动员令，希望以此建立起愿意与中国区企业业务长期发展的华为公有云转售类合作伙伴队伍；并且鼓励和支持合作伙伴基于华为公有云进行应用开发，从而为客户提供适应各个场景的解决方案和更有吸引力的云服务（包括上云评估与迁移实施服务等）。此外，华为还专门为云伙伴举办了各类培训课程和多项认证，包括联合解决方案的认证、产品的认证、CSSP 等级的认证等，以及公有云标准、高级和卓越经销商的认证，同时还简化了交易环节、提升交易效率、让利更多给合作伙伴。

2018 年初，华为发布"云伙伴计划 2.0"，进一步丰富伙伴权益。每个计划的基础返利、培训支持、技术支持、营销支持等基础权益均有提升，并设置专项激励等加大对伙伴的鼓励。在最新的生态框架下，华为的伙伴基本分为两类：一类是咨询合作伙伴，聚焦于帮助客户上云，帮助华为云的资源销售，并提供对应的增值服务；另一类是技术合作伙伴，包括专业的服务类、解决方案类以及云市场的伙伴，与华为云一起构筑面向行业和最终客户的端到端的解决方案，如图 11-8 所示。

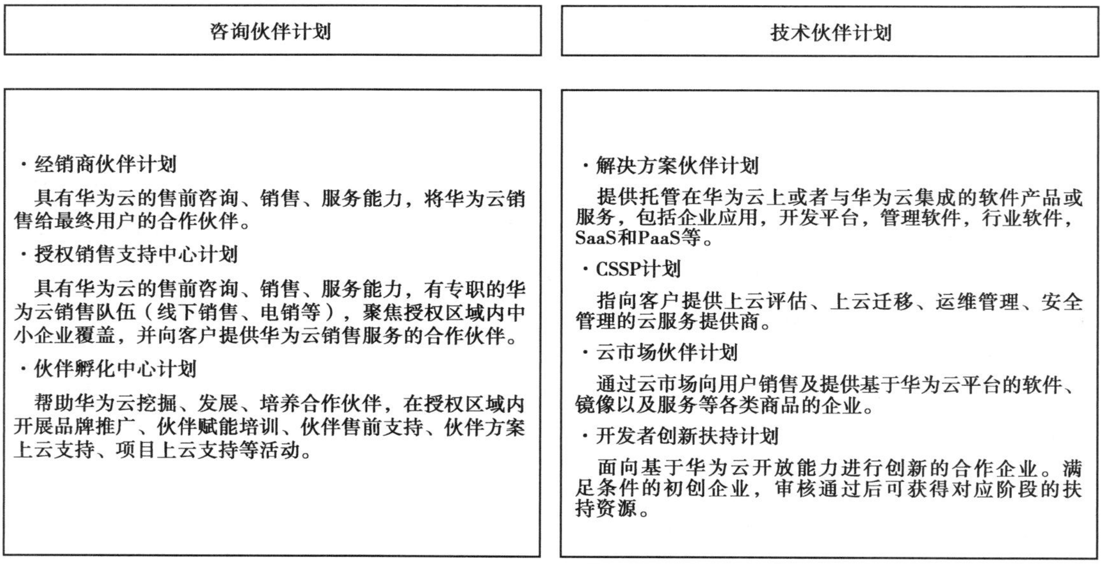

**咨询伙伴计划**

- 经销商伙伴计划

  具有华为云的售前咨询、销售、服务能力，将华为云销售给最终用户的合作伙伴。

- 授权销售支持中心计划

  具有华为云的售前咨询、销售、服务能力，有专职的华为云销售队伍（线下销售、电销等），聚焦授权区域内中小企业覆盖，并向客户提供华为云销售服务的合作伙伴。

- 伙伴孵化中心计划

  帮助华为云挖掘、发展、培养合作伙伴，在授权区域内开展品牌推广、伙伴赋能培训、伙伴售前支持、伙伴方案上云支持、项目上云支持等活动。

**技术伙伴计划**

- 解决方案伙伴计划

  提供托管在华为云上或者与华为云集成的软件产品或服务，包括企业应用，开发平台，管理软件，行业软件，SaaS和PaaS等。

- CSSP计划

  指向客户提供上云评估、上云迁移、运维管理、安全管理的云服务提供商。

- 云市场伙伴计划

  通过云市场向用户销售及提供基于华为云平台的软件、镜像以及服务等各类商品的企业。

- 开发者创新扶持计划

  面向基于华为云开放能力进行创新的合作企业。满足条件的初创企业，审核通过后可获得对应阶段的扶持资源。

图 11-8　云伙伴计划 2.0

目前，华为云已经同太极、北明、中金数据、万国数据、软通动力、天安数码、中节能、北京首信、深圳奔凯等多家行业合作伙伴签订了战略合作。在全球市场，华为云与全球主流运营商，如德国电信、中国电信、西班牙电信、Orange 进行联合创新，在欧洲、拉美地区和中国推出

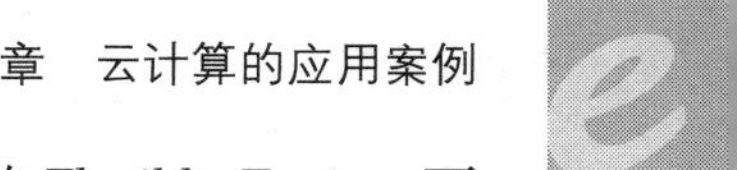

公有云服务，即中国电信天翼云、德国电信 Open Telecom Cloud、Orange 的 Flexible Engine、西班牙电信 Telefonica Open Cloud。华为云与云伙伴一起，助力中国企业走出去，海外企业走进来，推动全球数字经济发展。

## 11.4　Microsoft Azure

与其他云计算厂商相比，微软在用户基数上，在操作系统以及一系列办公软件的使用习惯上都拥有独有的优势。这种优势，不管是对个人用户，还是对企业用户都同样有有效的影响力。借助这些优势，微软提出基于云计算的操作系统 Microsoft Azure，迅速推广云计算产品和服务，实现云计算解决方案的广泛应用。

### 11.4.1　基本介绍

2008 年 10 月微软在专业开发者大会（Professional Developers Conference）上宣布了其云计算战略以及云计算平台 Windows Azure。而后经过两年的全球性内部调研、设计、开发和测试，Windows Azure 成为微软的云计算平台并正式公开。Windows Azure 被认为是 Windows NT 之后 16 年来，微软最重要的产品。目前，Windows Azure 已更名为 Microsoft Azure。

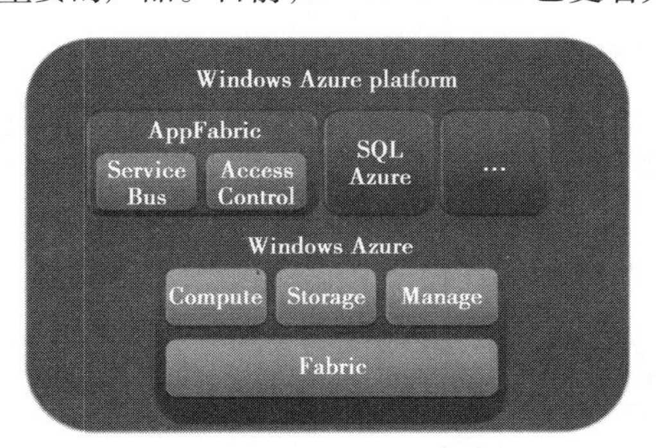


图 11-9　Microsoft Azure 平台

（来源：微软）

Microsoft Azure 是一种灵活和支持互操作的平台，包括了云计算操作系统和一系列为开发者提供的服务，具体结构如图 11-9 所示。

Microsoft Azure 平台由三大部分组成：

①Windows Azure，即微软云计算操作系统，位于云计算平台底层，是微软云计算技术的核心，提供在微软数据中心服务器上运行应用程序。Windows Azure 提供了 Compute（计算），Storage（存储），以及 Manage（管理）这三个主要功能。此外，还有对用户而言透明的 Fabric。Fabric 包含负载平衡、硬件抽象等众多功能。一般而言，用户并不需要了解 Fabric 内部如何工作，就可以充分利用 Windows Azure 的各种特性。

②SQL Azure，即云中的数据库。SQL Azure 运行云计算的关系数据库服务，是一种云存储的实现，并提供网络型的应用程序数据存储的服务。

③Windows Azure AppFabric。AppFabric 是一个基于 Web 的开发服务,可以把现有应用和服务与云平台的连接和互操作变得更为简单。AppFabric 作为中间件层,将起到连接非云端程序与云端程序的桥梁功能。它提供了两大服务,服务总线(Service Bus)和访问控制(Access Control)。AppFabric 让开发人员可以把精力放在他们的应用逻辑上而不是在部署和管理云服务的基础架构上。

Microsoft Azure 开放式的架构给开发者提供了 Web 应用、互联设备的应用、个人电脑、服务器或者提供最优在线复杂解决方案的选择。Microsoft Azure 以云技术为核心,提供了“软件 + 服务”的计算方法。Microsoft Azure 能够将处于云端的开发者个人能力,同微软全球数据中心网络托管的服务,比如存储、计算和网络基础设施服务紧密结合起来。

凭借全球超大规模部署、安全可信以及独特的混合云部署能力,Microsoft Azure 在全球范围取得了快速的发展和广泛的认可,财富 500 强企业中有 85% 的企业采用微软云服务,其中将近 60% 的企业至少采用了 3 项微软云服务。在 Gartner 的“魔力象限”报告中,微软已经连续三年在 IaaS 云服务领域位居全球“领导者(Leaders)”象限,如图 11-10 所示。

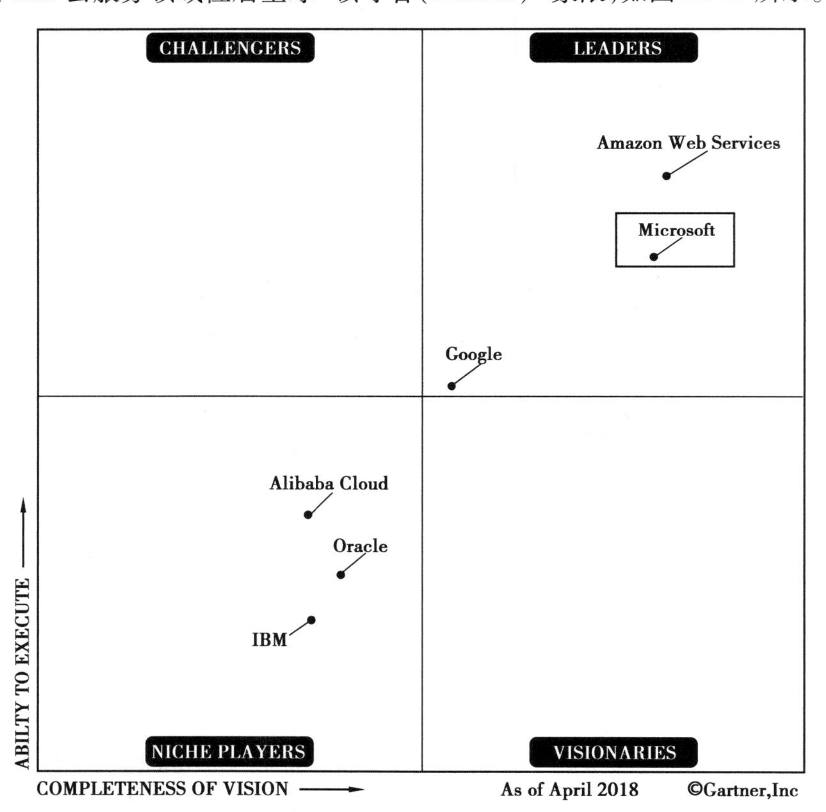


**图 11-10　2018 年基础设施即服务(IaaS)魔力象限**

**(来源:Gartner)**

目前,Azure 已经覆盖全球 34 个区域,并在 28 个区域正式商用,是全球发展最快的公有云服务,且业务收入的增长也取得了超预期的喜人成绩。微软发布的 2018 财年第三季度财报显示,公司实现了总营收和运营收入的两位数增长。智能云部门的营收为 78.96 亿美元,同比增长 17%;微软生产力和业务流程部门的营收为 90.06 亿美元,同比增长 17%;更多个人计算业务的营收为 99.17 亿美元,同比增长 13%。

在中国,由世纪互联运营的 Microsoft Azure 作为首个正式商用的国际公有云服务,也获得了云生态圈合作伙伴的广泛支持和各行业企业用户的认可。目前,Microsoft Azure 在中国服务超过 70 000 家企业客户。从 2015 年 7 月到 2016 年 6 月,中国客户的实际用量和 Azure 业务的营收,都实现了三位数的年度增长。2017 年 11 月,微软宣布由世纪互联在中国运营的 Microsoft Azure 的云计算规模将在未来 6 个月完成 3 倍扩容,Azure Stack 混合云解决方案、SQL Server 2017、整合微信平台的 Office 365 微助理也将陆续在中国市场推出。借助这一系列全新服务与功能升级,Azure 将为微软云生态圈合作伙伴和中国客户带来全球同步的创新可能,以云思维推动企业技术决策,共同迎接数字化转型的挑战与机遇。

### 11.4.2　产品与服务

Microsoft Azure 是微软支持云计算应用和开发的统一平台,既面向企业级用户也面向技术开发人员提供服务。从服务的角度来说,Microsoft Azure 可以为各类用户提供以下四大类的云服务:计算服务、网络服务、数据服务以及应用程序服务。

(1)计算服务

Microsoft Azure 计算服务可以提供云应用程序运行所需的处理能力。Microsoft Azure 当前可以提供的计算服务包括:

①虚拟机。这项服务可为用户提供通用计算环境,用户可以在其中创建、部署并管理运行在 Microsoft Azure 上的虚拟机。

②网站。这项服务可以为用户提供托管的 Web 环境,用户可以在其中创建新的网站,或是将组织现有的网站迁移到云中。

③云服务。这项服务允许用户构建并部署高度利用并且几乎可无限扩展的应用程序,而且管理成本极低,用户可以使用几乎所有的编程语言以及现有的开发技能。

(2)网络服务

Microsoft Azure 网络服务可为用户提供不同的方案并选择 Microsoft Azure 应用程序交付给用户和数据中心。中国版 Microsoft Azure 可以提供的网络服务包括:

①虚拟网络。这项服务允许用户将 Microsoft Azure 的公有云作为组织现有本地数据中心的扩展。

②流量管理器。这项服务允许用户通过获取最佳性能、轮询方式或使用主动/被动故障转移配置这三种方式将应用程序流量路由到 Microsoft Azure 数据中心。

(3)数据服务

Microsoft Azure 数据服务可以提供存储、管理、保障、分析和报告企业数据的不同方式。Microsoft Azure 提供的数据服务包括:

①数据管理。通过这项服务,用户可以在 SQL 数据库中存储企业数据。数据可以存储

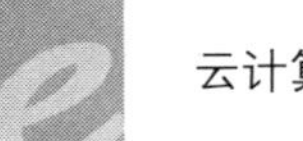



在专用的 Microsoft SQL Server 虚拟机中,使用 Windows Azure SQL 数据库,通过 REST 使用 NoSQL 表,或者使用 BLOB 存储。

②业务分析。这项服务通过 Microsoft SQL Server 报告和分析服务,或运行在虚拟机中的 Microsoft SharePoint Server、Microsoft Azure SQL 报告、Microsoft Azure SQL Marketplace 或 HDInsight,即面向大数据的 Hadoop 实现。

③HDInsight。这是微软基于 Hadoop 的服务,可为云带来 100% 的 Apache Hadoop 的解决方案。

④恢复管理器。Microsoft Azure Site Recovery 可帮助用户通过协调在辅助位置的 System Center 私有云的副本,以及使用 Windows Azure Online Backup 云端备份与恢复来保护企业的重要服务。

(4)应用程序服务

Microsoft Azure 的应用程序服务可以提供各种方式以增强云应用程序的性能、安全、发现能力和集成性。Microsoft Azure 可以提供的应用程序服务包括:

①消息传递。这包括两项服务(Microsoft Azure Service Bus 和 Microsoft Azure Queue),让用户的应用程序可在私有云环境和 Microsoft Azure 公有云环境下保持连接。

②Active Directory(活动目录)。这项服务为用户的云应用程序提供了身份管理和访问控制的能力。

③媒体服务。这项服务允许用户使用 Microsoft Azure 的公有云为媒体的创建、管理和发布建立工作流程。

④通知中心。这项服务为运行在移动设备的应用程序提供了一个高度可扩展的跨平台推送通知基础架构。

⑤BizTalk 服务(国际版)。这项服务可以提供企业对企业(B2B)和企业级应用程序集成(EAI)的能力,以交付和混合集成集成解决方案。

⑥多因素验证。除了用户账户凭据外,这项服务还可提供额外的验证层,以便实现本地和云应用程序更安全的访问。

在现实应用场景中,不同规模、类型的组织可以利用这些服务组合出丰富多样的解决方案。

### 11.4.3 微软云的生态体系

作为全球最大的软件公司,微软已成功打造以 Windows 为平台的全球第一大软件生态系统,具有最为丰富成功的商业生态系统构建方面的经验。目前,微软正在全球范围内掀起一股云生态的构建浪潮。

2015 年 9 月,微软正式发布微软云伴——ISV 招募计划。该计划主要面向提供基于 Azure 平台的云服务 ISV(独立软件解决方案供应商),通过提供丰富的奖励及多方位的资源支持,助力 ISV 打造优秀的商用 APP,开创完美的商业解决方案,建立良好的云生态圈,帮助 ISV 转型并扩展未来商机,成为领先云端软件开发商。

与阿里云、华为云、Amazon AWS 等相比，微软在构建生态系统方面有其独到之处。

①微软着力构建一整套生态系统服务体系。

微软不仅将自己的 IaaS、PaaS 做到尽可能地利于 ISV 使用，还有相关配套的优惠政策，以吸引 ISV 加入其生态。微软已形成从开发、部署、推广到运营、资本运作等 ISV 发展过程中所需要的各种服务体系。微软有共享客户资源、帮助 ISV 拓展客户的政策和团队，还有专门的扶植计划。其中，最为有名的两个扶植计划便是微软创业企业扶植计划（Microsoft BizSpark）和微软创投加速器。

BizSpark 为初创企业提供 3 年的免费资源，包括微软的软件、服务、技术支持和 Azure 云服务，让 ISV 可以充分利用微软创新技术和软件的优势，实现业务的快速成长。

微软创投加速器（微软云加速器）则旨在深入中国的创业生态链，鼓励更多的创业者使用微软云计算平台进行技术开发及实现创新，同时为企业提供多方位的创业支持资源，以帮助创业者实现梦想。创业企业申请后经选择进入加速器，将可以得到当期期间内（4 ~6 个月）、微软免费提供的、位于北京市中关村微软亚太研发大厦内部的加速器办公空间，并得到由行业专家及技术专家组成的导师团的扶植与指导，同时获得多方面培训、融资机会对接，以及多种创业资源。

更为重要的是，微软对整个体系已形成一套协同作战的机制，他们能比较好地一起发力，共同吸引 ISV 们加入自己的生态。2015 年 4 月，微软中国宣布启动面向中小企业和初创企业的微软“凌云计划”。在该计划中，微软将联合北极光、DCM、戈壁投资等投资机构，共招募 100 家创业企业。微软将向这些创业企业提供价值一亿元人民币的微软 Azure 公有云服务、软件和开发工具。

②微软借助合作伙伴的力量共同构建生态系统。

微软“云伴计划”由微软寻找合作伙伴共同推动。例如，与中国电信合作，共同构建“中国电信 Microsoft Azure 云应用商店”。中国电信 Microsoft Azure 云应用商店是首家在华运营的大规模商用 Microsoft Azure SaaS 云应用商店。一方面，软件开发商（ISV）可以在这里展示及销售在 Microsoft Azure 上开发、运行的在线应用程序和服务；另一方面，企业客户可以根据自己的实际需求，在云应用商店中选择和订阅由开发商提供的应用程序和服务，并方便快捷地使用。根据微软与中国电信的合作协议，中国电信全面负责 Microsoft Azure 云应用商店的软件开发商（ISV）招募、应用上架、资质审核、渠道销售、客户合同及日常服务运营等工作，并与微软携手共同开展市场宣传活动、营销推广活动等工作。此外，微软还与中国软件网合作，共同搭建与 ISV 面对面的线下交流平台，从而吸引更多的 ISV 进入微软云生态。

微软在构建 Azure 云平台生态系统方面，已取得不错的效果。截至 2017 年，微软已经拥有自全球 140 个国家的 64 000 个合作伙伴。而在中国开展云计算服务的 4 年里，Azure 的云计算规模已经扩展了一倍，积累了 80 000 家企业级客户，以及超过 1 000 家本土合作伙伴。

# 11.5 Amazon AWS

虽然 Amazon 是靠在线书店模式起家,并成为全球领先的在线零售商,但现在 Amazon 更是全球云计算的领头羊。Amazon 通过收购多家技术产品公司逐渐推出风格独特的云计算服务,并参与开创了全球云计算的商业模式。

## 11.5.1 基本介绍

作为网购的鼻祖,Amazon 自 1995 年在网上卖出第一本书之后,就开始不断建立自己的 IT 基础设施(服务器、宽带等)。然后它发现这些服务器的运作能力能够当成虚拟货品卖给开发者和初创企业,这样他们就不用花大量金钱和精力购买硬件以及建立内部软件和程序。

于是,2002 年,Amazon 网络服务(AWS,Amazon Web Services)诞生。早期,该项服务可让企业免费将 Amazon 网站的功能整合到自家网站上,意在帮助开发者"开发应用程序和工具来将 Amazon 网站的众多独特功能整合到他们的网站上"。

2006 年,AWS 推出首批云产品,让企业能够利用 Amazon 的基础设施开发自有的应用程序。第一款产品是 Simple Storage Service(S3),第二款是服务器租赁和托管服务 Elastic Compute Cloud(EC2),通过提供不同的案例类型,给客户带来不同的 CPU、内存、存储容量和网络容量配置选择。如今,这两款产品仍然广受 AWS 客户的欢迎。

AWS 备受想要快速将服务和应用程序运转起来的开发者的青睐,但传统企业很少放心将更多的高工作负荷任务转移到公共云。因此,2009 年虚拟私有云(Virtual Private Cloud)应运而生。它的推出是 AWS 从相对保守的企业那里争取到更多业务的雄心的一部分,即给传统企业带来 AWS 数据中心私有的独立单元。

2013 年,数据仓储服务平台 RedShift 上线,这是 AWS 完善其数据处理功能的过程的一部分。与 NoSQL 服务 DynamoDB 同年推出的 RedShift,被称作"全托管型 PB 级别数据仓储服务",已逐渐成为 AWS 发展史上增长最快速的一款产品。2014 年,大数据处理服务 Kinesis 也相继推出。

2015 年 10 月,AWS 推出 Snowball。该 50 TB 的设备可让大企业客户通过将设施从办公室运送到 AWS 数据中心,将大量数据转移到 AWS 云端。2016 年 2 月,AWS 还推出了 Snowmobile,支持在数个 40 GB/s 的连接上以 1 TB/s 的速度进行数据传输。

近年来,AWS 一直不断扩展服务范围,以支持几乎任意的云工作负载。随着 Amazon 在云计算领域龙头老大的地位不断巩固着,其云业务进入了良性循环。

一方面,Amazon 的云服务涵盖了 IaaS、PaaS、SaaS 三层,顺应当下云计算、大数据、物联网、人工智能等新技术的发展趋势,AWS 几乎每天都会有新的功能上线。数据显示,2011 年,AWS 推出了超过 80 项的重要服务和功能;2012 年接近 160 项;2013 年达到 280 项;2014 年,AWS 发布 516 项;2015 年,AWS 发布了 722 项;2016 年,AWS 发布了 1 017 项;2017 年,AWS 发布了 1 430 项新的功能和服务。如今 AWS 已经推出数千项新功能,涉及计算、存储、网络、数据库、分析、应用、部署、管理、开发、移动、物联网、人工智能、安全、混合云和企业应用等范畴。

另一方面，AWS 的积极营收趋势也开启了该业务良性循环：获取到营收；资金投入以推出更多的功能与服务；吸引除初创公司外的更多的用户；再次获取营收。目前，AWS 业务客户超过 100 万，行业覆盖至医院、制药、宇航局、新闻传播等，服务器多达 200 万台，包括第一资本（Capital One）、美国国家安全局、中央情报局在内的很多大用户都是 AWS 的客户。2017 年，AWS 全年营收达到了 174 亿美元，占据 Amazon 全年营收的 10% 左右；2018 年第一季度，AWS 收入为 54.4 亿美元，同比增长 49%，年收入超过 200 亿美元。

经过十几年的发展，AWS 带动起云计算的繁荣发展，趁着云计算趋势改变了整个 IT 行业。在知名调研机构 Gartner 每年发布的 IaaS 魔力象限中，AWS 连续 6 年在所有指标上全都领先，如图 11-11 所示，是拥有巨大市场份额的领导者。Gartner 特别指出，AWS“是最常被选择的服务提供商，是许多用户在整个企业组织内战略性采用的云服务”。

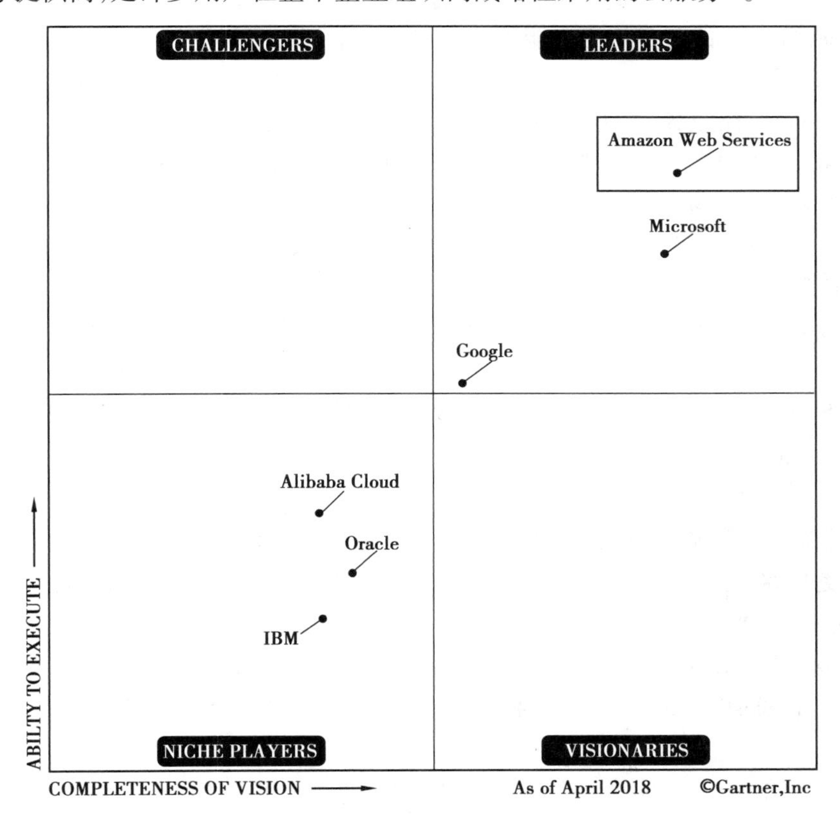


图 11-11　2018 年基础设施即服务（IaaS）魔力象限

（来源：Gartner）

### 11.5.2　产品与服务

截至 2018 年 9 月，AWS 为用户提供共计 19 大组云服务。通过各类服务的组合，AWS 可以为用户提供完整的 IT 业务解决方案。最关键的是，AWS 是按需使用、即用即付的模式，能够灵活应对企业快速多变的 IT 需求。

本书将其中的主要产品进行简要介绍。

(1)计算型服务

这是一个提供了虚拟服务器配置功能的服务,即所谓的云计算。它提供了包括以下这一系列的服务。

- Amazon EC2。EC2 代表弹性计算云。这种服务提供了可根据个人需求扩展的虚拟机。
- Amazon EC2 容器服务。其高性能、高可扩展性使其可在 EC2 集群环境中运行服务。
- Amazon Lightsail。该服务使用户非常容易地启动和管理虚拟服务器(EC2)。
- AWS Elastic Beanstalk。该服务能够自动管理用户的应用程序的容量配置、负载平衡、扩展以及健康监控,从而减少用户的管理压力。
- AWS Lambda。该服务允许用户只在其需要的时候运行代码而不用去管理服务器。
- AWS Batch。该服务使用户能够以自定义的管理方式运行计算工作负载(批处理)。

(2)存储型服务

它是一种云存储服务,即由 Amazon 提供的云存储设施。该组服务包括:

- Amazon S3。S3 代表简单存储服务,给用户提供了在线存储服务,使用户可随时从任何地方存储、检索任何数据。
- Amazon Elastic File System。EFS 代表弹性文件系统,是一个可以和 EC2 服务器一起使用的在线存储服务。
- Amazon Glacier。该服务是一种低成本/低性能数据存储解决方案,主要针对存档或长期备份。
- AWS Storage Gateway。这种服务的接口会将用户的内部应用程序(托管在 AWS 之外)与 AWS 存储连接。

(3)数据库

AWS 还提供在其基础设施上托管数据库,以便用户可以利用 Amazon 最先进的技术来获得更快、更高效、更安全的数据处理。该组服务包括:

- Amazon RDS。RDS 代表关系数据库服务,用于在云上设置、操作和管理关系数据库。
- Amazon DynamoDB。其 NoSQL 数据库提供了快速处理和高可扩展性。
- Amazon ElastiCache。这是一种为用户的 Web 应用程序管理内存、缓存以便更快运行它们的方案。
- Amazon Redshift。这是一个巨大的(PB 级)的完全可升级的云端数据仓库服务。

(4)迁移

它提供了一系列服务来帮助用户实现本地服务到 AWS 的迁移工作。包括:

- AWS Application Discovery Service。它专门用于分析用户的服务器、网络、应用程序以帮助或加速迁移的服务。
- AWS DMS。DMS 指的是数据库迁移服务,用于将数据从本地数据库迁移到 EC2 上托管的 RDS 或 DB。
- Server Migration。它也称为 SMS(服务器迁移服务),是一种无代理服务,将用户的工作负载从本地移动到 AWS。

- Snowball。用于帮助用户使用物理存储设备(而不是基于互联网或基于网络的传输)将大量数据传入或迁出 AWS。

(5)网络和内容分发

由于 AWS 提供云端的 EC2 服务器,因此网络相关内容也将出现在这里。内容分发用于向位于最近位置的用户提供文件。

- VPC。VPC 代表虚拟私有云。它是用户自己的虚拟网络,也是用户的专用 AWS 账户。
- CloudFront。这是 AWS 的内容分发网络(CDN)服务。
- Direct Connect。它是将数据中心与 AWS 连接起来的网络方式,以提高吞吐量,降低网络成本,并避免互联网的连接问题。
- Route 53。它是一个云端的域名系统的 DNS Web 服务。

(6)开发者工具

顾名思义,这是一系列帮助开发者简化在云端编码的服务。

- CodeCommit。它是一个安全的、可扩展的、可管理的源代码管理服务,用于托管代码仓库。
- CodeBuild。这是一个云端的代码生成器,主要用于执行、测试代码和构建部署软件包。
- CodeDeploy。这是一个可在 AWS 服务器或本地进行自动化应用程序部署的部署服务。
- CodePipeline。这个部署服务可以使编码人员可以在发布之前将其应用程序可视化。
- X-Ray。它可以使用事件调用分析应用程序。

### 11.5.3　Amazon 云的生态体系

AWS 合作伙伴网络(APN)是 AWS 推出的一项全球合作伙伴计划,其目的是为 AWS 合作伙伴提供系统的技术、市场及销售支持,如图 11-12 所示。完成 APN 注册,意味着加入并成为 AWS 整个合作伙伴生态系统的一员,为 AWS 云计算的用户提供更多服务。加入 APN 计划,合作伙伴不但可以根据自身的能力申请成为咨询合作伙伴或技术合作伙伴,而且还可以通过自身的成长实现级别的提升,并获得参加各种增值计划的资格。

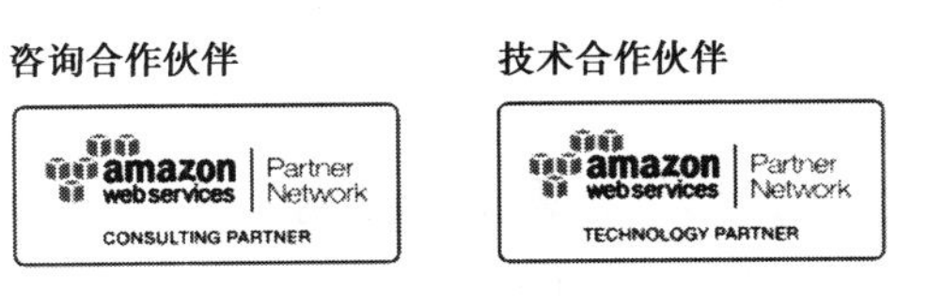


图 11-12　AWS 合作伙伴网络

目前,APN 合作伙伴类型主要分为两类,即咨询合作伙伴和技术合作伙伴。

APN 咨询合作伙伴是专业的服务公司,可帮助各种规模的用户在 AWS 上设计、架构、搭建、迁移及管理工作负载和应用程序。咨询合作伙伴包括系统集成商(SI)、战略咨询公司、代理机构、托管服务提供商(MSP)以及增值分销商(VAR)。作为 APN 咨询合作伙伴,用户将能够获取各种资源和培训,以便更好地帮助用户在 AWS 云中部署、运行和管理应用程序。

APN 技术合作伙伴提供托管于 AWS 平台或与 AWS 平台集成的软件解决方案。技术合作伙伴包括独立软件供应商(ISV)、SaaS、PaaS、开发人员工具、管理和安全供应商。作为 APN 技术合作伙伴,用户将能够访问各种工具、培训和支持,使用户能够更高效地在 AWS 上构建解决方案。

随着各种类型的企业和机构广泛使用 AWS——从大数据分析、实时数据、开发新应用到重新制定自己的数据和网站战略,直至迁移整个关键数据中心,用户越来越多地依赖 APN 合作伙伴的解决方案和服务来满足他们的业务需求。云生态效应将 AWS 与用户彼此的边界推向更宽广的范围。Netflix 宣布放弃自建数据中心,而全部采用 AWS 作为底层 IT 基础设施;2016 年的独角兽、云通信服务商 Twilio 也选择 AWS 平台;全球热门的创业公司 Airbnb、Spotify 和 Pinterest 等都在 AWS 上快速发展壮大。

2015 年,AWS 在中国发布"AWS 云创"计划,向创业公司提供在 AWS 上起步所需的所有资源,并与领先的风险投资机构、加速器和孵化器保持良好的合作,如红杉资本、真格基金、经纬创投、创新工场、36 氪加速器和华创资本等,让创业公司可以接触到他们通常接触不到的其他创业公司和投资者。这些措施让大量的初创公司在 AWS 云平台如鱼得水。最近,AWS 加强了 APN 全球计划,增加了针对 SaaS 和托管服务提供商的新项目并扩大了培训项目等。

## 本章小结

为使读者对云计算服务有更为直观的理解与认识,本章选取了国内外知名的云计算服务平台,包括阿里云、京东云、华为云、Microsoft Azure、Amazon AWS 等,围绕它们各自的产生背景、发展情况、主要产品与服务等内容展开详细介绍,并重点阐述了各大云计算服务运营商的云生态战略。

### 扩展阅读

#### 曙光云计算应用服务

曙光信息产业有限公司(以下简称"曙光公司")成立于 1995 年 6 月,是一家在科技部、信息产业部、中科院大力推动下,以国家 863 计划重大科研成果为基础组建的高新技术企业。它以中科院计算所、国家智能计算机研究开发中心和国家高性能计算机工程中心为技术依托,拥有强大的技术实力。曙光系列产品的问世,为推动我国高性能计算机的发展做出了不可磨灭的贡献。

凭借十多年在高性能计算机领域的研发与解决方案的积累,曙光公司已经掌握了包括云基础设施、云管理平台、云安全、云存储、云服务等一系列云计算核心技术与产品,可以为用户提供“端到端”云计算整体解决方案。曙光云计算应用服务的总体框架如图 11-13 所示。

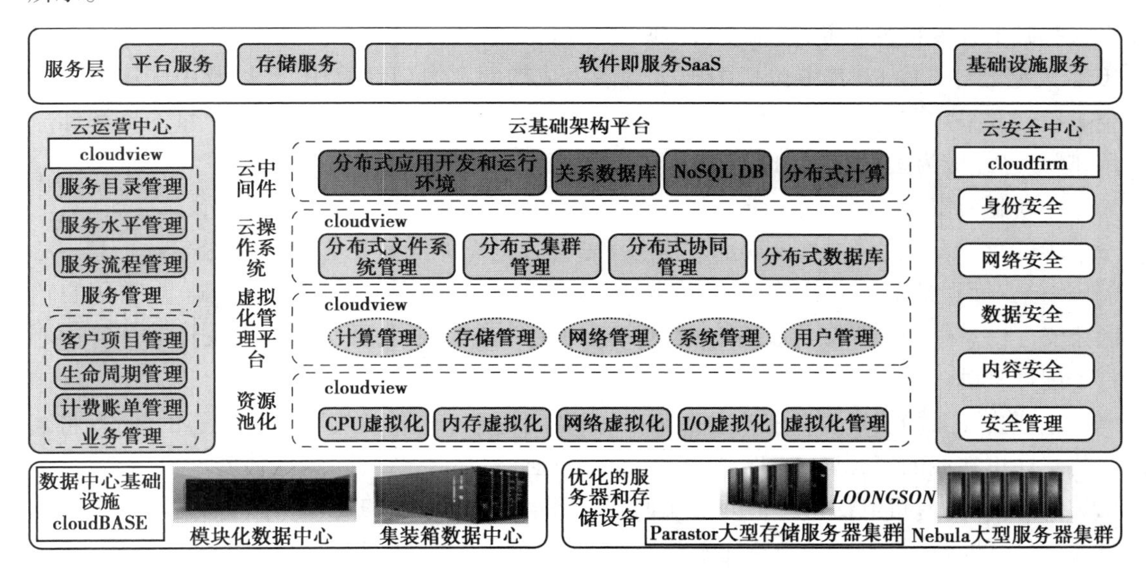


图 11-13 曙光云计算应用服务的总体框架

(来源:曙光公司)

1. 曙光 cloudBASE

随着信息中心设备数量的不断攀升,近年来数据中心的能耗问题成为人们关注的重点,绿色节能越来越为人们所重视。曙光 cloudBASE 是一项一体化的数据中心基础设施解决方案,包含多款基础设施产品和相关服务。cloudBASE 解决方案可以大大降低数据中心的能耗水平,获得降低数据中心的 PUE 指标。

2. 曙光 cloudview 云计算操作系统

较之传统的数据中心,云计算中心的运营管理更为复杂,要求也更高。曙光 cloudview 云计算操作系统及其运营管理解决方案能够高效地、自动化地管理云中的资源,完成服务的快速交付,并且有服务质量保证措施,保证云平台按预定目标正常运转,取得预期的收益。

3. 曙光 Parastor 云存储系统

CloudStor 是基于云存储推出的一款网盘服务产品和解决方案,将云概念引入日常生活中,用户可直接体验到云存储的便利。本产品支持数据自动同步、安全备份以及共享功能,数据永不丢失,并且支持文件搜索与查找,非常便捷。只要有网络,可以在任何时间、任何地点利用任何可用设备对文件进行管理及备份。

4. 曙光 cloudfirm 云安全管理中心

曙光 cloudfirm 云安全管理中心对用户、资产、安全事件等进行集中统一的监控管理和审计分析，通过高效专业化支撑平台和先进监测工具及时进行安全事件预警，及时掌握安全状态，发现针对云计算环境的网络攻击、病毒传播和异常行为等安全事件，为预警、应急响应和事件调查提供支撑，并采取主动防护手段保护用户数据，能满足各种 IaaS、PaaS、SaaS 服务的安全需求，对云计算中心进行全面的安全保障。

此外，曙光公司以已有平台为依托，以数字信息化为支撑点、构建一体化的数字平台，在平台基础上开展特色服务，如曙光云商城 cloudstore、曙光城市云等，且在国内建设、部署超过10 个大型云计算中心，其中包括中国运营最为成功的上海超计算中心，以及中国第一个由企业投资并采用商业化运营的超级云计算中心：成都云计算中心等。依托大量的资源和应用，曙光已经成为国内领先的云服务供应商之一。

1. 新疆公安云

2011 年，曙光公司根据公安部对信息中心建设的总体框架要求，在新疆公安厅信息中心（新疆公安厅大情报平台、厅级警综平台、部门间信息共享等平台）建设的基础上，开展自治区公安厅信息中心硬件架构扩容和信息资源库硬件建设项目，并为构建公安厅云计算中心打下硬件基础。

新疆公安云的实现要分三步走。第一步，要实现位于电信机房云计算中心的建设，将当前公安厅里在线的资源库、PGIS、协同办公平台进行整合。第二步，新建公安厅机房，建设真正的云计算中心，将电信机房中的应用回迁，不断加强云平台的建设，弱化地州的云平台建设，将电信的云计算中心作为新建云计算中心的备份中心，并建设克拉玛依的云计算中心。第三步，与政法委等单位协作，促进各方应用资源的逐渐融合，将“新疆公安云”逐步扩展为“新疆政法云”，形成相关部门统一的业务支撑平台，如图 11-14 所示。

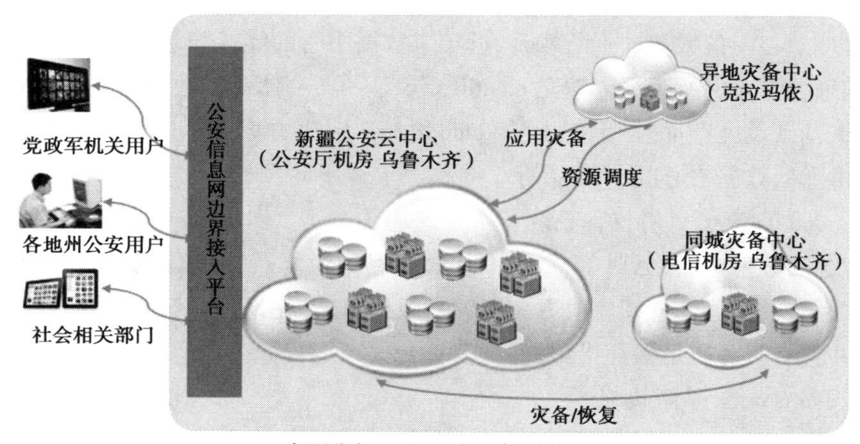


图 11-14　新疆公安云

（来源：曙光公司）

2. 中国银联“联云”工程

中国银联结合自身特点和优势，创新性地提出了“联云”的概念，希望通过建立和整合银联内部分散的 IT 资源，共同为整个银联业务的运行和发展提供服务。

曙光公司规划银联云计算基础架构的总体框架,完成对服务器、存储、网络、云安全和云管理平台等软硬件产品作为实现平台的任务项的设计、检查,并在银联协助下完成相关实施工作。本项目主要工作范围如下:

①对银联在项目期内可能在云计算平台上部署的应用系统进行调研和评估,并对可能出现的业务问题作出分析,了解用户和应用系统之间的应用数据流,收集应用系统的总体架构和用户访问应用的相关信息,分析应用系统对云计算基础架构的需求,参照全球目前云计算建设的最佳实践整理出对银联云计算中心建设的建议。

②银联云计算中心服务器、存储和网络规划、设计和实施——为银联设计和建设银联云计算中心内服务器、存储和网络基础架构。

③银联云计算中心安全技术与安全措施保障方案设计和集成——为银联设计立体的云安全防护体系方案并实施,确保建成的云计算中心和云存储中心对其私有数据的存储、管理和处理。

④银联云计算中心高效的、可实现自动化管理的云管理解决方案设计和实施——实现银联云计算中心服务的快速交付,并且提供服务质量保证措施。

资料来源:汤兵勇主编. 云计算概论:基础、技术、商务、应用[M]. 2 版. 北京:化学工业出版社,2016.

## 思考题

1. 概括阿里云与 Amazon AWS 的异同。

2. 请选择登录一个云计算服务网站,了解其提供的主要产品与服务,并注册使用其(免费)服务。

第4编

# 产业发展

# 第 12 章 云计算产业的政策环境

## 本章导读

十几年过去了,云计算带来了新的机遇,引发了信息产业的重新布局。面对云计算如此广阔的前景,全世界众多国家也都纷纷出台相关政策扶持云计算产业的发展,并构建了大量的云计算计划,用以加速本国信息产业和信息基础设施的服务化进程,带动本国信息产业整体格局的改变,从而抢占新一轮全球竞争制高点。因此,本章主要为读者介绍国内外政府支持云计算产业发展的相关政策与策略。

## 12.1 国外云计算产业的政策环境

本节将对美国、欧盟、英国、日本以及韩国等云计算产业的政策进行梳理。

### 12.1.1 美国的云计算政策

美国历届政府都将促进 IT 技术创新和产业发展作为基本国策,特别地,将云计算技术和产业定位为维持国家核心竞争力的重要手段之一。

在云计算发展的关键节点出台国家战略,美国政府全面勾画出推进云计算发展的路线图以及管理架构,以确立美国在云计算发展中的领头羊地位,展现美国云计算产业发展的先导地位和强劲的竞争力。

(1)构筑全新组织架构和基础平台

美国以综合化的执行体系确保云计算发展战略各环节的落实。第一是建立相关的组织机构。2008—2015 年,奥巴马执政期间,先后设立联邦政府首席信息官(CTO)、首席技术官、首席数据官等新职位以及云计算工作组,以构建全新的云计算产业发展管理组织体系;2017 年,特朗普政府也签署一项行政指令——成立新的技术委员会,对美国政府的信息技术系统进行全面改革。第二是开展重点项目。2009 年 9 月,政府云应用商店(Apps.gov)上线,整合商业、社交媒体、生产力应用与云端 IT 服务,用于展示得到政府认可的云计算应用,推动政

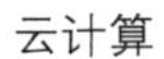



府接受云计算理念，如图 12-1 所示；并于 2010—2011 年期间，建立联邦云计算的示范工程，资助包括中央认证、目标架构与安全、隐私以及采购等在内的众多项目。

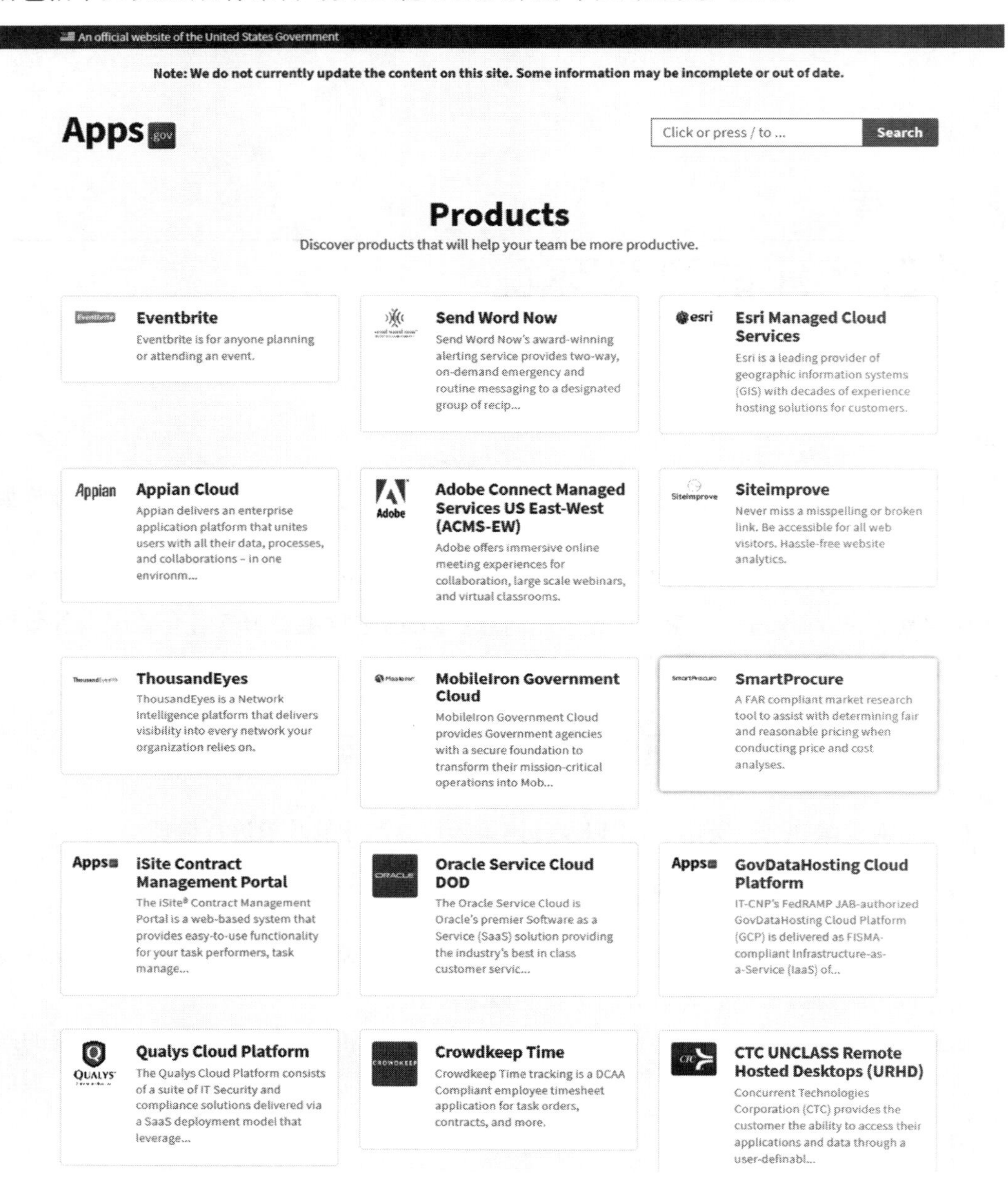


**图 12-1　美国政府云应用商店**

（**来源**：Apps. gov）

（2）建立支持云计算发展的政策体系

美国政府对云计算产业的扶植采用深度介入的方式，通过强制政府采购和指定技术架构来推进云计算技术进步和产业落地发展。2010 年 12 月，美国联邦首席信息官发布了《改革联邦 IT 管理的 25 点实施计划》，计划整合联邦数据中心，并计划推出“云优先”政策，逐步推动各级政府部门将其业务转移至“云”上。2011 年 2 月，美国正式发布《联邦云计算发展战略》，号召各政府部门，切实执行“云优先”政策，并将云计算应用纳入部门预算中。随着《联邦云计算发展战略》的一步步推行，美国联邦政府的 IT 采购预算也逐步从对传统操作系统和办公套件（软件产品）的采购转向为对云服务与云产品的采购。至此，云计算发展已被纳入美国国家发展规划当中，云计算顶层设计趋于完善。

（3）制定云计算安全监管政策

在监管方面，美国政府对云计算并无特殊的监管机制，与互联网业务同等对待。但在云计算实际应用到垂直行业时就设有较高门槛，比如政府行业使用云计算需要通过联邦风险与授权管理计划（FedRAMP）认证，需通过第三方认证并经过多部门联合委员会的审定等。云服务供应商通过获得 FedRAMP 证书即可认为安全达到政府要求。联邦机构和云服务供应商都需满足 FedRAMP 的安全控制基线，包含低、中、高三套基线控制集，为不同级别的系统推荐了不同强度的安全控制集（包括管理、技术和运行）。2017 年初，特朗普签署了《增强联邦政府网络与关键性基础设施网络安全》总统行政令，要求在联邦政府之内建立多项网络安全评估指标，并要求各机构与部门负责人表明其对于共享式 IT 服务的采购偏好，具体包括电子邮件、云计算以及网络安全服务等。

目前，美国政府已经成为全球最大的云计算“采购者”（年度 IT 支出超过 800 亿美元），包括美国国防部、美国农业部、美国安全局、美国国家航空航天局等在内的 300 多个政府机构使用公共云服务。例如，美国国防信息部门搭建云环境存储数据；美国宇航局（NASA）推出“星云”云计算环境；美国空军利用云端计算环境保护国防和军事资料。

美国联邦政府对云计算的重视，也直接拉动了美国云计算市场升温，众多云计算服务商加入了争夺政府采购订单的行列。2010 年，微软获得美国政府的一份云计算软件供应合同，其内容是向美国农业部提供基于互联网的电子邮件及其他服务；2013 年，Amazon AWS 击败 IBM，一举拿下美国中央情报局（CIA）金额高达 6 亿美元的云服务合同；2015 年，微软与 Amazon 拿下美国联邦航空管理局价值 1 亿美元云计算合约，将美国联邦通信委员会的数据中心转移到 Amazon 与微软的云存储中。

### 12.1.2　欧盟的云计算政策

相比美国，欧盟作为一个政治联合体，对云计算的扶植政策发布较晚。欧盟委员会通过在欧盟层面建设统一、标准化的云计算服务，充分释放云计算服务潜力，缓解信息基础设施使用率低、资源需求分散、重复建设严重等现实问题。

一方面，欧盟鼓励成员国积极促进云计算发展，为云计算的研究和技术开发提供激励，并制定适当的管理框架。

2012 年 1 月，欧盟委员会提出“云计算公私伙伴关系行动计划”，通过政府采购的方式加强政府公共部门与企业机构的合作，从而为云计算在欧盟区域的广泛商业化应用提供参考。该计划初期由欧盟委员会投资 1 000 万欧元，并分为三个阶段展开：第一阶段，研究云计算采购的基本规则，包括云计算采购标准、云计算安全和激励竞争的措施等；第二阶段，提出云计算采购实施方案；第三阶段，在欧盟范围内实施云计算。

2012 年 9 月,欧盟委员会发布“发挥欧洲云计算潜力”战略,推出一系列措施,以推动欧盟区域云计算发展,创造更多就业机会,带动经济发展。例如,筛选技术标准,使云计算服务在用户互操作性、数据便携性和可逆性方面得到保证;支持在欧盟范围内开展“可信赖云服务供应商”认证计划;正式启动在欧盟成员国和行业间建立“欧洲云伙伴(European Cloud Partnership)”合作关系,通过公共机构采购云计算的方式塑造欧洲云计算市场等。

2012 年 10 月,在“发挥欧洲云计算潜力”战略基础下,欧盟委员会推出《云计算发展战略及三大关键行动》,进一步加强云计算技术研发创新和基础设施投入强度,一方面全面推进欧盟成员国的云计算产业共同发展,另一方面着力将欧盟打造成云计算服务的强势集团。目前欧盟已成立 6 个战略实施工作小组,具体涉及云标准协调、服务标准协议、认证计划、行为守则、专家研究小组和云伙伴关系。

2016 年 4 月,欧盟委员会启动欧盟云计算行动计划(ECI),致力于率先在欧盟科技界和技术工程界实现跨成员国、跨区域、跨行业、跨领域的云计算服务无缝衔接、互联互通,然后逐步向全社会拓展云用户群,促进欧盟数字融合技术创新,加速欧盟数字经济转型升级。该计划主要由两大部分组成:欧盟开放科学云和大数据基础设施。欧盟云计算行动计划(2016—2020 年)总预算 67 亿欧元,欧盟 2020 地平线(H2020)将出资 20 亿欧元,欧盟结构与投资基金(ESIF)、成员国公共财政和私人行业需要出资 47 亿欧元。预计将产生至少 500 亿欧元的投资溢出效应。

另一方面,为保证成员国政府云计算服务采购的安全,欧盟积极建立采购云计算服务的安全标准,并加强云计算服务的安全监测。

2009 年,欧盟网络与信息安全局(ENISA)先后发布了《云计算:好处、风险及信息安全建议》和《ENISA 云计算信息安全保障框架》,为企业指明使用云计算可能带来的好处,并提出如何将使用云计算所带来的风险降到最低。2011 年,ENISA 通过调查研究欧洲 140 多个公共机构的云服务采购,又发布了《政府云的安全性和复原力》报告并出台详细的操作指南,为公共机构采购云计算服务提供决策指南。除了关注于云服务提供前期如何规避安全风险外,ENISA 又于 2012 年 4 月制定并发布了《云计算合同安全服务水平监测指南》,重点关注公共服务领域的合同,将评估工作贯穿整个合同期,对云服务的数据安全持续监测,为云服务采购者提供指导。

2013 年 6 月,欧盟委员会将云计算纳入关键信息基础设施(CIIP)范畴,进一步加大对云计算的监管力度。为应对云计算、大数据、移动互联网及跨境数据处理等所带来的新挑战,2016 年欧盟还通过了《通用数据保护条例(GDPR)》和《欧盟网络与信息系统安全指令(NISD)》,明确处理个人数据必须要有合法理由,并在数据主体授权、合同的法定义务以及数据控制者的合法利益等方面制定了严格的认定标准。

作为欧盟的领袖,德国十分重视科技创新,国内信息化水平也较高,是云计算发展较快的国家。2009 年,德国制定了《信息与通信技术 2020 创新研究计划》,强调要推动云计算技术发展,构建全国互联互通的智能网络。2010 年,德国发布了《信息与通信技术战略:2015 数字化德国》,明确提出促进云计算设施的开发和应用,并制定德国有关技术发展与网络安全方面的政策,加强新技术领域的教育和媒体宣传,实现“数字化德国”。同年,德国还出台了《云计算行动计划》,以支持云计算在中小企业及公共部门的应用,提高企业对云计算的认可程度和信任度,消除云计算应用中遇到的技术、组织和法律问题。《云计算行动计划》包括四个行动领域:①通过云计算示范项目挖掘创新市场潜力;②建立安全可靠的云计算法律框架和安全标准;③为开展国际合作建立统一的云计算服务标准;④借助使用指南、网络、教育等各种渠道提供指导信息,引导云计算发展方向。

### 12.1.3　英国的云计算政策

如英国十分重视科技创新,是云计算发展较快的国家。2009 年 10 月,英国政府发布《数字英国报告》,首次提出建立统一的政府云(G-Cloud),即私有政府云计算基础设施。英国政府投入 6 000 万英镑,设立云服务组、安全工作组、商业工作组以及数据中心联合计划委员会,协力推进公共云服务网络建设,以期通过政府示范带动吸引众多科技新创公司的加入。2011 年 11 月,英国正式启动 G-Cloud 项目,用以改善公共部门采购和运营 ICT(Information Communication Technology)的方式。G-Cloud 项目通过整合中央政府、地方政府、公共组织及商业机构的信息资源,建立了一套基于云计算的资源池。自 2013 年起,英国政府要求所有政府部门在进行信息技术采购时必须优先考虑云服务产品,推行英国的“云优先(Cloud First)”政策,以支持 G-Cloud 计划。

如英国政府机构和公共部门,可以通过 G-Cloud 的在线云服务商店(CloudStore)进行云服务与产品的采购。CloudStore 中已有 3 000 多项服务产品,其中有 400 多个基础设施服务(IaaS)产品,80 多个平台服务(PaaS)产品,1 300 多个软件服务(SaaS)产品等,涵盖了从公共行政、金融服务、医疗保健到信息、通信和技术的各个方面。G-Cloud 提供了详细的应用产品清单,采购机构只需明确采购预算费用以及云计算服务与产品需求,即可在 CloudStore 上进行选择。云服务商要进入 CloudStore 需通过认证评估:必须满足 G-Cloud 云服务合同框架,且需要通过 G-Cloud 认证。其中,G-Cloud 共对四类云服务进行认证,包括基础设施即服务、平台即服务、软件即服务和专家云服务(Specialist Cloud Services,SCS,提供云计算专家咨询服务)。由于英国完全禁止政府信息存储在境外以及对保障安全的原因,英国境外的云服务商目前暂时还无法通过 G-Cloud 认证。

2012 年 7 月,英国政府向技术战略委员会(TSB)拨款 450 万英镑,以协助英国研发备受关注的热门网络软件或服务。TSB 通过举办“云中革新(Innovating in the Cloud)”竞赛,吸引企业参与云计算项目建设。

2013 年年初,英国政府又拨款 500 万英镑支持 13 个云计算研发项目,用以解决阻碍云计算商业化应用的若干安全问题。例如,建立混合云服务,免除更换云计算供应商引发的数据迁移问题;提高数据恢复能力,确保数据的完整性与保密性;提升云计算用户安全性,尤其是在用户身份验证方面。

2015 年 5 月,英国政府启动“数字政府即平台”计划,打造涵盖数据开放、数据分析、身份认证、网络支付、云计算服务等在内的一系列通用的跨政府部门技术平台,以支持新一代政府数字服务的运行。

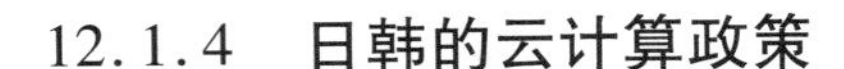

### 12.1.4 日韩的云计算政策

日韩的宽带网络等信息技术基础设施条件好，移动互联网应用等增值产业发展很好，国民经济对信息技术依赖度很高，所以其主要采用产业政策引导、国家投资和私人资本结合的形式推动云计算产业发展。

在亚洲国家中，日本的信息技术发展一直处于前列，具有良好的网络宽带等信息技术基础设施，在移动互联网等增值产业方面也发展良好。在云计算发展的政策推动方面，日本采用以产业政策引导为主、国家与私人投资相结合的方式。

2009 年，日本政府在《e-Japan 战略》的基础上提出《i-Japan 战略 2015》，并在此次战略中提出了建设“以云计算为背景的新的信息、知识利用环境”的要求。此后，日本云计算发展与应用逐步展开，相关政策主要由总务省和经济产业省两大部门推出。

日本总务省设立“智能云计算研究会”，率先在《智能云研究会报告书》中提出“智能云战略”，希望通过在技术方面制定云计算的相关技术标准、在应用方面支持相关技术创新、在推广方面加强产学研结合应用，大力发展日本云计算产业，一方面推动云服务在行政、医疗、教育等领域的应用，另一方面实现引领世界云计算技术发展方向的目标。在确立了发展云产业的战略之后，日本中央政府率先提出一个政府大型云计算项目，即建设电子政务云——“霞关云（Kasumigaseki Cloud）”，将政府的日常电子政务集中到统一的云端，以达到电子政务的综合化、集约化。随后北海道、京都府、佐贺县、大分县以及宫崎县等地区先后参与到这个项目之中，大大减少了日本全国电子政务的运营成本。之后，日本还陆续建设了医疗云、教育云、农业云和社区云等。

日本经济产业省则牵头成立由产业界与学术界专家组成的“云计算与日本竞争力研究会”，并发布《云计算与日本竞争力研究》报告。该研究报告制定了三大目标：①扩大云计算市场份额，拓展日本云计算在全球的影响力；②至 2020 年，云计算产业达到 40 万亿日元；③通过云计算技术实现节能减排。为了实现这些目标，报告给出了“三位一体”的推进政策：①营建平台。通过云计算技术，在日本多地区搭建节能环保、高稳定性的数据中心。②完善制度。促进数据共享、完善信息使用与传播制度、明确云服务的质量管理和问责制度等。③培育创新。构建业务平台，开创新的市场需求；开创行业间融合应用的新服务，扶持开拓基于云计算业务的国际市场。

为促进云计算发展，韩国政府制定了《云计算全面振兴计划》，用于积极推动云计算技术在整个韩国的落地与发展。其核心是政府率先引进并提供云计算服务，为云计算开发国内需求。整个计划的最终目标是希望将韩国打造成为世界高水平的云计算强国。负责该计划推进工作的部门包括行政安全部、广播通信委员会、知识经济部。具体分工是行政安全部负责促进政府机构应用云计算服务和建立与云计算相关的法律制度；广播通信委员会负责促进企业使用云计算服务，为企业提供测试平台资源以及面向行业的云计算示范服务；知识经济部主要承担技术开发与标准化推进工作。

此外，韩国还颁布了《云计算发展与用户保护法》，将云计算纳入增值服务进行管理，政府部门委托韩国云服务协会（KCSA）对云服务进行认证，同时要求在韩国提供云计算服务的企业必须向政府提交一份报告,以作为提供服务的条件之一。

## 12.2　国内云计算产业的政策环境

随着政府对云计算发展的支持力度加大,用户对云计算认知不断提高,企业对云计算参与越来越多,我国云计算已从前期的起步阶段开始进入实质性发展的阶段。据中国信通院数据统计,2016 年中国云计算整体市场规模达到 514.9 亿元,整体增速为 35.9%,高于全球平均水平。

### 12.2.1　发展战略

2006 年云计算的创新理念从国外引入我国,2008 年之后国内各地掀起了建设云计算中心的浪潮,上百个不同规模的国家级和区域级的云计算中心设施开始建设。与此同时,中央和地方政府也出台了一系列产业鼓励发展政策,推动云计算产业的发展。

**1)国家层面**

我国政府高度重视云计算产业发展,所制定的政策主要秉承“促进为主、重视安全”的理念,即在政策上积极促进云计算创新发展,但也高度重视云计算存在的安全问题,并强调要制定云安全的相关标准以应对安全问题。表 12-1 总结了近几年国家出台的支持云计算发展的相关政策。

**表 12-1　我国推进云计算发展相关政策汇总**

| 时间 | 发布机构 | 发布文件/内容 |
| --- | --- | --- |
| 2010.10 | 国务院 | 《关于加快培育和发展战略性新兴产业的决定》 |
| 2011.03 | “十二五”规划 | 提出要大力发展新一代信息技术、生物等战略性新兴产业,加强云计算服务平台建设 |
| 2012.12 | 科技部 | 《中国云科技发展“十二五”专项规划》 |
| 2015.01 | 国务院 | 《关于促进云计算创新发展培育信息产业新业态的意见》 |
| 2015.05 | 中共中央办公厅 | 《关于加强党政部门云计算服务网络安全管理的意见》 |
| 2015.07 | 国务院 | 《关于积极推进“互联网 +”行动的指导意见》 |
| 2015.11 | 工信部 | 《云计算综合标准化体系建设指南》 |
| 2016.03 | “十三五”规划 | 提出要重点突破大数据和云计算关键技术,并积极推进云计算和物联网发展 |
| 2016.07 | 中共中央办公厅、国务院办公厅 | 《国家信息化发展战略纲要》 |
| 2017.04 | 工信部 | 《云计算发展三年行动规划(2017—2019)》 |
| 2018.07 | 工信部 | 《推动企业上云实施指南(2018—2020 年)》 |

2010 年 10 月，国务院发布《关于加快培育和发展战略性新兴产业的决定》，将新一代信息技术列入我国今后大力发展的七大战略性新型产业，其中明确提出要“促进云计算的研发和示范应用”。2012 年发布的《中国云科技发展“十二五”专项规划》，明确了我国云计算产业发展的重点任务。2015 年 1 月，国务院印发的《关于促进云计算创新发展培育信息产业新业态的意见》，指出云计算“有利于分享信息知识和创新资源，降低全社会创业成本，培育形成新产业和新消费热点，对稳增长、调结构、惠民生和建设创新型国家具有重要意义”，但也存在“服务能力较薄弱、核心技术差距较大、信息资源开放共享不够、信息安全挑战突出等问题”。为实现云计算产业快速有序发展，该意见还提出三方面重要部署：一是以公共服务为先导，形成产业生态，带动技术创新；二是以电子政务为牵引，带动云计算产业快速发展；三是以布局优化为目标，实现云计算健康有序发展。2015 年 7 月，《国务院关于积极推进“互联网 +”行动的指导意见》发布，指明了云计算与传统行业结合的方向。比如，利用云计算推动工业生产的智能化升级；利用云计算实现金融产品和服务的创新；将云计算与医疗、物流和教育相结合衍生新型业务模式。2015 年 11 月，工信部发布《云计算综合标准化体系建设指南》。为了有效解决云计算应用和数据迁移、服务质量保证、供应商绑定、信息安全和隐私保护等问题，该指南提出要构建综合标准化体系框架，并从“云基础标准”“云资源标准”“云服务标准”和“云安全标准”四个方面确定了云计算 29 个标准研制方向。2017 年 4 月，工信部印发了《云计算发展三年行动计划(2017—2019 年)》，结合云计算现有基础以及面临的问题和挑战，制定了提升技术水平、增强产业能力、推动行业应用、保障网络安全、营造产业环境五项重点任务。2018 年 7 月，工信部再次印发《推动企业上云实施指南(2018—2020 年)》，提出推动云计算产业链上下游企业间的多维度合作，共同为上云企业提供技术支撑服务，在国家层面明确了我国云计算产业链的发展方向，也再次凸显了发展云计算产业链在我国产业转型升级中的重要地位。

**2)地方层面**

随着国内云计算政策密集出台，我国云计算呈繁荣发展态势。越来越多的地方政府也充分意识到了政府的推动对于推进产业发展的重要作用。通过借鉴国内外的经验，地方政府相继出台了相应的政策，并且公布了相应的云计算计划。表 12-2 总结了我国主要城市云计算产业发展规划。

**表 12-2 我国主要城市云计算产业发展规划**

| 城市 | 政策规划 | 发展目标 |
| --- | --- | --- |
| 北京 | 北京“祥云工程”行动计划 | 到 2015 年，云计算的三类典型服务(IaaS、PaaS、SaaS)形成 500 亿元产业规模，带动产业链形成 2 000 亿元产值 |
| | 北京市大数据和云计算发展行动计划(2016—2020 年) | 到 2020 年，大数据和云计算创新发展体系基本建成，北京成为全国大数据和云计算创新中心、应用中心和产业高地 |

续表

| 城市 | 政策规划 | 发展目标 |
| --- | --- | --- |
| 上海 | 上海推进云计算产业发展行动方案(2010—2012年)(即“云海计划”) | 致力打造“亚太云计算中心”,培育十家年经营收入超亿元的云计算企业,带动信息服务业新增经营收入千亿元 |
| | 上海市关于促进云计算创新发展培育信息产业新业态的实施意见(即“云海计划3.0”) | 到2018年,上海云计算技术和服务收入将达到1 000亿元;到2020年,上海云计算关联产业收入达到5 000亿元 |
| 深圳 | 深圳市推进云计算发展行动计划(2016—2017年) | 到2017年,云服务产业规模超过400亿元,云计算企业超过500家 |
| 无锡 | 无锡关于进一步加快云计算产业发展的实施意见 | 到2020年,构建形成云计算创新体系、应用体系、服务体系与产业体系四个体系 |
| 杭州 | 杭州市建设全国云计算和大数据产业中心三年行动计划(2015—2017年) | 到2017年,培育包括阿里在内的2至3家国际知名百亿级云计算和大数据龙头企业,打造200家中小型云计算和大数据服务企业,带动信息技术业新增营业收入超过1 000亿元 |
| | 杭州市深化推进“企业上云”三年行动计划(2018—2020年) | 到2020年,全市实现上云企业达到11万家,打造云应用标杆企业85家,培育发展国际领先的云平台1个、国内领先的行业云平台10个,发展云应用服务商150家 |
| 重庆 | “云端计划” | 计划最终能做成云集上百万台服务器、上千亿元规模的云计算基地,成为全球数据开发和处理中心 |
| | 重庆市关于促进云计算创新发展培育信息产业新业态实施意见 | 到2017年,全市云计算产业链基本完善,云计算、大数据等关联产业收入力争达到1 000亿元;到2020年,云计算服务能力显著提升,信息化水平跻身先进省(区、市)行列,云计算、大数据等关联产业收入达到2 000亿元 |
| 广州 | 广州市关于加快云计算产业的发展行动计划(2011—2015)(即“天云计划”) | 力争用3～5年时间,打造一批国内领先的应用示范,突破一批国际领先的核心技术,建设一批国际水平的云计算平台,发展高水平的云计算产业链,构建世界级云计算产业基地 |

### 12.2.2　发展环境

无论是从政策上还是从大环境上,我国都大力支持并推进云计算强有力的发展。

**1)云计算基础设施不断完善**

云计算的大规模发展有赖于底层基础设施的成熟完善,因为云计算不断增加的流量对传统的网络架构会带来巨大挑战,特别是在确保业务连续性方面,电力问题及机房线路等问题导致云平台故障的情况时有发生。

过去几年间,我国一直在不断加强网络基础设施建设。2015年我国网络建设投资在

4 000 亿元水平,同比增长 10%;2016 年和 2017 年投资将累计超过 7 000 亿元。

2017 年 11 月 26 日,中共中央办公厅、国务院办公厅印发了《推进互联网协议第六版(IPv6)规模部署行动计划》,提出用 5 ~ 10 年时间,形成下一代互联网自主技术体系和产业生态,建成全球最大规模的 IPv6 商业应用网络,实现下一代互联网在经济社会各领域深度融合应用,成为全球下一代互联网发展的重要主导力量。

2018 年,我国正式启动网络强国建设三年行动,进一步加大网络基础设施的建设。该行动以网络强国战略为基础,聚焦数字经济发展"硬件"升级,主要围绕城市和农村宽带提速、5G 网络部署、下一代互联网部署等领域,加大网络基础设施建设。具体措施包括:加快百兆宽带普及,推进千兆城市建设;完善国际通信网络出入口布局,完成互联网网间带宽扩容 1 500G;推进 5G 研发应用、产业链成熟和安全配套保障,补齐 5G 芯片、完成第三阶段测试,推动形成全球统一 5G 标准,并推动 5G 网络商用部署;实施下一代互联网 IPv6 规模部署行动计划,促进 IPv6 产业发展。

随着宽带基础设施日益完善、移动通信设施建设步伐加快、传输网设施的快速发展,底层设施的日益成熟壮大都将为我国云计算产业的蓬勃发展铺平道路。

**2)云计算核心技术逐渐成熟**

近些年,通过重大专项支持,中国在高端服务器、存储设备、云操作系统等领域取得突破,形成一批具有自主知识产权的技术成果,初步形成覆盖云计算产业链的软硬件技术体系。

在分布式计算方面,国内企业取得了较大的进展。例如,淘宝的 Fourinone 分布式计算框架、华为的基于分布式存储的 FusionCloud 云计算解决方案架构以及七牛自行研发的全分布式架构。国内厂商的云生态战略对部署分布式计算提出了更高的要求,厂商需要对各种基础设施进行集成整合,同时要为合作伙伴和用户提供标准的开发接口。

在虚拟化内核技术方面,国外品牌处于领先地位,主要有 Xen、OpenVZ、KVM、Hyper-V、VMWare 等,而中国的云计算厂商往往通过购买和二次开发的方式来使用和完善自身的技术。在近几年的探索中,中国与国外的虚拟化技术的差距在逐渐变小,而中国互联网环境和应用场景的复杂性使得中国的云计算技术必须进行自主创新。例如,国内的 BoCloud 博云推出 IaaS 层基础设施虚拟化解决方案 BeyondSphere。

此外,并行编程模式在云计算项目中被广泛采用。目前云计算主流的并行编程模式有 OpenMP、MPI 以及 MapReduce 等。其中,MapReduce 模式将任务自动分成多个子任务,通过 Map 和 Reduce 两个步骤实现任务在大规模计算节点中的高度与分配。目前国外基于 MapReduce 的并行计算框架有 Hadoop MapReduce、Spark MapReduce、Disco、Phoenix 和 Mars 等。反观国内,阿里云的飞天平台研发了并行计算框架伏羲(Fuxi),青云 QingCloud 推出了集成 MapReduce 的 Hadoop 大数据集群服务。并行编程技术使云计算厂商能够应对大规模计算类型的复杂应用。

**3)云计算应用项目持续推进**

为更好推动云计算健康可持续发展,2010 年,国家发展和改革委员会、财政部、工业和信息化部联合发布《关于做好云计算服务创新发展试点示范工作的通知》，认定北京、上海、无锡、杭州、深圳五城市先行开展工作，以加快我国云计算服务的创新发展，全面推动云计算产业的建设。目前，北京、上海通过“基地 + 基金”的模式，促进中小企业利用云计算在医疗、教育、交通等领域创新创业；杭州市支持阿里巴巴与华数集团合作共建电子政务云平台，已部署了 30 多个政府业务应用项目；无锡建设城市云计算中心，利用云计算开展养殖业领域的物联网应用；深圳获批成立国家超级计算深圳中心（深圳云计算中心），重点发展科学计算、图形图像领域业务，大力培育生物、医药、海洋、石油等领域业务，积极开拓工程计算、大数据分析、人工智能等业务。

在电子政务领域，2012 年财政部发布《政府采购品分类目录（试用）》，增加包括软件运营服务、平台运营服务、基础设施运营服务三类的 C0207“运营服务”，正式将云计算服务纳入政府采购。一些地方政府则通过整合资金预算以购买云服务方式，开展信息化建设。如陕西支持未来国际公司建设统一的电子政务云服务平台，使全省信息化基础设施建设的政府投资节省约 55%，运行维护成本节省约 50%，建设周期和应用推广时间缩短 70% 以上。

## 本章小结

本章主要介绍了国内外云计算产业的政策环境。首先，针对美国、欧盟、英国、日本、韩国等国外云计算产业发展较好的国家与组织，梳理了其支持云计算产业发展的战略规划；然后，分别从国家层面和地方层面梳理了近些年我国云计算产业的发展战略，并阐述了目前我国云计算产业发展的整体环境。

## 扩展阅读

### 我国云计算的发展与挑战

经过十几年的发展，云计算已从最初的概念导入进入了广泛普及、应用繁荣的新阶段，已成为提升信息化发展水平、打造数字经济新动能的重要支撑。尤其在国内，云计算发展态势迅猛。具体呈现在五方面：

一是产业规模迅速扩大。云计算呈现爆发式的增长态势，“十二五”末期，我国云计算产业规模已达 1 500 亿人民币，是全球增速最快的市场之一。2016 年骨干企业收入全部实现了翻番。SaaS、PaaS 占比不断增加，产业结构持续优化，产业链条趋于完整。

二是关键技术实现突破。我国在大规模并发处理、海量数据存储、数据中心节能等云计算关键技术领域不断取得新的突破，部分指标已达到国际的先进水平，有力支撑了 12306、“双 11”等复杂应用场景的需求，在主流开源社区和国际标准化组织中的作用日益重要。

三是骨干企业加速形成。云计算骨干企业加快战略部署，加快丰富业务种类，围绕咨询设计、应用开发、运维服务、人才培训等环节培育合作伙伴，构建以自身为核心的生态体系；

积极在海外布局研发机构和数据节点，国际化进程不断加速。

四是应用范畴不断拓展。大量中小微企业已应用云服务，大型企业、政府机构、金融机构不断加快应用的步伐，企业级应用成为产业的新蓝海。与此同时，云计算正从游戏、电商、视频向制造、政务、金融、教育、医疗等领域延伸拓展。

五是支撑"双创"快速发展。云计算降低了创新创业的门槛，汇聚了数以百万计的开发者，带动广大企业和个人分享资源，催生了平台经济、分享经济等新模式，创造多元化的增值业务，进一步丰富了数字经济的内涵，提升了各领域的数字化、网络化、智能化发展水平。

虽然我国云计算发展势头迅猛，但依然面临诸多问题和挑战：一是市场需求尚未完全释放。重点行业的企业仍习惯于通过自建方式进行信息化的建设，对云计算的安全性、可靠性、可迁移性仍存在一定顾虑。二是产业供给能力有待加强。三是数据中心建设存在一定的过热现象。四是产业支撑条件有待完善。标准和测试认证体系尚不完备，技术合作和应用机制急需健全，人才队伍亟待加强。

结合现有的基础以及面临的问题和挑战，2017 年工信部发布了《云计算发展三年行动计划（2017—2019 年）》，从提升技术水平、增强产业能力、推动行业应用、保障网络安全、营造产业环境等多个方面提出了重点任务。

在提升技术水平方面，主要是通过建立制造业创新中心、加快标准体系建设、开展服务能力的测评、加强知识产权保护利用等手段，引导企业加速提升服务水平，鼓励骨干云计算企业积极参与国际的合作和竞争，吸引开源社区的发展成果，实现国际化的发展。

在增强产业能力方面，支持地方主管部门构建公共服务平台，引导软件企业开发各类的 SaaS 应用，积极培育新业态、新模式，加快面向云计算的转型升级。支持骨干企业构建产业生态体系，加快做大做强的步伐。

在推动行业应用方面，以工业云、政务云为切入点，加快信息系统向云平台的迁移。加强与各行业主管部门的协作，推动行业云的建设，大力支持基于云计算的创新和创业，为中小企业提供服务。积极发展安全可靠的云计算解决方案。

在保障网络安全方面，制定完善相关的安全管理制度。积极开展公有云网络安全的防护检查，督促企业落实安全责任。发展云计算网络安全技术，建立专业化队伍，培育云服务安全产业，健全安全防护体系。

在营造产业环境方面，积极推进宽带网络基础设施建设，加强对云计算服务市场的规范管理，做好相关业务经营许可审批监管工作。引导地方合理定位，避免数据中心的重复建设和资源的浪费。

资料来源：云计算态势有多猛？从概念导入到广泛普及，规模已达 1 500 亿人民币（搜狐网）

## 思考题

1. 美国与英国的“云优先”计划有何异同点？

2. 请结合本章所学内容，收集整理最新的我国云计算产业政策。

# 第 13 章 云计算产业的战略规划

**本章导读**

当前，我国各地各级政府都在积极推进云计算这一新兴信息产业的发展，并根据当地的实际情况制定了切实可行的云计算产业发展战略规划。本章将分别介绍上海的“云海计划”、广州的“天云计划”以及北京的“祥云工程”。

## 13.1 上海“云海计划”

2010 年 10 月，工信部、发改委联合印发了《关于做好云计算服务创新发展试点示范工作的通知》，确定了在北京、上海、深圳、杭州、无锡五个城市先行开展云计算服务创新发展试点示范工作。上海推出了“云海计划”，积极推动云计算产业的创新发展，并推进多个云计算示范项目率先落地。

### 13.1.1 “云海计划”简介

“云海计划”是上海推进云计算发展的总体战略部署。“云”即云计算，“海”即上海。按照云计算发展的阶段，“云海计划”分为三个阶段，分 9 年实施。

第一阶段(2010—2012 年)被称为“云海计划 1.0”阶段，重点是“自主研发、试点示范”，即自主创新解决方案形成体系，试点示范开始布局，商业模式创新取得突破。

2010 年 8 月，上海市发布《上海推进云计算产业发展行动方案(2010—2012 年)》三年行动方案，即“云海计划 1.0”。该计划指出，未来三年，上海将致力打造“亚太云计算中心”，培育十家年经营收入超亿元的云计算企业，带动信息服务业新增经营收入千亿元。

从云海计划的 1.0 版本来看，上海获得一些阶段性成果。一是发挥“云海计划”优势，并获批国家云计算试点示范城市。在五个运用试点示范城市中，上海无论是在方案的引导方面，还是在重点企业的集聚和获得国家的资金支持方面，都具有显著的优势。2011 年，上海四个项目获得国家 3.5 亿的云计算专项资金支持。二是建设云计算产业基地或应用示范区，带动产业发展。上海市云计算产业基地（原闸北）、上海市云计算创新基地（杨浦）以及上海市云计算应用示范区（浦东）正式落户，形成贯穿硬件与设备制造、基础设施运营、基础设施即服务、平台即服务、软件即服务和数据即服务等领域较为完整的云计算产业和应用发展的格局。目前，已有十多家企业形成了一批优秀的云计算解决方案。

第二阶段（2013—2015 年）被称为“云海计划 2.0”阶段，重点是“优化环境、示范推广”，即云计算技术体系基本完善，标准体系初步建立，云计算服务模式被用户广泛接受。

自上海于 2010 年启动“云海计划”以来，大量云计算创新企业以市场需求为出发点，在 BAT（百度、阿里巴巴、腾讯）垄断互联网行业的背景下，凭借规范化的企业运作和高标准的客户服务，成为云计算市场上的一支生力军。例如，2012 年成立的上海优刻得（UCloud）已为 8 万多用户提供优质服务，估值超过千亿元；在网络分发市场，上海网宿科技的市场占有率近七成；传统软件企业“宝信”向云计算积极转型，相继建设大型 IDG 数据中心，共计拥有 17 500 个机架资源，平均每年可给公司带来至少 5.1 亿元的收入。

与此同时，云计算大大降低了创新创业门槛，大量的新应用、新业态、新模式开发团队在云上寻找生机。上海云计算开放平台支持数百万开发者创新创业，为数以亿计的用户提供多样服务。据统计，众多小微企业通过云计算服务节省成本 40%。与此同时，云计算与大数据“强强联手”，成为新兴产业孵化器。云计算技术红利催生大量技术创新，虚拟现实、人工智能、无人驾驶，几乎所有的技术创新都是基于云计算的支持所展开。云计算正在成为上海科技创新的核心基础资源。

第三阶段（2016—2018 年）被称为“云海计划 3.0”阶段，重点是“全面云化、升级产业”，即普及云计算服务模式，形成云计算产业体系，带动相关产业能级显著提升。

2017 年 1 月，上海市经济信息化委正式发布《上海市关于促进云计算创新发展培育信息产业新业态的实施意见》，这也是 2010 年上海启动“云海计划”以来，第三个推动云计算产业发展的专项政策，业界称之为“云海计划 3.0”。在前期推动成果的基础上，该计划重点聚焦行业骨干企业，围绕基础设施、产品、市场、安全等八个重点方向，提出了加大资金扶持、优化发展环境、培育人才队伍等六项具体举措。该计划提出 2018 年上海云计算技术和服务收入实现 1 000 亿元，2020 年上海云计算关联产业收入达到 5 000 亿元的目标。

经过 6 年的持续推动，上海云计算产业已经进入了“全面云化，产业升级”的新阶段，通过“云海计划 3.0”的实施，进一步推动上海云计算企业由大做强，由强做大，形成具有上海特色的云计算产业集群，打造经济新常态下具有全球影响力科技创造中心的重要引擎。

### 13.1.2　“云海计划”总体思路和主要目标

经过多年的发展，上海的“云海计划”已经进入 3.0 版本。因此，下面将主要围绕“云海计划 3.0”的内容展开。

**1）“云海计划 3.0”总体思路**

全面贯彻落实国家云计算发展战略，以建设云计算创新服务试点城市为契机，充分发挥市场在资源配置中的决定性作用，突出上海市产业特点和应用基础，培育扶持云计算骨干企

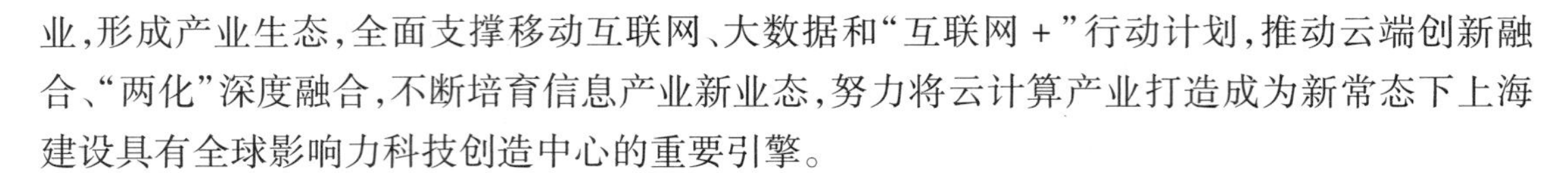

业,形成产业生态,全面支撑移动互联网、大数据和“互联网 + ”行动计划,推动云端创新融合、“两化”深度融合,不断培育信息产业新业态,努力将云计算产业打造成为新常态下上海建设具有全球影响力科技创造中心的重要引擎。

2)“云海计划 3.0”发展目标

到 2018 年,云计算成为信息产业核心组成部分,云计算应用水平大幅提升,形成以云平台为基础,以云应用为导向,以云服务为模式的云计算产业,带动信息产业新业态快速发展,云计算技术和服务收入达到 1000 亿元。

①培育骨干企业,培育经营收入超过 10 亿元的骨干云计算企业 20 家,形成完整产业链,在公有云、混合云、私有云市场占据领先地位,面向中小微企业和个人的云计算服务种类丰富,实现规模化运营。

②完善基础设施,按照“绿色、高端、自给、集聚”的原则布局云计算数据中心,新建大型云计算数据中心能源利用效率(PUE)值优于 1.5,建成满足云计算发展需求的宽带网络基础设施。

③深化行业应用,面向制造业、服务业和电子政务等领域,开展云计算应用示范工程,建设 20 个行业云计算工程中心,普及云计算服务模式。

④带动产业升级,全面支撑大数据、人工智能、移动互联网、物联网等新兴产业发展,加快云端融合,带动信息产业规模实现年均 10% 增长。

到 2020 年,云计算技术和服务收入达到 1 500 亿元,云计算、大数据、移动互联网等关联产业收入达到 5 000 亿元。云计算产业进入基础设施先进、技术产品领先、产业生态完整、应用模式普及的发展新阶段,成为促进传统产业改造,支撑现代服务业和信息产业发展的核心产业,有效推动全市经济社会各领域信息化水平的全面提升。

### 13.1.3 “云海计划”主要任务

为实现上述目标,“云海计划 3.0”提出了八方面的主要任务,分别是:优化基础设施能级;增强云计算服务能力;自主研发云计算产品;支撑互联网创新发展;推动数据资源开发利用;拓展云计算应用示范;提升云计算安全保障能力;健全产业发展服务体系。

1)优化基础设施能级

实施传输网络超高速宽带技术改造,全面提供千兆到户覆盖能力,实现网络薄弱区域和农村地区的宽带网络全覆盖。深化 4G 网络覆盖,推进 5G 网络规模试验及试商用;建立公益 WLAN 可持续的市场化运营模式,拓展公益 WLAN 覆盖范围。推进亚太直达国际海光缆(APG)、新跨太平洋国际海光缆(NCP)等海光缆系统建设,提高国际信息通信能力。完成运营企业网络和节点设备、IDC 等设施的 IPv6 改造,推动政府网站及商业影响力较大的网络应用服务商的 IPv6 升级改造;推动内容分发网络(CDN)、软件定义网络(SDN)、网络功能虚拟化(NFV)等技术实施,提高用户网络访问响应速度,提升网络和业务灵活调度和快速部署能力;全面推进三网融合,加强网络集约建设和业务融合。统筹空间、规模、用能,优化 IDC 布

局，聚焦绿色环保和高端服务。

2）增强云计算服务能力

鼓励电信运营企业和互联网平台企业，建设集基础设施即服务（IaaS）、平台即服务（PaaS）、软件即服务（SaaS）于一体的综合型云计算公共平台，提供弹性计算、存储、应用软件、开发平台等服务。鼓励具有行业经验的信息技术企业向云计算平台及云服务提供商转型，整合产业链上下游应用，形成智能化、互联化、工具化的深度垂直行业平台，降低行业企业信息化门槛和创新成本。支持中小企业基础云服务平台、制造云平台、电子商务云平台等云计算公共服务平台，建立成熟的商业运作模式和服务系统，为中小企业提供按需使用、动态扩展、优质低价的数据存储、软件开发、产品营销、在线交易等服务，提升企业核心竞争力。强化云计算生态环境，增强云平台的工具化属性，推动软件、应用、运维服务的交付模式创新，形成行业云计算服务框架。

3）自主研发云计算产品

鼓励云计算技术企业与产业链上下游以及科研院所深入合作，突破数据仓库、云计算平台软件、艾字节（EB，约为 260 字节）级云存储系统、大数据挖掘分析等关键技术，研发云操作系统、云中间件、分布式计算、云数据库等产品。支持云计算技术解决方案提供商与政府机构、大型国企以及商业化云平台运营商的合作，推广应用具有自主知识产权的云操作系统和云数据库等核心产品。加强核心电子器件、高端通用芯片等科技成果与云计算产业需求对接，支持云计算企业部署 CPU/GPU/FPGA 平台架构，提升硬件的智能化、数据化处理能力。鼓励利用开源技术打造开放的云技术生态，降低建设私有云的技术门槛，促进云服务的定制化，推动云服务产品的创新。加强云计算与虚拟现实、人工智能等新兴技术的融合，降低软件实现成本，带动新兴产业的快速发展。

4）支撑互联网创新发展

加速云计算与物联网、移动互联网、互联网金融、电子商务等技术和服务的融合发展与创新应用，积极培育新业态、新模式。推动面向“互联网 +”的云计算公共平台建设，形成以传统产业为基础、云计算平台为支撑、服务为导向的全新业态，支撑互联网创新发展。支持云计算企业面向互联网金融、娱乐、健康、教育等新兴应用，提升云主机、云存储、网络分发等基础服务能力，形成按需付费的商业模式，降低互联网行业运营成本。推动传统产业企业融合互联网思维，应用云计算平台，革新产品制造、生产组织和市场服务方式，提升企业核心竞争能力。鼓励制造行业打造工业云平台，集成各类行业标准、共享设计、生产管理及互联网营销，实现虚拟生产、协同制造、供应链智能管理等应用。支持互联网企业向实体产业拓展，打造共享经济模式的云端一体化平台，创新传统商业形态和研发生产模式，带动传统行业的转型升级。

5）推动数据资源开发利用

发挥云计算对数据资源的集聚作用，实现数据资源的融合共享，推动大数据挖掘、分析、应用和服务。建设以数据资源集聚、融合共享为方向，以数据全生命周期管理、分享为目标

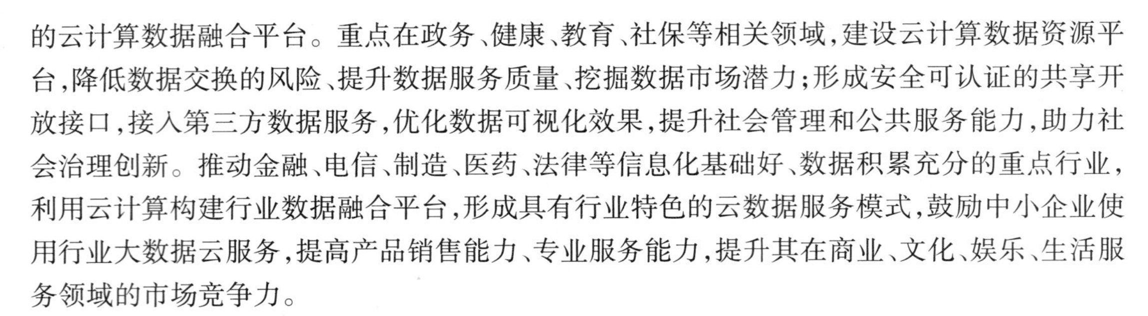

的云计算数据融合平台。重点在政务、健康、教育、社保等相关领域，建设云计算数据资源平台，降低数据交换的风险、提升数据服务质量、挖掘数据市场潜力；形成安全可认证的共享开放接口，接入第三方数据服务，优化数据可视化效果，提升社会管理和公共服务能力，助力社会治理创新。推动金融、电信、制造、医药、法律等信息化基础好、数据积累充分的重点行业，利用云计算构建行业数据融合平台，形成具有行业特色的云数据服务模式，鼓励中小企业使用行业大数据云服务，提高产品销售能力、专业服务能力，提升其在商业、文化、娱乐、生活服务领域的市场竞争力。

**6）拓展云计算应用示范**

面向工业制造、商贸流通、电信、金融、教育、医疗等行业，建立云计算企业和行业企业的资源对接平台，大力提升云计算示范应用水平。扩大金融行业云计算平台的应用范围，支持各类核心业务向云计算架构迁移。支持工业领域信息化企业建设专业的工业云平台，融合智能管理、工业互联网技术，开放共享平台接口；扩大云计算在电子政务领域的应用，利用云计算技术，整合政府部门、公共机构的信息资源，构建统一的电子政务服务平台，推进现有应用系统向云计算数据中心的分阶段迁移，实现政务信息系统整体部署与共建共用。推动政府采购市场化云计算服务，不断扩大云计算服务采购比例，探索鼓励专业云服务企业参与政府数据中心运营，减少政务自营数据中心的运维压力。

**7）提升云计算安全保障能力**

落实国家云计算服务、网络安全防护和信息安全等级保护相关法规、制度和标准。建设云计算安全检测评估的共性基础支撑平台，开展云计算平台可靠性和安全性评测服务，提高云计算平台信息安全检测、预警和应对能力。建立健全党政机关云计算服务安全管理和审查制度，加强对党政机关和金融、交通、能源等重点领域云平台的安全评估和运行监测，完善云计算安全态势感知、安全事件预警预防及应急处置机制。支持研发适用云计算环境下的高性能、高可靠、可分级分域的云计算安全隔离、监控技术和产品，并开展产业化试点示范。

**8）健全产业发展服务体系**

坚持顶层设计、需求牵引、加强交流的原则，推动《云计算综合标准化体系建设指南》等国家云计算标准落地，推进重点标准研制和宣贯实施工作。提升云计算产业基地和创新基地服务能力，积聚行业优秀企业。鼓励科研机构建设专业化云计算公共测试、云计算产品和服务中心等公共服务平台，支撑云计算产业形成生态圈。依托产业促进机构，组织开展云计算产业交流、产品展示、应用示范推广等活动。做大做强云海产业联盟，集聚云计算产品与解决方案提供商、行业应用厂商、相关硬件厂商、高等院校及科研院所和用户，加强产业链上下游企业间的信息沟通和业务合作，共同促进产业发展。

### 13.1.4　上海云计算发展

随着“云海计划”阶段性实施，上海云计算企业抢抓发展机遇，聚焦政策资源，有效结合上海特色，形成差异化优势，一批骨干云计算企业成长为细分行业的领军企业。比如，公有云的优刻得(UCloud),在互联网云服务领域紧随阿里云,市场排名第三;网络云分发的网宿,市场占有率近七成;云存储的七牛,面向网络存储市场,技术国内领先;开源技术领域的星环科技、上海世纪互联等企业在国际开源社区中占据了重要位置。2017 年,上海市云计算产业整体收入 913.76 亿,较前年增长 15.95%。

当前,上海云计算产业发展已经进入第三个阶段,云计算应用领域从科技型企业逐步向传统企业和政务领域全面拓展,整体呈现出“平台发展、行业垂直、融合生态、传统转型”的发展态势。

(1)平台发展

平台化是上海云计算发展的主要特征之一,也是促成资源标准化的有效手段。云计算基础平台厂商已经从原有简单的云基础资源业务,向数据业务、人工智能方向进行延伸,为用户快速部署互联网业务提供基础支撑。优刻得(UCloud)作为一家专业、中立的云计算服务商,为用户提供高可用、高可靠、高弹性、安全合规的云计算服务,最大限度地保障用户的业务连续性。同时,云计算应用平台厂商则趋向于专业应用、工具应用以及场景化应用,规模化的行业云应用服务商日益发展壮大。泛微网络研发的移动办公云平台 eteams,打造规范的企业管理与协作为一体的移动办公协作平台,为企业提高自身管理水平提供了云计算平台解决方案,公司在 2017 年成功上市。

(2)行业垂直

随着用户需求的多样化和不断升级,客户对云服务的期望已经从简单的功能集成升级到行业应用场景的构建,其应用深度、广度和复杂度不断拓展。场景化云服务欣欣向荣的发展态势,为云服务厂商带来难得的机遇。银联数据研发的“银联数据银行发卡云服务平台”是行业内首个拥有完全自主知识产权,以云服务模式构建的国内领先的银行卡发卡系统,可灵活满足国内上百家金融客户的个性化需求。小 i 机器人的“智能云平台”是链接传统行业和新兴技术的行业云平台,这种 B2B2C 模式(小 i→传统行业→用户)为传统行业使用人工智能技术提供了便捷,如图 13-1 所示。未来几年,垂直行业场景化本地云服务厂商将不断发展壮大,形成众多具有鲜明垂直行业特征、合作共赢的云生态系统。

(3)融合生态

上海云生态聚焦行业,依靠标准,形成了协同发展的融合生态。有序的生态可以催生出有序的 B2B2C 及 C2B2C 等商业模式,规范标准则有助于云生态企业之间产品的快速组合,基于规范标准的协同发展才是真正能推进生态发展的要素。七牛云向合作伙伴提供云存储、数据处理、直播服务等服务,帮助它们搭建稳定的云基础设施。合作伙伴的富媒体解决方案能够入驻七牛云应用市场,直接服务企业和开发者用户超过 50 万家。上汽、申通等制造业和现代服务业企业,也在不断与云计算融合成为生态圈,推出了斑马云操作系统、大都会云支付云平台等一系列产品,通过云生态圈的构建来优化自身的互联网基因和创新能力。

(4)传统转型

传统行业的数字化转型已经成为企业发展的新方向,企业通过云平台来打通数字化闭环,从而提升及突出行业优势。尤其在金融、制造以及政务等领域,云化趋势更为明显。上

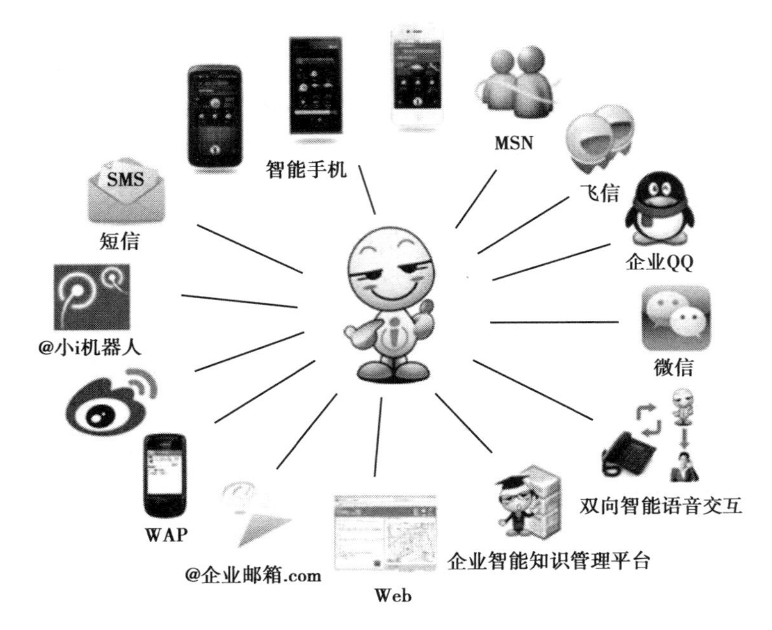


图 13-1　小 i 机器人的服务

汽构架的云平台，是以云计算为基础面向业务融合的综合性系统平台，贯穿汽车研发设计、生产制造、市场营销及车联网等重要环节，并对外提供规范的应用及数据入口、面向业务整合的行业云应用体系及面向新一代车联网应用的微服务构架。中国太平洋保险全面启动数字化集团战略转型 2.0，容器管理平台创下每秒 14 万笔交易的纪录，成为太平洋保险数字化转型打造亿级客户秒级响应 IT 平台的重要组成部分。

## 13.2　广州"天云计划"

为深入贯彻《珠江三角洲地区改革发展规划纲要（2008—2020 年）》，全面落实广州市市委、市政府"三个重大突破""五个全面推进"的战略部署，加快建设国家创新型城市和智慧广州，并指导云计算产业发展，广州市于 2011 年推出了《关于加快云计算产业发展的行动计划（2011—2015 年）》，即"天云计划"。

### 13.2.1　"天云计划"简介

广州发展云计算具备一定的基础与区位优势。一方面，广州作为全国三大通信和互联网枢纽之一，拥有最大的国际出口带宽容量。2010 年广州市信息化综合发展指数（IDI）达到 0.946，电子产品制造业产品产值突破 1 803 亿元，信息服务业的快速发展为云计算大规模应用提供了产业化条件。另一方面，广州已在云计算基础设施、云计算平台技术和云计算服务等方面布局了一批重要项目和技术。此外，众多知名企业、高等院校、科研院所也纷纷加入云计算技术和服务的探索研究和应用推广行业，中国电子科技集团在穗第七研究所更是建成了国内首个云计算体验中心。总体来看，广州的云计算产业仍处于起步阶段，多种技

术路线和标准共存，尚未形成稳定的产业链分工，大规模商业应用模式也仍未形成。

在此背景下，2011 年广州市政府工作报告中提出“实施天云计划，推进云计算技术应用和产业化”的有关部署；2012 年 1 月 4 日，《关于加快云计算产业发展的行动计划（2011—2015 年）》（简称“天云计划”）正式发布。

“天云计划”重点突出建设国家创新型城市和智慧广州，提升国家中心城市科学发展实力，提出了六大主要任务、四大重点工程，按照“政府引导、市场运作、需求驱动、重点突破、促进转型”的原则，力争用 3 ~5 年时间，打造一批国内领先的应用示范，突破一批国际领先的核心技术，建设一批国际水平的云计算平台，发展高水平的云计算产业链，构建世界级云计算产业基地，推动实现低碳广州、智慧广州、幸福广州建设。

作为广州市力推的重点项目，“天云计划”的重要目标是建设一批世界领先的云计算平台，构建国际云计算中心，如广州超级计算中心、中国电信亚太信息引擎、中移动南方基地、中联通广州数据中心、中金数据华南云计算中心、亚洲脉络云计算中心等，并以此为基础，形成技术、产品和服务一体化发展的产业格局，促进“智慧广州”快速、协调和可持续发展。

“十二五”期间，广州积极部署“天云计划”，力争将广州云计算应用水平将达到国内领先水平，努力构建世界级的云计算产业基地，最终率先把广州建设成具有国际影响力的亚太“智慧城市”。

### 13.2.2　“天云计划”发展思路和目标

“天云计划”具体发展思路与目标如下：

**1）总体发展思路**

按照“政府引导、市场运作、需求驱动、重点突破、促进转型”的原则，紧跟国际云计算技术发展趋势，以全球视野前瞻布局、发挥优势、集聚资源，以应用为先导、以产业为核心、以创新为动力，致力打造一批国内领先的应用示范、突破一批国际领先的核心技术、建设一批国际水平的云计算平台、发展高水平的云计算产业链，构建世界级云计算产业基地，实现经济社会的智能、绿色、可持续发展，建设低碳广州、智慧广州、幸福广州，显著增强国家中心城市的核心竞争力。

**2）主要发展目标**

三年打基础、五年见成效。力争用 3 ~5 年时间，试点先行，重点突破一批云服务示范应用、基础设施和关键核心技术，培育一批云计算骨干企业，奠定云计算产业发展的坚实基础。至 2015 年，初步形成云计算基础平台、核心技术、关键产业和推广应用一体化发展的格局，掌握自主发展的关键技术，争取成为全国云计算应用服务创新发展试点示范城市，逐步建成世界级云计算产业基地。

发展目标如下：

云计算平台：建成 5 个以上国际水平的云计算服务平台。

云计算技术：突破 10 项以上云计算关键技术，形成一批领先的专利技术，制定一批创新

性云计算技术标准。

云计算服务:推广 10 个以上云计算试点示范,形成一批带动能力强的示范应用。

云计算产业:争取实现 150 亿元以上的云计算产业规模,带动 600 亿元相关产业链产值,形成特色鲜明、优势突出的云计算产业。

### 13.2.3 "天云计划"主要任务

广州实施"六个一"工程,量身定做"天云计划",即:

**1)建设一批国际先进的云计算基础设施**

发挥国家信息通信枢纽优势,大力推进"光网城市"、下一代广电网、第四代移动通信网和传感网络建设,实施"千兆进企、百兆到户"的宽带工程,全面推进泛在宽带网络建设。大力发展高效、节能、低碳的云计算基础设施,优化布局,规划建设一批集计算、存储、平台、服务于一体的新一代云计算中心,提供多层次云计算服务。积极推进信息通信基础设施升级,加快整合信息服务资源,促进电信运营商、软件服务商、内容服务商和信息服务商转型升级,发展云计算资源和平台服务,构建立足珠三角、服务全国、面向全球的云计算基础设施。

**2)发展一批高水平的云计算服务**

着力推进云计算技术与物联网、下一代互联网、三网融合、移动互联网等融合,创新服务模式,面向移动电子商务、移动互联网、网络游戏、网络教育、网络文化、数字家庭等,整合内容资源,发展集约化云计算服务。大力推进城市应急管理、智能电网、节能减排、地理空间信息、视频监控、智能交通等城市建设管理云服务。重点支持软件服务骨干企业研发基于云的服务外包业务,创新服务外包模式,提高服务外包效率。积极稳妥推进国际数据保税港,集聚高端资源,聚焦港澳、面向全球提供云外包服务。加强云安全服务,发展云计算安全技术,提供发展水平的安全保障服务。

**3)推广一批需求驱动的云计算示范试点**

选择需求迫切、服务模式清晰的公共服务和重点行业,率先推进云计算应用试点,探索云服务模式和运营管理经验。重点推进电子政务、安全服务、城市安防、医疗、教育等五大云计算服务试点,形成示范引领效应,提高公共服务水平。着力推进金融、保险、电力、通信、地铁、航空、数字媒体、数字娱乐、电子商务、物流等主导产业骨干企业开展云服务试点,优先支持电力、数字娱乐、金融、电子商务等需求大、基础好的企业率先试点应用。大力推进第三方云计算企业,率先建立面向互联网、移动互联网和中小企业的云计算创新示范平台,提供按需使用、动态调整的基础设施、平台和软件等云服务,降低中小企业发展门槛。

**4)突破一批自主知识产权的云计算关键技术**

全面跟踪,重点突破,前瞻布局,瞄准一批关键技术领域,争取国家重大专项支持,组织联合攻关,突破一批国际领先的关键技术。重点推进低功耗高性能计算机芯片、虚拟化技术、高性能存储技术、海量数据管理和保护技术、新一代搜索引擎、云安全技术等自主研发,形成具有国际领先水平的自主知识产权技术和产品。大力推进云计算技术与新兴技术融合创新,发展绿色数据中心技术、低功耗集装箱式和机柜式服务器技术。积极发展云集成、云管理平台和云应用软件等技术。前瞻性推进云计算标准工作,积极争取承担国家标准研制任务和参与国际标准研制,争取在云计算基础设施、运营管理和应用服务等领域形成一批具有自主知识产权的国家性和全国性标准。

**5)构建一条优势突出的云计算产业链**

围绕产业链的关键环节,选择优势领域,以培育骨干企业为重点,大力发展云平台、云软件、云服务、云终端等产业链环节,形成每个产业链环节百亿级产业规模,打造完整的云计算产业链。

云平台:以低功耗高性能计算机芯片、电子存储芯片、新架构服务器、新一代网络存储系统、云服务器柜、新型计算单元等为重点,加强与国内外领先企业合作,推动一批企业转型升级,集聚 5 家以上核心骨干企业。

云软件:大力支持发展云平台软件、嵌入式软件、云应用软件等产品,发挥软件集成服务业优势,推动研发云计算解决方案,开发满足行业和企业需求的云软件产品,培育一批具有核心产品的骨干企业。

云服务:紧抓服务化趋势,大力推进服务器托管、数字内容和软件向云服务转型,提供云资源服务、云平台服务和云应用服务,支持发展外包服务。优先发展云应用服务,重点突破云资源服务,促进云服务商业模式创新,培育数十家具有国际影响力的云服务品牌企业。

云终端:积极发展智能移动终端、移动互联网终端、平板电脑、电子书和数字家庭终端等云计算终端和零组件,推进终端芯片、软件、零组件和整机产业链联动发展,培育 3 ~5 家龙头骨干企业和一批名牌产品。

**6)布局建设一批各具特色的云计算产业基地**

选择天河、从化、增城、广州开发区、南沙开发区等,根据云计算产业特点,规划建立布局合理、各具特色、优势互补的云计算产业集聚区。天河区以天河智慧城为核心集聚区,重点发展云计算软件、云服务平台和云集成服务产业。从化市结合国际数据中心发展趋势,发挥环境优美、水电资源丰富和面向空港的地理优势,选择合适的地点,配套高可靠的宽带网络、供电、供水等基础设施,建设国际级数据产业基地。增城以中金数据华南数据中心等为核心,重点发展数据中心和金融外包服务。广州开发区以广州科学城、中新知识城为核心,重点发展云技术研发和面向金融保险等重点行业的云服务产业。南沙开发区依托港澳,重点发展面向港澳和国际的云外包服务,建设国际数据保税港。

### 13.2.4　广州云计算发展

围绕“天云计划”的发展思路与目标,广州市在资金保障、产业基地、基础设施、示范领域、政策配套等多个方面展开部署工作。

**1)资金保障**

广州市积极争取国家、省重大科技专项的支持,对列入国家科技重大专项和省重大专项

的云计算关键技术和产品研发，按照国家、省相关政策要求，地方提供相应配套资金支持。市战略性新兴产业资金等重大专项资金，以无偿支持、贷款贴息等方式优先支持符合条件的云计算产业重大项目建设。

2011 年至 2015 年期间，广州市科技经费每年安排不少于 1 000 万元，重点支持自主可控的云计算技术研发及产业化和标准制定。鼓励中小企业采购云计算服务，对符合战略性新兴产业资金使用方向的企业，按有关规定和程序给予适当补助，以降低企业信息化成本。

2）**产业基地**

根据云计算产业特点和区位特点的优势，广州打造一批各具特色的云计算产业基地，以推动重点园区差异化发展，形成布局合理、各具特色、优势互补的云计算产业集聚区。

天河智慧城充分发挥高校科研院所智力源丰富和软件产业集聚优势，重点发展云计算基础软件、云服务应用软件，以及金融保险、电子商务、网络动漫等云服务应用，推进云计算产业集群建设，抢占产业发展制高点。广州科学城、中新知识城将按照“发展高端产业、引进高端人才、提供高端服务”的定位要求，借助国际化运作经验和技术人才优势，重点发展云终端及上游产业链，以及面向仓储物流、金融保险等云技术研发和应用服务。南沙新区则发挥其立足珠三角、服务内地、连接港澳、通向国际的核心载体优势，积极探索粤港澳云服务合作新模式，打造世界一流水平的国际离岸数据产业基地。从化市结合国际数据中心发展趋势，发挥环境优美、水电资源丰富和面向空港的地理优势，完善高可靠的宽带网络、供电、供水等基础设施，发展云计算数据中心及关联产业。增城则发挥区域市场优势和核心骨干项目带动作用，重点发展云服务外包产业。

3）**基础设施**

按照“天云计划”的思路，广州继续完善云计算领域基础设施的建设。广州市加快亚太信息引擎、中国电信数据中心、中国移动南方研发基地、中金数据华南云计算中心等重大项目建设，大力引进集聚国际水平的云服务基础设施项目，建设国际领先的集数据服务和业务创新于一体的重大基础设施，吸引世界 500 强、中国 500 强等众多企业集聚。

广州挑选一批关键技术领域，争取国家重大专项支持，以突破一批国际领先的关键技术。以低功耗高性能计算机芯片、虚拟化技术、高性能存储技术、海量数据管理和保护技术、新一代搜索引擎、云安全技术等自主研发为重点突破口，形成一批具有国际领先水平的自主知识产权技术和产品，并争取在云计算基础设施、运营管理和应用服务等领域形成一批具有自主知识产权的国家或国际标准。

4）**示范领域**

广州展开四批创新性的云服务示范领域应用，带动云计算服务发展。

一是实施电子政务云服务示范。利用亚运信息技术资产和自主知识产品建设电子政务云服务试验平台，率先推进政府服务网上办理、市民网页、会议系统、安全等云服务应用，探索云服务模式和经验，逐步推广，加快电子政务数据中心和服务向云平台迁移，实现电子政务信息与资源整合。

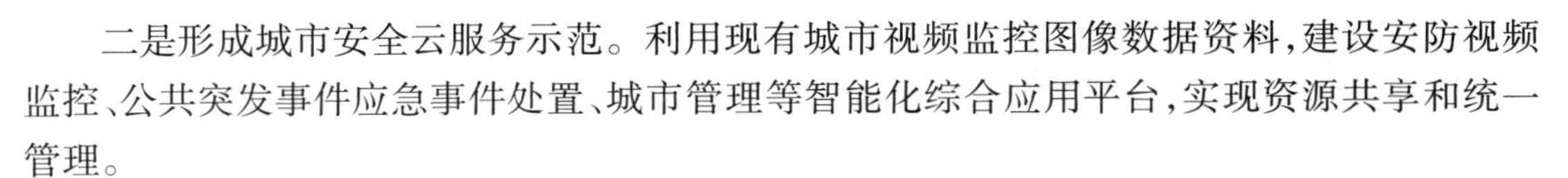

二是形成城市安全云服务示范。利用现有城市视频监控图像数据资料，建设安防视频监控、公共突发事件应急事件处置、城市管理等智能化综合应用平台，实现资源共享和统一管理。

三是建立教育云服务示范。整合全市教育信息资源，建立数据交换与共享平台，提供网上授课、在线辅导、在线考试、学生管理等云计算服务，推动教育资源均衡化发展。

四是医疗云服务示范。以建设市民健康档案和医疗档案为核心，整合医院、检测机构、社区医院等机构的健康信息、医学影像和就诊信息，实现共享共用，提供远程健康管理、体检、会诊等云服务。

**5）政策配套**

“天云计划”提出要完善政策配套，积极推进政府信息化采购制度改革，探索云计算模式下政府信息化采购模式，研究将分散采购、项目采购调整为云服务采购，争取不断提高云服务采购在政府信息化采购支出中所占比例。充分利用政府首购和政府采购制度，以应用示范为重点，优先采购自主创新的云计算技术产品和服务。

另外，对符合条件的云计算重大项目和企业，可提供财政税收、投融资、研发、人才和市场等优惠政策支持。广州也研究出台云计算产业园区扶持政策，将重大项目纳入绿色通道予以支持，对符合产业规划的项目予以优先支持，引导产业集聚。跟踪研究云计算服务特点，研究提出云计算产业相关的商业秘密、敏感信息和知识产权保护措施。针对重大项目和企业开展知识产权预警工作，防范知识产权风险。推动建立云计算产业投资基金，形成政府引导、社会主导的多元化投融资机制。

## 13.3　北京“祥云工程”

北京是全国的政治中心、文化中心、国际交往中心、科技创新中心，在云计算发展方面具备天然的基础优势。早在 2010 年，发改委将云计算确定为重点发展项目，北京就被列为首批云计算五大示范城市之一，北京的“祥云工程”计划也应景出台。

### 13.3.1　“祥云工程”简介

2010 年 9 月，北京市经信委发布了《北京“祥云工程”行动计划（2010—2015 年）》，首次确立云计算作为“北京战略性新兴产业的突破口”，标志着“祥云工程”正式启动。“祥云工程”意在整合北京市云计算产业的高端人才、风险投资、产业基地、创新性企业等产业发展要素，推动云计算产业早起步、快发展、上规模，在新一轮信息技术的国际竞争中抢占先机。

“祥云工程”主要围绕四个方面发展云计算产业：

第一，充分利用当前的有利条件，积极参与国际云计算产业的合作与竞争，鼓励企业吸引海外领军团队领军人才回京，积极鼓励企业和风险投资机构收购国外云计算的先进公司，建立同海外华人 IT 领袖企业合作发展云计算的机制，力争云计算同国外先进的国家和地区同步发展、高起点发展。

第二,整合发展资源,构造产业链。云计算对 IT 产业的变革是全面的,要围绕芯片、网络设备、网络运营、各种终端以及各种云应用构造北京完整的云计算产业链条,带动北京市信息技术产业的整体提升。

第三,按照北京市世界城市建设的战略部署率先发展云应用,与云应用亲密产业发展。"祥云工程"第一项任务抓紧部署一批云计算的重大示范应用,特别是推动电子政务全面向云时代转型,规划和建设政务资源云、政务信息云、智能交通云等政府云,扶持建设面向一批社会经济发展的共有云和行业云。

第四,同中关村核心区的发展布局相结合,实现集聚发展。

依托"祥云工程",北京云计算产业发展三年(2010—2012 年)迈出三大步:2010 年是布局年,重点开展了云基地建设,明确产业政策,积极引导企业发展云计算;2011 年是应用年,主要围绕"服务引领",重点打造云计算示范应用项目,推出了祥云十大示范应用平台;2012 年是创新年,主要围绕"自主创新"开展工作,在云计算产业链上推出了近 100 款新产品。2014 年,北京的云计算产业规模达到了 260 亿元,初步形成了涵盖云计算软硬件、基础设施、云计算平台、云计算应用支持服务等主要环节的云计算产业链,如图 13-2 所示。

随着云计算与实体经济的深度融合、深入渗透和广泛应用,北京市着手实施"祥云工程 2.0 版",提出云计算要适应首都发展的新特征,并力争在以下三个方面有一定的作为:

一是在实施创新驱动战略上,云计算技术和产业日益成熟、应用领域日益广泛,为大众创业、万众创新提供高效率、低成本的平台,是北京建设具有全球影响力的科技创新中心的有力抓手。北京市将以建设世界领先的公有云为优先选项,以支持各行业的创业创新者高起点地快速成长。

二是在破解城市发展难题上,云计算适应了数据和应用大集中的需求,是新形势下城市智能化运行和精细化管理的核心基础设施。"祥云工程 2.0 版"以需求为导向,进一步推进云计算在电子政务、城市运行和民生服务方面的运用。

三是在构建高精尖经济结构上,云计算以及新一代相关信息技术已成为高精尖产业的催化剂,北京市将实施互联网的行动计划,以支持云计算与物联网、移动互联网的融合发展,鼓励用云技术整合传统的产业链条,加快催生一批新技术、新产品、新业态,以促进产业升级。

2016 年 8 月,北京市先后出台了《北京市大数据和云计算发展行动计划(2016—2020 年)》、《北京市"十三五"时期软件和信息服务业发展规划》,宣布实施部署"祥云工程 3.0"。"祥云工程 3.0"将着力建设以云计算、大数据为基础的战略性公有云、混合云平台,将云计算、大数据与人工智能紧密结合,深入挖掘数据价值,形成支撑人工智能发展的基础设施和技术平台,在深度学习、大脑养成、神经网络、GPU 与 CPU 的融合计算等关键核心技术领域形成突破;支持企业建设超大规模深度学习的新型计算集群,搭建人工智能基础资源和公共服务平台;规划云脑基地,推动"祥云工程 1.0/2.0"时代的云产业基地升级成为以人工智能为代表的创新产业基地,引进国内外先进技术和人才资源;构建产业链协同发展的人工智能创新生态,实现人工智能与传统产业融合、数据驱动智能的高精尖产业协同创新发展,使北

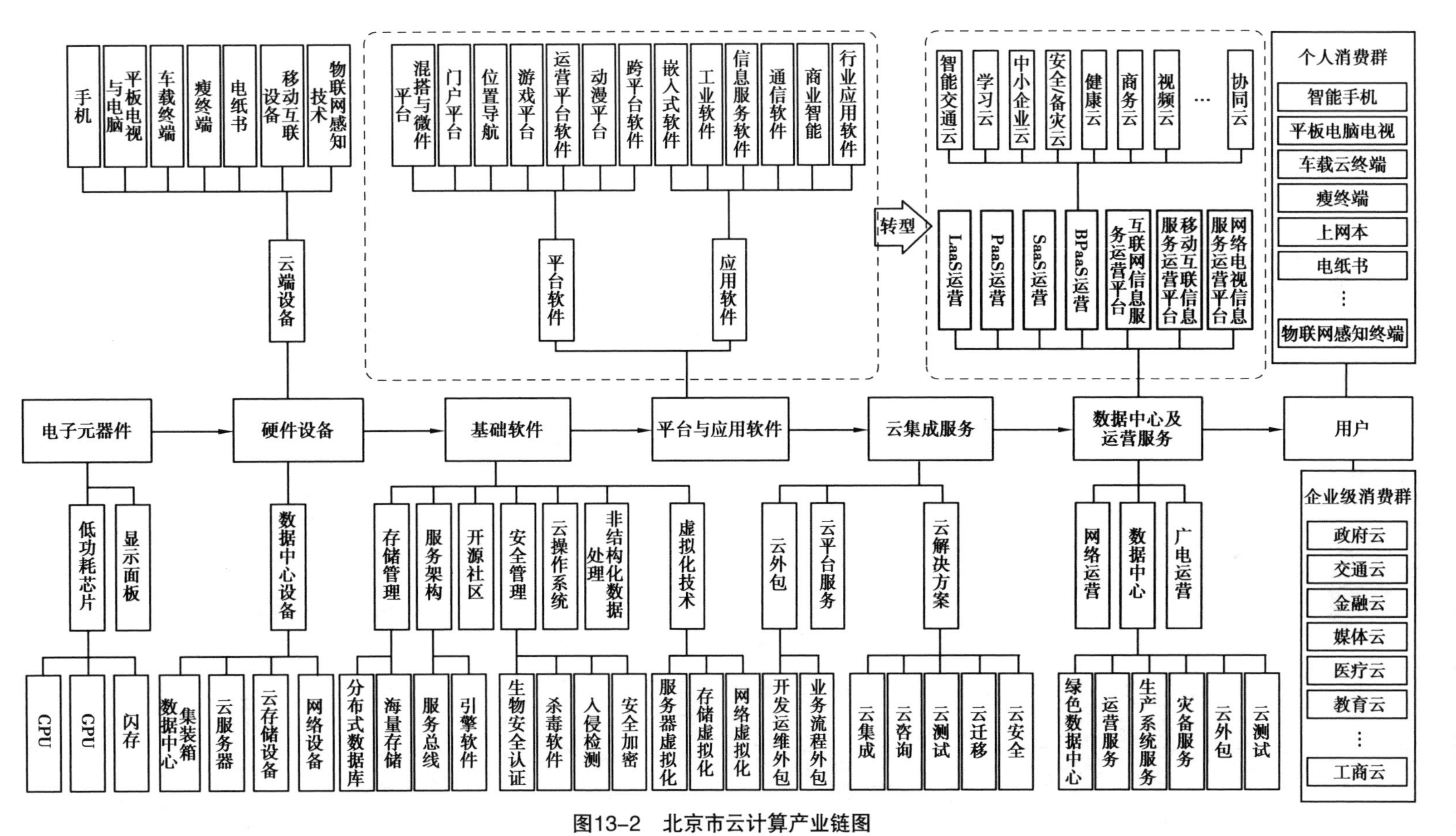


图13-2　北京市云计算产业链图

京发展成为全国云计算与大数据解决方案研制中心和服务汇聚中心。

### 13.3.2 “祥云工程”指导思想和总体目标

《北京“祥云工程”行动计划(2010—2015 年)》的指导思想与目标如下:

**1)指导思想**

以科学发展观为指导,以培育新业态、发展新商业模式、构造新产业链为核心,形成应用带动,创新驱动、面向全球的发展模式,建立政府引导、企业主体、产学研联合的发展机制,积极参与国际间竞争合作,有效整合高端人才、风险投资、产业基地、创新性企业等产业发展要素,推动北京市云计算产业早起步、快发展、上规模,成为北京战略性新兴产业的突破口。

**2)实施原则**

①服务引领。面向建设世界城市的信息化要求,以全面提升城市信息化基础设施能力为契机,在政务信息化、社会信息化和经济信息化领域,加快建设一批云应用示范工程,培育云服务市场,引导下游产业发展。

②产业链联动。围绕芯片、硬件、网络、运营商、终端及各种云应用,构造完整的云计算产业链条,带动北京市信息技术产业的整体提升。

③国际同步。积极利用好国际开源社区资源,充分发挥海外华人云计算人才和企业家作用,加大引入和并购国外云计算企业力度,以国际化水准,高起点规划和实施祥云工程。

④走自主道路。以技术创新和商业模式创新为动力,掌握关键核心技术,鼓励发展新型业态,支持研制自主的标准和规范,支持探索符合中国客户要求和习惯的服务模式和业务模式。

**3)总体目标**

形成技术、产品和服务一体化发展的产业格局,发展一批高效能、高安全、低成本的云服务,聚集一批世界领先、全国领军的云计算企业,形成一批创新性的新技术、新产品、新标准。到 2015 年,云计算的三类典型服务(IaaS、PaaS、SaaS)形成 500 亿元产业规模,带动产业链形成 2 000 亿元产值,云应用水平居世界各主要城市前列,成为世界级的云计算产业基地。

### 13.3.3 “云祥工程”主要任务

《北京“祥云工程”行动计划(2010—2015 年)》的主要任务围绕重点发展领域、重点发展技术方向、重点工程三个方面展开。

**1)重点发展领域**

(1)云计算适用芯片和软件平台

加快低功耗芯片、新型嵌入式软件系统、云计算软件平台的开发和产业化,为云计算的发展提供产业基础支撑,形成十余家掌握云计算的核心技术的骨干企业群体。

(2)云服务产品

以云计算的基础设施服务(IaaS)、平台服务(PaaS)、软件服务(SaaS)等 3 个服务线为核

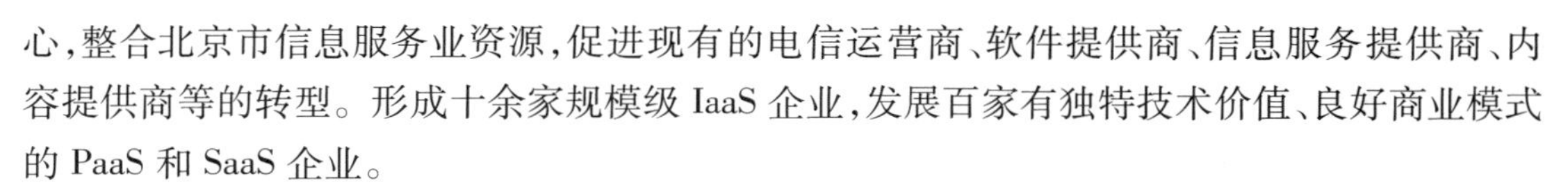

心，整合北京市信息服务业资源，促进现有的电信运营商、软件提供商、信息服务提供商、内容提供商等的转型。形成十余家规模级 IaaS 企业，发展百家有独特技术价值、良好商业模式的 PaaS 和 SaaS 企业。

(3) 云计算解决方案

充分利用北京市系统集成企业在传统软件领域行业解决方案优势，根据云计算技术、产品和服务特点，研发适合各行业的云计算解决方案，继续保持北京在云计算服务时代企业后台软件系统主力供应商的地位。

(4) 云计算网络产品

以新架构服务器、新一代网络存储系统、下一代网络设备、新型计算单元为重点，积极扩大同国际企业的合作，特别利用好华人企业家的资源，构建北京市云计算网络产品体系，创建十余个新的优势品牌。

(5) 云计算终端产品

积极发展下一代移动通信终端、移动互联网智能设备、平板电脑、电子书、感知终端等多种云计算终端产品，支持形成以新型终端为龙头的，集硬件、软件、服务、内容与一体的云计算产业生态圈，培育百亿元级别的产业链。

**2) 重点发展技术方向**

(1) 集中力量攻关云计算核心技术。

配合国家科技重大专项的实施，在虚拟化技术、高性能存储技术、新一代搜索引擎、云计算安全技术、网络操作系统、云计算服务测试验证技术上争取有所突破。

(2) 积极发展云计算同其他新兴技术的融合

支持把云计算技术同物联网应用、下一代互联网应用、三网融合应用相结合，配合新兴技术的发展规划，发展支持智能电网、节能减排、移动互联、位置与导航服务、电子商务服务、大规模视频采集和播发等新兴业务所需要的云计算能力和软件云处理能力。

(3) 大力发展绿色 IT 技术

采用新一代低功耗技术，加大与服务器、存储设备及交换机等高耗能设备相关的绿色技术开发和运用；充分利用云计算的集中计算机制，大幅降低信息化应用和软件信息服务业的能耗，达到在云-端两方面的节能减排目的。

**3) 重点工程**

(1) 云应用重大示范工程

以"祥云工程"的实施为抓手和推进平台，在电子政务、重点行业应用、互联网服务、电子商务等主要应用方向上实施一批不同层次和功能的云计算重大工程。推动电子政务全面向云时代转型，统一规划和抓紧建设"政务云"，带动全市云应用的起步。支持社会机构和企业，利用云计算创新的服务模式，建设和运营面向经济和社会发展的公有云，包括行业云和区域云，迅速形成面向市场的社会化应用。

(2)云计算产业基地建设工程

在中关村核心区规划建设北京云计算产业基地,加强政府战略引导,聚集一批云计算科研机构和产业链各环节的核心企业;依托产业基地,建设云计算公共测试和验证平台,云计算产品和服务演示体验中心等重大公共服务平台,引导基地建设成为云服务产品创新中心、技术交流中心、应用示范中心和服务运营中心,成为全球有影响力的云计算产业基地。

(3)云服务标准规范创制工程

积极参与国际云计算标准工作,组织参与"祥云工程"的骨干企业研究利用好国际上已有的成熟标准和规范,开放性地做好云计算标准体系的构建工作。积极开展自主标准和规范的创制工作。力争在云安全、服务能力与质量、开放接口、体系架构评估认证等环节形成具有自主知识产权的标准。

(4)面向云计算的技术改造工程

充分利用存量资源,支持传统的 IT 企业围绕云计算技术开展新产品开发、新服务体系构建、新技术架构升级等技术改造工作。引导软件和信息系统集成企业通过技术改造,大力发展云平台的咨询设计能力、集成建设能力和云服务能力;运营商、互联网信息服务和内容服务企业,要通过技术创新和模式创新,加快向云服务方向转型。

### 13.3.4 北京云计算发展

北京市对云计算的产业、技术和应用一直高度重视,将祥云工程、祥云计算列为北京市战略性新兴产业的突破口,试图打造世界一流的云产业生态系统。北京市以"基地 + 基金"的运作模式,已建成以海淀区中关村软件园为主的北部云计算基地和以亦庄"中国云产业园"为主的南部云后台基地。

(1)中关村云基地

由中关村软件园和云基地共同打造的中关村云计算产业基地,坐落于中关村软件园东门标志性建筑软件广场 C 座,面积达 11 000 平方米,吸引了包括友友系统、云端时代、云华时代、中云网、天地汇云、中国云产业联盟"云天使投资基金"、海银资本、谷数科技、锐步科技等在内的众多企业入驻,整合了北京市优秀的云计算产品、技术、服务,是北京云服务基地核心节点。基地的建立为务实推进北京市云计算产业进一步发展,确立北京中关村地区成为北京云计算事业发展中心、北京云时代的技术研发中心、北京云计算行业创造与创新中心、全国乃至全球云计算人才交流中心、中国云计算行业资本汇聚中心等"五个中心"的领导地位,具有里程碑式的意义。中关村云基地的成立,可以有效对接硅谷云计算最新成果,汇聚最优秀的云计算企业,以及资本、创投的力量,成为中国云计算的"创新孵化器"。

(2)亦庄"中国云产业园"

2011 年 9 月,北京亦庄"中国云产业园"正式启动,此举标志北京市于 2010 年启动的"祥云工程"取得重大的阶段性成果。"中国云产业园"初期规划占地面积 3 平方公里,预留建设用地 2 平方公里。园区由云技术研发基地、云计算设备研制中心、系统平台及应用软件研发中心、大规模数据处理及计算中心、云后台服务中心、新一代移动通信技术研制中心、下一代互联网技术研发中心、终端设备研制中心、显示技术研发中心等单元组成。“中国云产业园”将目标定位在建设“两中心、一基地、一平台”，即中国最大的云计算技术研发中心、中国最大的云计算运营及增值服务中心、中国最大的云计算系统设备制造基地，以及中国最大的云计算数据平台。

“中国云产业园”的落成将进一步完善云计算产业链，伴随着天云科技、超云、云立方、中云等企业的加入，云计算的产业化进程进一步加快。目前，从最底层的集成电路，到显示部件、云服务器、瘦终端、集装箱式数据中心以及云操作系统、云服务，园区已经实现对云计算产业链各个环节的覆盖。首批云产业园的项目包括百度云计算中心项目、云计算系统设备制造基地项目、云计算研发运营中心项目、KDDI 数据中心项目、北京电信数据中心项目的 5 个项目，总投资规模达 261 亿元。

此外，2011 年 7 月北京“祥云工程”的云后台正式落户中金数据，成为我国新型的云计算产业中第一个建成投入使用的公共云后台。北京“祥云工程”中金云后台可以简称为“131”体系，即一个云数据中心，三大核心支撑系统，包括云资源管理平台、云数据托管平台、云后台运营服务支撑平台和一套运营服务体系，在云咨询、云集成、云运营方面向用户提供一站式服务。

## 本章小结

北上广作为我国云计算发展的重点城市，无论是在云计算各环节建设和应用方面，还是在发展经验与项目调整方面，都为其他兄弟城市云计算发展提供了样板。因此，本章以上海的“云海计划”、广州的“天云计划”和北京的“祥云工程”为典型范例，介绍了它们制定的总体思路、主要目标、主要任务以及具体实施情况等。在近十年期间，北上广三地结合自身分情况及发展实际，科学部署、统筹安排，分步骤、分阶段地进行战略计划的规划与实施，取得了一定进展，可供各地政府和广大读者参考。

### 扩展阅读

#### 企业上云，路在何方?

2018 年 8 月，工业和信息化部印发了《推动企业上云实施指南(2018—2020 年)》，以指导和促进企业运用云计算加快数字化、网络化、智能化转型升级。各级政府相继发布政策，鼓励企业上云。企业上云一时间成为比较热门的话题。云的确可以驱动流程创新和业务创新，成为企业新的利润增长点。那到底什么是企业上云? 怎么上云?

企业上云是什么?

企业上云是指企业通过网络将企业的基础设施、管理及业务部署到云端，利用网络便捷地获取云服务商提供的计算、存储、软件、数据服务，以此提高资源配置效率、降低信息化建

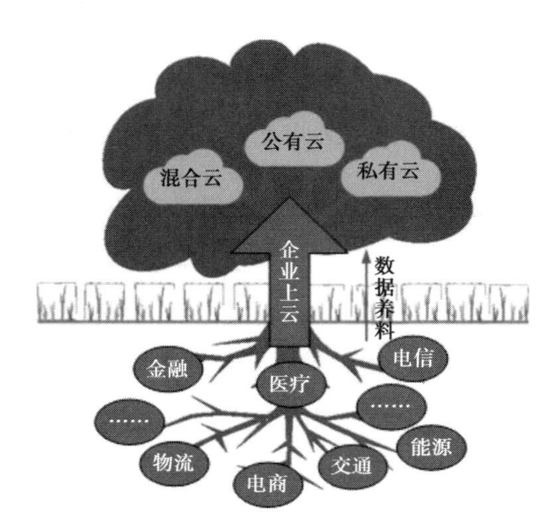


图 13-3　企业上云

设成本、促进共享经济发展、加快新旧动能转换(图 13－3)。

企业在上云的时候要考虑清楚为什么上云,用什么云,该怎么上云等问题,才能发挥企业上云带来的好处。

为什么上云?

企业上云是要根据企业自身 IT 系统的情况来定,要考虑企业 IT 现状、企业发展要求等因素,并结合对云的理解而定,并不是一刀切,不要为了云而云,可以重点考虑以下因素:

①企业 IT 系统是否需要更新换代。云计算对企业来说,主要提供基础设施服务,即计算机、存储和网络服务。如果企业的 IT 基础设施、IT 系统的架构需要更新换代,可以考虑采取云的供给方式。

② IT 成本是否居高不下。

③应用架构。现有应用架构是否能够满足云计算的特点,是否能够低成本地迁入或者部分迁移。

用什么云?

企业需要根据自身的需求和能力来评估是建设自己的私有云还是租用公有云来承载自己的应用。一些大型企业从数据、应用的安全性角度考虑可以利用自有的机房、人才优势和 IT 设备建设一个企业的私有云,实现从应用—底层 IT 设备—网络的全流程控制。

企业建设私有云,特别是在建设初期并不一定能降低 IT 的成本,只有合理使用这些资源才能发挥云的集约优势和成本优势。但到底采用“商业软件体系的路径”还是“开源软件的体系”也要根据企业自身的能力决定。开源软件除非自己建立整套研发体系,不然最终也会成为受制于人的封闭商用软件,失去了开源软件的开放性和兼容性。开源软件不是不要钱,也不一定会比商业软件更省钱。特别在企业 IT 运营能力缺乏时,还是建议租用公有云。

利用公有云较为完善的网络接入能力、计算、存储、内部网络、安全等能力,在公有云内建立企业的“私有云”,把这个私有云的 IT 资源作为企业 IT 体系的有效补充,可以通过网络将公有云内的 IT 资源和企业原有的 IT 资源池打通,形成双活或者容灾体系的“混合云”,可

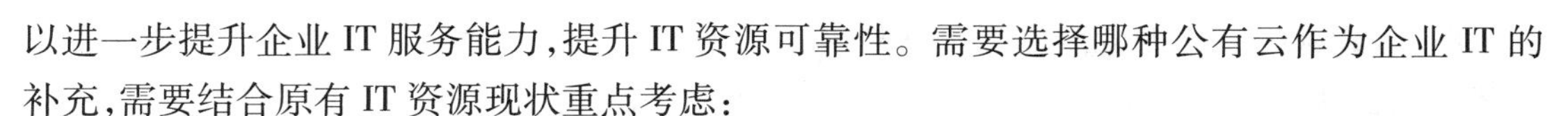

以进一步提升企业 IT 服务能力，提升 IT 资源可靠性。需要选择哪种公有云作为企业 IT 的补充，需要结合原有 IT 资源现状重点考虑：

1. 组网能力验证

根据企业 IT 资源池的总体需求和网络拓扑，重点考虑接入公有云的网络方案。是否可以根据企业网络需求和经济能力，选择专线、虚拟专线或者互联网等接入方式；是否可以和原有资源池网络进行二层互通或三层互通；公有云提供的网络方案是否能实现双活或容灾的需要等。

2. 资源性能验证

测试、验证公有云方提供的计算、网络和存储资源的性能，特别是忙时提供的各种计算、存储和网络资源性能是否和标称的性能有无明显差距，能否实现虚拟机的 HA 功能和迁移功能等。

3. 安全性验证

网络出口上是否有安全防护，不同用户（企业）间是否已经安全隔离，在企业“私有云”内是否还能配置 vlan 或安全组，是否有防病毒、木马组件等。

4. 可运营性验证

公有云提供企业维护平台是否安全、可靠、便捷和规范；能否自主创建、配置企业“私有云”内的各种资源，比如创建虚拟机，根据用户需求任意配置私有网段，创建路由器、交换机、防火墙、负载均衡、用户 vlan 等。能否实时监控各种资源的性能、状态等；能否和企业原来的 IT 资源形成双活或者容灾的拓扑并灵活配置和调度；能否像管理自己机房里的设备一样管理公有云上的虚拟设备。

5. 兼容性验证

验证各种资源是否能适应迁移的应用，特别是验证云上资源支持大型数据库的能力。

怎么上云？

企业 IT 上云是一个系统性工程，不是简单租用几台虚拟机部署应用，不是将物理配置直接搬到虚拟机上，不是简单地将物理机架构上的应用直接迁移到虚拟机上，而是需要结合企业 IT 发展的规划、现有 IT 资源的现状、应用的需求等因素来确定。

对大部分的企业来说，原来的 IT 应用部署模式，都是竖井式的。不同的应用都由不同的软件开发商提供，系统之间还有网络安全隔离，各系统间还有协同关系，网络、应用拓扑很复杂。所以需要首先确定上云的规划，是整体上云还是部分上云，是逐步上云还是一次性上云。还要确定上云的步骤，哪些系统可以先迁移，哪些后迁移，并解决迁移后和周边的系统怎么协同等问题。

企业的应用有些部署在小型机上，有些部署在 x86 上。部署在 x86 上的应用都可以迁移到云上，而原来部署在小型机上的应用就需要先进行 x86 改造，在支持用 x86 服务器承载以后才能迁移。

原来的应用可能还需要结合云上提供的虚拟机、网络和存储的特点进行必要的改造。比如利用虚拟机可以按需配置规格、数量，可以脱离硬件限制，采用“小颗粒、多数量、弹性伸

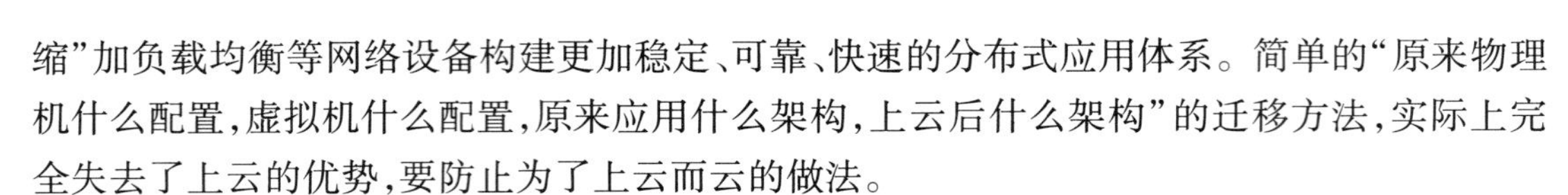
缩”加负载均衡等网络设备构建更加稳定、可靠、快速的分布式应用体系。简单的“原来物理机什么配置,虚拟机什么配置,原来应用什么架构,上云后什么架构”的迁移方法,实际上完全失去了上云的优势,要防止为了上云而云的做法。

资料来源:企业为什么上云,用什么云,怎么上云（搜狐网）

## 思考题

1.“云海计划 1.0”到“云海计划 3.0”,上海云计算产业发展的重点产生了哪些变化?
2.结合所学内容,整理梳理“天云计划”后广州的云计算最新政策。
3.“祥云工程 3.0”的重点任务是什么?

# 第 14 章 云计算产业的发展前景

### 本章导读

目前,云计算已经从概念导入进入广泛普及、应用繁荣的新阶段。云计算的应用正在从传统的中小企业应用、大型企业的非关键业务应用,逐渐深入到大型企业的核心应用。在产业、资本、政策的三重驱动下,云计算领域服务得到长足、迅猛的发展,未来前景非常广阔。

结合云计算的发展现状,本章主要阐述了云计算当前面临的发展挑战与战略机遇,并介绍了云计算未来三大发展趋势。

## 14.1　云计算的新挑战与新机遇

云计算作为 IT 产业发展的重要方面,得到国家高度重视,工信部和发改委、财政部、科技部等部门联手协同以促发展。2011 年,推出 5 个云计算的试点城市,即北京、上海、深圳、杭州、无锡;2014 年,国家云计算工程的支持范围从 5 个城市扩大到 31 个省区;2015 年,国务院出台《关于促进云计算创新发展培育信息产业新业态的意见》,进一步推动云计算在我国的健康发展;2017 年,工信部发布《云计算发展三年行动计划(2017—2019)》,明确表示要鼓励和开源云计算的技术,优先推动国家的工业云和政务云的进程。随着国家大力扶持云计算发展,云计算行业迎来历史发展的新高点,并面临新的发展挑战和战略机遇。

### 14.1.1　云计算成为新兴技术发展的助燃剂

近几年,大数据、虚拟现实(VR)、人工智能(AI)、物联网(IoT)、区块链等都成为受人追捧的新兴技术,舆论对云计算的探讨正在逐渐减少。这是否意味着云计算已经过时,大数据时代、人工智能时代等的真正到来?恰恰相反,云计算所表现出来的爆发力已经远超 IT 行业的其他细分领域。根据知名市场研究公司 Gartner 发布的报告,2017 年全球云服务市场规模达 2 602 亿美元,同比增长 18.5%,且公共云服务市场呈现出高速发展态势。

无论是大数据、人工智能产业的兴起,还是物联网、区块链等新兴技术的发展,其实都是基于云计算的支持所展开。云计算正在成为新兴技术发展的助燃剂。云计算具有资源弹性伸缩、成本低的优势,为大数据、人工智能、物联网、区块链等新兴技术提供了便捷的部署方式,助推新技术的应用普及。例如,大数据产业的兴起很大程度上得益于云计算的发展。因为不断增长的数据量正在让用户从中获得更大的价值变得更加困难,而云计算所提供的强大计算能力,则大大降低了用户从海量数据中挖掘其价值的成本。同时,新技术发展的强劲势头也为云计算不断催生新的技术红利。新技术在一定程度上丰富了云计算服务的内容,带动云计算业务的发展。

从当下业界领先的科技巨头来看,不管是国外的 Amazon、微软、Google,还是国内的阿里巴巴、百度,在深度布局云计算的同时,也在积极涉足大数据、人工智能、物联网、区块链等新兴领域。Amazon AWS 推出系列机器学习服务,并部署图像识别服务 Rekognition、语音合成服务 Polly 以及聊天机器人服务 Lex 等云服务上的机器学习应用;Amazon AWS IoT 支持设备连接到 AWS 服务和其他设备,保证数据和交互的安全,处理设备数据并对其执行操作,以及支持应用程序与处于离线状态的设备进行交互。阿里云"数加"大数据平台提供数据采集、计算引擎、数据加工、数据分析、数据可视化、数据应用等服务;人工智能 ET(人工智能系统)拥有智能语音交互、图像视频识别、交通预测、情感分析等能力,阿里云还发布图像搜索、智能语音自学习平台以及机器翻译三款人工智能产品;阿里云推出全新区块链解决方案,并应用于天猫奢侈平台 Luxury Pavilion,实现了基于区块链技术的正品溯源功能,此为全球首例。百度云的"天算"、"天工"、"天智"平台,分别提供大数据、物联网和人工智能服务能力。

云计算服务的发展以及其对于新兴技术的驱动能力毋庸置疑,而未来云计算巨头角力的重心将围绕于人工智能、物联网、虚拟现实和区块链等新兴技术展开。

### 14.1.2 云计算成为企业数字化转型的发动机

近年来,随着云计算、大数据技术的成熟,企业逐渐由"信息化建设"转向"数字化转型"。过去的企业信息化,是借助 ICT 技术帮助企业降低成本、提高效率等;在数字经济时代,企业面对经济环境的不确定性、行业竞争的不断加剧、用户个性化需求的持续提升等,以"云计算"为基础的数字化转型已经成为必然趋势。2018 年 8 月,工信部印发《推动企业上云实施指南(2018—2020 年)》,其中明确提出,稳妥有序推进企业上云,推动企业加快数字化、网络化、智能化转型,提高创新能力、业务实力和发展水平。

然而,随着云计算逐渐从"上半场"来到"下半场",企业"上云"的需求重点不再仅仅是把基础设施搬到云上降低成本,而是更侧重云应用和云服务。从用户互动到产品研发,从管理控制到营销服务,几乎企业经营的方方面面都需要借助云计算的应用,希望通过全面云化来实现数字化转型。

传统行业,云计算应用日益增多,加快推动了产业转型升级。早期,云计算多运用于游戏、电商、视频等平台,然而伴随着技术的不断成熟,金融、教育、医疗等传统行业成为云计算应用的新蓝海,并形成了众多成功案例。云计算与传统行业的交叉融合,带了资金流、人才流、物资流,促进了资源的优化配置,并培育了一批新业态、新模式,正在成为经济发展的新

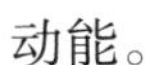

动能。

政务领域，云计算的深入应用，有力推动了管理模式改革和创新，政务“上云”，消灭“数据孤岛”，打通并共享更多的数据资源，进一步挖掘出价值，提升智慧城市的建设水平。例如，交通大数据通过提供更优的路径规划，可节约时间、产生价值。

新创企业，云计算提供强有力支撑，带动大众创业和万众创新。云计算的落地应用降低了大众创新创业的门槛，催生了平台经济、共享经济等新模式，如 O2O、共享单车、众筹平台等得以快速发展。

此外，云计算也是推动传统制造业与互联网融合发展的重要力量。一方面，帮助制造企业加快完成从要素驱动向创新驱动的转变，推动产业组织模式、创新模式变革；另一方面，与大数据、人工智能等新兴技术相结合，向下整合资源，向上承载各类软件的应用，共同成为构建“智能制造”的核心要素。

### 14.1.3　云计算生态体系有待完善

数字化转型作为当下各行各业转型升级的大趋势，虽然为云计算领域带来了巨大的机遇，但数字化转型的需求并非某一两个云计算运营商就能够完全满足。对企业来说，它们需要的不仅是供应商，而是深度合作的伙伴。因此，对云计算运营商来说，如何构建庞大的云计算生态体系，既是满足行业数字化转型需求的必然选择，也是影响其核心竞争力、最终在云计算领域脱颖而出的关键因素。尤其在面对细分行业的应用上，云计算更需要借助生态伙伴的力量，很多传统的行业解决方案提供商都拥有丰富的行业经验。在云计算时代，这些经验可以很好地帮助各行各业上云，进而实现数字化转型。

云计算本身也是一个庞大的生态圈，从底层的 IaaS 到 PaaS 再到 SaaS，几乎没有一家企业能够覆盖整个云计算领域。只有融合其中每一个环节，才可以建立一个全新的、具有竞争力的、高科技的生态体系。

“以龙头企业为核心，构建云计算生态圈”已成为云计算产业大势所趋，未来云计算的竞争是生态圈之间的竞争。因此，几乎所有的云计算巨头都在布局自己的云计算生态圈建设，不管是国内的 BAT，还是国外的 Amazon、微软等，这些云计算行业的领先者都在积极推动云计算生态的建设。这同时也给云计算运营商提出了新的挑战：如何在保障自身利益的同时为更多的生态伙伴带来更大的价值，将是云计算生态圈建设的关键，秉承开放、合作、共赢的心态和做法将成为云计算行业的主流。

### 14.1.4　云计算信息安全面临挑战

随着应用的逐渐深入，云计算作为分布式系统具有高可用的优势得以展现，但信息安全方面也面临巨大挑战。云计算作为一种新的应用模式，在形态上与传统的软件开发和产品供给模式相比发生了一些变化，势必带来新的安全问题。

**1）传统信息安全技术已无法满足云计算信息安全需求**

传统的信息安全技术主要用于防范网络中存在的安全威胁，如采用身份验证、授权验

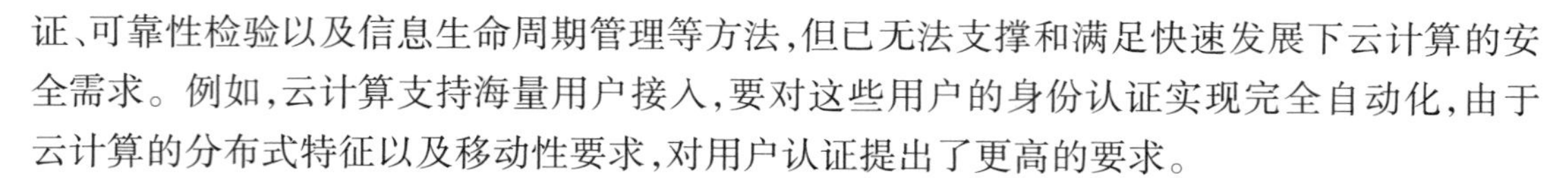
证、可靠性检验以及信息生命周期管理等方法，但已无法支撑和满足快速发展下云计算的安全需求。例如，云计算支持海量用户接入，要对这些用户的身份认证实现完全自动化，由于云计算的分布式特征以及移动性要求，对用户认证提出了更高的要求。

**2）云计算面临用户数据泄露或丢失的安全风险**

根据云计算的特性，用户只要支付相应的费用就可以使用相应服务，而不必担心软硬件布置、维护以及升级等问题。这种方式虽然使用户可以更加专注于自身的业务，但也使用户丧失了对云中数据安全的实际控制能力。云中数据安全完全依赖于云计算服务商，一旦云计算服务运营商对数据安全的控制存在疏漏，都有可能导致用户数据泄露或丢失。

**3）云计算面临用户身份认证的安全风险**

为了实现用户随时随地都可以访问云计算资源，就要接受来自不同位置、不同客户端的登录访问，因此云计算服务运营商在对外提供云服务的过程中需要引入严格的身份认证机制。如果云计算服务运营商身份认证系统存在管理机制的缺陷、操作系统或网页等方面的安全漏洞，就可能导致用户密码被盗取、用户账号被仿冒、用户数据被截获或窃取等情况发生，这将给用户带来严重的损失。

**4）移动云计算面临恶意软件、保密和访问认证等安全风险**

随着移动互联网的普及以及移动终端的发展，各类针对移动终端的网络病毒层出不穷。这些网络病毒已从原先的系统破坏、恶意扣费扩展至隐私窃取、账户盗号以及窃听监控等，给用户带来了不少威胁，也严重阻碍了移动云计算的发展。

因此，对云计算服务运营商来说，在云计算全面普及、深入应用的当下，如何保障云服务的安全可靠就变得至关重要。

## 14.2 云计算的未来发展趋势

如今，云计算在全球拥有巨大的市场潜力。云计算由大规模基建进入行业深化应用阶段，在各国政府的支持与推动下，业界持续不断的应用与探索下，云计算产业的发展进入了一个新的阶段，也呈现出一些新的发展趋势。

### 14.2.1 混合云模式持续发酵

经过十多年的发展，云计算已开始从培育发展阶段走向普及发展阶段，越来越多的用户（企业用户、个人用户、政府用户）开始拥抱云计算，并基于业务需求、法律规定、成本价格、安全级别等因素选择各自不同的云计算模式。

公有云，产品全面，成本可控制，具有比较好的可用性和伸缩性，是中小微企业的首选；私有云，安全可控，当公司具备一定规模的时候，从成本、定制、安全等角度出发，会开始构建私有云。

然而随着数字转换和边缘计算等趋势的不断发展，企业的数据和应用程序越来越多地在企业内部平台、SaaS、IaaS 和物联网之间传播，混合云正在成为云计算的主要模式和发展方向。根据中国信息通信研究院的调查显示，2017 年我国企业采用混合云占云计算应用的比例为 12.1%，而根据 RightScale 的调查报告显示，2018 年国外采用混合云的企业占 71%，调研机构 Gartner 更预测到 2020 年 90% 的企业将利用混合云管理基础设施。

混合云，顾名思义，就是公有云和私有云的混合，可以实现数据和应用程序共享，是一种公有云和私有云融合的云计算模式。一方面，混合云集成了强大的计算能力和私有云的安全性等优势，可提供物理服务器的安全性，并具有虚拟云主机的灵活性，以达到强大的扩展性。另一方面，混合云解决了公有云与私有云的不足，比如公有云的安全和可控制问题，私有云的性价比不高、弹性扩展不足的问题等。混合云让云平台中的服务通过整合变为更具备灵活性的解决方案应用，如图 14-1 所示。

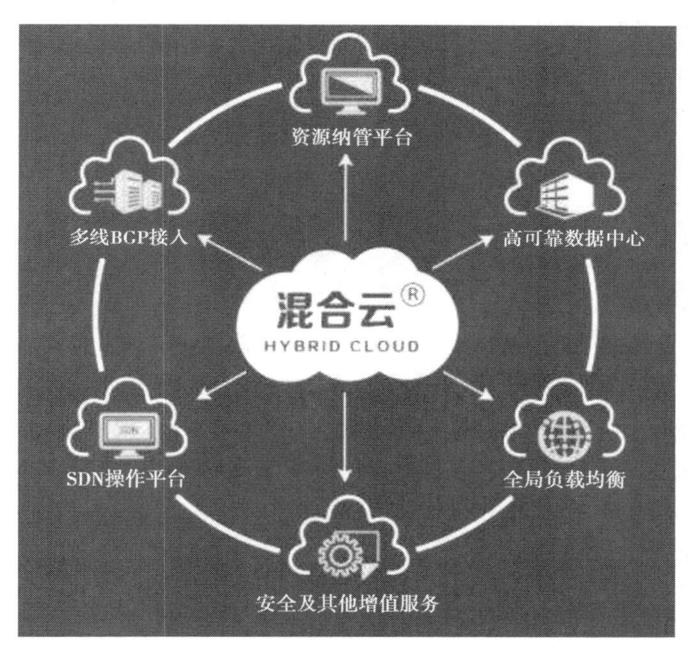


**图 14-1　混合云**

在企业市场，混合云的应用场景将会越来越普遍。目前，混合云还处于初期，大多数云计算服务运营商的方案还只是实现云之间的互联互通，帮助用户实现基于跨云的业务实现，比如，数据备份、管理等，为用户提供企业级的安全性、跨平台的客观理性以及数据之间的互操作性。接下来重点要结合公有云和私有云的特点，帮助用户在业务上进行创新，更好地服务用户。这对云计算服务运营商来说确实是一个不小的要求和挑战。

### 14.2.2　云计算与物联网深度整合

如果说互联网的第一个时代被定义为 PC 互联网时代，第二个时代为移动互联网时代，那么第三个时代将成为万物互联的物联网(Internet of Things，简称 IoT 时代)。所谓物联网，是通过信息传感设备，并按约定的协议，把任何物品通过互联网连接起来，进行信息交换和

通信,以实现智能化管理的一种网络。

随着工业4.0、工业互联网等新概念的出现,物联网技术依靠各类传感器、执行器等采集大量工业数据,并通过实时或离线分析,实现了对工业企业的运行监控、预测维护、制造协同等,逐渐成为制造、交通、医疗、能源等多个行业的新技术趋势。根据Gartner的预测,2020年全球物联网设备的数量将上升到至少200亿台。随着更多物联网传感器和设备的部署,如何快速、有效地存储与处理物联网中产生的海量数据成为关注焦点。这也正成为云计算与互联网相互结合的最大动力。

云计算是物联网发展的基石。首先,云计算为物联网所采集的海量数据提供了很好的存储空间。借助集群应用、网格技术或分布式文件系统等功能,云存储可以将通过不同物联网设备所采集的数据汇集起来,并共同对外提供数据存储和业务访问功能。其次,云计算推动物联网更广阔地发展。借助于云计算技术,物联网获得更强的工作能力,使用率大幅提高,使用范围日益广阔,如图14-2所示。

图14-2　云计算与物联网深度整合

物联网是云计算的最大用户,促进着云计算的发展。物联网为云计算提供落地应用,丰富云计算的应用场景。与物联网在技术和业务模式上的结合不仅将成为云计算向各垂直行业渗透的重要切入点,而且也将成为未来10～20年ICT技术的重要热点。

未来,云计算和物联网之间的联系将越来越紧密。在大数据背景下,二者的融合将进一步推动数据价值的挖掘,使数据价值进一步显现,促进产业爆发。

### 14.2.3　云计算与区块链紧密结合

区块链的概念最早由中本聪在2008年提出,经过十年的沉淀发展,在2018年再次获得众多关注,成为炙手可热的技术,并取得井喷式发展。

区块链(Blockchain)是一种防篡改的、共享的数字化账本,用于记录公有或私有对等网络中的交易,如图14-3所示。账本分发给网络中的所有成员节点,在区块中永久记录网络中的对等节点之间发生的资产交易的历史记录。区块链可以看作加密算法、分布式数据存储、点对点传输等计算机技术的新型应用模式。其核心特征就是去中心化,此外还具有开放性、自治性、信息不可篡改、匿名性等特征。

区块链技术和应用的发展离不开云计算、大数据、物联网等新一代信息技术的支撑。反之,区块链技术和应用发展对推动新一代信息技术产业发展具有重要的促进作用。由此可见,区块链与云计算的紧密结合是必然的趋势。

首先,云计算与区块链技术结合,将加速区块链技术发展,推动区块链从金融业向更多

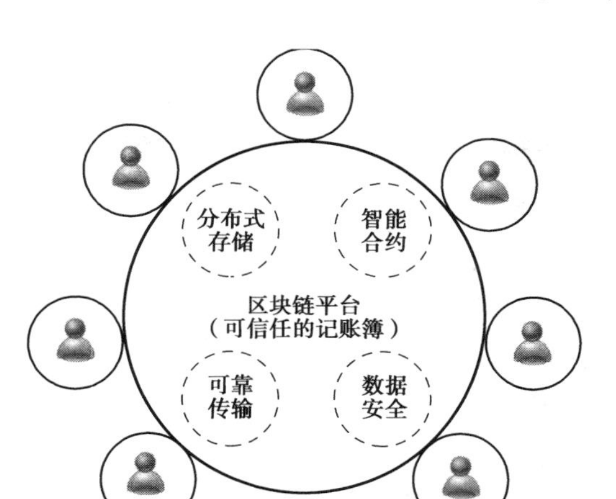


图 14-3　区块链平台

领域拓展,比如无中心管理、提高可用性、更安全等。同时,云计算服务具有高可靠性、高可扩展性、低成本、按需配置等特质,能够实现区块链在中小企业低成本快速地开发部署。

其次,云计算与区块链技术相结合,充分应用区块链技术的去中心化(分布式)存储及计算,通过共享共识的方式建立公共信息账本,形成对网络状态的共识,将能够有效解决云计算造成的数据被篡改与破坏的问题,实现云计算向"可信、可靠、可控制"方向发展。

最后,云计算与区块链技术相结合,将在 IaaS、PaaS、SaaS 的基础上创造出 BaaS (Blockchain as a Service,区块链即服务),即云计算运营商直接把区块链作为服务提供给用户,形成将区块链技术框架嵌入云计算平台的结合发展趋势。BaaS 将有效降低企业应用区块链的部署成本,降低创新创业的初始门槛。

目前,在区块链技术与应用方面,Amazon、Google、IBM、Facebook 等相继入场,国内腾讯、京东、阿里巴巴等互联网巨头也都接连宣布涉足区块链,迅雷更是通过提前布局云计算与区块链实现了企业的转型与业务的快速增长。未来,云计算服务企业越来越多地将区块链技术整合至云计算的生态环境中。

### 14.2.4　云计算与大数据、人工智能的金三角关系

"人工智能(AI)"一词最初是在 1956 年 Dartmouth 学会上提出的。从那以后,研究者们发展了众多理论和原理,人工智能的概念也随之扩展。近年来,数据、网络、计算能力都以指数级的速度发展,有力推动了人工智能的超常发展。作为一项引领未来的战略技术,世界发达国家纷纷在新一轮国际竞争中争取掌握人工智能的主导权,围绕其出台的规划和政策,对核心技术、人才、标准规范等进行相应的部署,加快促进人工智能技术和产业发展;主要科技企业不断加大资金和人力投入,抢占人工智能发展制高点。人工智能的内涵日趋丰富,不仅涵盖了语音识别、图像识别、自然语言理解、用户画像等细分领域,而且与大数据(Big Data)和云计算 Cloud Computing)正在出现"三位一体"式的深度融合,构成"ABC 金三角"。三者是独立的、互补的、相辅相成的。

首先,大数据的开发和应用离不开云计算的强大支持。从技术上看,大数据与云计算的关系就像一枚硬币的正反面一样密不可分。大数据必然无法用单台的计算机进行处理,必须采用分布式计算架构。它的特色在于对海量数据的挖掘,但必须依托云计算的分布式处理、分布式数据库、云存储和虚拟化技术。

其次,云计算的发展和大数据的积累是人工智能快速发展的基础,是实现实质性突破的关键。云计算、大数据等技术在提升运算速度,降低计算成本的同时,也为人工智能发展提供了丰富的数据资源,协助训练出更加智能化的算法模型。

第三,大数据和人工智能的进步也将拓展云计算应用的深度和广度。云计算的应用程序依赖于大数据的深度和广度以及人工智能的发展,目前我国的综合实力和先进的科学技术,提供了人工智能、大数据和云计算集成开发的大环境。

目前,三个领域的融合不仅限于存储、计算,还渗透到生活的方方面面。在互联网、物流行业、银行等行业广泛使用,已经给广大人民的日常生活提供更多的方便利。随着云计算、大数据、人工智能之间的界限越来越模糊,将给众多领域带来更多的机遇和挑战,如何更好地利用这种组合技术是长时间必须需要考虑的问题。

## 本章小结

云计算具有战略性产业的显著特征,即以重大技术突破和重大发展需求为基础,对经济社会全局和长远发展具有重大引领带动作用。云计算已经成为未来经济社会发展的重要力量,发展云计算产业正在成为世界主要国家抢占新一轮经济和科技发展制高点的重大战略。基于此,本章主要分析了云计算所带来的新挑战和新机遇,探讨了云计算未来发展的方向与趋势。

### 扩展阅读

#### 到底什么是区块链?

很久之前,华尔街正热衷于投资电子股,而且只要股票里包含了“Electronic(电子)”两个字,公司不管是做什么业务,都会奇妙地大涨。如今历史仿佛重演,投机行为再次回来,而此次的对象是“区块链(Blockchain)”。

**什么是区块链?**

区块链技术源于比特币,是比特币底层支撑技术。我国政府禁止比特币交易,主要是担心数字货币交易带来的金融风险,以及避免不法分子利用数字货币交易的法律漏洞设计交易骗局。但区块链是一种技术,可以让交易突破传统的信任交易模式和集中化架构,实现非安全环境下的交易安全。

简单来说,区块链就是一个分布式账本,通过去中心化、去信任的方式集中维护一个可靠的数据库。以支付宝交易为例，传统的交易方式是买家在淘宝平台购买商品，然后将购买商品的钱打到支付宝这个中介平台，待卖方发货以及买方确认收到货之后，再由买方通知支付宝将钱打到卖方账户。但区块链技术支撑的交易模式完全不同，买家和卖家可直接进行交易，不需要通过任何中间平台。交易后，系统通过广播的形式将交易信息发布到 P2P 网络中，所有收到交易信息的节点或主机会在确认信息无误后记录下这笔交易。这就相当于所有的节点主机都为这次交易做了数据备份，即便某一台机器出现宕机、系统崩溃、木马攻击和数据篡改等情况也不会影响数据的记录，因为还有无数台机器作为备份（图 14-4）。

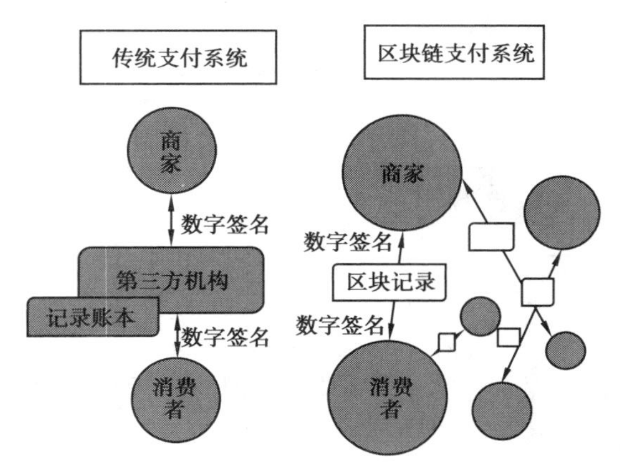


图 14-4　传统支付系统与区块链支付系统比较

从数据的角度讲，区块链是一种几乎不可能被更改的分布式数据库。这种分布式不仅体现在存储架构上，也体现在分布式记录上，即由系统参与者共同维护。从技术的角度讲，区块链并不是单一的技术，而是多种技术的复合体，包括分布式存储、数字签名和 P2P 网络架构等。

**区块链的工作原理**

区块链的数据存储方式其实就是“区块” + “链”。这就好比我们的日记本，每一页都是一张纸，纸上可以记录有用的文字信息，但每一页都会有页码，记录每页文字所处的顺序。对比来说，区块就是“纸”，用来记录创建期间发生的所有价值交换活动。页码就是“链”，按照时间先后顺序将区块存储在数据库中。

那么或许你就要问，那么多节点到底选择有谁来优先记录区块信息？其实很简单，就是谁最先完成记录就以谁为准。如图 14-5 所示，如果老张和老李要进行一笔交易，就会产生一笔账单记录，账单记录会显示付款人信息、收款人信息、交易内容以及当前所处的链条序列。交易完成后，区块链系统会将本次交易清单与上一账单编号的数据进行加密之后发布到全网所有的节点，也就是接入网络中的每一台主机，所有节点在收到公告账单信息后会争夺第一记账权，这一过程包括验证交易双方的信息，在得到确认之后更新账簿，以第一个完成账单记录的节点为准。因此，一旦第一个记账完成，所有节点只能接收记账信息并更新本地账簿,这就是共识机制。

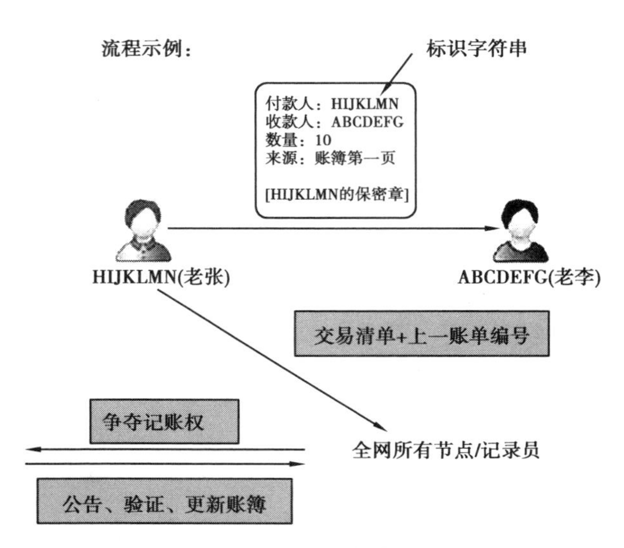


图 14-5　区块由谁来记录

由于每笔账单交易的记录都包含上一个链条的信息,因此一旦某一条交易记录被篡改就自然会出现信息错误或上下链条信息不匹配,而且容易出现链条分叉,因此,采用区块链技术记录的数据被篡改几乎不可能,数据的容错性极高。由于所有账单交易数据的公布都是以加密的方式在网络中发送,要想在网络中篡改数据就必须至少截获 51% 以上的节点数据并在极短的时间内破解,这种情况可以认为几乎没有可能。

**区块链的应用**

目前,区块链被广泛应用于金融、物流、公共服务等领域(图 14-6)。

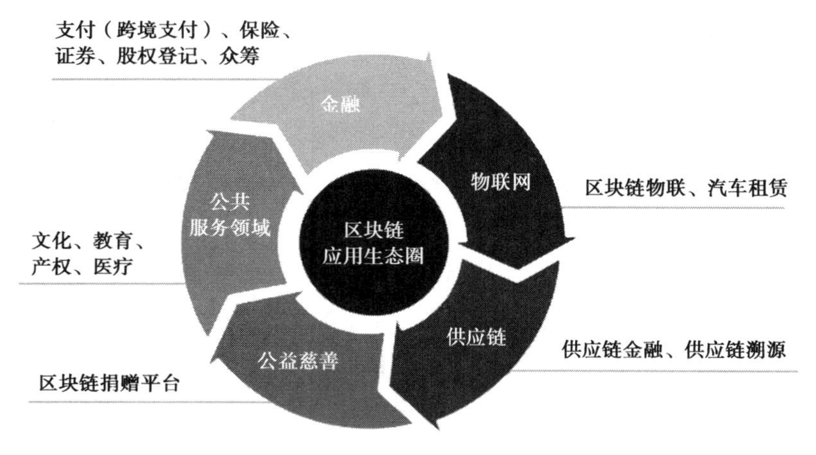


图 14-6　区块链应用生态圈

(1)区块链在金融领域的应用前景

区块链在国际汇兑、信用证、股权登记和证券交易所等金融领域有着潜在的巨大应用价值。将区块链技术应用在金融行业中，可省去第三方中介环节，实现点对点的对接，从而在大大降低成本的同时快速完成交易支付。

例如，Visa 推出基于区块链技术的 Visa B2B Connect，它能为机构提供一种费用更低、更快速和安全的跨境支付方式来处理全球范围的企业对企业的交易。而传统的跨境支付则需要等 3 ~5 天，并为此支付 1% ~3% 的交易费用。Visa 还联合 Coinbase 推出了首张比特币借记卡，花旗银行则在区块链上测试运行加密货币"花旗币"。

此外，纳斯达克也推出基于区块链的交易平台 Linq，Linq 的具体应用场景是非上市公司的股权管理和股权交易。

(2) 区块链在物联网和物流领域的应用前景

区块链在物联网和物流领域也可以天然结合。通过区块链可以降低物流成本，追溯物品的生产和运送过程，并且提高供应链管理的效率。该领域被认为是区块链一个很有前景的应用方向。

Skuchain 创建了基于区块链的新型供应链解决方案，可实现商品流与资金流的同步，同时缓解假货问题。而伦敦的区块链初创企业 Provenance 为企业提供供应链溯源服务，通过在区块链上记录零售供应链上的全流程信息，实现产品材料、原料和产品的起源和历史等信息的检索和追踪，提升供应链上信息的透明度和真实性。

德国一个初创公司 Slock. it 做了一个基于区块链技术的智能锁，将锁连接到互联网，通过区块链上的智能合约对其进行控制。只需通过区块链网络向智能合约账户转账，即可打开智能锁。

(3) 区块链在公共服务领域的应用前景

区块链在公共管理、能源、交通等领域都与民众的生产生活息息相关，但是目前这些领域的中心化特质也带来了一些问题，可以用区块链来改造。

例如，乌克兰敖德萨地区政府已经试验建立了一个基于区块链技术的在线拍卖网站，通过该平台以更加透明的方式来销售和出租国有资产，避免此前的腐败和欺诈行为的发生。西班牙卢戈(Lugo)市政府则利用区块链建立了一个公开公正的投票系统。爱沙尼亚政府与 Bitnation 合作，在区块链上开展政务管辖，通过区块链为居民提供结婚证明、出生证明、商务合同等公证服务。

欧洲能源署则利用区块链使得公民在能源零售市场中发挥更大的作用，能源零售市场的智能化(Micro-Generation Energy Market)使得消费者可以让多余的电量在市场上进行交换和出售，并显著降低电费开支。

(4) 区块链在公益慈善上的应用前景

区块链上存储的数据，高可靠且不可篡改，天然适合用在社会公益场景。

公益流程中的相关信息，如捐赠项目、募集明细、资金流向、受助人反馈等，均可以存放于区块链上，并且有条件进行透明公开公示，方便社会监督。

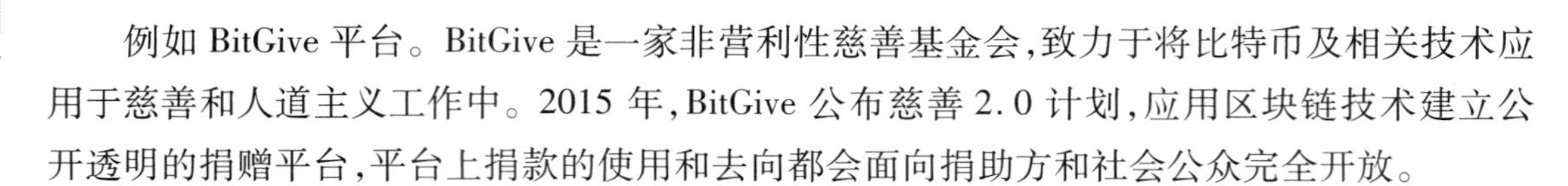

例如 BitGive 平台。BitGive 是一家非营利性慈善基金会,致力于将比特币及相关技术应用于慈善和人道主义工作中。2015 年,BitGive 公布慈善 2.0 计划,应用区块链技术建立公开透明的捐赠平台,平台上捐款的使用和去向都会面向捐助方和社会公众完全开放。

资料来源:通俗易懂,到底什么是区块链?
(潜江网)

## 思考题

1. 什么是混合云? 其有何特点?
2. 什么是区块链? 其核心特征是什么?
3. 请简要概述云计算的未来发展趋势。

# 参考文献

[1] Foster I, Zhao Y, Raicu I, et al. Cloud computing and grid computing 360-degree compared [C]. 2008 Grid Computing Environments Workshop, Austin,TX, USA, 2008.

[2] Plummer D C, Bittman T J, Austin T, et al. Cloud computing: Defining and describing an emerging phenomenon [EB/OL]. (2008-06-17) [2018-12-10]. Gartner: https://www.gartner.com/doc/697413.

[3] Rhoton J. Cloud computing explained: Implementation handbook for enterprises[M], 2009, Recursive Press, US.

[4] IBM. “智慧的地球”——IBM 云计算 2.0[EB/OL]. (2012-12-26)[2018-12-10]. IBM: http://www-31.ibm.com/ibm/cn/cloud/pdf/IBM_next_another_new.pdf.

[5] 殷康. 云计算概念，模型和关键技术[J]. 中兴通讯技术, 2010, 16(4): 18-23.

[6] 范并思. 云计算与图书馆——为云计算研究辩护[J]. 图书情报工作, 2009, 53(21): 5-9.

[7] Mell P, Grance T. The NIST definition of cloud computing (draft) [J]. NIST special publication, 2011, 800(145): 1-7.

[8] Manifesto O C. Open cloud manifesto[EB/OL]. (2010-11-02)[2018-12-10]. Manifesto: http://www.opencloudmanifesto.org/.

[9] 刘鹏. 云计算[M]. 3 版. 北京: 电子工业出版社, 2015.

[10] Wang L, Von Laszewski G, Younge A, et al. Cloud computing: a perspective study[J]. New Generation Computing, 2010, 28(2): 137-146.

[11] Gray J. Distributed Computing Economics[J]. Queue, 2003, 6(3):63-68.

[12] 朱近之. 智慧的云计算:物联网的平台[M]. 2 版. 北京:电子工业出版社, 2011.

[13] 汤兵勇. 云计算概论:基础、技术、商务、应用[M]. 2 版. 北京:化学工业出版社. 2016.

[14] 毛新生. 云计算经济学[J]. 环球企业家, 2012 (1): 108-109.

[15] 刘鹏. 探秘云计算压倒性的成本优势[J]. 程序员, 2010, 10: 111-112.

[16] Lee Y C, Kim Y, Han H, et al. Fine-Grained, Adaptive Resource Sharing for Real Pay-Per-Use Pricing in Clouds [C]. International Conference on Cloud & Autonomic

Computing, Boston, MA, USA, 2015: 236-243.

[17] Basmadjian R, De Meer H, Lent R, et al. Cloud computing and its interest in saving energy: the use case of a private cloud[J]. Journal of Cloud Computing, 2012, 1(1): 1-25.

[18] 徐杰，姚睿. 企业云计算投资成本监控算法[J]. 计算机工程与科学, 2014, 36(7): 1244-1249.

[19] Xinhui Li, Ying Li, Tiancheng Liu, et al. The Method and Tool of Cost Analysis for Cloud Computing[C]. 2009 IEEE International Conference on Cloud Computing, Bangalore, India, 2009: 93-100.

[20] Youseff L , Butrico M , Silva D D . Toward a Unified Ontology of Cloud Computing[C]. 2008 Grid Computing Environments Workshop, Austin, TX, USA, 2008.

[21] Jinsong Ouyang, Akhil Sahai, Jim Pruyne. A Mechanism of Specifying and Determining Pricing in Utility Computing Environments[J]. Business-Driven IT Management, 2007: 39-44.

[22] Chee Shin Yeo, Srikumar Venugopal, Xingchen Chu, et al. Automatic metered pricing for a utility computing service[J]. Future Generation Computer Systems, 2010, 26(8): 1368-1380.

[23] Marian Mihailescu, Yong Meng Teo. Strategy-Proof Dynamic Resource Pricing of Multiple Resource Types on Federated Clouds[J]. Lecture Notes in Computer Science,2010(1): 337-350.

[24] Greenberg A, Hamilton J, Maltz D A, et al. The cost of a cloud:research problems in data center networks[J]. Acm Sigcomm Computer Communication Review, 2008, 39(1): 68-73.

[25] Jaakko Jäätmaa. Financial Aspects of Cloud Computing Business Models [D]. Teknillinen korkeakoulu-Tekniska hskolan : Aalto University, 2010.

[26] Sarbaziazad H, Zomaya A Y. Market-Oriented Cloud Computing and The Cloudbus Toolkit [J]. Large Scale Network, 2012:319-358.

[27] 侯国清. 云计算释放巨大经济效益[J]. 科技潮, 2011(12):44-45.

[28] Garrison G, Kim S, Wakefield R L. Success factors for deploying cloud computing[J]. Communications of the ACM, 2012, 55(9): 62-68.

[29] Martens B, Teuteberg F. Decision-making in cloud computing environments: A cost and risk based approach[J]. Information Systems Frontiers, 2012, 14(4): 871-893.

[30] 冯若钊，范云凌. 云数据中心与传统 IDC 成本效益比较及定价模型实证研究[J]. 电信科学, 2013, 29(10):26-30.

[31] Weinhardt C , Anandasivam A , Blau B , et al. Cloud Computing—A Classification, Business Models, and Research Directions [J]. Business & Information Systems

Engineering, 2009, 1(5):391-399.

[32] Durkee D. Why Cloud Computing Will Never Be Free [J]. Communications of the ACM, 2010, 53(5): 62-69.

[33] Buyya R , Yeo C S , Venugopal S , et al. Cloud computing and emerging IT platforms: Vision, hype, and reality for delivering computing as the 5th utility[J]. Future Generation Computer Systems, 2009, 25(6):599-616.

[34] Peter C. Fishburn, Andrew M. Odlyzko. Competitive Pricing of Information Goods: Subscription Pricing Versus Pay-Per-Use. Economic Theory, 1999, 13(2): 447-470.

[35] 李伯虎, 张霖, 王时龙,等. 云制造——面向服务的网络化制造新模式[J]. 计算机集成制造系统, 2010, 16(1):1-7.

[36] 李伯虎, 张霖, 任磊,等. 再论云制造[J]. 计算机集成制造系统, 2011, 17(3): 449-457.

[37] 李伯虎, 柴旭东, 张霖,等. 智慧云制造:工业云的智造模式和手段[J]. 中国工业评论, 2016(Z1):58-66.

[38] 侯建林. 金融云计算在金融行业应用前瞻[J]. 金融科技时代, 2013(2):53-55.

[39] 霍学文. 关于云金融的思考[J]. 经济学动态, 2013(6):33-38.

[40] 张正, 王孚瑶, 张玉明. 云创新与互联网金融生态系统构建——以阿里金融云为例[J]. 经济与管理研究, 2017, 38(3):53-60.

[41] 高解春, 何萍, 于广军, 等. 健康医疗云[M]. 北京:化学工业出版社,2014.

[42] 何萍, 汤兵勇, 马维民,等. 基于云计算服务的区级医疗信息系统研究与应用[J]. 中国数字医学, 2015, 10(1):45-48.

[43] 吴砥, 彭娴, 张家琼, 等. 教育云服务标准体系研究[J]. 开放教育研究, 2015(5):92-100.

[44] 李铧. 基于云计算理念打造教育云的探讨[J]. 天津电大学报, 2011, 15(3):47-50.

[45] Chellappa R. Intermediaries in cloud-computing: A new computing paradigm [C]. INFORMS Annual Meeting, Dallas, TX, 1997a.

[46] Chellappa R. Cloud computing: emerging paradigm for computing[C]. INFORMS Annual Meeting, Dallas, TX, 1997b.

[47] Foster I, Kesselman C, Tuecke S. The Anatomy of the Grid[J]. International Journal of High Performance Computing Applications, 2003, 15:169-197.

[48] 赵念强, 鞠时光. 网格计算及网格体系结构研究综述[J]. 计算机工程与设计, 2006, 27(05):14-16,20.

[49] 高岚岚. 云计算与网格计算的深入比较研究[J]. 海峡科学, 2009(2):56-57.

[50] 龚强. 云计算与网格计算异同解析[J]. 信息技术, 2011(9):5-7.

[51] Gubbi J, Buyya R, Marusic S, et al. Internet of Things (IoT): A Vision, Architectural Elements, and Future Directions[J]. Future Generation Computer Systems, 2013, 29(7):

1645-1660.

[52] 刘化君. 物联网体系结构研究[J]. 中国新通信, 2010, 12(9):17-21.

[53] 江代有. 物联网体系结构、关键技术及面临问题[J]. 电子设计工程, 2012(04):143-145.

[54] 杨正洪. 智慧城市:大数据、物联网和云计算之应用[M]. 北京: 清华大学出版社, 2014.

[55] 李倩. 浅析物联网与云计算的结合[J]. 中国新通信, 2016, 18(20):47-47.

[56] Christopher S. Time sharing in large fast computers[C]. Proceedings of the International Conference on Information Processing, 1959:336-341.

[57] Uhlig R , Neiger G , Rodgers D , et al. Intel virtualization technology[J]. Computer, 2005, 38(5):48-56.

[58] 王庆波, 金滓, 何乐, 等. 虚拟化与云计算[M]. 北京: 电子工业出版社, 2009.

[59] 陈靖, 黄聪会, 孙璐, 等. 应用虚拟化技术研究进展[J]. 空军工程大学学报·自然科学版, 2013(6):54-58.

[60] Danielle Ruest, Nelson Ruest. 虚拟化技术指南[M]. 北京: 机械工业出版社, 2011.

[61] 王昊鹏, 刘旺盛. 虚拟化技术在云计算中的应用初探[J]. 电脑知识与技术, 2008, 3(25):1554-1554.

[62] 陈欣, 成立辉, 郑智江. 云计算虚拟化技术的发展与趋势[J]. 电子技术与软件工程, 2017(21):137-137.

[63] 张继平. 云存储解析[M]. 北京: 人民邮电出版社, 2013,

[64] 唐箭. 云存储系统的分析与应用研究[J]. 电脑知识与技术, 2009, 5(20):5337-5338.

[65] 张龙立. 云存储技术探讨[J]. 电信科学, 2010(s1):71-74.

[66] 刘贝, 汤斌. 云存储原理及发展趋势[J]. 科技信息, 2011(5):50-51.

[67] 郎为民, 杨德鹏. 云计算中的分布式文件系统[J]. 电信快报, 2012(2):3-6.

[68] 王峰, 雷葆华. Hadoop 分布式文件系统的模型分析[J]. 电信科学, 2010, 26(12):95-99.

[69] 许志龙, 张飞飞. 云存储关键技术研究[J]. 现代计算机, 2012(9):18-21.

[70] 范凯. NoSQL 数据库综述[J]. 程序员, 2010(6):76-78.

[71] 吕明育, 李小勇. NoSQL 数据库与关系数据库的比较分析[J]. 微型电脑应用, 2011, 27(10):55-58.

[72] 蒋付彬, 王华军. NoSQL 数据库的应用及选型研究[J]. 信息与电脑(理论版), 2016(3):141-142.

[73] 吴燕波, 薛琴, 向大为, 等. 云平台下的 NoSQL 分布式大数据存储技术与应用[J]. 现代电子技术, 2016, 39(9):44-47.

[74] Han J, Haihong E, Le G, et al. Survey on NoSQL database[C]. 6th International Conference on Pervasive Computing and Applications, Port Elizabeth, South Africa, 2011.

[75] Stonebraker, M. SQL databases v. NoSQL databases[J]. Communications of the ACM, 2010, 53(4):10-11.

[76] Weintraub G. Dynamo and BigTable-Review and comparison[C]. 2014 IEEE 28th Convention of Electrical & Electronics Engineers in Israel (IEEEI), Eilat, Israel, 2015.

[77] 王秀和, 杨明. 计算机网络安全技术浅析[J]. 中国教育技术装备, 2007(5):49-50.

[78] 罗明宇, 卢锡城. 计算机网络安全技术[J]. 计算机科学, 2000, 27(10):63-65.

[79] 李连, 朱爱红. 云计算安全技术研究综述[J]. 信息安全与技术, 2013, 4(5):42-45.

[80] 袁琦. 云计算安全技术发展与监管[J]. 电信网技术, 2014(12):23-26.

[81] CSA. Security Guidance for Critical Areas of Focus in Cloud Computing v4.0[EB/OL]. (2017-07-26) [2018-12-10]. https://cloudsecurityalliance.org/artifacts/security-guidance-v4/.

[82] 张韬. 国内外云计算安全体系架构研究状况分析[J]. 广播与电视技术, 2011, 38(11):123-127.

[83] 张玉清, 王晓菲, 刘雪峰, 等. 云计算环境安全综述[J]. 软件学报, 2016, 27(6):1328-1348.

[84] 肖亮, 李强达, 刘金亮. 云存储安全技术研究进展综述[J]. 数据采集与处理, 2016, 31(3):464-472.

[85] 刘智勇. 关于云计算的安全问题综述[J]. 数字技术与应用, 2016(10):203-204.

[86] 刘立, 尹召芳, 王建. 基于自认证密钥的安全云计算[J]. 微电子学与计算机, 2014(4):71-74.

[87] 俞能海, 郝卓, 徐甲甲, 等. 云安全研究进展综述[J]. 电子学报, 2013, 41(2):371-381.

[88] 工业和信息化部电信研究院. 云计算数据中心[J]. 数据通信, 2012(4):50-51.

[89] 刘晓茜. 云计算数据中心结构及其调度机制研究[D]. 中国科学技术大学, 2011.

[90] 马锡坤, 杨国斌, 于京杰. 基于虚拟化的云计算数据中心整体解决方案[J]. 中国医疗设备, 2012, 27(12):62-64.

[91] 钱志鹏, 康东明, 柏新才. 面向云计算的数据中心网络结构研究[J]. 电气应用, 2013(20):80-83.

[92] 余侃. 云计算时代的数据中心建设与发展[J]. 信息通信, 2011(6):100-102.

[93] 王斌锋, 苏金树, 陈琳. 云计算数据中心网络设计综述[J]. 计算机研究与发展, 2016, 53(9):2085-2106.

[94] 罗萱, 叶通, 金耀辉. 云计算数据中心网络研究综述[J]. 电信科学, 2014, 30(2):99-104.

[95] 冯若钊, 范云凌. 云计算数据中心成本定价模型实证研究[J]. 广东通信技术, 2013(8):18-22.

[96] 曹鲁. 云计算数据中心建设运营分析[J]. 电信网技术, 2012(2):16-21.

[97] 王晓艳. 基于云计算的数据中心建设探讨[J]. 软件, 2014(2):129-130.

[98] 汤姆・怀特著. Hadoop 权威指南: 大数据的存储与分析(第4版)[M]. 北京: 清华大学出版社,2011.

[99] Nurmi D, Wolski R, Grzegorczyk C, et al. The Eucalyptus Open-Source Cloud-Computing System[C]. IEEE/ACM International Symposium on Cluster Computing & the Grid, Shanghai, China, 2009.

[100] 杨静丽, 查英华, 胡光永. 开源云计算平台研究[J]. 计算机与现代化, 2012(4): 23-26.

[101] 李知杰, 赵健飞. OpenStack 开源云计算平台[J]. 软件导刊, 2012, 11(12):10-12.

[102] 林利, 石文昌. 构建云计算平台的开源软件综述[J]. 计算机科学, 2012, 39(11): 1-7.

[103] 房俊民, 张娟, 姜禾, 等. 云计算平台典型开源软件项目对比研究[J]. 信息技术与信息化, 2014(3):50-56.

[104] Sefraoui O, Aissaoui M, Eleuldj M. OpenStack: Toward an Open-source Solution for Cloud Computing[J]. International Journal of Computer Applications, 2012, 55(3): 38-42.

[105] Jackson K, Bunch C. OpenStack cloud computing cookbook(Second edition)[M]. 2013, Packt Publishing Ltd, Birmingham, UK.

[106] 商业伙伴咨询机构. 中国云计算生态系统白皮书 2014-2015[EB/OL]. (2015-02-02)[2018-12-10]. http://www. chinacloud. cn/show. aspx? id = 19249&cid = 13.

[107] 易观. 2018 中国云计算产业生态图谱[EB/OL]. (2018-02-27)[2018-12-10]. http://www. 199it. com/archives/693589. html.

[108] 阿里云. 阿里云生态路线路[EB/OL]. (2016-05-30)[2018-12-10]. http://wenku. it168. com/d_001680438. shtml.

[109] 亚马逊 AWS. AWS 中国生态圈[EB/OL]. (2016-06-15)[2018-12-10]. https://wenku. baidu. com/view/c92eaf5eec3a87c24028c4fa. html.

[110] 陈阳. 国内外云计算产业发展现状对比分析[J]. 北京邮电大学学报:社会科学版, 2014, 16(5):77-83.

[111] 窦丽琛, 刘雪颖. 国内外云计算产业发展比较及经验借鉴[J]. 中国商论, 2016(13):143-144.

[112] 刘悦. 国际云计算监管政策趋势[J]. 电信网技术, 2016(10):28-31.

[113] Kundra V. Federal cloud computing strategy[EB\OL]. (2011-02-08)[2018-12-10]. https://www. dhs. gov/sites/default/files/publications/digital-strategy/federal-cloud-computing-strategy. pdf.

[114] 张志勤. 欧盟云计算战略与行动举措——欧洲云计算服务潜力的充分释放[J]. 全球科技经济瞭望, 2013, 28(4):1-9.

［115］Bhisikar A. G-Cloud：New paradigm shift for online public services［J］. International Journal of Computer Applications，2011，22(8)：24-29.

［116］李旖旎，陈文兵，胡世明，等. 日本云安全监管政策及其对我国的启示［J］. 情报杂志，2018，37(03)：99-105.

［117］张放. 工信部《云计算发展三年行动计划(2017-2019 年)》解读——从行动计划看云计算产业发展趋势［J］. 物联网技术，2017(6)：5-5.

［118］王月，高巍，李洁. 我国云计算产业政策发展及分析［J］. 电信网技术，2016(10)：32-37.

［119］上海市经济和信息化委员会. 上海推进云计算产业发展行动方案(2010—2012 年)［EB\OL］.（2010-07-21）［2018-12-10］. http://www.sheitc.gov.cn/jjyw/652230.htm.

［120］广州市科技和信息化局. 关于加快云计算产业发展的行动计划(2011-2015 年)［EB\OL］.（2012-02-07）［2018-12-10］. http://zwgk.gz.gov.cn/GZ05/8.3/201202/988736.shtml.

［121］北京市人民政府. 北京市大数据和云计算发展行动计划(2016-2020 年)［EB\OL］.（2016-08-03）［2018-12-10］. http://zhengce.beijing.gov.cn/zfwj/5111/5121/1344471/233281/index.html.

［122］刘楠，刘露. 区块链与云计算融合发展 BaaS 成大势所趋［J］. 通信世界，2017(17)：61-62.

［123］朱建明，付永贵. 区块链应用研究进展［J］. 科技导报，2017，35(13)：70-76.

［124］陈文娟，吴清烈. 商业生态系统视角下的云计算经济发展模式研究［J］. 科技管理研究，2014(23)：167-171.

［125］刘鸿宇，杨彩霞，陈伟，等. 云计算产业集群创新生态系统构建及发展对策［J］. 求索，2015(11)：82-87.